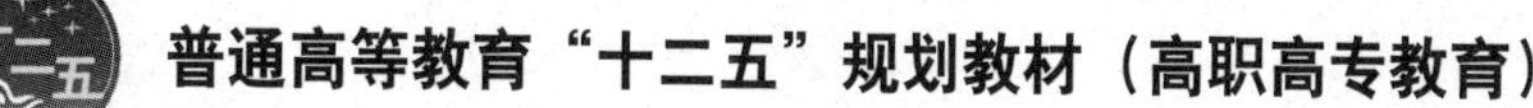

（第二版）

主　编　谭方勇　田　涛
副主编　周　莉　张　燕
编　写　肖长水
主　审　孟东升

内 容 提 要

本书为普通高等教育“十二五”规划教材（高职高专教育）。全书共11个项目，主要包括网络安全项目介绍与分析、网络协议基础、网络攻击与防范、操作系统安全配置、网络病毒的清除与预防、密码技术分析与应用、数字签名技术分析与应用、VPN技术应用、Web安全和电子商务、防火墙安全配置和典型网络安全方案设计等内容。

本书可作为全国高职高专院校、成人高校及本科院校举办的二级职业技术学院计算机相关专业的教材，也可作为网络安全技术的培训教材或自学参考书，对于网络管理员和网络工程技术人员也有一定的参考价值。

图书在版编目（CIP）数据

网络安全技术实用教程 / 谭方勇，田涛主编. —2版. —北京：中国电力出版社，2011.9　（2016.1 重印）
普通高等教育“十二五”规划教材. 高职高专教育
ISBN 978-7-5123-2020-8

Ⅰ. ①网…　Ⅱ. ①谭…　②田…　Ⅲ. ①计算机网络－安全技术－高等职业教育－教材　Ⅳ. ①TP393.08

中国版本图书馆CIP数据核字（2011）第163388号

中国电力出版社出版、发行
（北京市东城区北京站西街19号 100005 http://www.cepp.sgcc.com.cn）
汇鑫印务有限公司印刷
各地新华书店经售
*
2008年7月第一版
2011年9月第二版　　2016年1月北京第六次印刷
787毫米×1092毫米　16开本　18.5印张　449千字
定价32.00元

前 言

随着计算机技术及信息技术的迅猛发展，计算机网络在人们的工作、学习和生活中占据了非常重要的地位，同时也推动了社会的发展。但是，目前计算机网络特别是 Internet 上网络及其信息的安全问题日益突出，计算机网络安全及信息安全的问题也成为人们关注的重点之一，这不仅给用户对网络使用带来了不便，而且还给个人、企业和社会造成了巨大的损失。可见计算机网络的安全也变得越来越重要。

本书采用任务驱动的项目式教学为编写思路，注重网络安全的理论知识和实际的项目案例相结合，具有很强的可操作性，注重理论与实践的结合，每个项目分为学习目标、背景知识、工作任务、任务实施、问题分析等几个模块，既给出了完成这个项目的学习目标和主要工作任务，又给出了完成该项目需要的理论知识，然后按照给定的工作任务来实施项目，完成后对实施过程中出现的问题进行分析。

本书在第一版的基础上，对近年来网络安全技术与应用的新成果进行概括和完善，采用新的基于任务驱动的项目式教学手段为设计思路，并采用通俗易懂的语言，围绕网络安全技术的主要问题进行阐述。

作者根据多年从事计算机网络安全教学、科研和网络管理工作的实践经验编写了此书，在编写的过程中，力求使本书具有以下特色：

（1）内容体系架构为知识基础维、技术基础维和综合能力维螺旋式上升的三维课程整合模式。

（2）注重理论与实践相结合，以项目案例形式让读者掌握每一个知识点的应用，并提高实际的操作技能。

（3）突出教材内容的系统性、先进性，项目案例的可操作性、实用性。

本书由苏州市职业大学的谭方勇、北京首都国际机场股份有限公司的田涛主编，设计了本教材的改编思路，对大纲进行了总体策划，指导全书的编写工作；苏州市职业大学的周莉、张燕副主编；苏州市职业大学的肖长水参编。谭方勇编写项目 1、项目 4、项目 10；田涛编写任务 11.1 和任务 11.2；张燕编写项目 3、项目 5 和任务 11.3；周莉编写项目 2、项目 8 和项目 9；肖长水编写项目 6 和项目 7。全书由西安石油大学孟东升主审。

限于编者水平，加之时间仓促，书中错漏和不足之处在所难免，恳请广大读者批评指正。编者 E-mail 地址为 tanfy@126.com。

编 者

2011 年 6 月

目　录

项目 1 网络安全项目介绍与分析

随着 Internet 技术的日益发展和普及，计算机网络作为一种重要的信息传送手段，对我们的工作和生活起着越来越重要的作用。但是，网络安全问题也同样到了令人担忧的地步。目前，利用计算机网络进行各种违法行为的事件在不断出现，网络黑客攻击，计算机病毒、木马、蠕虫等字眼在我们眼前出现的概率也越来越高。因此，计算机网络安全问题必须得到重视。

本项目主要根据当前网络安全的状况做出安全需求分析，并结合网络安全的评价标准及网络安全防御体系的一般结构来制定相关网络（如校园网、企业网、政府网等）的安全方案规划。最后，对后续的网络安全实验进行设计并建立一个虚拟的实验环境。

任务 1.1 网络安全需求分析

任务 1.1.1 了解网络安全的发展历史

1. 学习目标

（1）了解网络安全问题的产生背景。

（2）分析网络安全的现状。

（3）了解网络安全的发展趋势。

2. 背景知识

（1）网络安全问题的产生。计算机网络尤其是 Internet 具有较强的开放性、分散性和交互性的特点，这样的网络环境为信息共享、信息服务和信息交流提供了非常便捷的空间。因此网络技术得到了迅速的发展和广泛的应用，也为人类社会的进步起到了巨大的推动作用。但也正是由于它的这些特点，随之带来了很多安全问题，主要表现如下：

1）信息泄露、信息污染、信息不可控等，如资源未授权访问、未授权信息流出现、系统拒绝信息流和系统否认等。

2）某些个人或者组织出于某种特殊目的进行信息泄露、信息破坏、信息假冒侵权和意识形态的信息渗透，甚至进行一些破坏国家、社会及各类主体合法权益的活动。

3）随着社会的高度信息化，社会的"命脉"和核心控制系统有可能面临恶意的攻击而导致损坏和瘫痪，如金融系统、政府网站、国防通信设施等。

4）网络应用越来越广泛，但是控制权分散的管理问题也日益显现。由于人们利益、目标和价值的分歧，使信息资源的保护和管理出现脱节，这也使得信息安全问题变得广泛而复杂。

（2）网络安全的现状。目前各种领域的计算机犯罪和网络侵权行为在数量、规模、手段等方面都已经到了令人吃惊的地步。据统计，目前美国每年由于网络安全问题而遭受的经济损失超过 170 亿美元；德国、英国也均在数十亿美元以上；法国、日本、新加坡问题也很严重。在国际刑法界列举的现代社会新型犯罪排行榜上，计算机犯罪已名列榜首。另外，全球平均每 20s 就会发生 1 次网络入侵事件。我国的网络安全事件的发生率也在不断上升。据我国国家计算机网络应急技术处理协调中心（简称 CNCERT/CC）统计，2010 年上半年，CNCERT 共处理各类网络安全事件 784 件，比去年同期增长了 92.16%。CNCERT 处理的事件类型主要有恶意代码、网页仿冒、网页篡改等。各类事件处理数量分布如图 1-1 所示[❶]。在 CNCERT 处理的网络安全事件中，涉及金融企业、重要商业机构的网页仿冒类事件最多，网页挂木马及网页篡改事件也较频发，特别是针对国内政府机构和重要信息系统部门的网页挂木马和网页篡改事件。

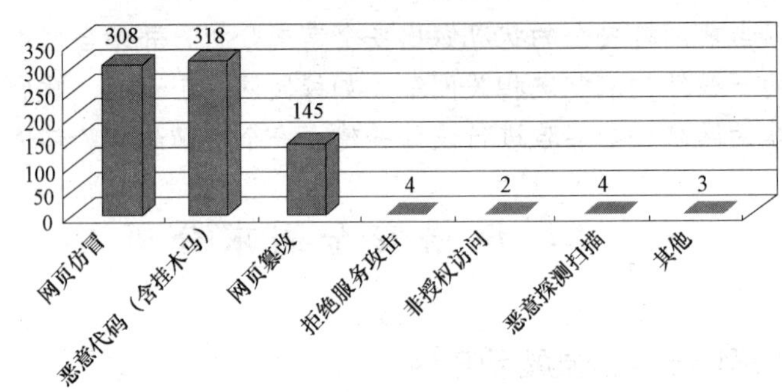

图 1-1　2010 年上半年 CNCERT 处理的网络安全事件数量统计

（3）网络安全的发展趋势。黑客攻击技术与病毒技术相融合，使得未来网络安全的形势也非常严峻，主要表现在以下几个方面：

1）实施网络攻击的主体的变化。目前网络攻击行为已经从原先的由好奇心重、喜欢炫耀攻防能力的兴趣型黑客群向更具犯罪思想的盈利型的攻击人群过渡，利用操作系统漏洞实施“Zero-day 攻击”和利用网络攻击获取经济利益已逐步成为主要趋势。另外，以僵尸网络、间谍软件为手段的恶意代码攻击，以敲诈勒索为目的的分布式拒绝服务攻击（DDoS），以网络仿冒、网址嫁接、网络劫持等方式进行在线身份窃取等安全事件也不断增加。而针对 P2P、IM 等新型网络应用的安全攻击也在快速发展。曾经的“熊猫烧香”、“灰鸽子”等病毒事件形成的黑色产业链也凸显了解决网络安全问题的重要性和紧迫性。

2）网络攻击的主要手段的变化。网络攻击的手段很多，主要包含拒绝服务攻击、非法接入、IP 欺骗、网络嗅探、中间人攻击、木马攻击及信息垃圾等。随着攻击技术的不断发展，攻击的手段也由原来单一的攻击手段向结合多种攻击手段的综合性攻击发展。如网络嗅探、拒绝服务、木马等攻击手段的结合将带来更大的危害。

3）企业内部对安全威胁的认识的变化。企业网络安全的防护中心以前一直定位于网络边界及核心数据区，通过部署各种安全设备实现安全保障。但是，随着企业网络边界安全体系的基本完善，网络安全事件仍然不断发生。内部员工安全管理上的不足和员工上网使用不当等行为带来的安全风险更为严重。因此企业管理人员也逐步认识到加强内部安全管理、采取相关的安全管理技术手段控制企业网络安全风险的重要性。

❶ CNCERT/CC 2010 年上半年网络安全工作报告。

3. 工作任务

（1）通过 Internet 搜索历史上相关网络安全事件，并分析导致其发生的主要原因。

（2）通过 Internet 搜索权威机构发布的安全事件统计情况，并对安全事件发展的趋势做出分析。

任务 1.1.2　了解计算机网络安全的定义及评价标准

1. 学习目标

（1）理解对计算机网络安全的定义。

（2）熟悉计算机网络安全的评价标准。

2. 背景知识

（1）计算机网络安全的定义。计算机网络安全是集合了计算机科学、网络技术、通信技术、密码技术、信息安全技术、应用数学、数论、信息论等多门学科的一门综合性学科。

计算机网络安全的主要目标是保护计算机网络系统中的软件、硬件及信息等资源，使其不会因为偶然的或者恶意的原因而遭到破坏、更改、泄露，系统可以连续可靠地正确运行，网络服务不被中断。

计算机网络安全应具备的几个特征如下：

1）保密性：防止在网络上传递的信息泄露给非授权用户、实体或过程，信息只提供给授权用户使用。

2）完整性：保证网络上传输的信息在存储、传输过程中不被篡改。

3）可靠性：保证计算机网络系统能够在规定的条件下及规定的时间内完成规定的功能。

4）可用性：保证被授权实体能够访问所需要的信息。

5）可控性：对网络信息的传播及内容具有控制能力。

6）不可抵赖性：对出现的安全问题能够提供依据与手段。

（2）计算机网络安全的评价标准。在国际上，发布于 1985 年的美国国防部可信计算机系统评价标准（Trusted Computer Standards Evaluation Criteria，TCSEC），即网络安全橙皮书，是世界上第一个关于信息产品安全的评价标准。其他各个国家也根据自己的国情制定了相关的标准。

1）国际评价标准：自从网络安全橙皮书成为美国国防部的标准以来，它一直是作为评估多用户主机、小型操作系统、数据库系统、计算机网络系统的主要方法。橙皮书把安全的级别从低到高分成 4 个类别：D 级、C 级、B 级和 A 级，其中每级又分几个子级，如表 1-1 所示。

表 1-1　橙皮书的安全级别

类别	级　别	名　　称	主　要　特　征
D	D	低级保护	没有安全保护
C	C1	自主安全保护	自主存储控制
	C2	受控存储控制	单独的可查性，安全标识
B	B1	标识的安全保护	强制存取控制，安全标识
	B2	结构化保护	面向安全的体系结构，较好的抗渗透能力
	B3	安全区域	存取监控、高抗渗透能力
A	A	验证设计	形式化的最高级描述和验证

其中，D 级安全等级最低，它只给文件和用户提供安全保护，对于硬件来说，是没有任何保护措施的。操作系统容易受到损害，没有系统访问限制和数据访问限制，任何人不需任何账户都可以进入系统，不受任何限制可以访问他人的数据文件。属于这个级别的操作系统有 DOS 和 Windows 98 等。

C 级中有 C1 和 C2 两个子级。其中，C1 系统的可信计算基础体制通过将用户和数据分开来达到安全的目的。这种级别的系统对硬件又有某种程度的保护，如用户拥有注册账号和口令，系统通过账号和口令来识别用户是否合法，并决定用户对程序和信息拥有什么样的访问权，但硬件受到损害的可能性仍然存在。

用户拥有的访问权是指对文件和目标的访问权。文件的拥有者和超级用户可以改变文件的访问属性，从而对不同的用户授予不同的访问权限。

C2 级除了包含 C1 级的特征外，C2 级应该具有访问控制环境（Controlled-access Environment）权力。该环境具有进一步限制用户执行某些命令或者访问某些文件的权限，而且还加入了身份认证等级。另外，系统对发生的事情加以审核，并写入日志中，如什么时候开机，哪个用户在什么时候从什么地方登录等。这样通过查看日志，就可以发现入侵的痕迹。如发现多次登录失败信息，表明可能有人尝试入侵系统。审计除了可以记录系统管理员执行的活动以外，还加入了身份认证级别，这样就可以知道谁在执行这些命令。但审计的缺点在于它需要额外的处理时间和磁盘空间。

能够达到 C2 级的常见操作系统有 UNIX 系统、Novell 3.x 或者更高版本、Windows NT、Windows 2000 和 Windows 2003。

B 级中有三个级别。B1 级，又称标志安全保护级别（Labeled Security Protection），是支持多级安全（如秘密和绝密）的第一个级别。这个级别说明处于强制性访问控制之下的对象，系统不允许文件的拥有者改变其许可权限。

安全级别存在保密级别、绝密级别，这种安全级别的计算机系统一般在政府机构中。

B2 级，又称结构保护级别（Structured Protection），它要求计算机系统中所有的对象都要加上标签，而且给设备（磁盘、磁带和终端）分配单个或者多个安全级别。

B3 级，又称安全域级别（Security Domain），使用安装硬件的方式来加强域的安全。例如，内存管理硬件用于保护安全域免遭无授权访问或更改其他安全域的对象。该级别也要求用户通过一条可信任途径连接到系统上。

A 级，又称验证设计级别（Verified Design），是当前橙皮书的最高级别，它包含了一个严格的设计、控制和验证过程。该级别包含了较低级别的所有安全特性。

在美国发表 TCSEC 之后，欧洲各国也进行了信息技术的安全问题研究，同时也发布了自己的信息技术安全评价标准。例如，在英国，CESG 备忘录 3 提供给政府部门使用，工商部的建议“绿皮书”提供给信息技术安全产品作为参考。德国的信息技术安全局在 1989 年发布了自己的标准。同年，法国也发布了自己的标准“蓝—白—红书”。

为了统一标准，1991 年德国、法国、荷兰和英国等国家共同发布了“信息技术安全评价标准（Information Technology Security Evaluation Criteria, ITSEC）V1.2”。

2）国内评价标准：1999 年 10 月，我国根据《计算机信息系统安全保护等级划分准则》并经过国家质量技术监督局批准发布，将计算机安全保护划分为以下五个级别。

第一级：用户自主保护级，它的安全保护机制使用户具备自主安全保护的能力，保护用户的信息免受非法的读/写破坏。

第二级：系统审计保护级，除具备第一级所有的安全保护功能外，要求创建和维护访问的审计跟踪记录，使所有的用户对自己行为的合法性负责。

第三级：安全标记保护级，除继承前一个级别的安全功能外，还要求以访问对象标记的安全级别限制访问者的访问权限，实现对访问对象的强制保护。

第四级：结构化保护级，在继承前面安全级别安全功能的基础上，将安全保护机制划分为关键部分和非关键部分，对关键部分直接控制访问者对访问对象的存取，从而加强系统的抗渗透能力。

第五级：访问验证保护级，增设了访问验证功能，负责仲裁访问者对访问对象的所有访问活动。

3. 工作任务

（1）举例说明计算机网络安全是一门集多门学科于一体的综合性学科。

（2）说明计算机网络安全的评价标准对网络安全建设的主要意义。

任务 1.1.3　认识网络安全的威胁

1. 学习目标

（1）了解网络安全的威胁因素。

（2）理解网络安全的分类。

2. 背景知识

Internet 作为信息时代的重要标志已经深入渗透到现实世界的政治、经济、文化、军事和科技等许多领域，每个国家都开始将网络作为领土、领海、领空后的新的安全空间。很多国家都已经加强在网络安全维护力量上的建设，努力通过各种措施来防范和遏制网络对国家安全造成威胁。据美国 FBI 统计，83%的网络安全事故是由内部人员与外部人员勾结而造成的。而据我国公安部统计，70%的泄密犯罪来自内部。

（1）威胁网络安全的主要因素。

1）管理因素：管理是维护一个网络安全的重要因素。责权不明、管理者素质低下、用户安全意识淡薄、管理制度不健全或可操作性差等都会使网络受到安全威胁。例如，网络在受到攻击或其他一些安全威胁时无法进行实时的检测、监控、报告和预警。

2）技术因素：网络中主要的对象（如操作系统、软件及通信协议等）本身存在的安全漏洞；加密和解密、入侵检测技术等相关安全产品仍不完善；病毒的千变万化、层出不穷；黑客程序在网络上的肆意传播等技术问题都是当前网络安全中不可避免的威胁因素。

3）人为因素：人为的无意失误，如用户的安全设置不当造成的安全漏洞，用户的空口令或弱口令，没有访问关键系统权限的员工因误操作而进入关键系统都会对网络安全造成威胁。人为的攻击，如以各种方式有选择地破坏信息的完整性和有效性的主动攻击或在不影响正常工作下进行窃取、截获重要机密信息的被动攻击等。

（2）网络安全威胁的种类。网络安全威胁主要可以分成以下三类。

1）非授权访问：即没有事先经过同意，通过假冒身份攻击、系统漏洞等手段来获取系统的访问权限，从而使非法用户进入网络系统来使用网络资源，造成资源的消耗或损坏，损害合法用户的利益。

2）拒绝服务攻击：拒绝服务（Denial of Service，DoS）是一种破坏性的攻击，而且危害性很大，攻击者通过某种方法使得系统响应减慢甚至瘫痪，从而阻止合法用户获得服务。

拒绝服务攻击不需要高级的技术和技巧，也不需要目标服务器的任何访问权限，因此发动攻击相对比较简单，而且发生的概率也有不断增加的趋势。到目前为止还没有一种很好的方法来确认攻击者的身份。

3）数据欺骗：主要包括捕获、修改和破坏可信主机上的数据。攻击者还有可能对通信线路上的网络通信进行重定向。另外，协议和操作系统内在的缺陷也有可能导致上述问题。这种攻击的一个典型例子就是对 Web 站点的攻击，在此类攻击中，攻击者往往会修改网页的内容，从而达到欺骗网络用户的目的。

3. 工作任务

（1）对当前网络的主要应用服务存在的安全威胁进行分析，如针对企业 Web 2.0 应用的安全威胁（病毒、僵尸网络、路过式下载、恶意软件、钓鱼攻击、特洛伊木马等）。

（2）根据当前网络及其相关应用的发展趋势，分析未来网络安全的主要威胁因素，如移动办公网络、虚拟化技术、云计算等。

（3）试说明作为一个网络管理者或是一个普通用户，如何来应对存在的网络安全威胁。

任务 1.1.4　理解网络安全的脆弱性

1. 学习目标

理解网络安全脆弱性的原因。

2. 背景知识

脆弱性主要是指计算机网络系统在硬件、软件、协议设计与实现，以及系统采取的安全策略等存在的不足或缺陷。它的存在会导致非授权用户能够获取或提高访问权限，从而破坏网络系统。

（1）操作系统安全的脆弱性：操作系统的体系结构本身就存在安全问题，这也是计算机系统不安全的根本原因。例如，目前主流的操作系统（如 Windows 系统、UNIX 系统）的 I/O 驱动程序及系统服务都可以利用升级补丁的方式进行动态链接，这使得病毒可以很方便地利用它来入侵操作系统，从而使系统变得脆弱。系统提供的 Debug 和 Wizard 等程序可以将执行程序进行反汇编，从而对程序的执行过程进行跟踪，这也经常被黑客所利用。

（2）网络协议的脆弱性：TCP/IP 是目前 Internet 的核心协议，它还包含了 FTP、Telnet、RPC、NFS、SMTP 等协议。由于 TCP/IP 形成于网络诞生之初，所以在设计上遵循的是简单实用的原则，因此在网络安全方面的考虑存在着不足，特别是面对当今规模日益庞大的 Internet，其在网络安全上的脆弱性逐渐显现。

（3）数据库系统的脆弱性：目前网络上大部分商业应用都要依赖数据库系统，然而数据库的安全管理跟操作系统一样，建立在分级管理的概念之上，所以它的安全性也相对比较脆弱。

（4）应用软件的脆弱性：应用软件在设计和实现时，程序员可能由于编程的疏忽或为了自我方便而设计了一些后门，从而留下了很大的安全隐患。

（5）安全管理的脆弱性：对现有信息系统大多都缺少安全管理员，缺少安全管理的技术规范，缺少定期的安全检测，更缺少安全监控，这使得安全管理也变得脆弱。

3. 工作任务

（1）列举因 Windows、Linux 等操作系统本身的脆弱性而导致的历史安全事件。

（2）列举因网络协议的脆弱性而导致的历史安全事件。

（3）列举因数据库系统的脆弱性而导致的历史安全事件。

任务 1.2　网络安全方案规划

任务 1.2.1　了解网络安全防御体系结构

1. 学习目标

（1）了解一套科学、可行的网络安全防御体系的重要性。

（2）熟悉网络安全防御体系的层次结构。

2. 背景知识

安全防御体系应该是融合了技术体系和管理体系的解决网络安全问题的体系，它具备全面性、过程性、动态性、层次性和平衡性等特性。一个完整的安全防御体系应该根据网络应用的整体现状，建立以安全策略为核心，以安全技术为保障，以安全管理为手段的全方位、动态的安全防御系统。所以，在整个体系中，安全策略、安全技术及管理手段是非常重要的环节。

（1）安全策略。安全策略是整个安全防御体系的核心，它是对来自网络内外的安全威胁进行防御的安全措施的集合，一般它遵循动态性、简单性和系统性等原则，从网络分层结构的角度来对网络各个层次的安全状况提出相应的安全策略。

1）物理层和链路层：在这两层之上主要是保证信息传输的安全性、完整性和可获性，改善通信链路的性能，使其能够最大限度地提供可靠、通畅及便捷的数据链路。而安全策略主要考虑的因素有通信介质、主机等物理设备、机房安全和人为破坏等。

2）网络层：主要涉及交换与路由相关设备。安全策略主要考虑网络信息的安全性，包括网络身份认证、网络资源的访问控制、数据传输的保密与完整性、远程接入的安全、域名系统的安全、路由系统的安全、防火墙应用、病毒防范和入侵检测等手段。

3）操作系统层：在此层，安全策略主要考虑的因素包括操作系统的安全配置、操作系统的漏洞检测、操作系统的漏洞修补等，它是衡量网络操作系统安全性、可靠性的依据。

4）应用层：应用层的安全策略主要考虑业务网络对用户提供服务所采用的应用软件和数据的安全性。应用层安全要求能保护合法用户对数据的合法存取，阻止非法用户对数据进行非授权的访问、转移、修改和破坏。它包括身份认证、访问控制、数据库系统中数据的安全性等几方面。

（2）安全技术。常见的安全技术主要包括访问控制技术、数据加密技术、防火墙技术、入侵检测技术、审计跟踪技术、病毒防范技术、扫描评估技术、备份还原技术等。

1）访问控制技术：是网络安全防御的主要策略之一，主要保证网络资源不被非授权使用和访问。访问控制技术主要包含入网访问控制、网络权限控制、目录级控制及属性控制等手段。

2）数据加密技术：是实现网络安全的主要策略之一，是实现分布式系统和网络环境下数据安全的重要手段。它的核心内容就是密码学，其中包括数据加密、数字签名、身份认证、密钥管理等内容。

3）防火墙技术：建立在现代通信技术和信息安全技术基础上的应用性安全技术，它一般被设置在不同网络（如可信的企业内部网络和不可信的公共网络）或网络安全域之间，是一系列部件的组合，主要包括包过滤、服务访问策略、验证工具和应用网关等几部分。

4）入侵检测技术：能够识别针对计算机或网络资源的恶意企图或行为，并对此做出相应反应的安全技术。它能够检测非授权对象针对系统的入侵企图或行为，同时监控授权对象对系统的非法操作。

5）审计跟踪技术：一种在安全事件发生后进行追查的主要手段，它能对涉及计算机操作系统、数据库管理系统、网络管理系统等系统的操作进行完整记录，以便实时地监控、报警或进行事后分析、统计、报告，通过事后查询来保证系统安全。

6）病毒防范技术：主要可以通过杀毒工具、系统及软件漏洞的修补，以及规范的操作行为来防范病毒对客户端及服务器的感染。

7）扫描评估技术：一项主动检测网络系统漏洞的技术，它模拟黑客的攻击方法对目标系统（如服务器、数据库系统、网络设备、工作站等）可能存在的安全漏洞进行检测，并给出安全分析报告，指出系统存在的漏洞和相关弥补措施和建议，为提高网络安全的整体水平提供重要依据。

8）备份还原技术：灾难备份与还原技术，它利用技术、管理手段及相关资源来确保关键数据能够在灾难发生后尽可能地还原。

（3）管理手段。完善的网络管理手段是网络安全技术和安全策略的有效补充，使得整个网络安全防御体系更可靠、更安全。而网络安全管理制度是其中一个重要的措施，应该组织相关工作人员认真学习《计算机信息网络国际互联网安全保护管理办法》，提高其维护网络安全的自觉性和警惕性。

（4）安全防御体系的设计模型。网络安全防御体系是一个动态的、基于时间变化的概念。为确保网络与信息系统的抗攻击性能，保证信息的完整性、可用性、可控性和不可否认性，在设计网络安全防御体系时需结合不同的安全保护因素，如防火墙、防毒软件和安全漏洞检测工具，来创建一个比单一防护更有效的综合保护屏障。多层、安全互动的安全防护将大大增加黑客攻击的难度和成本，因此他们对网络系统的攻击也将大大减弱。如图 1-2 所示，为一个网络安全防御的基本模型。

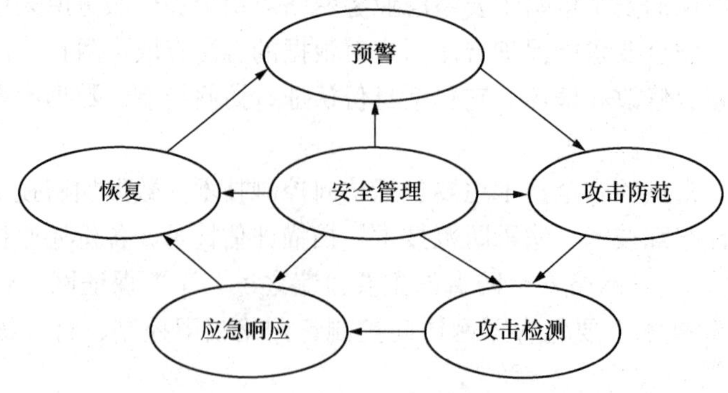

图 1-2　网络安全防御的基本模型

（5）网络安全防御体系工作流程。本过程主要分为三个步骤，即攻击前的防范、攻击工程中的防范及攻击过后的恢复处理。

1）攻击前的防范，主要是负责对日常的防御工作及对实时的消息进行防御。一般防火墙作为第一道防范，负责控制进入网络的访问控制，既进行了日常的防御工作，也对实时的消息进行防御。接着，系统漏洞检测系统和安全评估软件，一个从内一个从外，详细地扫描安全漏洞并一一列举系统的漏洞，并给出最佳解决方法。另外，邮件过滤系统、PKI、VPN 等都是进行日常的防御工作。

2）攻击过程中的防范，主要负责对实时的攻击做出反应。预警系统和入侵检测系统检测通过防火墙的数据流，并进行进一步检查，综合分析各种信息，动态分析出哪些是黑客对系统做出的进攻，并立即做出响应。通过分析系统审计日志中大量的跟踪用户活动的细节记录来发现入侵，分别在网络级和系统级上共同探测黑客的攻击并及时做出反击，防止黑客进行更深一步的破坏。

3）攻击过后的恢复处理，攻击过后的应对部分主要是在造成一定损害时，由应急响应与灾难恢复子系统进行处理。

3. 工作任务

（1）以某一种类型的网络为背景（如办公网络、网吧、宿舍网络等），为其设计安全防御系统方案。

（2）说明网络管理手段在公司网络管理中的必要性。

任务 1.2.2 网络安全的规划

1. 学习目标

（1）明确进行网络安全规划的目的。

（2）确定网络安全规划的内容及一般步骤。

2. 背景知识

（1）规划的依据。网络安全的规划一定要依据相关的法规和标准来进行，这也是保证网络安全的一个前提条件。主要的法规如下：

1）GB/T 22080—2008 《信息技术安全技术信息安全管理体系要求》（ISO/IEC 27001：2005）。

2）GB/T 22081—2008 《信息技术安全技术信息安全管理实用规则》（ISO/IEC 27002：2005）。

3）ISO/IEC TR 15443：2005《信息技术安全保障框架》。

4）ISO/TEC 13335：2004《信息技术安全管理指南》。

（2）规划的主要内容。网络安全规划的主要内容一般分为以下几个方面：

1）物理安全规划，主要包含环境安全、设备安全、介质安全等方面。

2）网络安全规划，主要包括网络安全区域的划分、制定安全的访问控制策略等。

3）主机与系统安全规划，主要包括系统的加固、病毒防护、防止信息泄露、补丁升级等。

4）应用安全规划，主要包括各类应用服务器的安全规划。

5）数据安全规划，主要包括各类数据库服务器的安全规划。

（3）规划的一般步骤。网络安全规划的一般步骤需要根据当前网络系统的现状来分析其

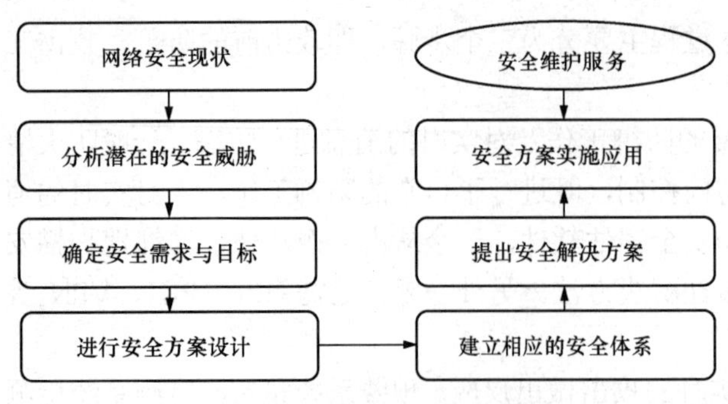

图 1-3 网络安全规划的一般流程

中潜在的威胁因素，然后提出相应的安全需求与目标，之后才能进行安全方案的设计及安全体系的建立，然后提出安全解决方案，最后再对该方案进行实施应用，具体流程如图 1-3 所示。

3. 工作任务

（1）对当前网络系统进行安全需求分析与风险分析，提出安全需求与目标。

（2）对当前网络系统的网络进行规划，确定子网划分与虚拟子网划分的方案。

（3）提出对当前网络系统的安全访问控制策略的建议。

（4）提出对当前网络系统的备份与恢复方案。

（5）建立一套应急事件处理规程。

任务 1.3 网络安全项目环境设计

任务 1.3.1 网络拓扑图设计

1. 学习目标

（1）掌握网络拓扑图的设计方法。

（2）掌握 Microsoft Visio 的网络拓扑图的绘制方法。

2. 背景知识

在网络工程的建设中，网络拓扑图是网络工程师实施网络建设方案的一张图纸。同时，在日常的网络管理中，网络拓扑图又成为网络管理员管理网络的一个必备工具，它能帮助管理员更清楚地了解所管网络的所有网络设备的真实连接情况、子网划分情况、设备分布情况、运行情况、连接状态及链路负载等情况，从而快速地解决网络问题。

（1）网络拓扑图设计工具。对于网络拓扑图的绘制工具有很多，结构简单的拓扑图可以通过 Microsoft Word 中的绘图工具或 Windows 系统的“画图”程序完成。对于结构复杂、规模较大的网络拓扑结构图，则可以通过微软公司的 Microsoft Visio 等软件完成。

Microsoft Visio 是微软公司开发的一款高级绘图软件，它可以绘制流程图、网络拓扑图、组织结构图等，也可以帮助网络工程师创建商业和技术方面的图形，对复杂的概念、过程及系统进行组织和文档备案。

（2）网络拓扑图的设计原则。网络拓扑图的设计主要是确定各种设备以何种方式连接起来。根据企业的网络规模、网络体系结构、采用的协议及扩展和升级管理等多个方面来进行考虑。网络拓扑结构设计的好坏直接影响到网络的整体性能。

局域网常用的拓扑结构主要有总线型、星型、环型及混合型拓扑等，不同的网络控制策略（即网络数据的传输方式、通信协议和控制方法）所使用的网络连接设备也不相同，所以，在网络规划或设计时必须首先确定网络的拓扑结构。

3. 工作任务

（1）为 Microsoft Visio 2003 添加思科 Cisco、锐捷 Ruijie 等设备厂商的产品图标。

（2）使用 Microsoft Visio 2003 绘制网络安全方案拓扑图，如图 1-4 所示。

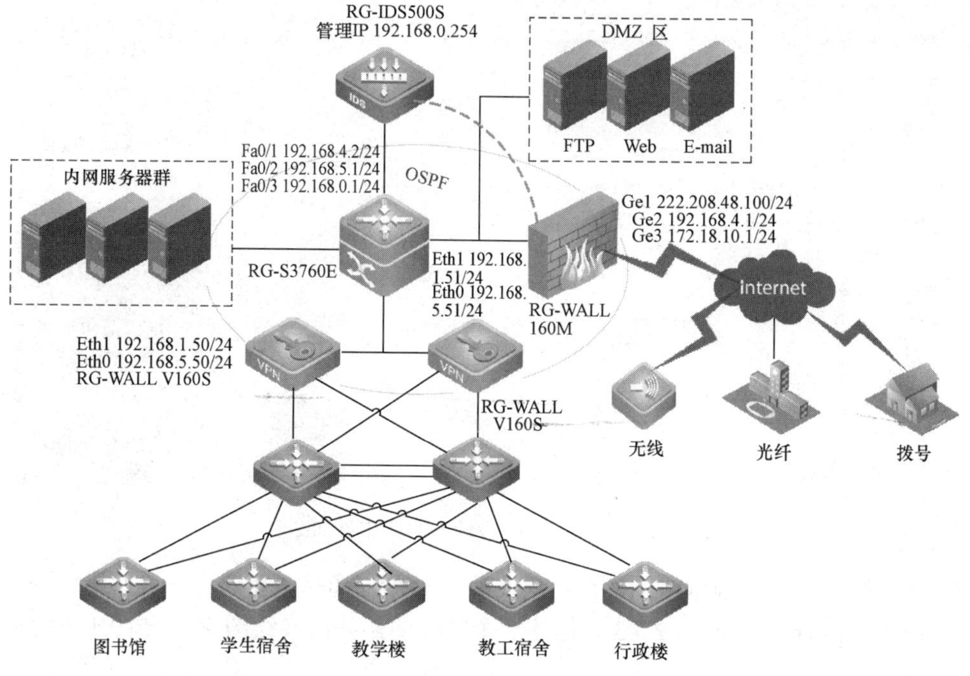

图 1-4　网络安全方案拓扑图

4. 任务实施

利用 Microsoft Visio 2003 来设计如图 1-4 所示的网络拓扑的过程如下。

（1）下载产品图标。Microsoft Visio 2003 具有丰富的设备图标，但是为了更形象地表示方案中的产品，在本次任务中将用设备厂商提供的图标。可以通过 Internet 的搜索引擎查找并下载支持 Microsoft Visio 2003 的图标文件（*.vss）。如图 1-5 所示为锐捷网络设备产品的图标。

名称	修改日期	类型	大小
RG安全产品.vss	2009/8/25 19:10	Microsoft Visio 模具	496 KB
RG办公设备.vss	2009/8/25 19:31	Microsoft Visio 模具	299 KB
RG存储产品.vss	2009/8/25 19:22	Microsoft Visio 模具	2,283 KB
RG服务器.vss	2009/8/25 19:25	Microsoft Visio 模具	440 KB
RG交换机.vss	2009/8/25 19:03	Microsoft Visio 模具	160 KB
RG路由.vss	2009/8/25 18:58	Microsoft Visio 模具	172 KB
RG其它.vss	2009/8/25 19:31	Microsoft Visio 模具	339 KB
RG数据库.vss	2009/8/25 19:26	Microsoft Visio 模具	1,441 KB
RG无线产品.vss	2009/8/25 19:06	Microsoft Visio 模具	389 KB

图 1-5　锐捷网络设备产品的图标

（2）运行 Microsoft Visio 2003。在“开始”→“程序”菜单中，单击展开 Microsoft Office 菜单，单击运行 Microsoft Office Visio 2003 程序，进入 Microsoft Visio 2003 程序主界面，如

图 1-6 所示。

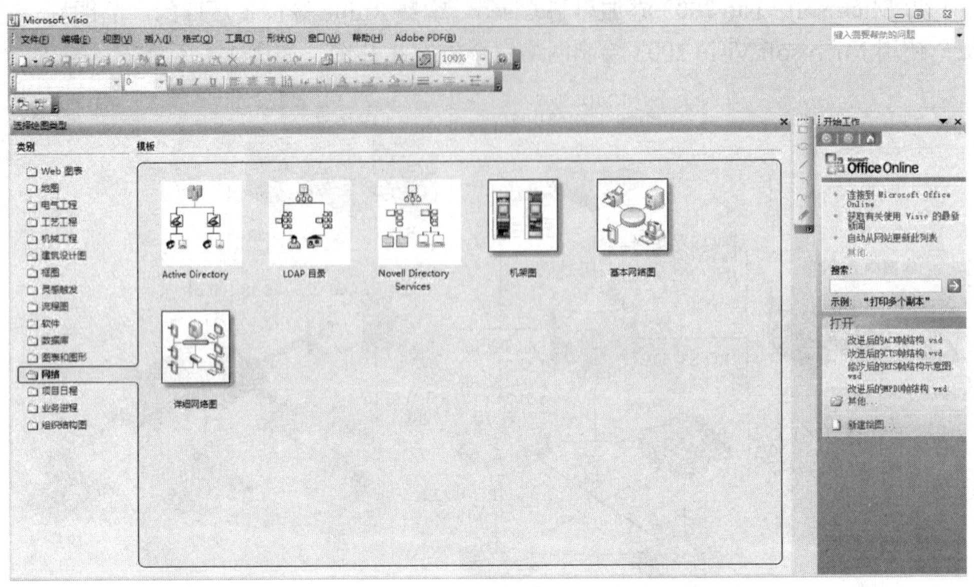

图 1-6　Microsoft Visio 2003 主界面

（3）新建一个新的详细网络图。单击“文件”菜单，选择“新建”→“网络”→“详细网络图”命令，Microsoft Visio 2003 会创建一个空白的拓扑图（绘图 1），如图 1-7 所示。

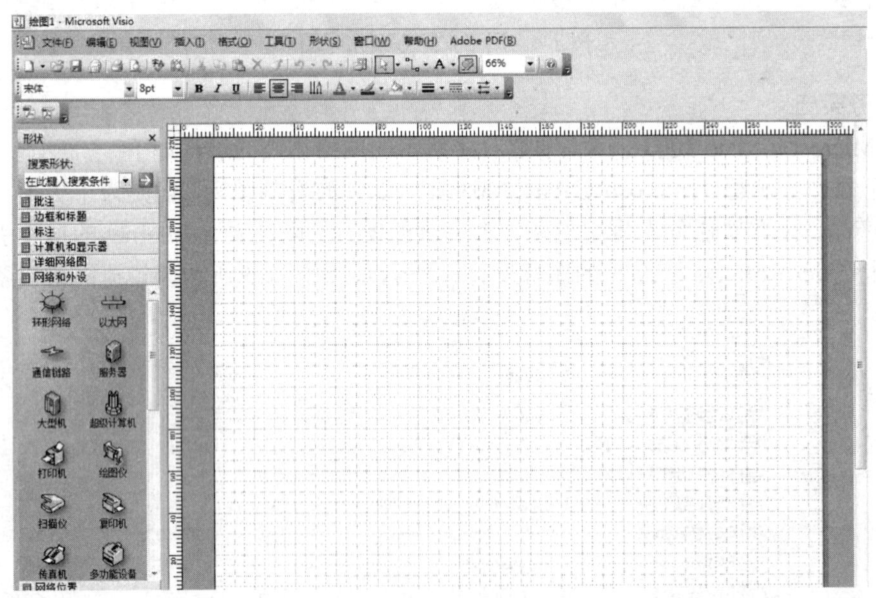

图 1-7　绘图 1

在窗口左侧有绘制网络拓扑图所需要的元件，如计算机和显示器、详细网络图、网络和外设、网络位置、网络符号、服务器等。在右侧的空白区域中可以将左侧的元件通过鼠标的拖放操作来放置在其中的空白区域。

（4）添加新的设备图标。进入所下载的*.vss 文件所在目录，双击所要添加的设备的文件，如“RG 安全产品.vss”或“RG 交换机.vss”，在 Microsoft Visio 2003 中添加相关安全设备图标，如图 1-8 所示。

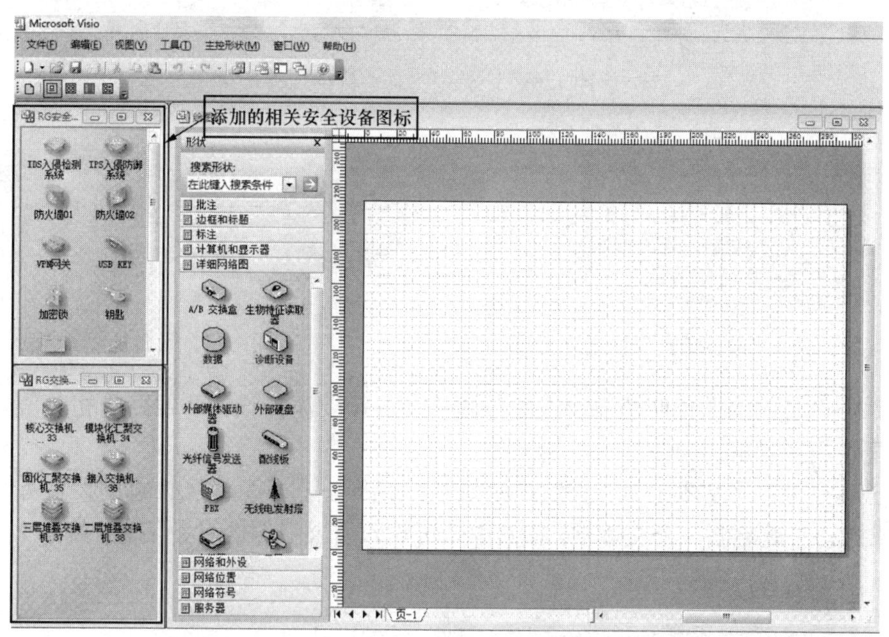

图 1-8　添加锐捷网络设备

（5）添加设备到拓扑图中。在新添加的 RG 交换机设备列表中，单击选择“核心交换机”项，然后按住鼠标左键不放，将其拖至右侧的空白区域中。此时，设备图标的 8 个方向上都有一个绿色的小方块，将鼠标移至其上面出现伸缩箭头时，可以调整该设备的大小，将鼠标移至设备顶端的绿色圆点时，可以旋转该图标，如图 1-9 所示。

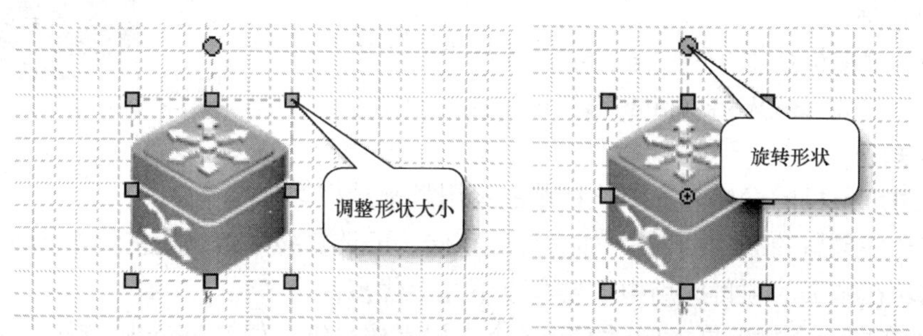

图 1-9　绘制图标

依次类推，在右侧图中添加如图 1-4 所示的所有设备图标。

（6）设备之间的连线。设备添加好后可以使用相关的线缆将设备进行连接。

单击工具栏上的“绘图工具”按钮，如图 1-10 所示，在弹出的“绘图”工具栏中选择“线条工具”按钮，如图 1-11 所示，用鼠标左键单击起始的设备的连接位置，然后按住鼠标左键不放，将线条拖放至要连接的另一个设备的连接位置，并松开鼠标左键，此时，两个设备之间的线缆就连接完成了，如图 1-12 所示。

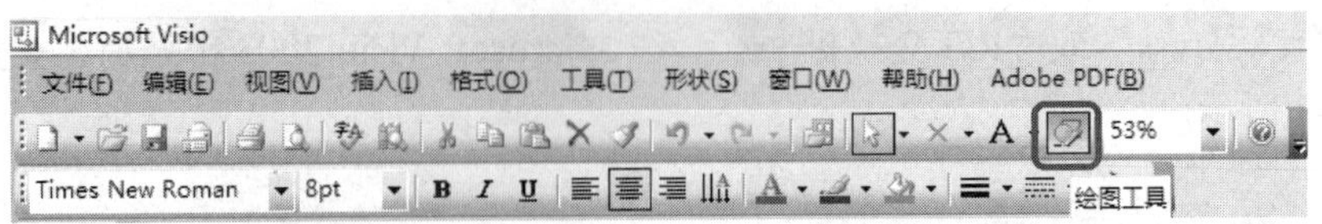

图 1-10 “绘图工具”按钮

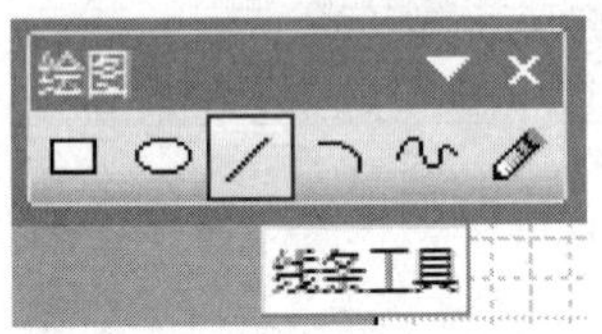

图 1-11 “线条工具”按钮

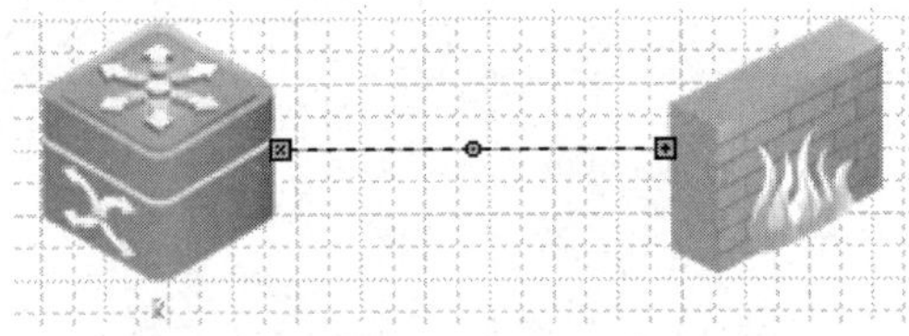

图 1-12 设备连线

（7）添加设备的辅助说明信息。在拓扑图中一般需要添加设备和线路的相关信息，使拓扑图更便于使用者理解。

单击工具栏中的“文本工具”按钮，如图 1-13 所示，在需要添加信息的设备旁边单击鼠标左键，或拖动左键绘制一个文本框，在其中即可输入所要说明的设备信息，如图 1-14 所示。

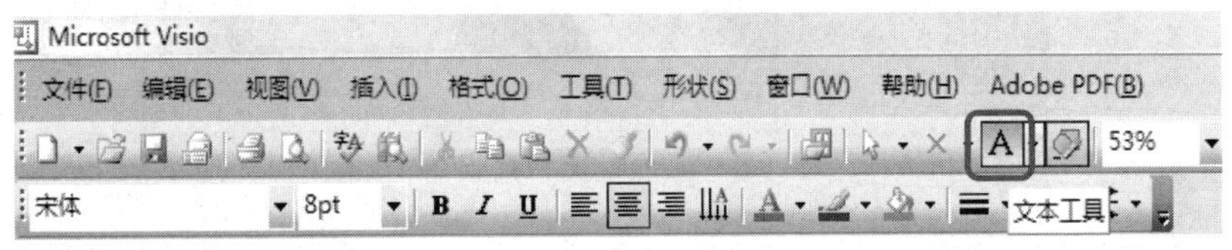

图 1-13 “文本工具”按钮

任务 1.3.2 虚拟环境构建

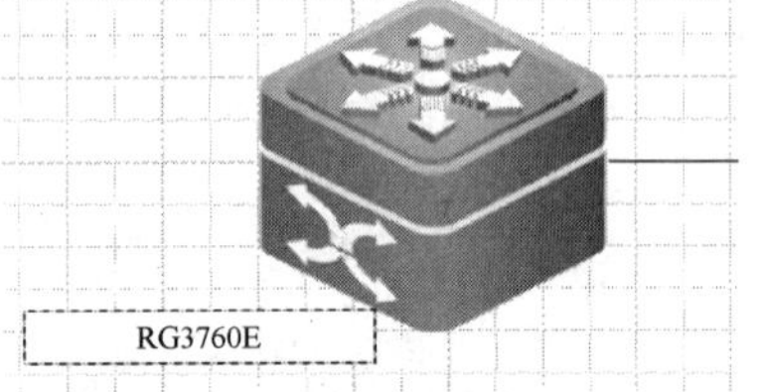

图 1-14 输入设备信息

1. 学习目标

（1）了解虚拟机技术在网络安全实训项目中的应用。

（2）掌握 VMware Workstation 虚拟机软件的使用。

2. 背景知识

（1）使用虚拟机的好处。虚拟化技术的运用越来越广泛，包括在一些最新的 IT 技术中，如虚拟化存储、云计算技术等。它能够给企业节约成本、提高能效比。在本书的项目应用中主要有以下几个优点：

1）可以在同一个物理机上同时安装多个虚拟操作系统，如 Windows、Linux 系统，而且这些虚拟机可以方便地共存，互不影响。

2）虚拟机之间可以通过网络进行互连，可以方便地构建网络安全的实验环境。

3）利用虚拟机的快照（Snapshot）功能，可以保存任何操作点的实验配置，并在需要的时候快速还原。因为在网络安全实验时，经常会涉及一些破坏系统的操作，严重的可能导致系统崩溃。所以，如果使用快照功能，可以在发生这些情况时，快速地恢复实验环境。

（2）目前主要的虚拟机软件。目前常用的虚拟机软件主要有三种，分别如下。

1）微软公司的 Microsoft Virtual PC，简称 VPC。它可以运行在 Windows 和 Mac OS 操作系统上，支持的操作系统主要是 Windows，其他操作系统可以选择“其他”选项来进行安装。

Virtual PC 最初是由 Connectix 公司开发，并只能运行在 Mac OS 上。2003 年，它被微软公司收购，并改名为 Microsoft Virtual PC，主要为微软相关课程培训时作模拟用途。

2）VMware 公司的 VMware Workstation，简称 VMW，它可以运行在 Windows 和 Linux 操作系统上，支持的操作系统有 Windows、Linux、Novell NetWare、Sun Solaris、FreeBSD、MS-DOS 等。

3）innotek 公司的 VirtualBox，简称 VBX，它可以运行在 Windows 和 Mac OS 操作系统上，支持的操作系统有 Windows、Linux、OpenBSD 等。

（3）VMware Workstation 虚拟机软件简介。VMware Workstation 是一款功能强大的桌面虚拟计算机软件，提供用户可以在单一桌面上同时运行不同操作系统，并进行开发、测试、部署新的应用程序的最佳解决方案。在一台计算机上将硬盘和内存的一部分拿出来虚拟出若干台计算机，每台计算机可以运行单独的操作系统而互不干扰。这些虚拟计算机拥有各自独立的 CMOS、硬盘和操作系统，用户可以像使用普通计算机一样对它们进行分区、格式化、安装系统和使用应用软件等操作。所有的操作都是一个虚拟的过程，不会对真实的主机造成影响。还可以将这几个操作系统构成一个网络环境。

因为要考虑到在一台计算机上面安装多个操作系统，所以该计算机的内存必须要大一些，具体硬件配置情况如表 1-2 所示。

表 1-2　安装虚拟主机的计算机硬件配置

设　备	配 置 要 求	设　备	配 置 要 求
内存	建议 256MB 以上	网卡	10Mb/s 或者 100Mb/s 网卡
CPU	1GHz 以上	DVD 光驱	16 倍速以上
硬盘	20GB 以上		

注：如果在一台物理机上运行多个虚拟系统，则给每个虚拟系统的内存总额应该小于实际的物理内存，否则会造成后运行系统无法运行或运行速度缓慢。

3. 工作任务

（1）VMware Workstation 虚拟机软件的安装。

（2）VMware Workstation 的网络设置方法。

（3）VMware Workstation 快照功能的使用。

4. 任务实施

（1）安装 VMware Workstation 的准备。访问 VMware 公司的官方网站[1]，下载最新的 VMware Workstation 软件，本项目主要使用 VMware Workstation 7.1，安装环境为 Windows XP SP3 系统。

（2）安装 VMware Workstation 软件。双击下载的安装程序包，进入程序的安装过程。首先进入安装包装载对话框，如图 1-15 所示。装载完成之后进入安装向导，如图 1-15 所示，单击 Next 按钮，进入选择安装类型的对话框，如图 1-17 所示。选择 Typical 按钮，进入典型安装的步骤。

[1] http://www.vmware.com/cn/

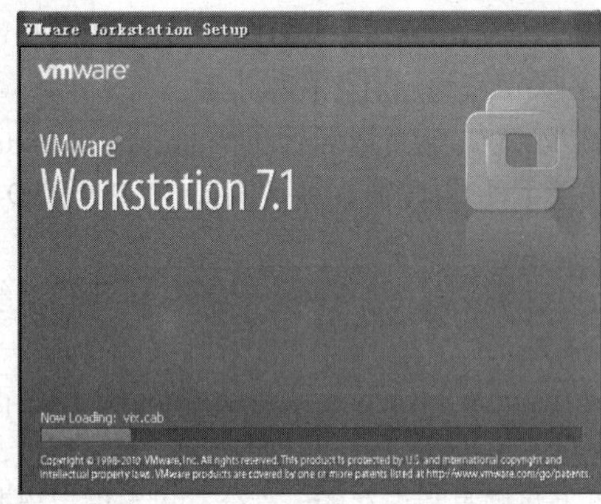

图 1-15　安装包装载对话框

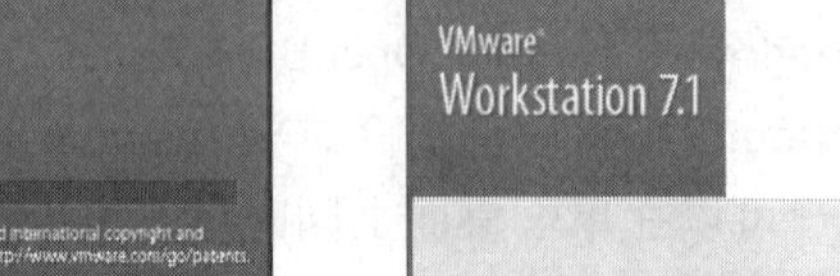

图 1-16　安装向导

在如图 1-18 所示对话框中，单击 Cancel 按钮，更改虚拟机程序安装的路径，然后单击 Next 按钮，进入软件更新设置对话框，如图 1-19 所示。单击选中 Check for product updates on startup 复选框，可以设置在程序启动的时候检查软件的更新。设置后，单击 Next 按钮，进入用户使用信息反馈设置对话框，如图 1-20 所示。单击选中 Help improve VMware Workstation 复选框，可以设置发送匿名的系统数据及使用统计信息给 VMware 公司。

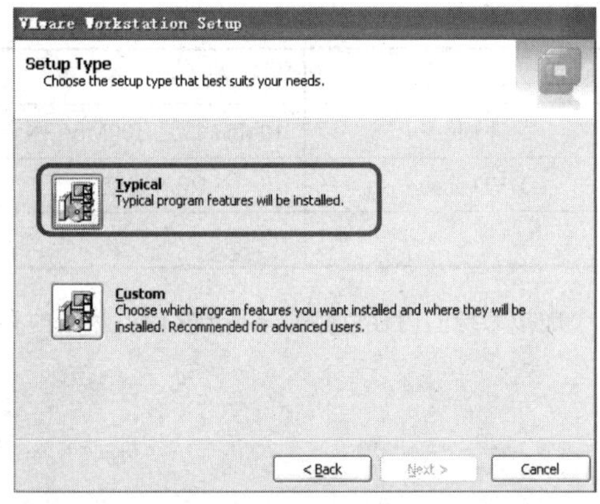

图 1-17　选择安装类型

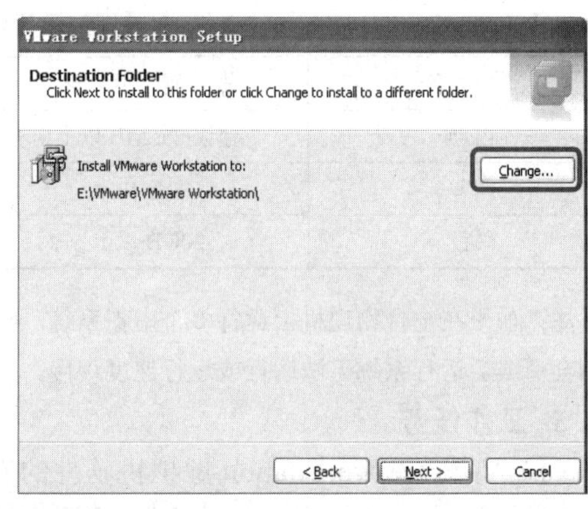

图 1-18　选择安装路径

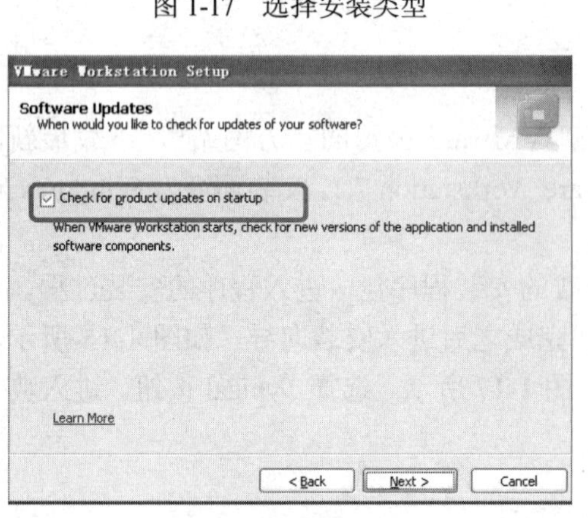

图 1-19　软件更新设置

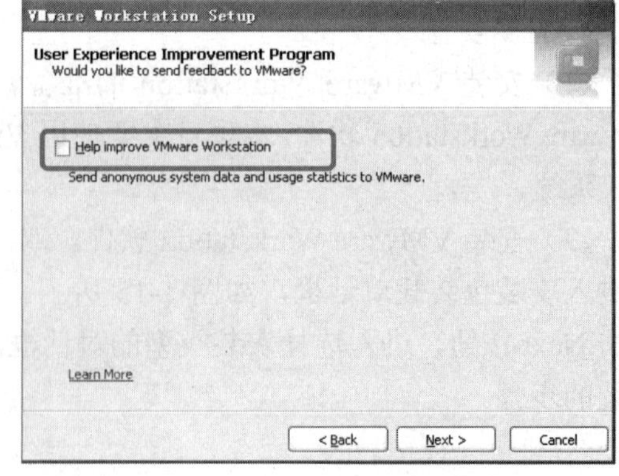

图 1-20　用户使用信息反馈设置

单击 Next 按钮，进入快捷方式设置对话框，如图 1-21 所示。选择需要的快捷方式的复选框，然后单击 Next 按钮，进入准备正式安装对话框，如图 1-22 所示。单击 Continue 按钮进行安装。

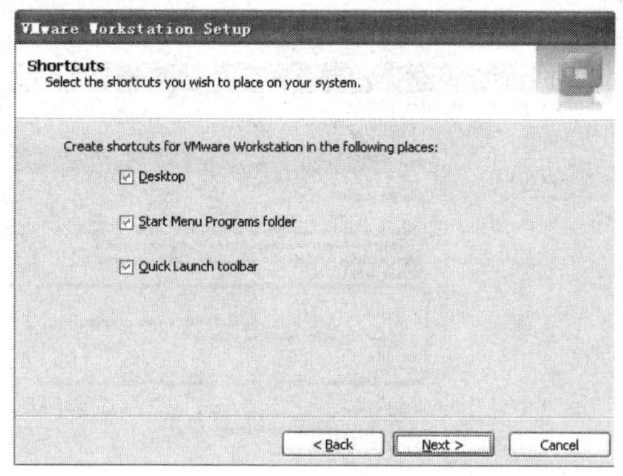

图 1-21　设置快捷方式对话框

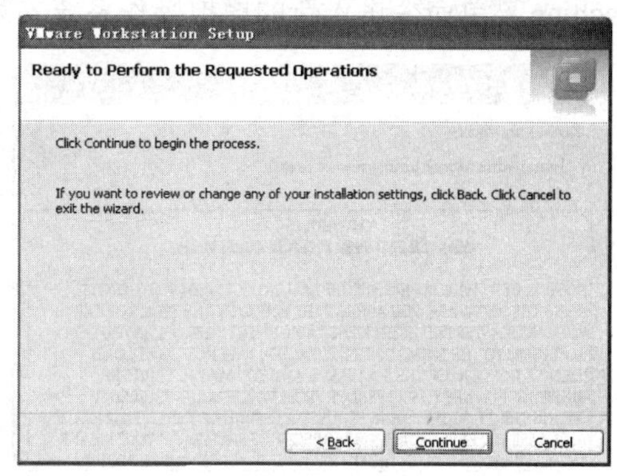

图 1-22　准备正式安装

在如图 1-23 所示的对话框中，显示当前正在安装的进度和状态。安装完成后，可以单击 Next 按钮，进入输入 License Key 的对话框，如图 1-24 所示。输入购买的 License Key 之后，单击 Enter 按钮。

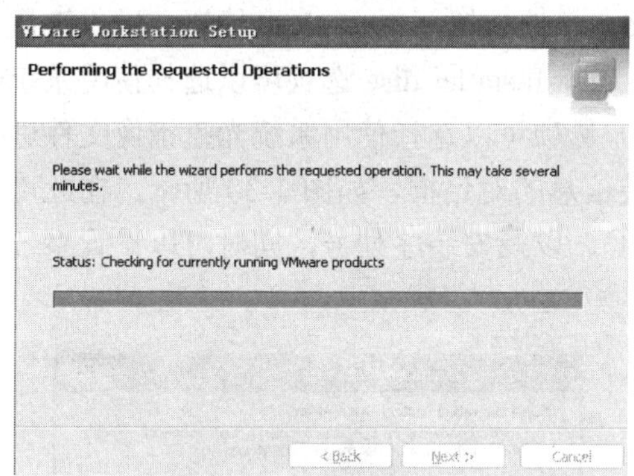

图 1-23　安装进度和状态

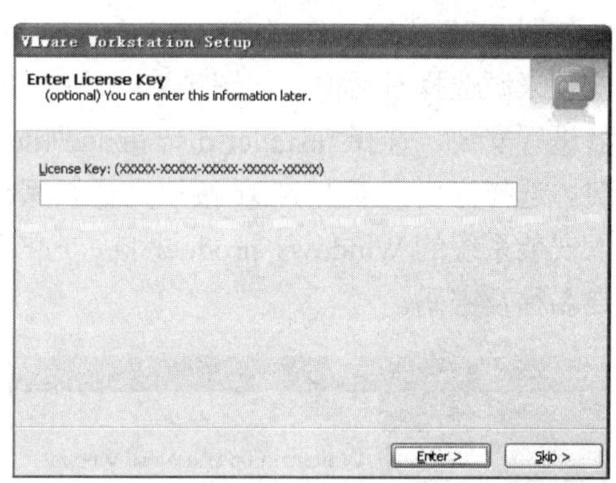

图 1-24　输入 License Key

如果安装过程没有出错，并且 License Key 正确，则出现如图 1-25 所示的对话框后，单击 Restart Now 按钮立即重新启动计算机；也可以单击 Restart Later 按钮，稍后重新启动计算机。

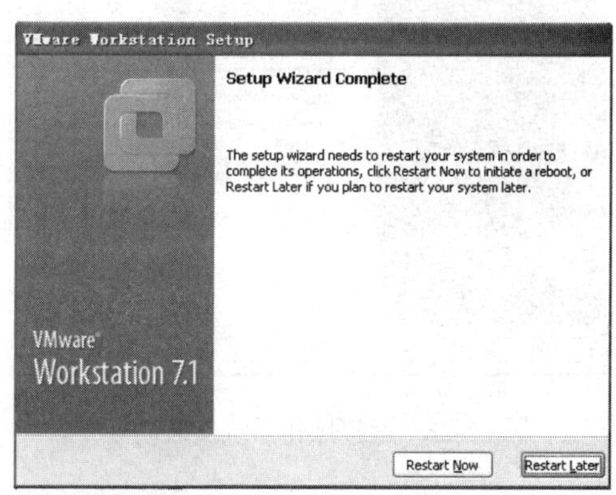

图 1-25　安装向导完成对话框

（3）运行 VMware Workstation。安装完成后重新启动计算机，进入系统后，单击“开始”→“所有程序”→“VMware”菜单命令，选择运行 VMware Workstation 程序，进入 License 许可协议对话框，如图 1-26 所示。选择“Yes, I accept the terms in the license agreement”单选按钮，单击 OK 按钮，同意许可协议，进入 VMware Workstation 程序主界面，如图 1-27 所示。

（4）安装操作系统。单击图 1-27 中的 New Virtual Machine 按钮，或单击 File→New→Virtual Machine 菜单命令进入新的虚拟操作系统安装向导。

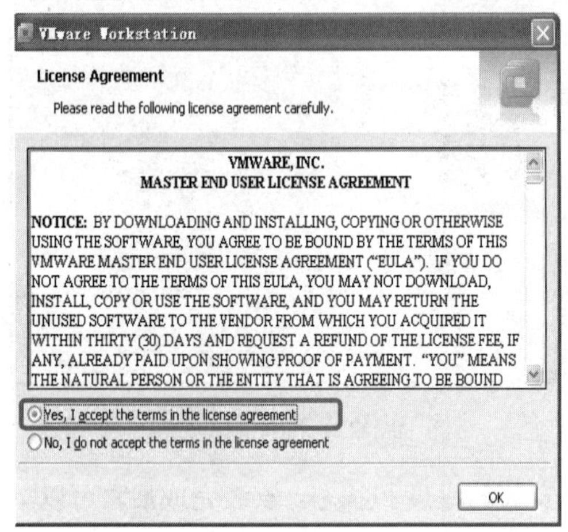

图 1-26　License 许可协议对话框

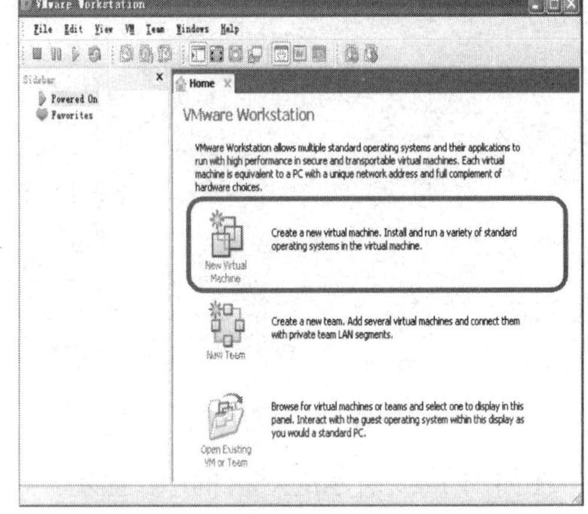

图 1-27　VMware Workstation 程序主界面

如图 1-28 所示，选择 Typical（recommended）单选按钮，单击 Next 按钮，进入操作系统安装来源选择对话框，如图 1-29 所示。其中，选择 Installer disc 选项可以选择使用系统安装盘进行安装，选择 Installer disc image file（iso）选项可以选择使用系统光盘镜像文件进行安装。选择好后，单击 Next 按钮，进入系统安装信息的对话框，如图 1-30 所示，在此可以输入安装系统的 Windows product key（产品密钥），以及安装序列号，同时可以设置系统的账户名称及密码。

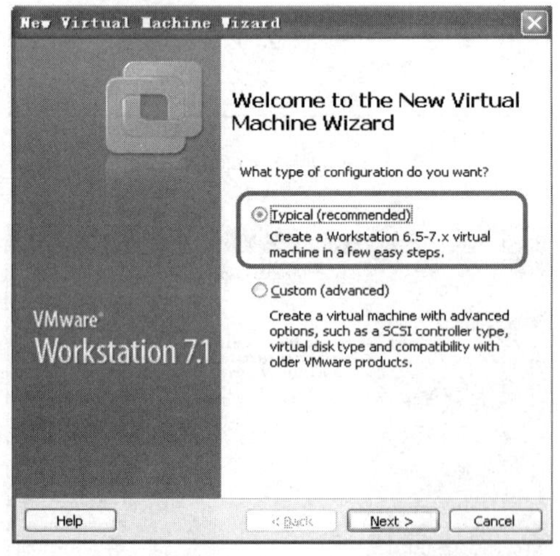

图 1-28　虚拟操作系统安装向导

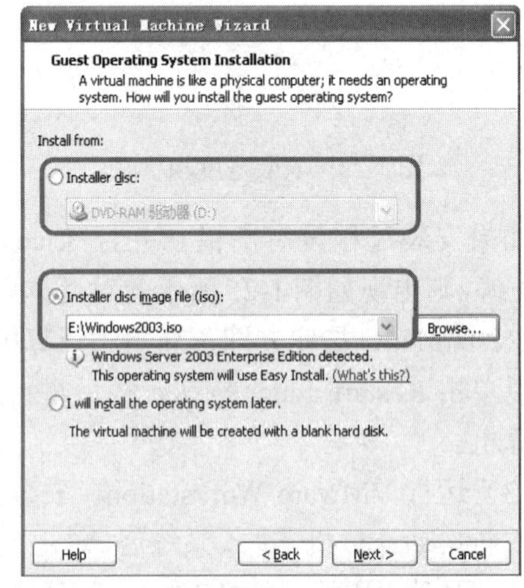

图 1-29　选择要安装的系统来源

单击 Next 按钮，进入虚拟机名称及路径设置对话框，如图 1-31 所示。在“Virtual machine name:”中输入虚拟机名称，在 Location 中输入存放路径，然后单击 Next 按钮，进入指定磁盘容量对话框，如图 1-32 所示。在 Maximum disk size（GB）：中设置磁盘容量大小，然后单击 Next 按钮，显示虚拟机相关的安装设置信息对话框，如图 1-33 所示。

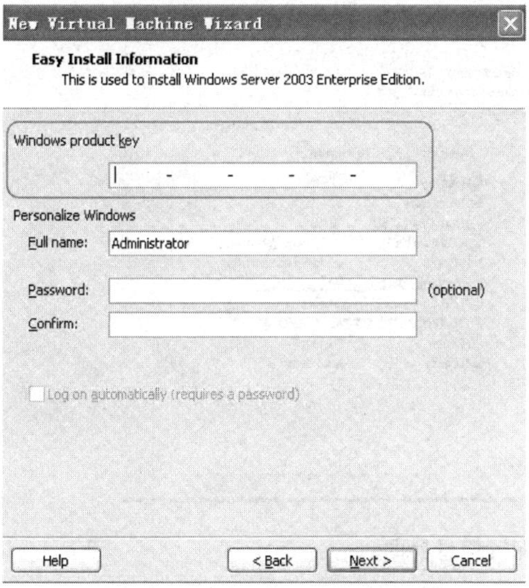

图 1-30　输入产品密钥

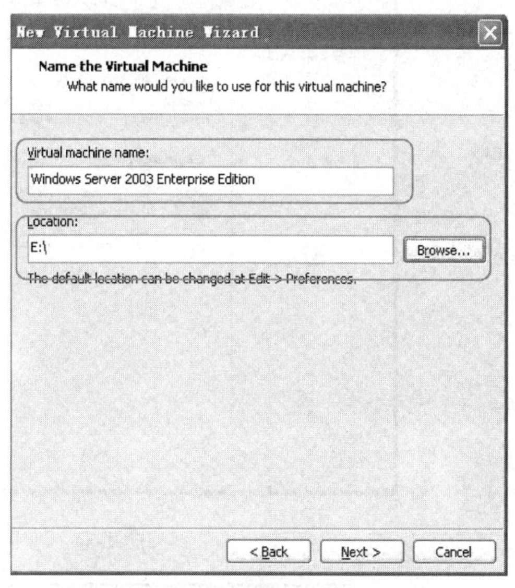

图 1-31　虚拟机名称及路径设置对话框

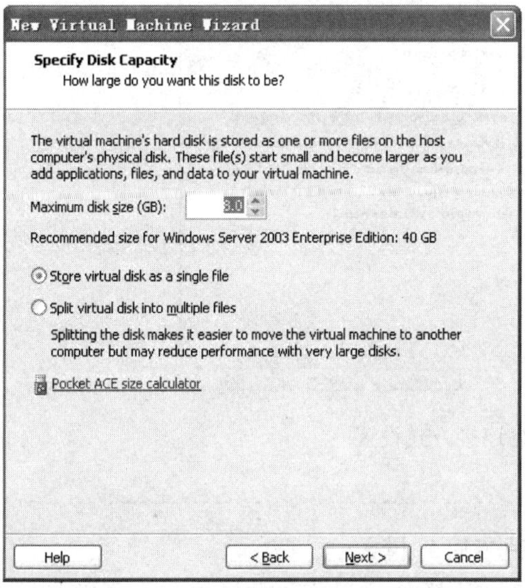

图 1-32　指定磁盘容量

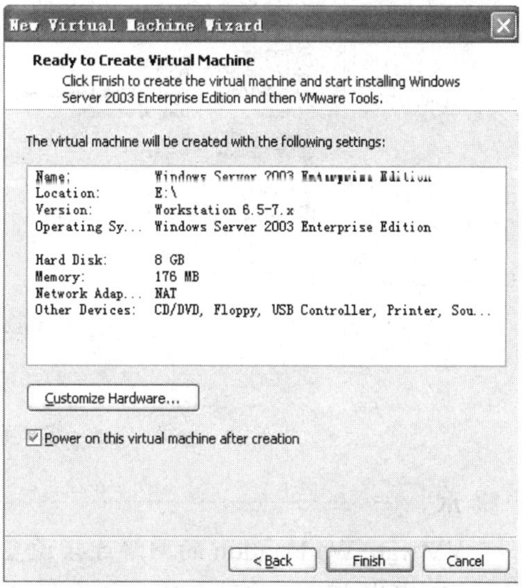

图 1-33　虚拟机相关的安装设置信息

单击 Finish 按钮，完成虚拟机安装的设置，并进入系统的安装程序。完成操作系统的安装之后即可使用 VMware 虚拟机来启动虚拟的操作系统，然后再做实验相关的环境设置。

（5）虚拟机网络环境设置。在如图 1-34 所示的虚拟系统配置信息界面中，双击 Network Adapter NAT 项，打开网络连接方式设置对话框，如图 1-35 所示。

选择相应的连接方式后，如 Bridge: Connected directly to the physical network，单击 OK 按钮即可完成设置。

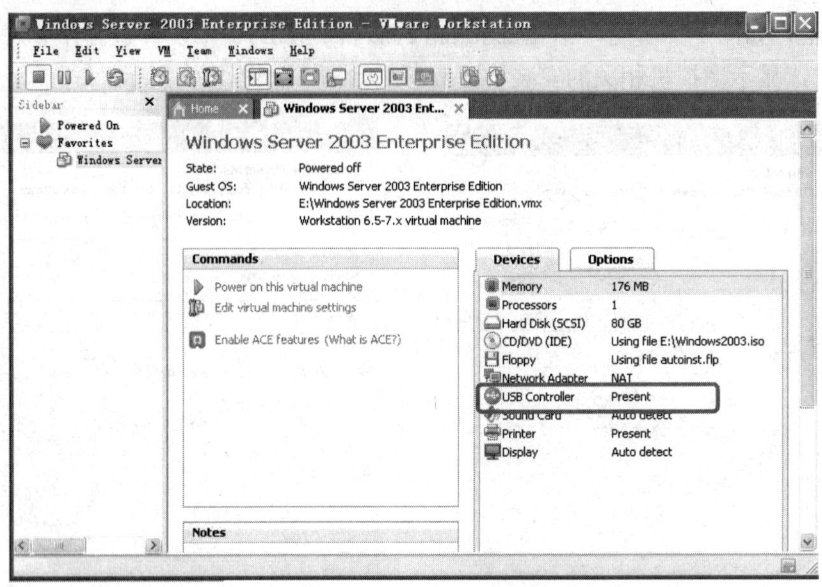

图 1-34　虚拟系统配置信息界面

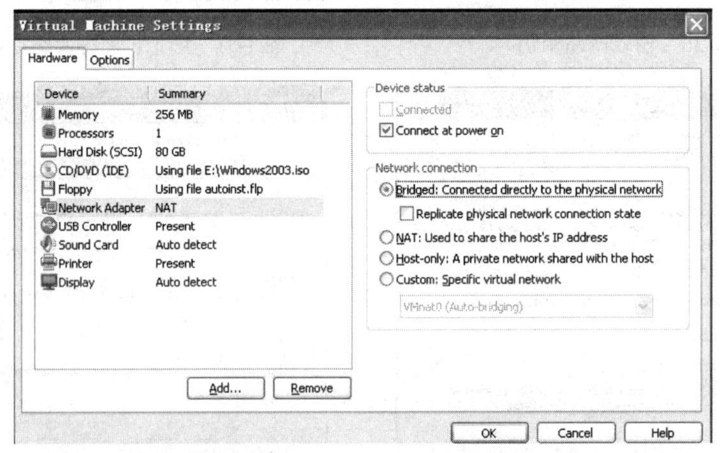

图 1-35　虚拟系统网络连接方式设置

提示

VMware Workstation 的网络连接设置有四种不同的模式：

（1）桥接模式：这种方法是将虚拟机接入网络最简单的方法。虚拟机就像新增加的、与真实主机有着同等物理地位的一台计算机，桥接模式可以享受所有可用的服务，包括文件服务、打印服务等，并且在此模式下用户将获得最简易的从真实主机获取资源的方法。

使用桥接模式后，虚拟主机与实际真实主机就像连接在同一个集线器（HUB）上，它们之间进行通信时，需要为双方配置 IP 地址与子网掩码。例如，真实主机的 IP 地址设置为 10.10.10.0/24 网段，虚拟主机也须配置在该网段才能相互进行通信。

（2）Host-Only 模式：Host-Only 模式用来建立隔离的虚拟机环境。在这种模式下，虚拟机与真实主机通过虚拟私有网络进行连接，只有同为 Host-Only 模式下的、且在一个虚拟交换机的连接下才可以互相访问，外界无法访问。

Host-Only 模式只能使用私有 IP，Gateway、DNS 都由 VMnet 1 来分配。如果自己手工为虚拟主机分配固定的 IP 地址，则即使 IP 地址配置成与真实主机在同一个网段，也无法实现两者之间的通信。另外，如果要在此模式下接入 Internet，则只能通过 Internet 连接共享（ICS）或代理来实现。

（3）NAT 模式：NAT（network address translation）模式其实可以理解为是方便地使虚拟机连接到公网，代价是桥接模式下的其他功能都不能享用。凡是选用 NAT 结构的虚拟机，均由 VMnet 8 提供 IP、Gateway、DNS。

NAT 模式主要的好处是可以隐藏虚拟机的拓扑和接入 Internet 比较方便。NAT 模式由 VMnet 8 的 DHCP Server 提供 IP、Gateway、DNS。

（4）Custom 模式：Custom 上是一个特殊的网卡，可以根据需要用这些网卡组建一个局域网。虚拟机中的网络支持在主机上通过一个虚拟交换机或者网络适配器完成，它实现几种设备: VMnet0——用于桥接网络、VMnet1——用于仅为主机网络、VMnet2——用于定制网络、VMnet3——用于定制网络、VMnet4——用于定制网络、VMnet5——用于定制网络、VMnet6——用于定制网络、VMnet7——用于定制网络、VMnet8——用于网络地址翻译（NAT）网络。

（6）VMware 快照设置。如要保存系统的当前状态，则可以单击 VM→Snapshot→Take Snapshot 菜单命令，打开保存快照对话框，如图 1-36 所示。在“Name:”中输入快照的名称，在 Description：中输入该快照的描述信息，单击 OK 按钮，VMware Workstation 会对当前系统进行保存。

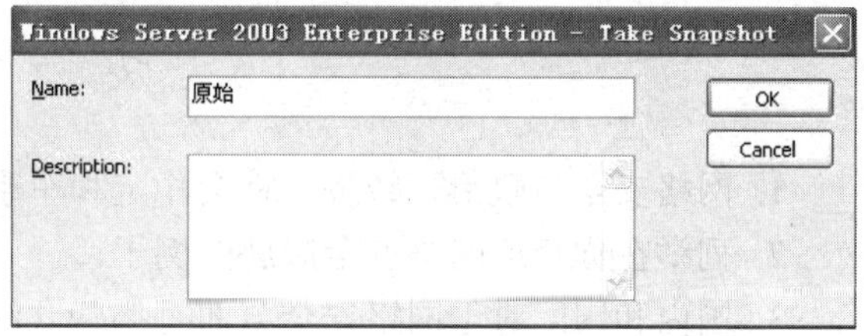

图 1-36　保存快照

单击 VM→Snapshot 菜单，如图 1-37 所示，选择菜单最下面保存的快照记录点，如“原始”，出现提示信息后，单击“是”按钮，VMware 就会将在该点保存的系统状态进行还原。

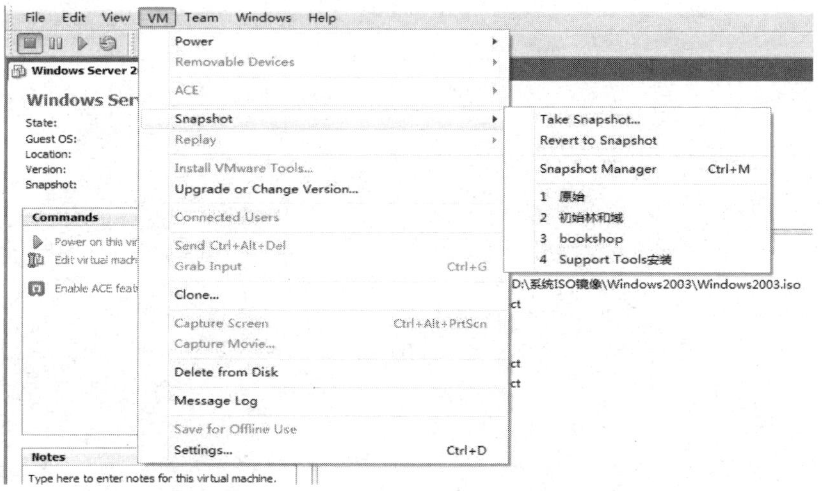

图 1-37　Snapshot 快照与还原

项目实训　网络安全实验环境的搭建

实训目的

（1）了解网络规划的基本步骤。

（2）掌握 Microsoft Visio 软件的使用。

（3）掌握 VMware Workstation 安装虚拟操作系统及构建虚拟网络实验环境的方法。

实训任务

（1）使用 Microsoft Visio 设计两台主机通信的网络拓扑图。

（2）以 2～3 人为单位分别在 VMware Workstation 中安装 Windows XP/2003 和 Linux 操作系统，并将两个虚拟主机通过网络进行互连。

（3）在 VMware Workstation 创建系统的初始镜像的快照，并使用此快照将系统进行恢复。

（4）记录实验过程，并完成实验报告。

实训总结

（1）总结在整个安装过程中的问题，并进行相应分析。

（2）在 VMware Workstation 中使用不同的网络连接设置，对网络环境有何影响？

习　　题

1. 网络安全与政治、经济、社会稳定和军事有何联系？试举例说明。
2. 列举在你身边网络安全威胁的例子。
3. 国内和国际对于网络安全方面有哪些立法？
4. 国内和国际分别有哪些网络安全的评价标准？
5. 网络安全防御体系的层次结构有哪些？
6. 什么是拒绝服务攻击？什么是非授权访问？
7. 网络攻击和防御分别包括哪些内容？

项目 2 网络协议基础

计算机网络就是由多台计算机或其他计算机网络设备通过传输介质和软件组成的。计算机在进行通信的过程中，必须采用相同的信息交换规则。我们把在计算机网络中用于规定信息的格式，以及如何发送和接收信息的一套规则称为网络协议（Network Protocol）。

网络协议是计算机网络的基础，同样也是网络安全的基础。本项目主要从计算机网络协议中的 TCP/IP 着手，讲述协议的基础知识，最后介绍网络协议分析工具的使用。

任务 2.1 TCP/IP 体系结构分析

任务 2.1.1 掌握 TCP/IP 模型

1. 学习目标

（1）掌握协议的基本概念。

（2）掌握开放系统互连参考模型、TCP/IP 参考模型。

（3）掌握 TCP/IP 的特点。

2. 背景知识

（1）协议的基础概念。协议就是约定的规则，网络协议是网络通信中控制数据传输的规则。网络协议的三要素包括：

1）语义（做什么）：包括用于协调、差错处理和流量控制的控制信息。

2）语法（怎么做）：数据编码格式与信号的电平。

3）时序（何时做）：速度的匹配和排序。

为了降低网络协议设计的复杂性，网络设计者并不是设计一个单一的、巨大的协议来为所有形式的通信规定完整的细节，而是把通信问题划分为许多个小问题，然后为每个小问题设计一个单独的协议。这样做可以使每个协议的设计、分析、编码和测试都比较容易。分层模型是一种用于开发网络协议的设计方法。按照信息的流动过程将网络的整体功能分解为一个个的功能层，不同计算机上的同等功能层之间采用相同的协议进行通信，而同一计算机上的相邻功能层之间通过接口进行信息传递。

（2）开放系统互连参考模型。在网络发展初期，许多研究机构、计算机厂商和公司都大力发展计算机网络。ARPANET 从出现至今，已经推出了许多商品化的网络系统。这种自行发展的网络，在体系结构上差异很大，以至于它们之间互不兼容，难于相互连接以构成更大的网络系统。为了使不同体系结构的计算机网络都能互连，许多标准化机构积极开展了网络体系结构标准化方面的工作。1979 年，国际标准化组织（ISO）成立了一个专门的机构来研究该问题。随后，该机构提出一个可以使各种计算机在世界范围内互连成网的标准框架，即著名的开放系统互连基本参考模型 OSI/RM（Open Systems Interconnection Reference Model，OSI）。OSI 参考模型是研究如何把开放式系统（即为了与其他系统通信而相互开放的系统）

连接起来的标准。

OSI 参考模型将整个网络的通信功能划分成七个层次，每个层次完成不同的功能。这七层由低层至高层分别是物理层、数据链路层、网络层、传输层、会话层、表示层和应用层，如图 2-1 所示。

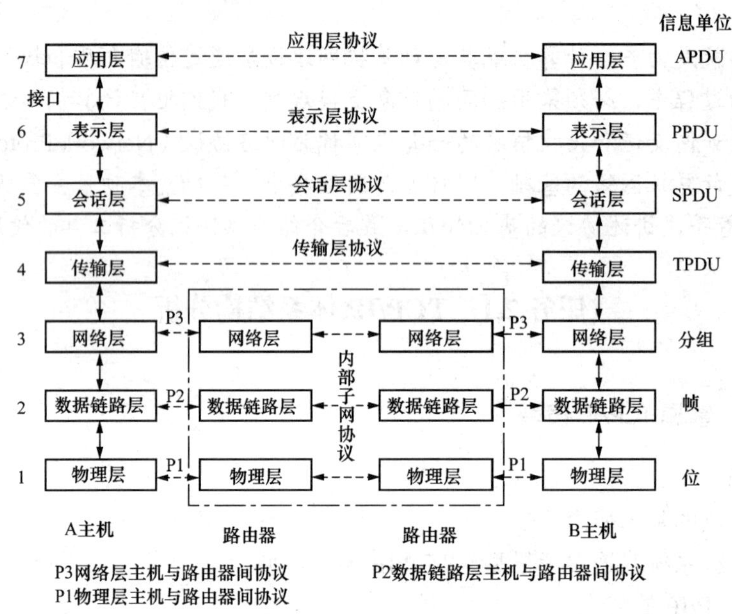

图 2-1 OSI 参考模型

OSI 采用这种层次结构可以带来很多好处，列举如下：

1）各层之间是独立的。某一层并不需要知道它的下一层是如何实现的，而仅仅需要知道该层间的接口（即服务访问点，SAP）所提供的服务。由于每一层只实现一种相对独立的功能，因而可将一个难以处理的复杂问题分解为若干个较容易处理的更小一些的问题。这样，整个问题的复杂程度就下降了。

2）灵活性好。当任何一层发生变化时（例如技术的变化），只要层间接口关系保持不变，则对其相邻的上层和下层均不会影响。

3）结构上可分隔开。各层都可以采用最合适的技术来实现。

4）易于实现和维护。这种结构使得实现和调试一个庞大而又复杂的系统变得更加容易，因为整个系统已被分解为若干个相对独立的子系统。

5）能促进标准化工作，因为每一层的功能及其所提供的服务都已有了精确的说明。

但是，OSI 模型本身不是网络体系结构的全部内容，这是因为它并未确切地描述用于各层的协议和实现方法，而仅仅告诉我们每一层应该完成的功能。不过，ISO 已经为各层制定了相应的标准，但这些标准并不是模型的一部分，而是作为独立的国际标准被发布。

在 OSI 参考模型中，有 3 个基本概念：服务、接口和协议。OSI 模型的最重要的贡献是将这 3 个概念区分清楚了。OSI 参考模型是在其协议开发之前设计出来的。这意味着 OSI 模型不是基于某个特定的协议集而设计的，因而它更具有通用性。但另一方面，也意味着 OSI 模型在协议实现方面存在某些不足。实际上，OSI 协议过于复杂，这也是 OSI 模型没能被广泛应用的主要原因之一。

虽然OSI模型和协议并未获得巨大的成功，但是OSI参考模型在计算机网络的发展过程中仍然起到了非常重要的指导作用，作为一种参考模型和完整体系，它仍对今后计算机网络技术朝标准化、规范化方向发展具有指导意义。

（3）TCP/IP 模型。TCP/IP 模型是 20 世纪 70 年代中期美国国防部为其研究性网络ARPANET开发的网络体系结构。ARPANET最初是通过租用的电话线将美国的几百所大学和研究所连接起来。随着卫星通信技术和无线电技术的发展，这些技术也被应用到 ARPANET中，而已有的协议已不能解决这些通信网络的互联问题，于是就提出了新的网络体系结构，用于将不同的通信网络无缝连接。这种网络体系结构后来被称为TCP/IP（Transmission Control Protocol/Internet Protocol）参考模型。

TCP/IP模型是四层结构，如图2-2所示。

应用层	Telnet、FTP和E-mail等
传输层	TCP和UDP
互连网层	IP、ICMP和IGMP
网络接口层	设备驱动程序及接口卡

图2-2 TCP/IP模型

下面我们分别讨论这四层的功能。

1）网络接口层。这是TCP/IP模型的最底层，负责接收从互连网层交来的IP数据报并将IP数据报通过底层物理网络发送出去，或者从低层物理网络上接收物理帧，抽出IP数据报，交给互连网层。

网络接口有两种类型。第一种是设备驱动程序，如局域网的网络接口；第二种是含自身数据链路协议的复杂子系统，如X.25中的网络接口。

2）互连网层。互连网层的主要功能是负责相邻节点之间的数据传送。它的主要功能包括3个方面。第一，处理来自传输层的分组发送请求。将分组装入IP数据报，填充报头，选择去往目的节点的路径，然后将数据报发往适当的网络接口。第二，处理输入数据报。首先检查数据报的合法性，然后进行路由选择。若该数据报已到达目的节点（本机），则去掉报头，将IP报文的数据部分交给相应的传输层协议；若该数据报尚未到达目的节点，则转发该数据报。第三，处理ICMP报文，即处理网络的路由选择、流量控制和拥塞控制等问题。TCP/IP网络模型的互连网层在功能上非常类似于OSI参考模型中的网络层。

3）传输层。TCP/IP参考模型中传输层的作用与OSI参考模型中传输层的作用是一样的，即在源节点和目的节点的两个进程实体之间提供可靠的端到端的数据传输。为保证数据传输的可靠性，传输层协议规定接收端收到报文后必须发回确认，并且假定如果分组丢失，则必须重传报文。

传输层还要解决不同应用程序的标识问题，因为在一般的通用计算机中，常常是多个应用程序同时访问Internet。为区别各个应用程序，传输层在每一个分组中增加识别信源和信宿应用程序的标记。另外，传输层的每一个分组均附带校验和，以便接收节点检查接收到的分组的正确性。

TCP/IP 模型提供了两个传输层协议：传输控制协议 TCP 和用户数据报协议 UDP。TCP是一个可靠的面向连接的传输层协议，它将某节点的数据以字节流形式无差错地投递到Internet 的任何一台计算机上。发送方的 TCP 将用户交来的字节流划分成独立的报文并交给互连网层进行发送，而接收方的TCP将接收的报文重新装配交给接收用户。TCP同时处理有关流量控制的问题，以防止接收方由于速度慢而来不及接收发送方发送过来的报文，从而将后续报文丢失。用户数据报协议 UDP 是一个不可靠的、无连接的传输层协议，UDP 将可靠性问题交给应用程序解决。UDP 主要面向请求 / 应答式的交易型应用，一次交易往往只有一来一回两次报文交换。若为此而建立连接和撤销连接，则开销是相当大的。这种情况下使用 UDP 就非常有效。另外，UDP 也应用于那些对可靠性要求不高、但要求网络的延迟较小的场合，如话音和视频数据的传送。

4）应用层。传输层的上一层是应用层，应用层包括所有的高层协议。早期的应用层有远程登录协议（Telnet）、文件传输协议（File Transfer Protocol，FTP）和简单邮件传输协议（Simple Mail Transfer Protocol，SMTP）等协议。远程登录协议允许用户登录到远程系统并访问远程系统的资源，像本地用户一样访问远程系统。文件传输协议提供在两台计算机之间进行有效的数据传送的手段。简单邮件传输协议最初只是文件传输的一种类型，后来慢慢发展成为一种特定的应用协议。目前，还有一些较为常用的应用层协议，如用于将网络中的主机的名字地址映射成网络地址的域名服务（Domain Name Service，DNS）、用于传输网络新闻的新闻组传输协议（Network News Transfer Protocol，NNTP）、用于从万维网上读取页面信息的超文本传输协议（Hyper Text Transfer Protocol，HTTP）等。

（4）TCP/IP 的特点。TCP/IP 是目前最成功、使用最频繁的 Internet 协议。虽然现在已有许多协议都适用于 Internet，但只有 TCP/IP 最突出，因为它在网络互联中用得最为广泛。其特点如下。

TCP/IP 将不同的底层物理网络、拓扑结构隐藏起来，向用户和应用程序提供通用的、统一的网络服务。这样，从用户的角度看，整个 Internet 就是一个统一的整体，它独立于具体的各种物理网络技术，能够向用户提供一个通用的网络服务。

在某种意义上，可以把这个单一的网络看作一个虚拟网：在逻辑上它是独立的、统一的，在物理上它则是由不同的网络互联而成的。将 Internet 看作单一网络的观点，极大简化了细节，使用户极容易建立起 Internet 的概念。

Internet 还有一个基本思想：任何一个能传输数据分组的通信系统，均可被看成是一个独立的物理网络，这些通信系统均受到 Internet 协议的平等对待。大到广域网、小到局域网，甚至两台机器之间的点到点专线及拨号电话线路都被当作网络，这就是 Internet 的网络对等性。网络对等性为协议设计者提供了极大的方便，大大简化了对异构网的处理。

可见，TCP/IP 网络完全撇开了底层物理网络的特性，是一个高度抽象的概念，正是这一抽象的概念，为 TCP/IP 网络赋予了巨大的灵活性和通用性。

3. 工作任务

（1）深入学习和理解 TCP/IP 4 个层次的任务、主要功能。

（2）深入学习和理解 TCP/IP 数据在各个层次的流动、封装、解封过程及特点。

任务 2.1.2 掌握 TCP/IP 核心协议

1. 学习目标

（1）深入学习 TCP/IP 中的重要协议的主要功能、工作原理。

（2）深入学习 IP 的分组格式，掌握主要字段的意义和作用。

（3）深入学习 TCP 的报文格式，掌握主要字段的意义和作用。

2. 背景知识

（1）Internet 协议。Internet 协议（Internet Protocol，IP）属于 TCP/IP 模型和互连网层，

提供关于数据应如何传输及传输到何处的信息。IP 是一种使 TCP/IP 可用于网络连接的子协议，即 TCP/IP 可跨越多个局域网段或通过路由器跨越多种类型的网络。在一个互连网环境中，被连接在一起的单个网络被称为子网。使用子网是 TCP/IP 连网的一个重要部分。

数据帧的 IP 部分被称为一个 IP 数据报，IP 数据报如同数据的封面，包含了路由器在子网中传输数据所必需的信息。IP 数据报包括报头和数据，总长度不能超过 65 535 字节。下面描述 IP 数据报头的各部分。

1）版本：标识协议的版本号。接收方工作站首先查看该域以决定它是否能够读取该输入数据。若不能，它将拒绝该数据包。然而，由于大多数 TCP/IP 网络使用 IP 版本 4（IPv4），很少发生拒绝事件。一个更高级的 IP 版本，即 IP 版本 6（IPv6）已经开发出来并将在不久后使用。IPv6 将具有向后兼容性以便能够接收 IPv4 的数据。

2）IP 报头长度（IHL）：用 32 位编组形式标识 IP 报头的长度。最常用的 IP 报头由 4 个编组或 20 个字节组成。该域的重要性在于它向接收点指示了数据从何处开始（在报头结束之后立即开始）。

3）服务类型（ToS）：通过指定数据的速度、优先权或可靠性，通知 IP 如何处理输入的数据报。

4）总长度：用字节标识数据报的总长度，包括报头和数据。

5）标识符：标识一个数据报所属的消息，以使得接收节点可以重组被分断或分段的消息。该域和下面两个域，即标识符和段偏移量，在数据报的分段和重组过程中起作用。

6）标志：无分段（DF）或多个分段（MF）：标识一个消息是否被分段，如果是，则表示数据报是否是最后一个段。

7）分段偏移量：标识数据报段属于分段集的哪一段。

8）生存期（TTL）：标识一个数据报在它被抛弃前在网络中存在的最大时间，单位为 s。TTL 对应于一个数据报通过路由器的数目；一个数据报每次通过一个路由器，TTL 将减去 1s，不论路由器是否花费 1s 进行数据处理。

9）协议：标识将接收数据报的传输层协议的类型（如 TCP 或 UDP）。

10）报头校验和：判定 IP 报头是否已被破坏。

11）源地址：标识源节点的完整的 IP 地址。

12）目标地址：标识目标节点的完整的 IP 地址。

13）可选项：可以包含可选的路由和实时信息。

14）填充位：包含填充信息以确保报头是 32 位的倍数，该域的大小可变。

15）数据：包括了由源节点发送的原始数据，外加 TCP 信息。

IP 是一种不可靠的、无连接的协议，即意味着它不保证数据的可靠传输。然而，TCP/IP 簇中更高层协议可使用 IP 信息确保数据包按正确的地址进行传输。注意到 IP 数据报并不包含一个校验和部件，报头校验和仅仅验证 IP 报头中路由信息的完整性。如果当数据包被接收时伴随信息的校验和值不正确，则数据包将被认为已被破坏并被抛弃，同时，一个新的数据包被发送。

（2）传输控制协议。传输控制协议（TCP）于 TCP/IP 簇中的传输层，提供可靠的数据传输服务。TCP 是一种面向连接的协议，意味着在该协议准备发送数据时，通信节点之间必须建立起一个连接。TCP 位于 IP 的上层，通过提供校验和、流控制及序列信息弥补 IP 可靠性的缺陷。如果一个应用程序只依靠 IP 发送数据，IP 将杂乱地发送数据，例如，不检测目标节点是否脱机，或不检测数据是否在发送过程中已被破坏。另一方面，TCP 包括了可保证数据可靠性的几个组件。TCP 段的各个域描述如下：

1）源端口：指示源节点的端口号。一个端口是位于主机上的一个地址。在端口处，一个应用程序可以获得输入数据。端口的一个例子如端口 80，该端口一般用于接收 Web 页请求。

2）目标端口：指示目标节点的端口号。

3）序列号：标识了数据段在已发送的数据流中的位置。

4）应答号（ACK）：发送方通过返回一条消息来验证数据已被接收。

5）TCP 报头长度：指示了 TCP 报头的长度。

6）代码：包括了标识特殊条件的标识符，例如，一个消息是紧迫的，或源节点希望请求一个连接或结束一个连接。

7）滑动窗口尺寸：指示了接收方机器可接收的数据块个数。

8）校验和：允许接收节点判定 TCP 段是否在发送过程中被破坏。

9）紧迫指示器：能够指示出紧迫数据驻留在数据中的位置。

10）可选项：用于具体指定一些特殊选项。

11）填充：包含了确保 TCP 报头大小是 32 位整数倍的填充信息。

12）数据：包含了由源节点发送的原始数据。

（3）用户数据报协议。用户数据报协议（UDP），如同 TCP，位于 TCP/IP 模型中互连网层和应用层之间的传输层中。不同于 TCP 的是，UDP 是一种无连接的传输服务，它不保证数据包以正确的序列被接收。事实上，该协议根本不保证数据包的接收，而且，它不提供错误校验或序列编号。然而通过 Internet 进行实况录音或电视转播，要求迅速发送数据时，UDP 的不精确性使得它比 TCP 更加有效、更有用。在这些情况下，具有验证、校验和流控制机制的 TCP 将增加太多的报头，使得其难以发送。与 TCP 的 10 个域相对照，UDP 报头仅包含了 4 个域：源端口、目标端口、长度和校验和。

（4）Internet 控制报文协议。虽然 IP 能确保数据包到达正确的目标点，但当发送过程出了某些问题时，Internet 控制报文协议（ICMP）将通知发送方且数据不再被传送。ICMP 位于 TCP/IP 模型互连网层的 IP 和 TCP 之间，它不提供错误控制服务，而是仅仅报告哪一个网络是不可到达的、哪一个数据包因分配的生存时间（它们的 TTL）过期而被抛弃。ICMP 常用于诊断实用程序，如 ping。

（5）地址解析协议。地址解析协议（ARP）是一个互连网层协议，它可以获取主机或节点的 MAC 地址（物理地址）并创建一个本地数据库以将 MAC 地址映射到主机 IP（逻辑）地址上。ARP 与 IP 紧密协作，因为 IP 在指导发送数据到目标主机之前必须具有目标主机的地址。如果一个主机需要知道在同一子网的另一主机的 MAC 地址，则该主机将向网络发送一条广播消息，其中内容为："IP 地址为×××.×××.×××.×××的计算机请发送给我你的 MAC 地址"。在本地子网中具有 IP 地址×××.×××.×××.×××的主机将向请求获取自己 MAC 地址的主机单播一条包括目标主机物理地址的 ARP 响应。为提高 ARP 解析的效率，已经解析过的 IP-MAC 地址映射关系会保存到本地的高速缓冲区中，以便下次再解析该 IP 地址对应的 MAC 地址时可以直接从本地高速缓冲区中读取，从而提高解析的速度。

3. 工作任务

（1）阐述 UDP、ICMP、ARP 的主要功能和工作过程。

（2）阐述 TCP 的工作原理，分析 TCP 的建立连接（三次握手）、数据传输、拆除连接的过程。

（3）阐述 IP 分组中各个字段的定义，开展相应的分析。

任务 2.2 常用网络服务工作原理

任务 2.2.1 掌握 WWW 服务

1. 学习目标

（1）了解 WWW 服务的主要功能和工作原理。

（2）掌握浏览器的配置与使用。

（3）掌握 WWW 服务器的安装、配置和使用。

2. 背景知识

万维网 WWW（World Wide Web）服务是目前 Internet 上最热门的服务之一，它是一种交互式图形界面的 Internet 服务，具有强大的信息连接功能。它使得成千上万的用户通过简单的图形界面就可以访问各种 Web 站点并获取自己感兴趣的最新信息及各种 Internet 应用服务。目前，很多公司、企业、学校、政府机关，甚至个人都建立了自己的 Web 站点，并利用该站点发布自己的各类信息，同时还可以为自己的客户提供各种 Web 应用服务，这使得 WWW 服务发展非常迅速，目前已经渗透到我们工作、生活的各个角落。

WWW 服务的实现也较为简单，一般情况下，可以先注册一个域名并申请一个 IP 地址，让本地的 Internet 服务提供商（Internet Service Provider，ISP）将这个 IP 地址解析到你的主机上；接着，在主机上架设一个 Web 服务器；最后将 Web 站点运行在这个 Web 服务器上，这样就可以向 Internet 发布自己的 Web 站点了。Internet 的用户可以在 Web 浏览器中输入该站点注册的域名或 IP 地址就可以来访问该 Web 站点。

Web 服务器和客户机通过 HTTP 和 HTML 传输内容。除此之外，每个 Web 页都被统一资源定位器（URL）所标识。URL 包含所使用的服务、服务器的主机名，以及其 HTML 页或脚本名。例如，在如下 URL 中 http://jssvc.edu.cn/index.asp，http 是本页面所使用的服务；jssvc.edu.cn 是服务器的主机名。jssvc 表示苏州职业大学，edu 表示教育网，cn 表示中国，通过这样的域名系统，表示出整个主机名；index.asp 是内容页。如果 URL 不指定页名，则 Web 服务器会显示一个默认页，在大多数系统中默认页为 index.html。在大多数新版本浏览器中，可以在浏览器的 URL 字段直接输入未限定的主机名，代替完整的主机名。未限定的主机名是去掉前缀和后缀的主机名。例如，可以直接在浏览器 URL 字段输入 google，浏览器会自动地添加前缀 www 和后缀.com，并自动查找名为 http://www.google.com 的 Web 站点。

提供 WWW 服务需要安装和配置 Web 服务器软件。从 100 多种 Web 服务器类型中选择一种最合适的服务器软件，在选择时要考虑如下因素：操作系统、硬件、性能、需求、安全要求、预算和已有软件。常见的 Web 服务器软件包括 Apache、AOLServer、LotusDomino、

Microsoft 的 Internet 信息服务（IIS）、NCSA 的 HTTP 和 Netscape 的 FastTrack。

3. 工作任务

（1）解释 URL 各部分的意义。

（2）阐述 Web 服务的主要功能，Web 站点的构建方法。

（3）安装一种常见的 Web 服务器（如 IIS 或 Apache），配置并构建一个 Web 站点，使用浏览器访问该站点。

任务 2.2.2 掌握 FTP 服务

1. 学习目标

（1）了解 FTP 服务的主要功能和工作原理。

（2）掌握 FTP 客户端的安装、配置与使用。

（3）掌握 FTP 服务器的安装、配置和使用。

2. 背景知识

文件传输协议（FTP）管理 TCP/IP 主机间文件传输，虽然简单，但是 TCP/IP 组中很重要的协议。在 WWW 提供文件传输更容易的方式之前，FTP 命令常被用于在机器间交换数据。在没有使用浏览器，或者基于 FTP 的特定文件传输软件的情况下，FTP 命令依旧可以使用。例如，若没有 Internet Explorer，则可以用 FTP 登录到 Microsoft 的服务器，把已经压缩的程序文件下载到本地硬盘。

FTP 服务是 FTP 服务器提供的，FTP 服务器始终侦听 FTP 请求。FTP 数据是在 TCP 端口 20 交换的，FTP 命令是通过 TCP 端口 21 发送和接收的。在客户机端，可以在命令行提示符输入 FTP 命令，然后按下 Enter 键就可以建立连接。如果要终止 FTP 连接，则输入 QUIT 命令。当然，浏览器和 FTP 客户机软件已经完全替代了这种命令行 FTP 方式。现在，许多 FTP 程序提供服务器向客户机传送文件的图形化界面。常见的 FTP 程序有 LeapFTP、WS_FTP、CuteFTP 和 FlashFXP 等。

一般来说，用户连接网络的首要目的就是实现信息共享，而文件传输是信息共享非常重要的内容。早期在 Internet 上实现传输文件并不容易。我们知道 Internet 是一个非常复杂的计算机环境，有着各种不同类型的计算机，如普通 PC、工作站、大型机等，而且数量也非常庞大，而这些计算机可能运行不同的操作系统。各种操作系统之间的文件交流问题，需要建立一个统一的文件传输协议，这就是所谓的 FTP。基于不同的操作系统有不同的 FTP 应用程序，而所有这些应用程序都遵守同一种协议，这样用户就可以把自己的文件传送给别人，或者从其他的用户环境中获得文件。

在 FTP 的使用中，用户经常遇到两个概念：“下载”（Download）和“上载”（Upload）。“下载”文件就是从远程主机复制文件至自己的计算机上；“上载”文件就是将文件从自己的计算机中复制至远程主机上。用 Internet 语言来说，用户可通过客户机程序向远程主机上载文件，以及用户可通过客户机程序从远程主机下载文件。

使用 FTP 时必须首先登录，在远程主机上获得相应的权限以后，方可上载或下载文件。也就是说，要想向哪一台计算机传送文件，就必须具有哪一台计算机的适当授权。换言之，除非有用户 ID 和口令，否则便无法传送文件。匿名 FTP 就是为解决这个问题而产生的。匿名 FTP 是这样一种机制，用户可通过它连接到远程主机上，并从其下载文件，而无需成为其注册用户。系统管理员建立了一个特殊的用户 ID，名为 anonymous, Internet 上的任何人在任何地方都可使用该用户 ID。

当远程主机提供匿名 FTP 服务时，会指定某些目录向公众开放，允许匿名存取。系统中的其余目录则处于隐匿状态。作为一种安全措施，大多数匿名 FTP 主机都允许用户从其下载文件，而不允许用户向其上载文件。即使有些匿名 FTP 主机确实允许用户上载文件，用户也只能将文件上载至某一指定上载目录中。随后，系统管理员会去检查这些文件，他会将这些文件移至另一个公共下载目录中，供其他用户下载。利用这种方式，远程主机的用户得到了保护，避免了有人上载有问题的文件，如带病毒的文件。

3. 工作任务

（1）阐述 FTP 控制连接（端口 21）和数据连接（端口 20）的分工和工作特点。

（2）阐述匿名 FTP 服务的特点，分析其安全性。

（3）安装 FTP 服务器（如 IIS 或 Serv-U），进行配置，创建匿名用户和非匿名用户。

（4）安装、配置 FTP 客户端（如 LeapFTP），使用 FTP 客户端对 FTP 服务器进行匿名和非匿名的访问。

任务 2.2.3 掌握 DNS 服务

1. 学习目标

（1）了解 DNS 服务的主要功能和工作原理。

（2）掌握 DNS 服务器的安装、配置与使用。

2. 背景知识

DNS 是域名系统（Domain Name System）的缩写，是一种组织域层次结构的计算机和网络服务命名系统。当用户在应用程序中输入 DNS 名称时，DNS 服务可以将此名称解析为与此名称相关的 IP 地址信息。

简单来讲，解析地址为名称的责任也许被细化到国家、地区、本地和机构层次。如果你在苏州市职业大学计算机工程系某办公室工作，并且想与位于美国一所学校的一台计算机交换数据，则本地 DNS 服务器将获取请求，并传递到本地服务器，本地服务器再把它传送到区域服务器，依次传递直到国家 DNS 服务器。接下来会发生顺序相反的数据传输，国家 DNS 服务器把请求依次往下传递给包含美国学校信息的区域、本地和最终组织服务器。地址解析过程假设本地 DNS 服务器和本地 DNS 服务器不知道对方在何处。

实际的 DNS 比这个例子要复杂一点。为使流量传输更有效率，它被细分为三个组成部分：解析器、名称服务器和名称空间。解析器是 Internet 上任何有必要查看域名信息的主机。名称服务器是包含名称及其相关 IP 地址数据库的服务器。名称服务器向解析器提供其所需的信息。如果名称服务器不能解析 IP 地址，则查询请求会被传递给更高一级的名称服务器。本地、地区和国家服务器都是名称服务器。每个名称服务器分别管理一组设备，称为区域，这些设备依次分发命名信息。名称空间不是用户可以打开和查看的数据库，这一点很像商店的库存数据库。而且，该抽象概念描述了世界上的名称服务器如何共享 DNS 信息。然而部分名称空间是具体的，存储在名称服务器的资源记录中。

DNS 查询以各种不同的方式进行解析。客户机有时也可通过使用从以前查询获得的缓存信息来进行就地应答查询。DNS 服务器可使用其自身的资源记录信息缓存来应答查询，也可代表请求客户机来查询或联系其他 DNS 服务器，以完成解析该名称，并随后将应答返回至客户机。这个过程称为递归。另外，客户机自己也可尝试联系其他的 DNS 服务器来解析名称。如果客户机这么做，它会使用基于服务器应答的独立和附加的查询，该过程称作迭代。总之，DNS 的查询过程按两部分进行：首先，名称查询从客户机开始并传送至解析程序（DNS 客户服务）进行解析；其次，不能就地解析查询时，可根据需要查询 DNS 服务器来解析名称。

总而言之，DNS 为人们提供了一种方便快捷的网络服务功能，用户在浏览器地址栏中输入的是便于识记的主机名和域名，而不是复杂难记的 IP 地址。

3. 工作任务

（1）阐述 DNS 的层次结构，列举各个层次典型的域名。

（2）阐述常见类型域名的含义，适用范围。

（3）阐述常见国家域的含义，列举典型域名。

（4）阐述 DNS 服务的工作原理、DNS 的递归查询和迭代查询的区别。

（5）安装 DNS 服务器（如 Windows 2003 自带的 DNS 服务器组件），进行配置，能够进行域名解析。

任务 2.2.4　掌握 DHCP 服务

1. 学习目标

（1）了解 DHCP 服务的主要功能和工作原理。

（2）掌握 DHCP 服务器的安装、配置与使用。

2. 背景知识

动态主机配置协议（DHCP）是给网络中每台设备分配独一无二 IP 地址的动态方式。之所以使用 DHCP，常见理由如下：

1）降低花费在 IP 地址管理方面的时间和规划。IP 地址的集中式管理免除了网络管理员编辑每台网络工作站、打印机或其他设备上 TCP/IP 配置的必要性。

2）降低分配 IP 地址的错误率。借助于 DHCP，不会存在分配给工作站无效地址的可能性，并且几乎不可能存在两台客户机使用相同 IP 地址、并降低因此而导致网络错误的可能性（偶尔 DHCP 服务器软件也许会出错）。另外，当手工分配每台客户机的 IP 地址或手工编辑 BOOTP 表时，很容易输入错误地址或重复使用相同地址。

3）为使用户在无须更改 TCP/IP 配置的情况下随意移动工作站和打印机。只要工作站被配置为从中心服务器获取 IP 地址，则工作站可以连到网络上任何地方，并且会收到有效地址。

4）为使 IP 地址对移动用户透明。例如，如果某销售人员把 Windows XP 笔记本电脑带到会议室，以进行一个有关电子商务的在线演示，她可以在无须更改便携机配置的情况下就可以连接到网络，得到有效 IP 地址。

（1）DHCP 出租过程。借助于 DHCP，当设备连接到网络时，该设备会向 DHCP 服务器申请租用或借用 IP 地址。换句话说，设备只是临时使用 IP 地址。例如，当客户机与网络断开连接时，客户机就会放弃刚才所用的 IP 地址，DHCP 服务器就可以把该 IP 地址分配给其他设备。

1）当客户机工作站启动时（假设它已经安装 TCP/IP，并且已经绑定到网卡），它会借助于 UDP，以广播的方式向 DHCP/BOOTP 服务器端口（默认端口号为 67）发送 DHCP 搜索信息包。

2）与该工作站处于相同子网的每个 DHCP 服务器都会收到广播请求。每个 DHCP 服务器均会回应一个有效的 IP 地址，并且同时禁止别的客户机试图使用该地址。答复消息包括有效的 IP 地址、子网掩码、DHCP 服务器的 IP 地址，以及租借时限。该消息也是以广播方式从 DHCP/BOOTP 端口号 68 发送出去的。由于客户机没有 IP 地址，所以 DHCP 服务器不能直接把信息发送给申请 IP 地址的客户机。

3）客户机接收它所收到的第一个 IP 地址，并发送广播消息，以通知 DHCP 服务器它所接收的 IP 地址。由于该消息是广播式的，所以所有其他 DHCP 服务器会看到广播消息，并把准备分配的 IP 地址重新放回可用地址组中。

4）当被选中的 DHCP 服务器收到确认消息后，它会以广播的方式答复一个确认信息。该确认信息会提供更详细的信息。

前面的处理步骤只涉及四个信息包的数据交互，因而通常不会增加客户机登录网络的时间。在租借期结束之前，客户机和服务器不必重复这种信息交换过程。IP 地址会保留在客户机的 TCP/IP 设置中，即使该设备重新启动也是一样。

（2）终止 DHCP 租借。当租借时间超过在服务器配置中所设置的时间时，则 DHCP 租借会过期。用户可以在客户机的 TCP/IP 配置或服务器的 DHCP 配置中随时手工终止 DHCP 租借。在有些情况下，用户必须终止租借。试想一下，如下情况会发生什么后果：上文所讲的那个销售人员在会议室演示完之后，她返回到自己的办公室，把笔记本电脑网络线连到桌下的插座，并打开计算机。她的 TCP/IP 设置仍旧包含她在会计室从 DHCP 服务器处所得到的 IP 地址和其他信息（如 DNS 服务器和网关地址）。而且，由于 DHCP 租借期为 30 天，则她的 TCP/IP 服务将不会尝试从自己公司的 DHCP 服务器申请新的 IP 地址。当她尝试接收自己的电子邮件时会发生何事？她会收到错误消息，说不能建立 TCP/IP 连接（而不是说需要一个新 IP 地址）。在这种情况下，用户需要终止租借，该事件被称为 TCP/IP 设置的租借。终止 DHCP 租借通过命令行输入 ipconfig /release 来实现，该命令的格式如图 2-3 所示。

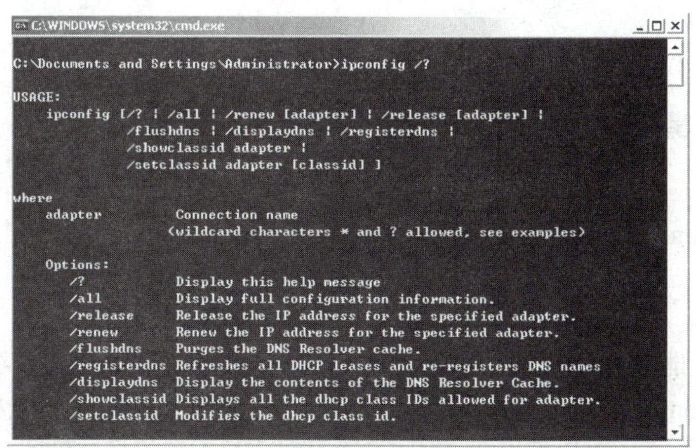

图 2-3 终止 DHCP 租借

3. 工作任务

（1）阐述 DHCP 服务的主要功能和适用环境。

（2）掌握 DHCP 服务配置中主要参数的作用，如地址范围、租借时间等。

（3）安装 DHCP 服务器（如 Windows 2003 自带的 DHCP 服务器组件），进行配置，能够完成地址的分发和回收。

任务 2.2.5 掌握终端服务

1. 学习目标

（1）了解终端服务的主要功能和工作原理。

（2）掌握终端服务的开启和关闭。

（3）掌握终端服务的使用方法。

2. 背景知识

终端服务（Terminal Services）集成在 Windows.NET Server 中，作为系统服务器服务组件存在。

终端服务的工作原理是客户机和服务器通过 TCP/IP 和标准的局域网构架联系。通过客户端终端，客户机的鼠标、键盘的输入传递到终端服务器上，再把服务器上的显示传递回客户端。客户端不需要具有计算能力，最多只需提供一定的缓存能力。众多的客户端可以同时登录到服务器上，就像同时在服务器上工作一样，它们之间作为不同的会话连接是互相独立的。

Windows.NET Server 终端服务由 5 个组件组成：Windows.NET Server 服务器多用户内核、远程桌面协议、终端服务客户端软件、终端服务许可服务及终端服务系统管理工具。

3. 工作任务

（1）阐述终端服务的工作原理和适用环境。

（2）在服务器上开启 Telnet 远程访问服务。

（3）在客户机上使用 Telnet 远程登录服务器。

任务 2.3　常用网络命令的使用

为了能够进行网络管理，需要使用一些常用网络命令。

任务 2.3.1 掌握 ipconfig 命令

1. 学习目标

（1）掌握 ipconfig 命令的主要功能和适用环境。

（2）掌握 ipconfig 命令的主要参数及其使用方法。

2. 背景知识

使用 ipconfig 能够对网络进行查看和管理，根据参数的不同可以实现不同的功能。

（1）使用 ipconfig /all 查看配置。发现和解决 TCP/IP 网络问题时，先检查出现问题的计算机上的 TCP/IP 配置。可以使用 ipconfig 命令获得主机配置信息，包括 IP 地址、子网掩码和默认网关。

使用带/all 选项的 ipconfig 命令时，将给出所有接口的详细配置报告，包括任何已配置的串行端口。使用 ipconfig /all，可以将命令输出重定向到某个文件，并将输出粘贴到其他文档中。也可以用该输出确认网络上每台计算机的 TCP/IP 配置，或者进一步调查 TCP/IP 网络问题。

如图 2-4 所示是 ipconfig /all 命令输出，该计算机配置成静态配置 IP 地址，并使用 DNS 服务器解析名称。

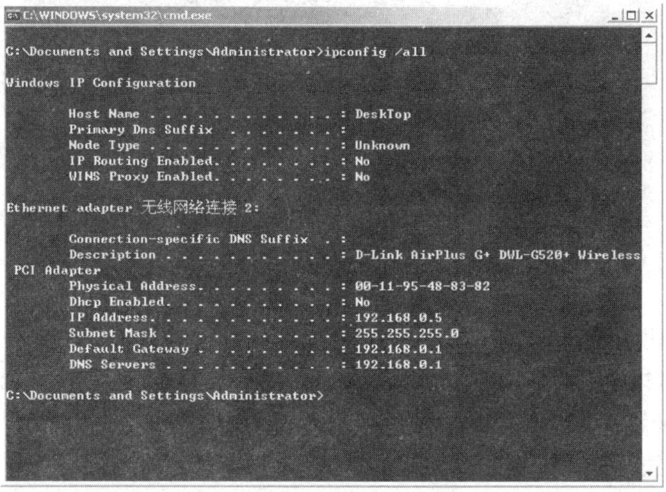

```
C:\WINDOWS\system32\cmd.exe

C:\Documents and Settings\Administrator>ipconfig /all

Windows IP Configuration

        Host Name . . . . . . . . . . . . : DeskTop
        Primary Dns Suffix  . . . . . . . :
        Node Type . . . . . . . . . . . . : Unknown
        IP Routing Enabled. . . . . . . . : No
        WINS Proxy Enabled. . . . . . . . : No

Ethernet adapter 无线网络连接 2:

        Connection-specific DNS Suffix  . :
        Description . . . . . . . . . . . : D-Link AirPlus G+ DWL-G520+ Wireless
 PCI Adapter
        Physical Address. . . . . . . . . : 00-11-95-48-83-82
        Dhcp Enabled. . . . . . . . . . . : No
        IP Address. . . . . . . . . . . . : 192.168.0.5
        Subnet Mask . . . . . . . . . . . : 255.255.255.0
        Default Gateway . . . . . . . . . : 192.168.0.1
        DNS Servers . . . . . . . . . . . : 192.168.0.1

C:\Documents and Settings\Administrator>
```

图 2-4　ipconfig /all

如果 TCP/IP 配置没有问题，下一步测试能够连接到 TCP/IP 网络上的其他主机。

（2）使用 ipconfig /renew 刷新配置。解决 TCP/IP 网络问题时，先检查遇到问题的计算机上的 TCP/IP 配置。如果计算机启用 DHCP 并使用 DHCP 服务器获得配置，使用 ipconfig/renew 命令开始刷新租约。

使用 ipconfig /renew 时，使用 DHCP 的计算机上的所有网卡（除了那些手动配置的适配器）都尽量连接到 DHCP 服务器，更新现有配置或者获得新配置。也可以使用带/release 选项的 ipconfig 命令立即释放主机的当前 DHCP 配置。

3. 工作任务

（1）阐述 ipconfig 命令的主要功能及主要参数。

（2）使用 ipconfig 命令查看主机的物理地址、IP 地址、子网掩码、默认网关、DNS 服务器等信息。

（3）配置网络环境，使主机从 DHCP 服务器处自动获取 IP，使用 ipconfig 命令刷新配置。

任务 2.3.2　掌握 ping 命令

1. 学习目标

（1）掌握 ping 命令的主要功能和适用环境。

（2）掌握 ping 命令的主要参数及其使用方法。

2. 背景知识

ping 命令有助于验证 IP 级的连通性。发现和解决问题时，可以使用 ping 命令向目标主机名或 IP 地址发送 ICMP 回应请求。需要验证主机能否连接到 TCP/IP 网络和网络资源时，使用 ping 命令。也可以使用 ping 命令隔离网络硬件问题和不兼容的配置。

ping 命令的格式如图 2-5 所示。

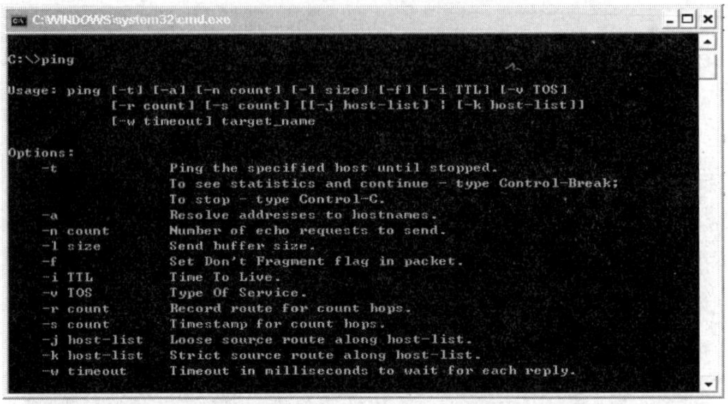

```
C:\WINDOWS\system32\cmd.exe

C:\>ping

Usage: ping [-t] [-a] [-n count] [-l size] [-f] [-i TTL] [-v TOS]
            [-r count] [-s count] [[-j host-list] | [-k host-list]]
            [-w timeout] target_name

Options:
    -t             Ping the specified host until stopped.
                   To see statistics and continue - type Control-Break;
                   To stop - type Control-C.
    -a             Resolve addresses to hostnames.
    -n count       Number of echo requests to send.
    -l size        Send buffer size.
    -f             Set Don't Fragment flag in packet.
    -i TTL         Time To Live.
    -v TOS         Type Of Service.
    -r count       Record route for count hops.
    -s count       Timestamp for count hops.
    -j host-list   Loose source route along host-list.
    -k host-list   Strict source route along host-list.
    -w timeout     Timeout in milliseconds to wait for each reply.
```

图 2-5　ping 命令格式及参数

其中常见参数说明如下：

（1）-t 校验与指定计算机的连接，直到用户中断。

（2）-a 将地址解析为计算机名。

（3）-n count 发送由 count 指定数量的 echo 报文，默认值为 4。

（4）-l length 发送包含由 length 指定数据长度的 echo 报文，默认值为 64 字节，最大值为 8192 字节。

ping 命令有两种常用的用法：一种是 ping IP 地址；另一种是 ping 主机域名。

ping 命令主要用于网络的连通性测试，测试网线是否连通、网卡配置是否正确、IP 地址是否可用等。但是攻击者也用 ping 命令来收集主机信息和作为一种攻击手段。

通常最好先用 ping 命令验证本地计算机和网络主机之间的路由是否存在，以及要连接的网络主机的 IP 地址。ping 目标主机的 IP 地址看它是否响应，格式如下：

ping IP_address

使用 ping 时应该执行以下步骤：

（1）ping 环回地址验证是否在本地计算机上安装 TCP/IP 及配置是否正确：

ping 127.0.0.1

（2）ping 本地计算机的 IP 地址验证是否正确地添加到网络：

ping IP_address_of_local_host

如果本地计算机的 IP 地址为 192.168.0.5，则 ping192.168.0.5。

（3）ping 默认网关的 IP 地址，验证默认网关是否运行，以及能否与本地网络上的本地主机通信：

ping IP_address_of_default_gateway

如果默认网关的 IP 地址为 192.168.0.1，则 ping192.168.0.1。

（4）ping 远程主机的 IP 地址，验证能否通过路由器通信：

ping IP_address_of_remote_host

例如，希望验证能否连接苏州市职业大学主页，则 ping www.jssvc.edu.cn

ping 命令用 Windows 套接字样式的名称解析将计算机名解析成 IP 地址，所以如果 ping

IP 地址成功，但是 ping 名称失败，则一般问题出在地址或名称解析上，而不是网络连通性的问题。

如果在任何点上都无法成功地使用 ping 命令，请确认以下两个方面：

1）安装和配置 TCP/IP 之后重新启动计算机。

2）“Internet 协议（TCP/IP）属性”对话框“常规”选项卡上的本地计算机的 IP 地址有效正确。

可以使用 ping 命令的不同选项来指定要使用的数据包大小、要发送多少数据包、是否记录用过的路由、要使用的生存时间（TTL）值及是否设置“不分段”标志。可以输入 ping-? 查看这些选项。

如图 2-6 所示，说明了如何向 IP 地址 192.168.0.1 发送两个 ping 的数据包，每个都是 1450B。

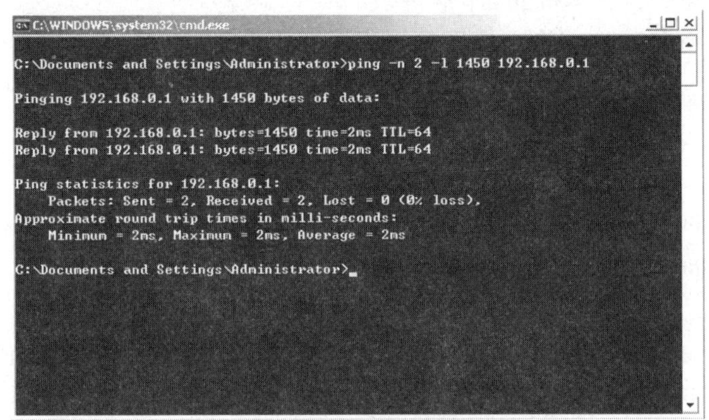

图 2-6 发送两个 ping 命令

默认情况下，在显示“请求超时”之前，ping 命令等待 1s 的时间让每个响应返回。如果通过 ping 命令探测的远程系统经过长时间延迟的链路，如卫星链路，则响应可能会花更长的时间才能返回。可以使用-w（等待）选项指定更长时间的超时。

3. 工作任务

（1）阐述 ping 命令的主要功能及主要参数。

（2）使用 ping 命令测试本地计算机上安装 TCP/IP 及配置是否正确。

（3）使用 ping 命令验证本地计算机的 IP 地址验证是否正确地添加到网络。

（4）使用 ping 命令测试本地计算机与默认网关、DNS 服务器之间的连通性。

任务 2.3.3 掌握 arp 命令

1. 学习目标

（1）掌握 arp 命令的主要功能和适用环境。

（2）掌握 arp 命令的主要参数及其使用方法。

2. 背景知识

可以使用 arp 命令查看和修改本地计算机上的 ARP 表项。例如，arp-a 命令对于查看 ARP 缓存和解决地址解析问题非常有用，如图 2-7 所示。还可以通过 arp-d 命令删除 ARP 表项；通过 arp-s 命令添加 ARP 表项。

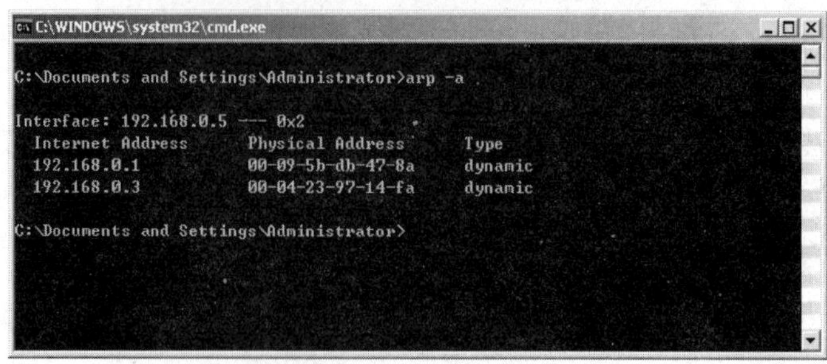
```
C:\Documents and Settings\Administrator>arp -a

Interface: 192.168.0.5 --- 0x2
  Internet Address      Physical Address      Type
  192.168.0.1           00-09-5b-db-47-8a     dynamic
  192.168.0.3           00-04-23-97-14-fa     dynamic

C:\Documents and Settings\Administrator>
```

图 2-7 ARP 缓存

3. 工作任务

（1）使用 arp 命令查看本机的 arp 缓冲表。

（2）使用 arp 命令和 ping 命令查看同组计算机的物理地址。

任务 2.3.4 掌握 nbtstat 命令

1. 学习目标

（1）掌握 nbtstat 命令的主要功能和适用环境。

（2）掌握 nbtstat 命令的主要参数及其使用方法。

2. 背景知识

TCP/IP 上的 NetBIOS（NetBT）将 NetBIOS 名称解析成 IP 地址。TCP/IP 为 NetBIOS 名称解析提供了很多选项，包括本地缓存搜索、WINS 服务器查询、广播、DNS 服务器查询及 Lmhosts 和主机文件搜索。

nbtstat 是解决 NetBIOS 名称解析问题的有用工具。可以使用 nbtstat 命令删除或更正预加载的项目。

nbtstat -n 显示由服务器或重定向器之类的程序在系统上本地注册的名称。

nbtstat -c 显示 NetBIOS 名称缓存，包含其他计算机的名称对地址映射。

nbtstat -R 清除名称缓存，然后从 Lmhosts 文件重新加载。

nbtstat -RR 释放在 WINS 服务器上注册的 NetBIOS 名称，然后刷新它们的注册。

nbtstat -a name 对 name 指定的计算机执行 NetBIOS 适配器状态命令。适配器状态命令将返回计算机的本地 NetBIOS 名称表及适配器的媒体访问控制地址。

nbtstat -S 列出当前的 NetBIOS 会话及其状态（包括统计）。

3. 工作任务

（1）使用 nbtstat 命令显示 NetBIOS 名称缓存。

（2）使用 nbtstat 命令清除名称缓冲。

（3）使用 nbtstat 命令释放 NetBIOS 名称，刷新注册。

任务 2.3.5 掌握 netstat 命令

1. 学习目标

（1）掌握 netstat 命令的主要功能和适用环境。

（2）掌握 netstat 命令的主要参数及其使用方法。

2. 背景知识

可以使用 netstat 命令显示协议统计信息和当前的 TCP/IP 网络连接。

netstat -a 显示所有连接和监听端口。

netstat -b 显示包含于创建每个连接或监听端口的可执行组件。在某些情况下已知可执行组件拥有多个独立组件，并且在这些情况下包含于创建连接或监听端口的组件序列被显示。

netstat -e 显示以太网统计信息，此选项可以与-s 选项组合使用。

netstat -n 以数字形式显示地址和端口号。

netstat -o 显示与每个连接相关的所属进程 ID。

netstat -pproto 显示 proto 指定的协议的连接；proto 可以是下列协议之一：TCP、UDP、TCPv6 或 UDPv6。如果与-s 选项一起使用以显示按协议统计信息，proto 可以是下列协议之一：IP、IPv6、ICMP、ICMPv6、TCP、TCPv6、UDP 或 UDPv6。

netstat -r 显示路由表。

netstat -s 显示按协议统计信息。默认显示 IP、IPv6、ICMP、ICMPv6、TCP、TCPv6、UDP 和 UDPv6 的统计信息。

netstat -p 选项用于指定默认情况的子集。

netstat -v 与-b 选项一起使用时将显示为所有可执行组件创建连接或监听端口的组件。

3. 工作任务

（1）使用 netstat 命令显示本地主机所有连接和监听的端口。

（2）使用 netstat 命令显示本地主机包含连接或监听端口的可执行组件。

（3）使用 netstat 命令显示本地以太网统计信息。

（4）使用 netstat 命令显示本地连接相关的进程 ID。

（5）使用 netstat 命令显示本地开启的网络连接所采用的协议。

（6）使用 netstat 命令显示本地路由表。

任务 2.3.6 掌握 tracert 命令

1. 学习目标

（1）掌握 tracert 命令的主要功能，适用环境。

（2）掌握 tracert 命令的主要参数及其使用方法。

2. 背景知识

tracert（跟踪路由）是路由跟踪实用程序，用于确定 IP 数据报访问目标所采取的路径。tracert 命令用 IP 生存时间（TTL）字段和 ICMP 错误消息来确定从一个主机到网络上其他主机的路由。

通过向目标发送不同 IP 生存时间（TTL）值的“Internet 控制消息协议（ICMP）”回应数据包，tracert 诊断程序确定到目标所采取的路由。要求路径上的每个路由器在转发数据包之前至少将数据包上的 TTL 递减 1。数据包上的 TTL 减为 0 时，路由器应该将“ICMP 已超时”的消息发回源系统。

tracert 先发送 TTL 为 1 的回应数据包，并在随后的每次发送过程将 TTL 递增 1，直到目标响应或 TTL 达到最大值，从而确定路由。通过检查中间路由器发回的“ICMP 已超时”的消息确定路由。某些路由器不经询问直接丢弃TTL过期的数据包，这在tracert实用程序中看不到。

tracert命令按顺序打印出返回“ICMP已超时”消息的路径中的近端路由器接口列表。如果使用-d选项，则tracert实用程序不在每个IP地址上查询DNS。

可以使用tracert命令确定数据包在网络上的停止位置，对于解决大网络问题非常有用。

3. 工作任务

（1）阐述tracert命令的工作原理。

（2）阐述网络中TTL的变化规律及其对IP分组转发的影响。

（3）使用tracert命令，列出到达特定主机所经过的路由器。

任务2.3.7 掌握net命令

1. 学习目标

（1）掌握net命令的主要功能和适用环境。

（2）掌握net命令的主要参数及其使用方法。

2. 背景知识

net命令是网络命令中最重要的一个，必须透彻掌握它的每一个子命令的用法，因为它的功能非常强大，许多Windows系统网络命令以net开始。通过输入net /?可查阅所有可用的net命令，通过输入net help命令可在命令行中获得net命令的语法帮助。

（1）net start <service name>。net start命令用于启动本地或远程主机上的服务，或显示已启动服务的列表。service包括下列服务：alerter、client service for netware、clipbook server、computer browser、dhcp client、directory replicator、eventlog、ftp publishing service、lpdsvc、messenger、net logon、network dde、network dde dsdm、network monitoring agent、nt lm security support provider、ole、remote access connection manager、remote access isnsap service、remote access server、remote procedure call (rpc) locator、remote procedure call (rpc) service、schedule、server、simple tcp/ip services、snmp、spooler、tcp/ip netbios helper、ups及workstation。如果服务名是两个或两个以上的词，如Net Logon或Computer Browser，则必须用引号（"）引住。

（2）net stop <service name>。net stop命令用于停止本地或远程主机上的开启的服务。例如，停止telnet服务: net stop telnet。

（3）net user命令。net user命令用于查看和用户相关的情况，包括新建账号、删除账号、查看账号、激活账号、禁用账号等。如不带参数，就是查看所有用户的情况。

创建账号。net user abc 123/add，即创建一个用户名为abc，密码为123的账号，默认为user组成员。

删除账号。net user abc/del，即删除用户名为abc的账号。

禁用账号。net user abc/active:no，即禁用用户名为abc的账号。

激活账号。net user abc /active:yes，即激活用户名为abc的账号。

（4）net localgroup命令。net localgroup命令添加、显示或更改本地组。如果不带参数就是查看所有用户组。

net localgroup 可以用来把某个账号提升为 administrators 组账号，例如，net localgroup administrators abc /add。

（5）net share 命令。net share 命令用于显示、创建和删除共享资源。如 net share 显示共享资源。

关闭共享：net share 共享资源名 /del。

3. 工作任务

（1）使用 net 命令启动本地的网络服务（如 telnet）。

（2）使用 net 命令查看本地主机所有用户，创建一个新账号，删除一个已有账号，禁用一个已有账号，激活账号。

（3）使用 net 命令添加、显示或更改本地组。

（4）使用 net 命令显示、创建和删除共享资源。

任务 2.4 网络协议分析工具的使用

前面的任务涉及网络协议的基础知识，在实践过程中，网络协议的分析是不可或缺的，本任务的主要目标是掌握网络协议分析的原理、工具及操作方法。

当一个网络出现故障时，就需要由网络管理员查找故障并及时进行修复。但一般的局域网都有几十到几百台计算机，以及多个服务器、交换机、路由器等设备，管理员的工作量非常大，而且排除故障也非常麻烦。但通过网络协议分析工具，就可以帮助网络管理员方便地找出问题所在。

1. 学习目标

（1）掌握 Sniffer Pro 的安装、配置。

（2）掌握捕获环境的构建。

（3）掌握网络协议数据的捕获与分析。

2. 背景知识

Sniffer Pro 是美国 Network Associates 公司生产的一款网络分析软件，可用于网络故障与性能管理，在局域网领域应用非常广泛，占到网络分析软件市场的 76%。

Sniffer Pro 是一种很好的网络分析程序，允许管理员逐个数据包查看通过网络的实际数据，从而了解网络的实际运行情况。它具有以下特点：

（1）可以解码至少 450 种协议。除了 IP、IPX 和其他一些“标准”协议外，Sniffer Pro 还可以解码分析很多由厂商自己开发或者使用的专门协议，如思科 VLAN 中继协议（ISL）。

（2）支持主要的局域网（LAN）、城域网（WAN）等网络技术（包括高速与超高速以太网、令牌环、802.11b 无线网、SONET 传递的数据包、T-1、帧延迟和 ATM）。

（3）提供对位（bit）和字节（Byte）水平上过滤数据包的能力。

（4）提供对网络问题的高级分析和诊断，并推荐应该采取的正确措施。

（5）Switch Expert 可以提供从各种网络交换机查询统计结果的功能。

（6）网络流量生成器能够以 KMbit/s 的速率运行。

（7）可以离线捕获数据，如捕获帧。因为帧通常都是用 8 位的分界数组来校准，所以 Sniffer Pro 只能以字节为单位捕获数据。但过滤器在位或者字节水平都可以定义。

3. 工作任务

（1）安装、配置 Sniffer Pro。

（2）搭建捕获环境，设置捕获条件。

（3）完成捕获任务，对捕获到的网络数据进行分析。

4. 任务实施

（1）准备 Sniffer pro 的软件安装包。到 Network Associates 的官方网站下载 Sniffer Pro 网络分析软件（在本书中主要以 Sniffer Pro 4.70.530 这个版本为例），下载完后即可双击软件包进行安装。

（2）软件安装过程。运行 Sniffer Pro 软件进行安装时，将出现初始安装界面，如图 2-8 所示，之后就出现安装向导，如图 2-9 所示。

图 2-8　Sniffer Pro 初始安装界面

图 2-9　Sinffer Pro 安装向导

在安装向导中单击 Next 按钮，选择遵守协议条款单击 Yes 按钮，如图 2-10 所示。进入设置安装路径对话框，可以按照自己的习惯选择所需要的安装路径，如图 2-11 所示。选择完毕后再单击 Next 按钮，在立即安装的对话框中选择 Install 按钮后开始正式安装，安装过程的界面如图 2-12 所示。

安装过程中需要输入软件的用户，公司和序列号，以及公司所在地、电话、传真等信息，进入安装结束对话框中，单击 Finish 按钮后结束安装过程，如图 2-13 所示。

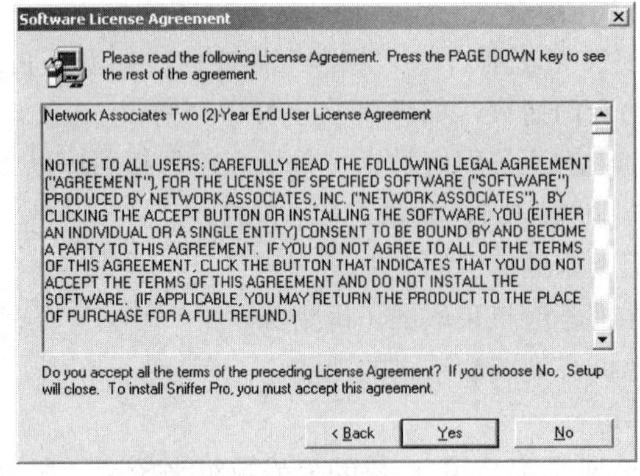

图 2-10　选择遵守协议条款

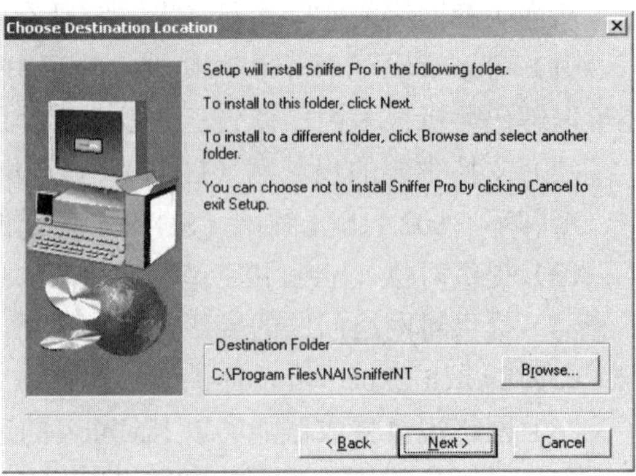

图 2-11　选择安装路径

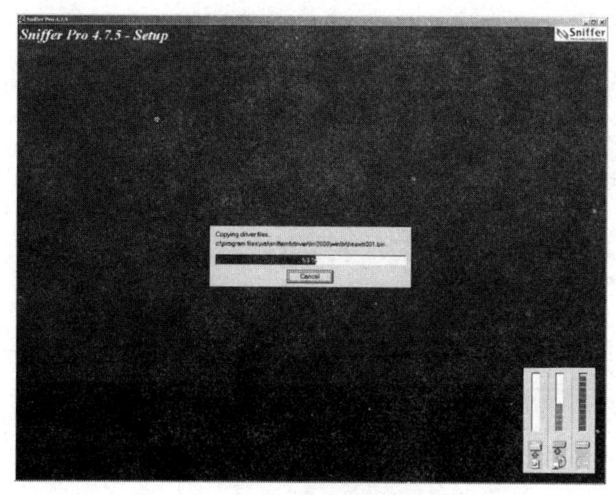

图 2-12　Sniffer Pro 安装过程

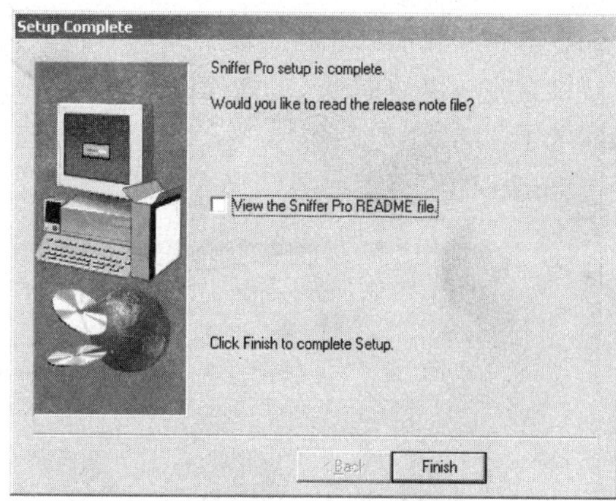

图 2-13　安装结束

（3）使用 Sniffer Pro 捕获数据。Sniffer Pro 安装完成以后，从“开始”菜单运行，显示 Settings 对话框，在 Select settings for monitoring 列表框中单击选择要监控的网卡，单击“确定”按钮，Sniffer 就会监控该网卡中传输的数据。如果以后要改变监控设置，可以选择 File 菜单中的 Select Settings 选项，同样会出现该对话框，用来改变要监控的网卡，如图 2-14 所示。

如果在 Settings 对话框中没有显示要监控的网卡，可以将其他网卡添加到该列表框中。单击 New 按钮，显示如图 2-15 所示 New Settings 对话框，可以设置新添加的网卡。

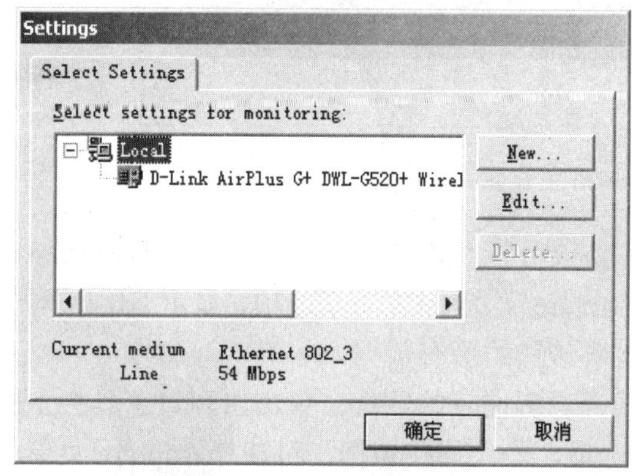

图 2-14　选择监控网卡

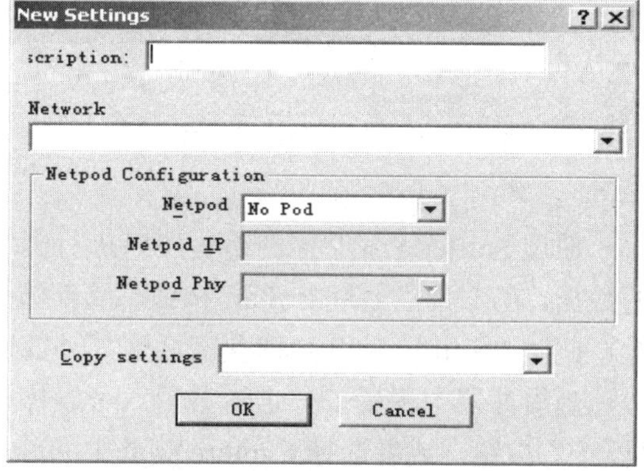

图 2-15　添加网卡

Description：为该网卡设置一个名称，可以是关于该网卡的描述。

Network：该下拉列表中列出了本地计算机上的所有网卡，可以选择要使用的网卡。

Netpod Configuration：在这里可以设置高速以太网 Pod，为了使以太网可以以全双工模式工作，在 Netpod 下拉列表中选择“Full Duplex Pod（全双工 Pod）”选项，在 Netpod IP 框中输入 Sniffer Pro 系统的网络适配器的 IP 地址再加 1。例如，Sniffer Pro IP 地址为 192.168.0.1，Netpod IP 地址就必须设置为 192.168.0.2。全双工 Pod 要求有静态 IP 地址，所以应该禁用 DHCP。

Copy settings：在该下拉列表中显示了本地计算机中以前定义过的网卡设置，可以选择一种配置，将其复制到该新添加的网卡中。

设置完成以后单击 OK 按钮，将该设置添加到 Settings 对话框中，然后就可以选择监控该网卡了。

Sniffer 的主界面如图 2-16 所示。

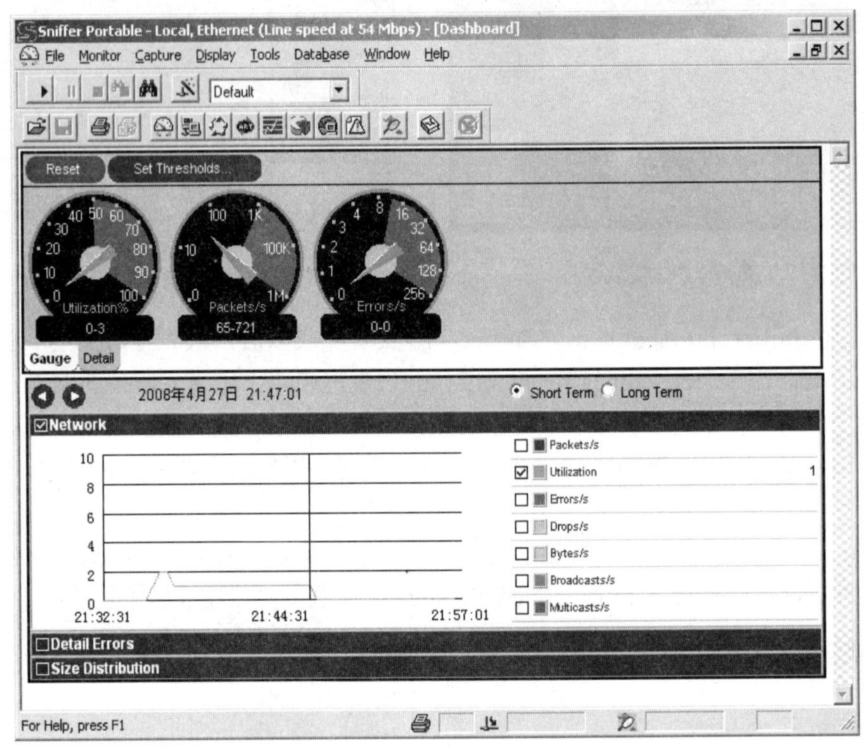

图 2-16 Sniffer Pro 主界面

通过 Sniffer Pro 监控网络程序以进行网络和协议分析，需要先使 Sniffer Pro 捕获网络中的数据。在工具栏上单击 Start 按钮，或者选择 Capture 菜单中的 Start 选项，显示 Expert 对话框，此时，Sniffer 便开始捕获局域网与外部网络所传输的所有数据。

当缓冲器中积累了一定流量后，可以停止并查看所捕获的数据。单击主窗口工具栏上的“停止”按钮，或者选择 Capture 菜单中的 Stop 选项，停止捕获数据，再选择 Capture 菜单中的 Display 选项，就可以查看所捕获的内容了，如图 2-17 所示。

如图 2-17 所示的选中部分为捕捉的数据中的一条 TCP 数据，其中上半部为 IP 报头，下半部为 TCP 报头，可以通过实际的数据包进一步加深对 TCP 和 IP 数据包格式的理解。

（4）捕捉某台计算机的所有数据包。如图 2-18 所示，本例要抓 192.168.0.5 这台计算机的所有数据包。首先打开 Sniffer Pro 的 Host Table 窗口，可以看到所有和本地网卡有数据交换的计算机都在其中列举出来，在众多的计算机中选择这台需要捕捉数据包的计算机，如图 2-18 中箭头①所指。

单击如图 2-18 所示的箭头②所指的图标 Capture，出现如图 2-19 所示界面。

等到如图 2-19 所示的箭头所指的望远镜图标变红时，表示已捕捉到数据。此时可以单击该图标出现如图 2-20 所示界面，选择 Decode 选项即可看到捕捉到的所有数据包。

Sniffer Portable - Local, Ethernet (Line speed at 54 Mbps) - [Snif1: Decode, 33,453 Ethernet Frames]

File Monitor Capture Display Tools Database Window Help

No.	Status	Source Address	Dest Address	Summary	Len (B)	Rel. Time	Delta Time	Abs. Time
31		[192.168.0.5]	[221.226.208.11]	UDP: D=1179 S=26244 LEN=1448	1482	0:00:00.504	0.000.028	2008-04-27 21:39:22
32		[192.168.0.5]	[221.226.208.11]	UDP: D=1179 S=26244 LEN=1448	1482	0:00:00.504	0.000.029	2008-04-27 21:39:22
33		[119.125.13.69]	[192.168.0.5]	TCP: D=1553 S=80 ACK=3566826719 WIN=6553	60	0:00:00.518	0.013.744	2008-04-27 21:39:22
34		[117.27.100.142]	[192.168.0.5]	UDP: D=26244 S=19139 LEN=46	80	0:00:00.520	0.001.970	2008-04-27 21:39:22
35		[192.168.0.5]	[117.27.100.142]	UDP: D=19139 S=26244 LEN=1448	1482	0:00:00.520	0.000.043	2008-04-27 21:39:22
36		[192.168.0.5]	[117.27.100.142]	UDP: D=19139 S=26244 LEN=1448	1482	0:00:00.520	0.000.036	2008-04-27 21:39:22

```
DLC:
IP: ----- IP Header -----
IP:
IP: Version = 4, header length = 20 bytes
IP: Type of service = 00
IP:       000. ....  = routine
IP:       ...0 ....  = normal delay
IP:       .... 0...  = normal throughput
IP:       .... .0..  = normal reliability
IP:       .... ..0.  = ECT bit - transport protocol will ignore the CE bit
IP:       .... ...0  = CE bit - no congestion
IP: Total length     = 40 bytes
IP: Identification   = 39737
IP: Flags            = 4X
IP:       .1.. ....  = don't fragment
IP:       ..0. ....  = last fragment
IP: Fragment offset  = 0 bytes
IP: Time to live     = 56 seconds/hops
IP: Protocol         = 6 (TCP)
IP: Header checksum  = 6227 (correct)
IP: Source address      = [119.125.13.69]
IP: Destination address = [192.168.0.5]
IP: No options
IP:
TCP: ----- TCP header -----
TCP:
TCP: Source port             =    80 (WWW/WWW-HTTP HTTP)
TCP: Destination port        =  1553
TCP: Sequence number         = 1689470808
TCP: Next expected Seq number= 1689470808
TCP: Acknowledgment number   = 3566826719
TCP: Data offset             = 20 bytes
TCP: Reserved Bits: Reserved for Future Use (Not shown in the Hex Dump)
TCP: Flags                   = 10
TCP:              ..0. ....  = (No urgent pointer)
TCP:              ...1 ....  = Acknowledgment
TCP:              .... 0...  = (No push)
TCP:              .... .0..  = (No reset)
TCP:              .... ..0.  = (No SYN)
TCP:              .... ...0  = (No FIN)
TCP: Window                  = 65535
TCP: Checksum                = 6E7F (correct)
TCP: Urgent pointer          = 0
TCP: No TCP options
TCP:
```

Expert / Decode / Matrix / Host Table / Protocol Dist. / Statistics

For Help, press F1

图 2-17　捕获的数据包内容

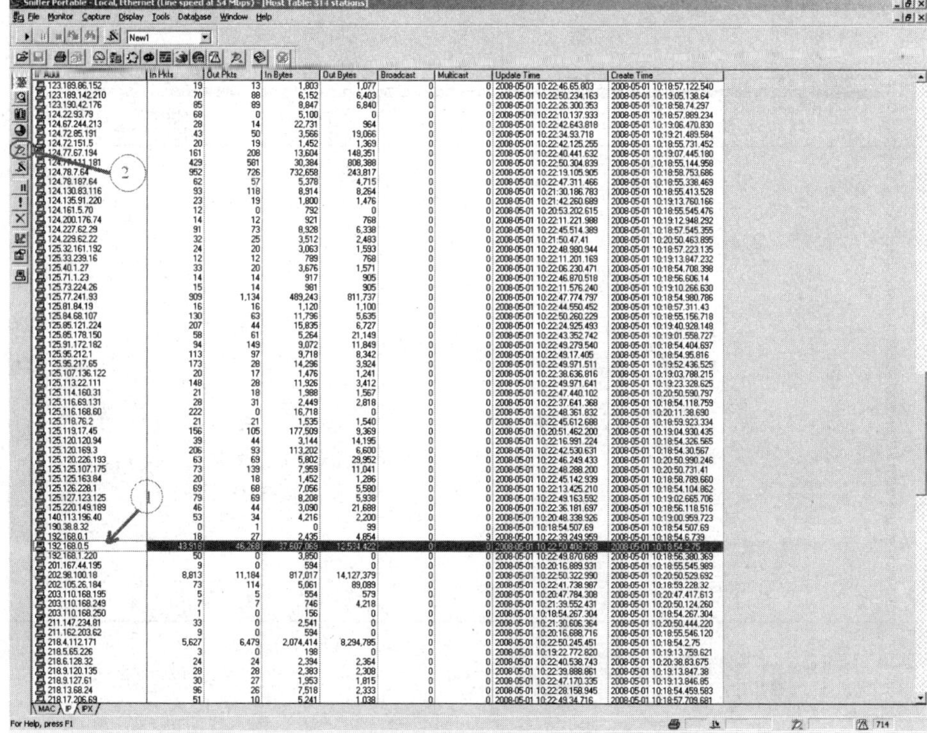

图 2-18　Host Table 窗口

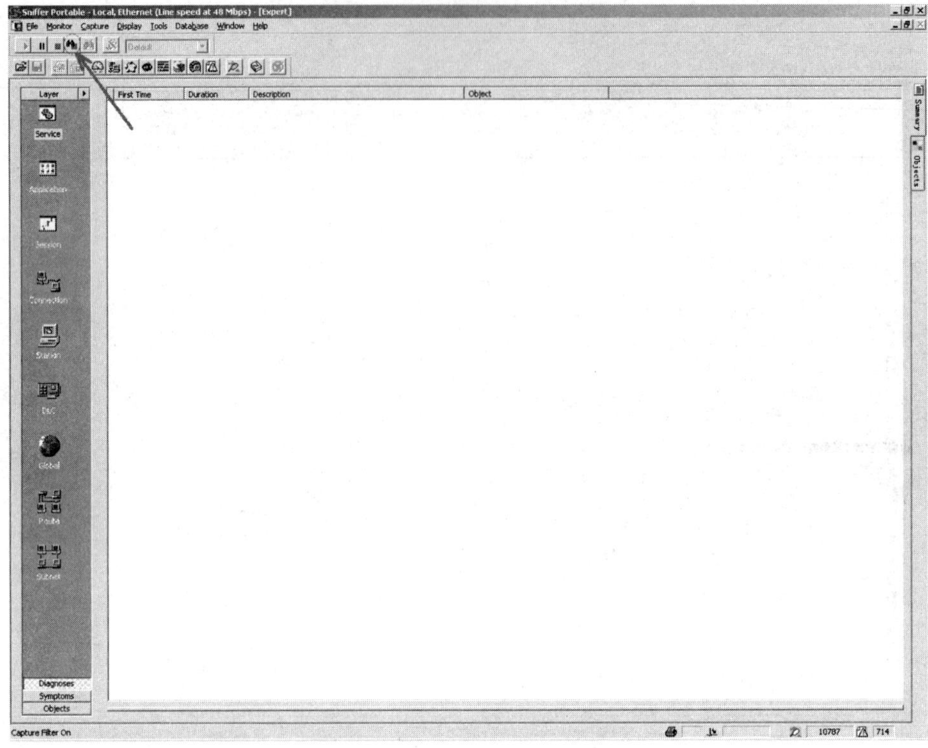

图 2-19　Capture 窗口

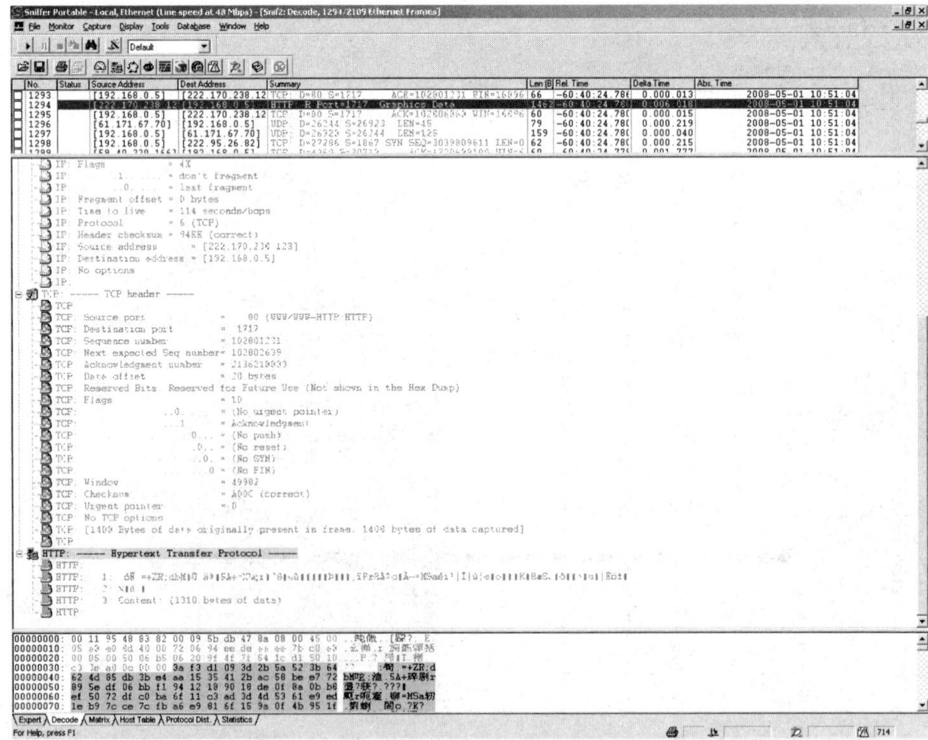

图 2-20　IP 地址为 192.168.0.5 的主机的所有数据包

前面介绍的是如何进行数据包的捕捉，当获取了所需的数据包之后，重点和难点就在于如何进行数据包的分析。图 2-20 中所指向的是 IP 地址为 192.168.0.5 的主机所有数据包中的一条数据，其协议格式为 HTTP，总体长度为 1462B，源地址为 222.170.238.123，目标地址为我们所监视的 192.168.0.5，也就是说这是一条接收到的数据。同时，分析窗口中还列出了数据包收到的时间、网络延时等信息，以及最重要的数据包内容。

项目实训　使用 Sniffer Pro 进行协议分析

实训目的

（1）掌握 Sniffer Pro 安装、配置方法。

（2）掌握使用 Sniffer Pro 捕捉常见的网络协议报文，并对其进行分析。

实训任务

（1）安装、配置 Sniffer Pro。

（2）捕获 IP 分组，完成分析报告。

（3）捕获 TCP 报文，完成分析报告。

（4）捕获 UDP 报文，完成分析报告。

（5）捕获 ICMP 报文，分析 ICMP 工作过程，完成分析报告。

（6）捕获 HTTP 报文，分析 HTTP 工作过程，完成分析报告。

（7）捕获 FTP 报文，分析 FTP 工作过程，尝试 FTP 密码的捕获，完成分析报告。

实训总结

（1）总结在整个数据捕获和分析中出现的问题，并进行相应分析和改进。

（2）使用 Sniffer Pro 对捕获到的报文进行分析。

习　　题

1. 协议的三要素包括哪些？分别如何理解？
2. 比较 OSI 参考模型与 TCP/IP 参考模型的区别。
3. FTP 服务有何优缺点？
4. 如何使用 tracert 进行网络诊断？

项目3 网络攻击与防范

现在，网络上黑客的攻击越来越猖獗，手段越来越丰富，令人防不胜防，对网络安全造成了很大的威胁。网络攻击是网络安全所要应对的主要问题。正所谓"知己知彼，百战不殆。"要掌握网络安全技术首先要了解网络攻击的技术，分析和研究网络攻击的机理，这样才能对网络实现有效的、有针对性的防护。

本项目由介绍黑客和黑客攻击技术入手，具体分析了网络攻击的技术、攻击工具，并通过网络探测、端口扫描、网络监听的具体任务操作，深入了解黑客的攻击手段，分析了常见网络攻击的原理及防范措施。最后，通过安装和部署入侵检测系统和蜜罐系统，给网络最大限度的防护。

任务3.1 网络攻击技术

任务3.1.1 了解黑客

1. 学习目标

（1）了解什么是网络黑客。

（2）了解黑客攻击的目标和特点。

2. 背景知识

（1）网络黑客。"黑客"一词大家一定耳熟能详，它来源于英文 Hacker。我们现在通常把怀着不良企图，强行闯入远程计算机系统或恶意干扰远程系统完整性，通过非授权的访问权限盗取数据甚至破坏计算机系统的"入侵者"称为"黑客"，这是片面的。真正的黑客（Hacker）称这些入侵者为骇客（Cracker）。黑客和骇客之间有着本质的不同，黑客发现、创造东西，骇客专门破坏东西，所以，人们现在所说的黑客是指骇客。

（2）黑客攻击的目标和特点。黑客攻击的主要目的是：①窃取信息；②获取口令；③控制中间站点；④获得超级用户权限。

黑客的攻击目标主要有两类——系统和数据，其所对应的安全性也涉及系统安全和数据安全两个方面。从比例上分析，针对系统的攻击占了攻击总数的30%，造成损失的比例也占到了30%；针对数据的攻击占到攻击总数的70%，造成的损失也占到了70%。按攻击目标分类，可分为系统型攻击和数据型攻击。

系统型攻击的特点是：攻击发生在网络层，破坏系统的可用性，使系统不能正常工作。可能留下明显的攻击痕迹，用户会发现系统不能工作。

数据型攻击的特点是：攻击发生在网络的应用层，面向信息，主要目的是篡改和偷取信息，不会留下明显的痕迹。

一个完整的网络安全解决方案不仅能防止系统型攻击，也能防止数据型攻击；即能解决系统安全，又能解决数据安全两方面的问题。这两者中，应着重强调数据安全，重点解决来自内部的非授权访问和数据的保密问题。

3. 工作任务

收集网络安全技术网站，学习网络安全技术。

任务 3.1.2 了解网络攻击

1. 学习目标

（1）了解黑客攻击的一般过程。

（2）了解常用的网络攻击技术及原理。

（3）了解常用的网络攻击工具。

2. 背景知识

（1）网络攻击分类。攻击是指任何非授权行为，攻击范围从简单地使服务器无法提供正常服务到完全被破坏或被控制。一般而言，能使一个网络受到破坏的所有行为都被认定为攻击。在网络上成功实施的攻击级别依赖于用户采用的安全措施。网络攻击的详细分类如下：

1）阻塞类攻击。这类攻击企图通过强制占有信道资源、网络连接资源、存储空间资源，使服务器崩溃或资源耗尽，无法对外继续提供服务。拒绝服务攻击（DoS，Denial of Service）是典型的阻塞类攻击。

2）探测类攻击。这类攻击主要是收集目标系统的各种与网络安全有关的信息，为下一步入侵提供帮助，主要包括扫描技术、体系结构刺探、系统信息服务收集等。

3）控制类攻击。这类攻击是一类试图获得对目标机器控制权的攻击，最常见的有三种：口令攻击、特洛伊木马攻击、缓冲区溢出攻击。

4）欺骗类攻击。这类攻击包括 IP 欺骗、ARP 欺骗和假消息攻击，前一种通过冒充合法网络主机骗取敏感信息，后一种攻击主要是通过配置或设置一些假信息来实施欺骗攻击。欺骗类攻击主要包括 ARP 缓存虚构、DNS 高速缓存污染、伪造电子邮件等。

5）漏洞类攻击。系统硬件或软件存在某种形式的安全方面的脆弱性，这种脆弱性存在的直接后果是允许非法用户未经授权获得访问权或提高其访问权限。

6）破坏类攻击。破坏类攻击指对目标计算机的各种数据与软件实施破坏的一类攻击，包括计算机病毒、逻辑炸弹等攻击手段。

（2）网络攻击的一般模型。就一般情况而言，网络攻击通常遵循同一种行为模型，都要经过收集信息、获取权限、消除痕迹和深入攻击等几个阶段，如图 3-1 所示。然而一些高明的入侵者会把自己隐藏得更好，利用“傀儡机”来实施攻击，入侵成功后还会把入侵痕迹清除干净，并留下后门为以后实施攻击提供方便。

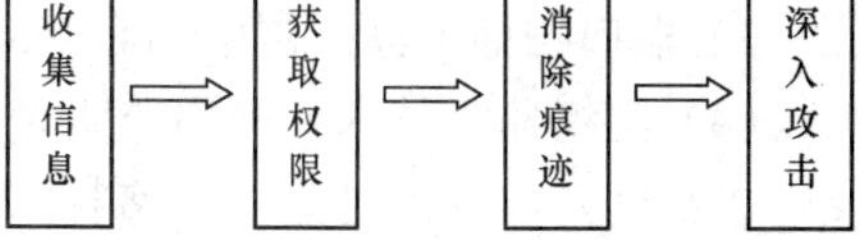

收集信息 ⇨ 获取权限 ⇨ 消除痕迹 ⇨ 深入攻击

图 3-1 一般的网络攻击模型

1）收集信息。收集信息是攻击前的侦查和准备阶段，攻击者在发动攻击前了解目标的网络结构，收集各种目标系统的信息。

锁定目标：网络上有许多主机，攻击者的首要工作就是寻找并确定目标主机。

了解目标的网络结构：确定要攻击的目标后，攻击者就会设法了解其所在的网络结构信息，包括网关路由，防火墙、入侵检测系统（IDS）等。在这一阶段，攻击者对某一组织机构的网络结构、网络容量和目录及安全状态都有大致了解，并设计出能绕过安全装置的方案。

收集各种系统信息：在了解了网络结构信息之后，攻击者会对主机进行全面的系统分析，以寻求该主机的操作系统类型、所提供服务及其安全漏洞或安全弱点。攻击者可以使用一些扫描器工具，轻松获取目标主机运行的操作系统及版本，系统里的账户信息，WWW、FTP、Telnet、SMTP 等服务器程序是何种版本和服务类型，端口开放情况等资料。其主要方法有端口扫描、服务分析、协议分析和用户密码探测等。

2）获取权限。利用探测阶段提供的充分的目标系统访问数据，分析目标系统存在的弱点和漏洞，利用系统配置错误和弱点来选择合适的方法进行入侵。

第一步获取访问权限：对目标主机账户文件等进行破解，获取一般的账户和密码，获得系统的一般访问权限，寻找合适时机登录主机。

第二步提升访问权限：在获得初始访问权限后，攻击者将利用其最近获得的身份在目标系统里进一步提升他们的权限，进而获得一些额外的权力，并最终获得目标主机的控制权。

3）消除痕迹。一般入侵成功后，为了能长时间地保留和巩固他对系统的控制权，且不被管理员发现，攻击者往往会企图掩盖他们的踪迹，清除入侵痕迹。这一阶段的主要动作是清除事件日志并隐藏其遗留下来的文件。因为日志往往会记录一些攻击者实施攻击的蛛丝马迹，所以为了不留下这些“犯罪证据”，以便日后可以不被察觉地再次进入系统，攻击者会更改某些系统设置，如对日志重新进行配置，使之恢复初始设置。

4）深入攻击。消除入侵的踪迹之后，攻击者就开始深入下一步的行动，窃取主机上的各种敏感信息，如软件资料、客户名单、财务报表、信用卡号等。攻击者甚至会在系统中植入特洛伊木马，利用这台已经被攻陷的主机去进行下一步的攻击（如继续入侵内部网络），或利用这台主机发动 DoS 攻击使网络瘫痪。

（3）端口扫描技术。端口扫描技术有助于及时发现系统存在的安全弱点和漏洞，有助于进一步加强系统的安全性。例如，当系统管理员扫描到 finger 服务所在的端口号 79 时，就应想到这项服务是否应该关闭才安全。如果原来是关闭的，现在又被扫描到，则说明系统已经遭到了入侵，并且入侵者非法取得了系统管理员的权限，改变了系统的配置。

对于入侵者来说，端口扫描技术是一种被用来寻找攻击线索和攻击入口的有效方法。通过端口扫描可以收集到目标主机的系统服务端口开放情况，如 FTP（21）、WWW（80）、Telnet（23），从而进一步判断能否用匿名登录，能否用 Telnet 等。一旦入侵成功，入侵者将为自己开的后门设在一个端口值非常高且不常用的端口上。入侵者通过这些端口可以任意使用系统的资源，也为他人非法访问这台主机开了方便之门。

1）常用的端口扫描技术：TCP connect( )扫描、TCP SYN 扫描、TCP FIN 扫描、Fragmentation 扫描、UDP recfrom( )和 write( )扫描、ICMP echo 扫描、TCP 反向 Ident 扫描等。

2）端口扫描工具：常用的有 NSS、SATAN、SuperScan、Nmap、X-Scan、流光等。

（4）网络监听技术。网络监听是一种监视网络状态、数据流量及网上传输信息的技术，它可以帮助网络管理员监视网络状态，分析网络的流量，找出网络中潜在的问题。常见的网络监听工具有 Sniffer Pro、Iris、Ethereal、NetXray、tcpdump、winpcap 等。

（5）网络欺骗技术。网络欺骗技术是利用 TCP/IP 本身的缺陷对 TCP/IP 网络进行攻击的一种复杂的技术。主要的方式有 IP 欺骗、ARP 欺骗、DNS 欺骗、Web 欺骗、E-mail 欺骗、Cookie 欺骗、源路由欺骗等。

（6）密码破解技术。密码破解攻击是指通过猜测或其他手段获取合法用户的账号的密码，获得机器或网络的访问权，并能访问到用户能访问到的任何资源，进而实施攻击。如果这个用户获得了域管理员或root用户权限，将是极其危险的。攻击者攻击目标时常常把破译用户的密码作为攻击的开始。

一般密码攻击的方法：①通过网络监听非法得到用户密码；②密码穷举破解。

密码破解工具其实是一个能将口令解译出来、或者让口令保护失效的程序。Windows NT和Windows 2000密码破解工具有Lophtcrack（LC）、NTSweep、PWDump等。UNIX密码破解工具有Crack、John the Ripper、XIT、Slurpie等。

（7）拒绝服务技术。拒绝服务攻击简称DoS（Denial of Service），是一种针对TCP/IP的缺陷来进行网络攻击的手段，它可以在任意平台上实现。拒绝服务攻击的原理并不复杂而且易于实现，通过向服务器传送海量服务要求，使服务器里充斥着这种要求回复的信息，耗尽网络带宽或系统资源，造成服务器网段拥塞，最终导致网络或系统不堪重负以至于瘫痪、停止正常的网络服务。

最常遭受攻击的目标包括路由器、数据库、Web服务器、FTP服务器和与协议相关的服务（如DNS、WINS和SMB）。

拒绝服务攻击是最容易实施的攻击行为，常见的攻击方式有死亡之Ping、Teardrop、TCP SYN洪水、Land、Smurf等。

（8）缓冲区溢出技术。缓冲区溢出是一种非常普遍、非常危险的漏洞，在各种操作系统、应用软件中广泛存在。缓冲区溢出攻击利用目标程序的缓冲区漏洞，通过操作目标程序堆栈并暴力改写其返回地址，可以导致程序运行失败、系统崩溃、重新启动等后果。更为严重的是，可以利用它执行非授权指令，甚至可以取得系统特权，进而进行各种非法操作。

事实上，利用缓冲区溢出漏洞而发起的攻击屡见不鲜，曾引发许多严重的安全性问题。其中较典型的例子是1988年，Internet蠕虫程序在finger中利用缓冲区溢出感染了Internet中的数万台计算机。而且，缓冲区溢出问题并没有成为历史，而是成了目前黑客常用的攻击技术之一。

3. 工作任务

（1）收集各种类型常用的网络攻击工具。

（2）深入理解网络攻击原理，使用网络攻击工具在虚拟机中进行简单网络攻击实验。

任务3.2 黑客入侵前的准备工作

任务3.2.1 收集网络信息

1. 学习目标

（1）了解黑客入侵的准备工作与信息探测手法。

（2）通过了解黑客探测信息的方法，及早防范黑客入侵。

2. 背景知识

通常情况下，黑客在进行攻击之前都需要对目标进行全方位分析，当分析出的数据达到攻击条件之后，黑客便会主动攻击，并在最短时间内攻破目标。因此，黑客攻击前的信息收集的工作是最重要的，往往需要几小时甚至几十小时。越成熟的黑客在信息收集上花费的时间就越多，攻击成功的几率就越大。

黑客确定一个攻击目标时，收集的信息主要包括：目标操作系统指纹（版本）、启用的服务、开放的端口、管理员登录口令（包括弱口令）、安装应用软件的漏洞，甚至需要调查管理员的私人信息，如电话、生日、姓名等。在收集信息前先要确定对方的操作系统，因为不同类型、不同版本的操作系统的系统漏洞区别很大，直接关系到黑客攻击时所使用的方法。

收集信息可以通过探测系统、网站信息探测、搜索引擎探测、信息的筛选、网络扫描等方式来实现。具体方法有：利用网络命令进行信息收集［ping 命令、nslookup 命令、net 命令、traceroute 命令（Windows 系统为 tracert）等］；通过网站注册信息制作字典；通过搜索引擎收集信息等。

3. 工作任务

（1）使用 ping 命令探测主机操作系统相关信息。

（2）探测域名对应的 IP 地址。

（3）利用网络搜索目标信息并筛选出有用信息。

4. 任务实施

（1）踩点——探测主机名、IP 地址和域名。

1）在命令行提示符窗口中输入命令“ping -a 192.168.1.100”（IP 地址可以设为局域网中某台主机地址），显示结果如图 3-2 所示。

2）在命令行提示符窗口中输入“ping -a www.baidu.com”，显示结果如图 3-3 所示，从中可以探测出百度网站服务器的 NetBIOS 名为“www.a.shifen.com”。

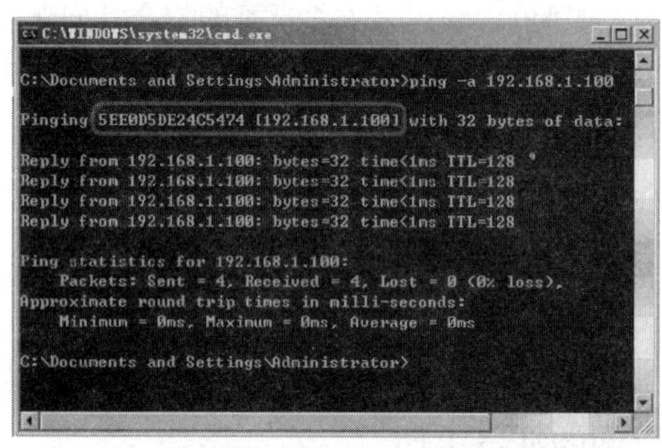

图 3-2 探测目标 IP 的主机名

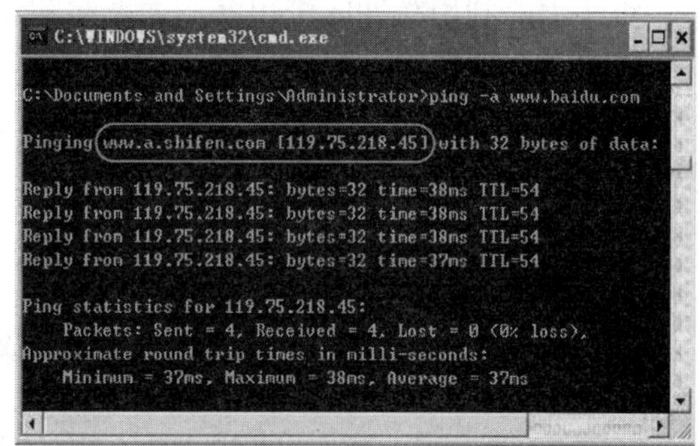

图 3-3 探测目标的 NetBIOS 名

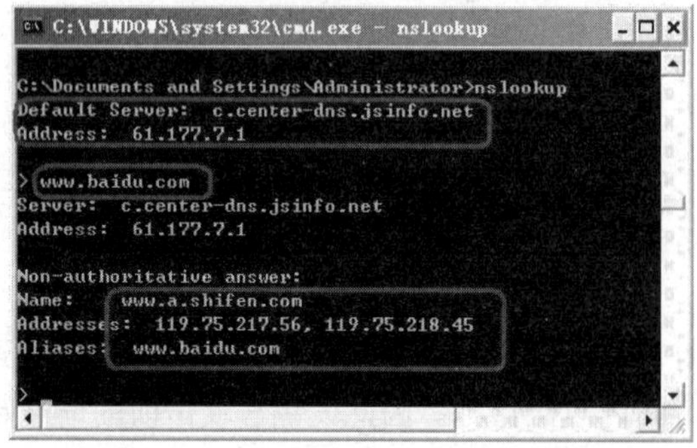

图 3-4 交互式模式查看域名系统的 A 记录

3）在命令行提示符窗口中输入“nslookup”进入 nslookup 交互式模式，然后输入“www.baidu.com”，显示结果如图 3-4 所示，可以查看域名系统中的 A 记录，即域名所对应的 IP 地址记录。

（2）探测网站注册信息。网站注册信息中包含了许多黑客所需要的重要资料，这些信息容易暴露给黑客，给网站会带来较大的安全威胁。例如：对于一些正规的经营性网站，往往主页下方有一个在工商部门备案的“红盾”标志，如图 3-5 所示。单击该标志，即弹出“经营性网络中备案信息”页面，该页面中有非常详细的网站备案信息，如图 3-6 所示。

图 3-5　网站“红盾”标志

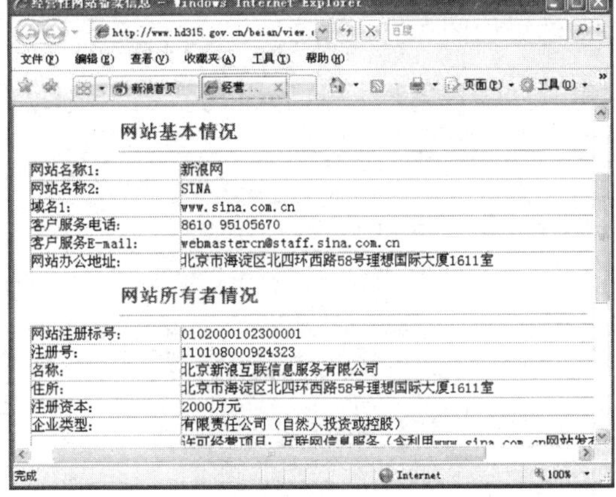

图 3-6　“经营性网络中备案信息”页面

（3）搜索引擎与信息筛选。搜索引擎技术可以帮助网络用户在 Internet 上更加快速、便捷、准确地搜索到想要的信息。目前著名的搜索引擎有 Baidu 和 Google 等。对于黑客而言，通过搜索引擎可以收集大量的信息，并且对信息进行筛选，获取其感兴趣的并可以利用的信息。

1）进入 Baidu 搜索引擎网站，在搜索文本框中输入搜索关键字“转到父目录”，单击“百度一下”按钮，搜索结果如图 3-7 所示。

2）选择一个记录打开，即可显示该网站结构列表，如图 3-8 所示。这些列表中列举了许多单词，黑客往往对 Administrator、Backup、Boot、Config 等感兴趣。了解了上述单词代表的含义后，就可以在列表中筛选此类关键字。

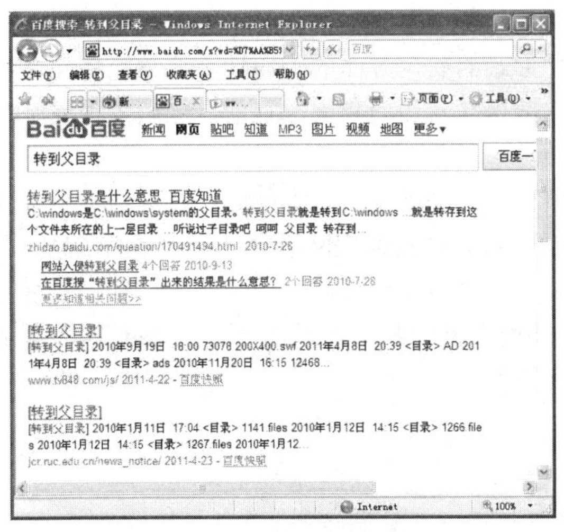

图 3-7　搜索结果页面

图 3-8　网站结构列表

3）Google 搜索引擎除了提供普通的关键字搜索之外，还提供了指令搜索，具体有 site、filetype、inurl 等。除了上述基本功能之外，还提供了很多非常有用的功能，如 Google 快译、

Google 表格、图片搜索等。进入 Google 搜索引擎网站，在搜索文本框中输入搜索关键字“小榕 流光 filetype:pdf”，单击“Google 搜索”按钮，搜索结果如图 3-9 所示。

4）在搜索文本框中输入搜索关键字“intitle:小榕‘流光’”，单击“Google 搜索”按钮，搜索结果如图 3-10 所示。

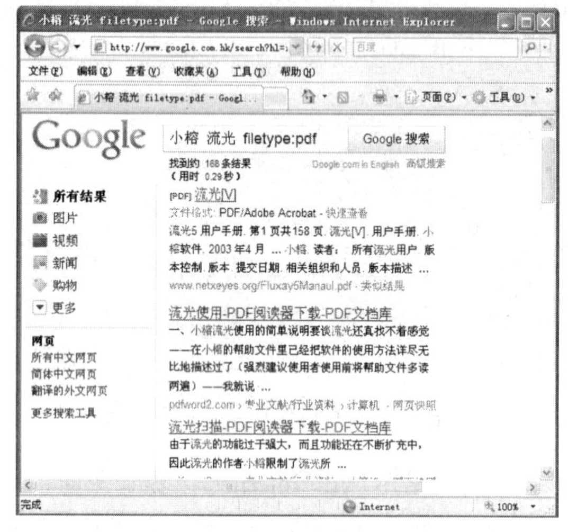

图 3-9 filetype 搜索

图 3-10 intitle 搜索

任务 3.2.2 SuperScan 端口扫描

1. 学习目标

（1）掌握端口扫描工具 SuperScan 的使用方法。

（2）深入理解运用端口扫描方法收集主机信息。

2. 背景知识

漏洞（Hole）是系统硬件或者软件存在某种形式的安全方面的脆弱性，这种脆弱性存在的直接后果是允许非法用户未经授权获得访问权或提高其访问权限。目前，针对各种漏洞特别是新发现的漏洞实施的相应攻击，令人防不胜防。

SuperScan 是由 Foundstone 开发的一款免费的、但功能十分强大的能够发现网络中主机漏洞的端口扫描工具，用于对 IP 网络地址段进行扫描，收集远程网络主机各种漏洞信息。与许多同类工具比较，它既是一款黑客工具，又是一款网络安全工具。作为安全工具，网络管理员可以利用 SuperScan 检测网络中的主机，发现主机的漏洞。目前 SuperScan 的版本是 SuperScan 4.0 版。

3. 工作任务

（1）掌握 SuperScan 的功能和使用方法。

（2）运用 SuperScan 扫描网络主机，并扫描端口。

（3）利用 SuperScan 自带工具，收集主机信息，发现漏洞。

4. 任务实施

（1）在 VMWare Workstation 中构建虚拟实验环境。

1）在 VMWare Workstation 中安装多台虚拟主机。

2）配置虚拟主机网卡，把虚拟主机配置在同一个网段范围内，如把 IP 地址配置为 192.168.1.100～192.168.1.200。

3）用 ping 等命令测试他们的连通性。

4）选择一台主机作为扫描主机，如 IP 地址为 192.168.1.150。

5）将 SuperScan 软件复制到 VMWare Workstation 扫描主机的系统中。

（2）SuperScan 使用步骤。

1）首先双击 SuperScan4.exe 程序，打开其主界面。在“扫描选项”选项卡中，在“主机名称/IP”文本框中，输入要扫描的主机名称或其 IP 地址，再单击“添加”按钮，再单击“运行”按钮。此时，SuperScan 开始扫描地址，如图 3-11 所示。

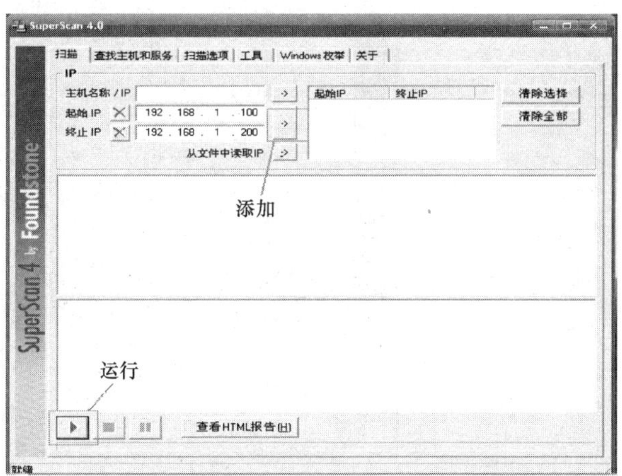

图 3-11 输入要扫描的 IP 范围

2）扫描进程结束后，SuperScan 将提供一个主机列表，其中包括关于每台扫描过的主机被发现的开放端口信息，并选择以 HTML 格式显示信息的功能，如图 3-12 所示。

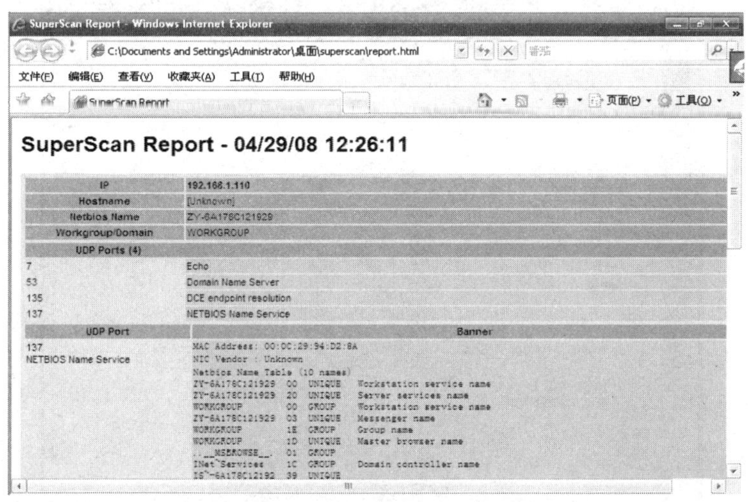

图 3-12 SuperScan 显示扫描到主机和主机上端口开放情况

3）到目前为止，已经能够从一组主机中执行简单的扫描，然而，很多时候需要定制扫描。如图 3-13 所示为“查找主机和服务”选项卡，其中的设置可在扫描的时候获得更多的相关信息。

4）“查找主机和服务”选项卡顶部是“查找主机”选项。默认发现主机的方法是通过响应请求（echo requests）。通过选择和取消各种可选的扫描方式选项，也能够通过利用时间戳请求（timestamp）、地址掩码请求（address mask requests）和信息请求（information requests）来发现主机。选择的选项越多，扫描用的时间就越长。如果试图尽量多地收集一个明确的主机信息，则建议首先执行一次常规的扫描以发现主机，然后再利用可选的请求选项来扫描。选项卡也包括“UDP 端口扫描”和“TCP 端口扫描”项。

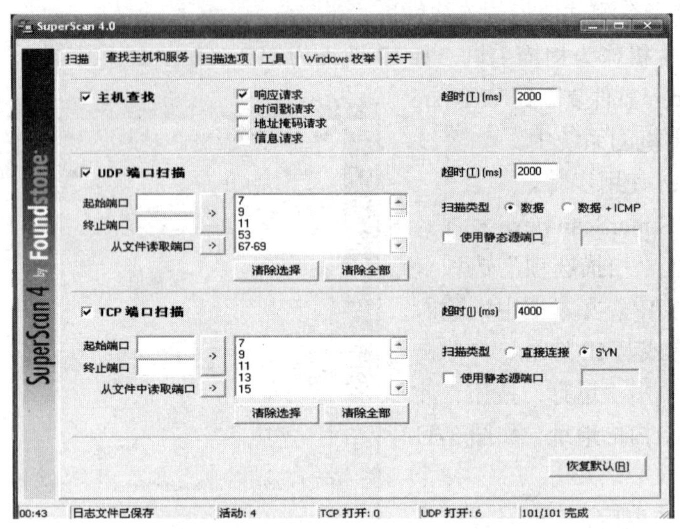

图 3-13 定制主机和服务扫描选项

5）“扫描选项”选项卡，如图 3-14 所示，允许进一步控制扫描进程。

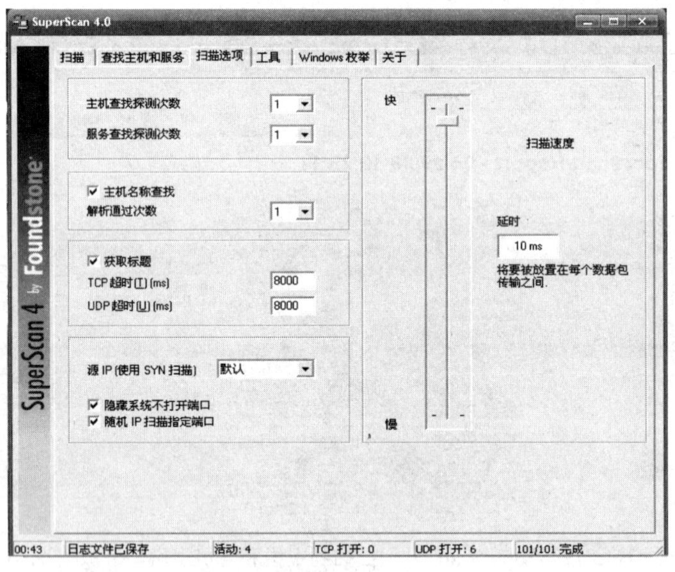

图 3-14 “扫描选项”选项卡

默认情况中的首选项是定制扫描过程中主机查找探测次数和服务查找探测次数，它们的默认值都为“1”，除非连接不太可靠，否则可以使用该默认值。此外，勾选“主机名称查找”复选框，可以设置解析通过次数，除非连接不可靠，否则也可以采用默认值“1”。另一个选项是对获取标志的设置，是根据显示一些信息尝试得到远程主机的回应。默认的延迟是 8000ms，如果所连接的主机较慢，则需要设置更长的时间。旁边的滑块是扫描速度调节选项，能够利用它来调节 SuperScan 在发送每个包所要等待的时间。如果需要最快速的扫描，则可以将其设置为 0，但这有可能会引起包的溢出。如果担心由于 SuperScan 引起的过量包溢出，最好调慢 SuperScan 的扫描速度。

6）SuperScan 的“工具”选项卡提供了很多工具，从而得到许多关于目标的主机信息。先正确输入主机名或者 IP 地址和默认的连接服务器，然后单击要得到相关信息的按钮。例如，ping 一台 IP 为 192.168.1.110 主机（前面扫描到的），发送一个 HTTP 请求，如图 3-15 所示。

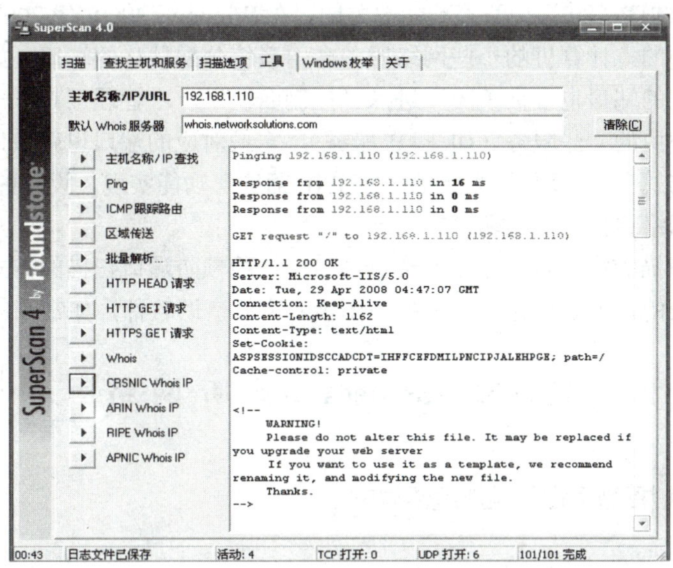

图 3-15 工具选项探测主机信息

7）最后的选项卡是“Windows 枚举”选项卡。如果设法收集的信息是关于 Linux/UNIX 主机的，那么该选项无用。但若需要 Windows 主机的信息，它确实很方便。如图 3-16 所示，该选项卡能够提供从单个主机到用户群组，再到协议策略的所有信息。

图 3-16 “Windows 枚举”选项卡

5. 问题分析

应对端口扫描的防范方法有两种：

（1）关闭闲置和有潜在危险的端口。这种方法的本质是将所有用户需要用到的正常计算机端口外的其他端口都关闭。因为就黑客而言，所有开放的端口都可能成为攻击的目标。换句话说“计算机的所有对外通信的端口都存在潜在的危险”，而一些系统必要的通信端口，如访问网页需要的 HTTP（80 端口）等不能被关闭。在 Windows 2000/XP/2003 中要关闭一些闲置端口是比较方便的。计算机的一些网络服务会由系统分配默认的端口，如果将一些闲置的服务关闭，其对应的端口也会被关闭。进入“控制面板”→“管理工具”→“服务”选项，关闭计算机没有使用的一些服务（如 FTP 服务），它们对应的端口也就被停用了。至于“只开放允许端口的方式”，可以利用系统的“TCP/IP 筛选”功能实现，设置的时候，“只允许”系统的一些基本网络通信需要的端口即可。

（2）有端口扫描的症状时，立即屏蔽该端口。这种预防端口扫描的方式显然靠用户自己手工是不可能完成的，或者说完成起来相当困难，需要借助软件，如常用的网络防火墙。

任务 3.3 Sniffer Pro 监听网络

任务 3.3.1 捕捉数据包并检测网络异常

1. 学习目标

（1）掌握 Sniffer Pro 工具的基本使用方法。

（2）掌握 Sniffer Pro 的设置捕获过滤器和显示过滤器。

（3）学会分析网络通信数据包，并拆分异常数据包进行详细查看。

2. 背景知识

网络监听主要是在局域网（以太网）中实现的，在以太网中通信采用广播机制，网卡一般有以下四种接收方式。

广播方式：网卡接收网络中的广播数据。

组播方式：网卡接收组播数据。

直接方式：只有目的网卡才能接收该数据。

混杂模式：这种模式使网卡能够接收一切通过它的数据，而不管该数据是否是传给它的。

网络监听的基本原理是：在以太网中，数据包是发送给与源主机连接在一起的所有主机，其中包含着应该接收数据包主机的正确地址。只有与数据包中目标地址一致的那台主机才接收该数据包，其他主机则丢弃。但是，当主机工作在监听模式（混杂模式）下，就可以监听并记录下同一网段上所有的数据包。无论数据包中的目标地址是什么，攻击者都可以从数据包中提取机密或敏感的数据信息，如登录名、口令等。

Sniffer Pro 是网络监听工具，它利用计算机的网络接口截获目的地为其他计算机的以明文方式传送的数据报文，应用于网络管理主要是分析网络的流量，以便找出所关心的网络中潜在的问题。从 Sniffer Pro 工具嗅探到的数据的格式遵循了 TCP/IP 规定的格式。在使用交换机的以太网中，Sniffer Pro 诱骗网络上的工作站先把数据包传到 Sniffer Pro 所在的网卡，再传给目标工作站。

Sniffer Pro 的存在对系统管理员也是非常重要的，系统管理员通过 Sniffer Pro 可以诊断出大量不可见的模糊问题，这些问题涉及两台乃至多台计算机之间的异常通信，有些甚至牵涉各种的协议。借助于 Sniffer Pro，系统管理员可以方便地确定出多少通信量属于哪个网络协议、占主要通信协议的主机是哪一台、大多数通信目的地是哪台主机、报文发送占用多少时间、相互主机的报文传送间隔时间等，这些信息为管理员判断网络问题、管理网络区域提供了非常宝贵的信息。

3. 工作任务

（1）熟悉 Sniffer Pro 网络监听软件，捕获数据包。

（2）自定义过滤器，或者导入过滤器。

（3）分析捕获数据包，检测网络异常情况。

4. 任务实施

（1）运行 Sniffer Pro 网络监听软件，设置捕获过滤器。因为捕获数据时并不知道异常数据是哪一种，所以在捕获时要把所有经过的数据全部捕获。建议捕获数据包的计算机内存要大，最少 512MB，将捕获过滤器的“缓冲”选项卡中的“缓冲大小”列表框的值设置为 32MB，文件名前缀为“all”，如图 3-17 所示，然后选择“高级”选项卡并选择尽可能多的协议（如全选，则为无效过滤器）。

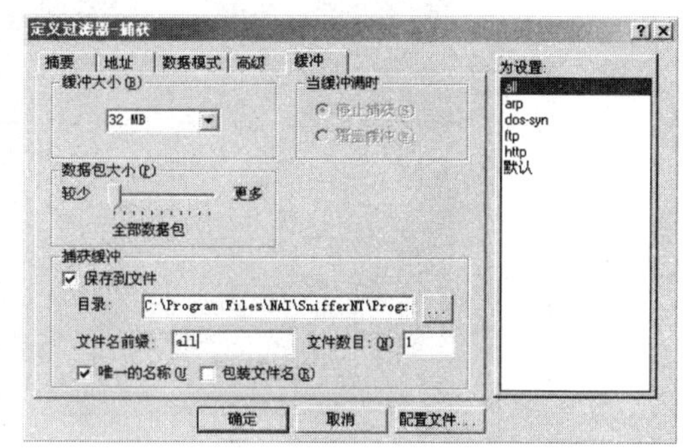

图 3-17 定义捕获过滤器

（2）实时监控网络流量，分析网络数据包流向，选择“监视器”菜单中的“主机列表”、“矩阵”、“请求相应时间”等，如图 3-18 所示，为 MAC 地址“矩阵”监控网络通信。从 MAC 地址矩阵可以看出，网络中有大量广播包的异常现象。

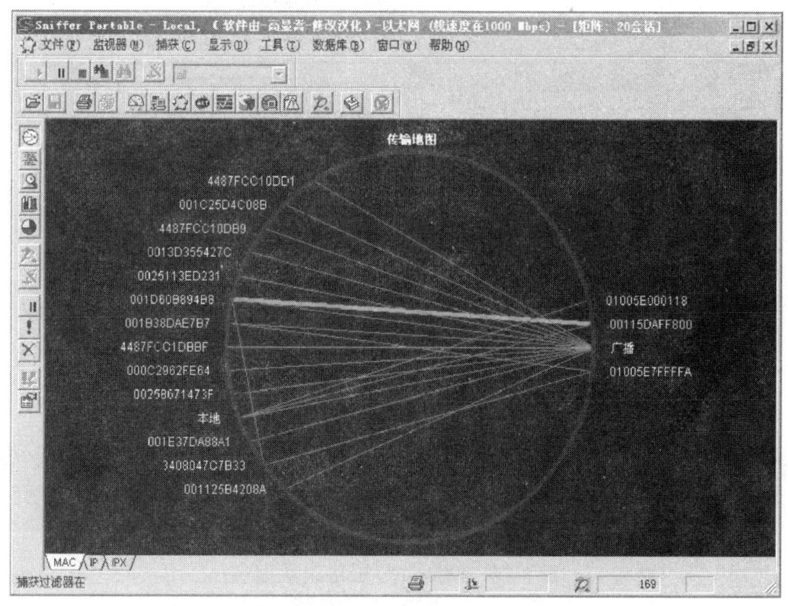

图 3-18 MAC 地址“矩阵”监控网络传输

（3）选择“监视器”菜单中的“矩阵”菜单，然后在屏幕的左下角选择 IP 选项卡，如图 3-19 所示，为 IP 地址“矩阵”监控网络通信。从 IP 地址矩阵可以看出，网络中有节点在频繁通信，这有可能是异常现象。

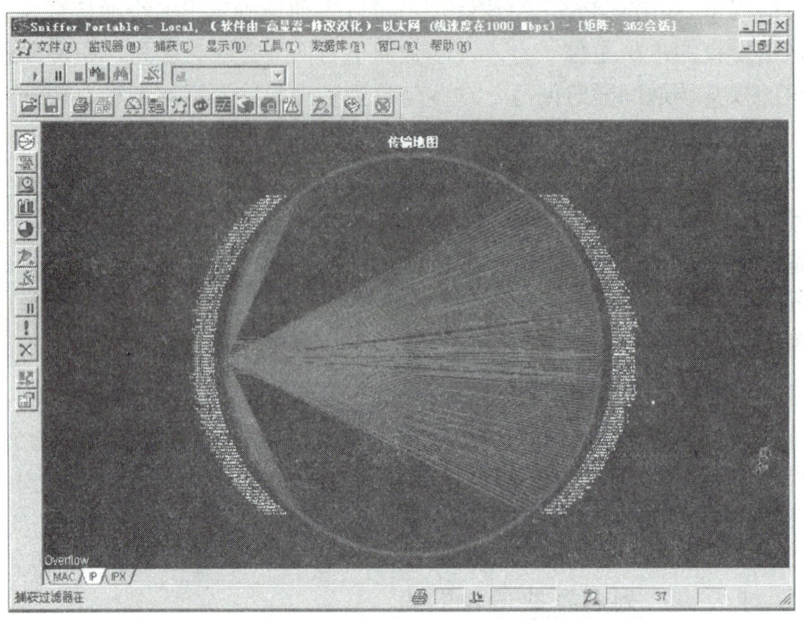

图 3-19　IP 地址“矩阵”监控网络传输

（4）定义完成过滤器后开始捕获，当“缓冲”满后停止捕获并显示，进入分析窗口，选择“解码”选项卡，如图 3-20 所示。

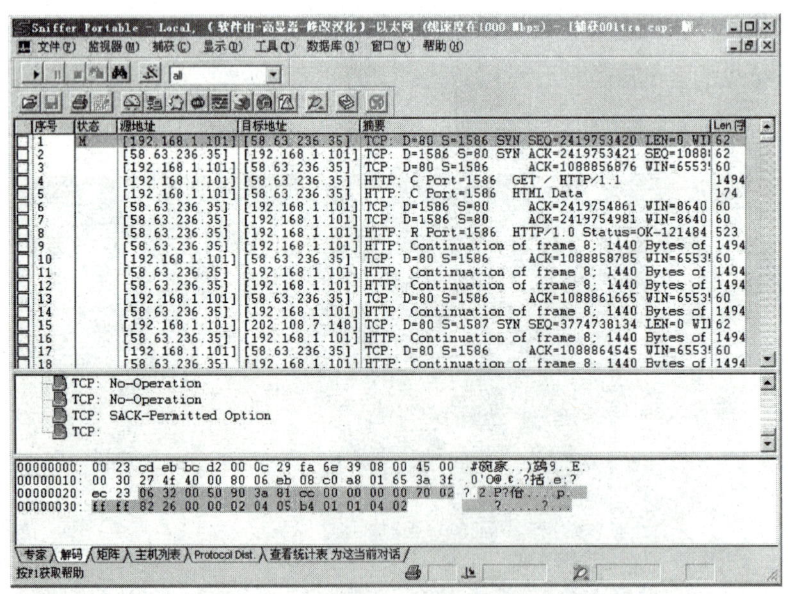

图 3-20　解码并分析协议数据包

（5）由于捕获的数据太多，为了快速分析，就要用到另一种过滤器——显示过滤器，选取“显示”菜单中的“定义过滤器”来定义显示过滤器。然后，选取“显示”菜单中的“选择过滤器”来选择显示过滤器，过滤捕获的数据，如图3-21所示。

（6）选择一个过滤器，如ARP，将把这个数据包里所有的ARP数据包过滤出来，如图3-22所示。用其他的过滤器可以过滤出相应的数据，过滤出来的数据就相对较少且较为一致，便于分析，提高了分析效率。

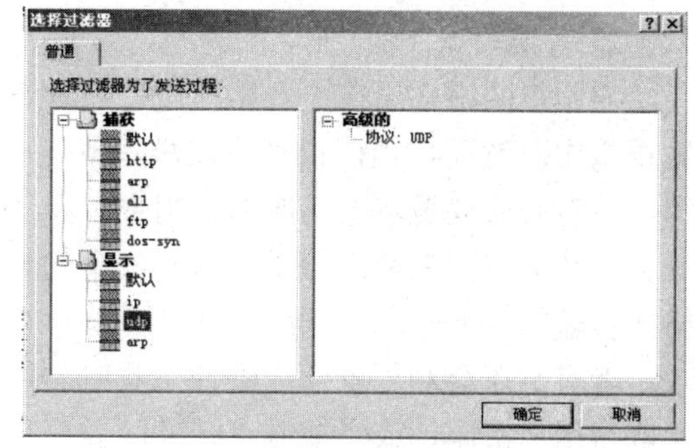

图3-21 “选择过滤器”对话框

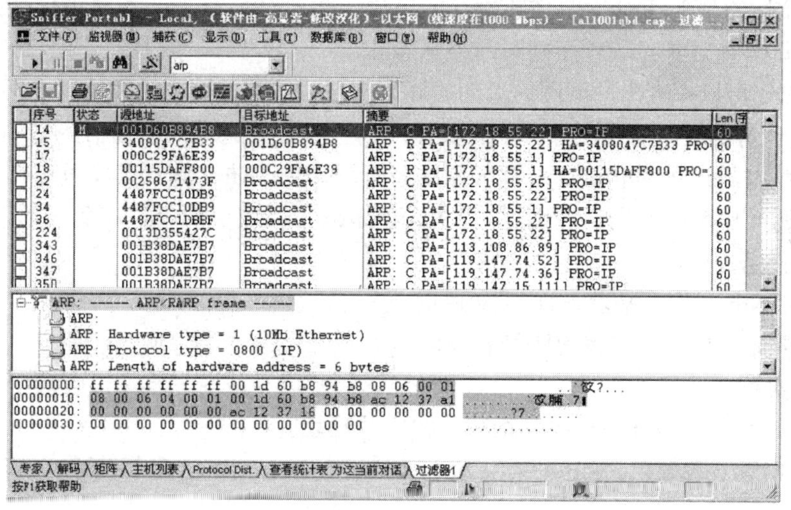

图3-22 ARP数据包

5. 问题分析

利用捕获的数据包检测网络异常，关键在于设置过滤器。捕获过滤器的设置好坏直接影响到数据的采集。有针对性地设置显示过滤器能准确检测到网络异常，并进行有针对性地检查网络设备和主机问题。

过滤器除了自己定义外，还可以去NG公司的网站去下载已经定义好的Sniffer Pro过滤器，导入Sniffer Pro软件中。具体步骤：首先下载已经定义好的过滤器，解压过滤器文件，接着找到Sniffer Pro的安装目录的Program目录中的Nxsample.csf文件，将它改名成Nxsample.csf.bak（备份文件），然后将刚下载的过滤器文件改名为Nxsample.csf。

需要说明的是Sniffer Pro的病毒过滤器的病毒名称定义是来自McAfee的定义，与其他防病毒厂商尤其是国内的防病毒厂商定义的病毒名称是有些差异的。

任务3.3.2 捕捉FTP明文密码

1. 学习目标

（1）掌握TCP/IP中多种协议的数据结构。

（2）了解FTP等协议明文传输的特性，运用Sniffer Pro捕获FTP明文密码。

（3）建立安全意识，防止FTP等协议由于传输明文密码造成的泄密。

2. 背景知识

通常，网络应用在一开始即进行口令认证，因此相应的口令和密码会出现在相对靠前的数据报中。然而，当前很多协议根本就没有采用任何加密或身份认证技术，如 Telnet、FTP 等，也有些协议虽然不是明文的用户名和口令，但也只是进行了简单的编码（如 BASE64），这样的认证方式在网络中是非常不安全的。在通信过程中，用户账户和密码信息都是以明文格式传输的，此时若攻击者利用网络监听工具便可很容易地收集到用户的账户和密码。另外，攻击者有时还会利用软件和硬件工具时刻监视系统主机的工作，等待记录用户登录信息，从而取得用户密码，或者编制有缓冲区溢出错误的 SVID 程序来获得超级用户权限。

监听者可以采用中途截击的方法获取用户账户和密码，这类攻击方法危害性极大。Sniffer Pro 就是一个网络监听工具，工作在网络的底层，将拦截所有正在网络上传输的数据，并通过程序实时分析数据内容，进而判断网络状态。

Sniffer Pro 可以探查出局域网内流动的任何信息，尤其是用户名和密码之类敏感的数据。Sniffer Pro 是一种消极的安全攻击手段，其隐藏在某个主机上监听网络通信，具有极好的隐蔽性。

在局域网内，针对 Sniffer Pro 这类网络监听攻击的预防措施，其实只要在计算机上安装防火墙，并把操作系统的安全级别提高，Sniffer Pro 工具就可能嗅探不到任何信息。

3. 工作任务

（1）利用 Sniffer Pro 捕获 FTP 明文通信。

（2）分析捕获数据包，找出账号和密码。

4. 任务实施

（1）在 VMWare Workstation 中构建虚拟实验环境。

1）在 VMWare Workstation 中安装建立虚拟主机 A、主机 B、主机 C。

2）主机 A 配置为 FTP 服务器，主机 B 为 FTP 用户，主机 C 作为网络监听主机。

（2）利用 Sniffer Pro 捕获 FTP 明文密码。

1）在主机 C 中运行 Sniffer Pro 软件，单击“捕获”菜单中的“定义过滤器”菜单，选择“高级”选项卡，再展开 IP 复选按钮中的 TCP 复选按钮，选中 FTP 复选按钮，并单击“配置文件”按钮，命名过滤器为 ftp，然后单击“确定”按钮，如图 3-23 所示。然后选择“捕获”命令开始嗅探。

2）在主机 B 中利用 DOS 命令方式登录主机 A 的 FTP 服务器，输入用户名及密码后进入服务器，如图 3-24 所示。

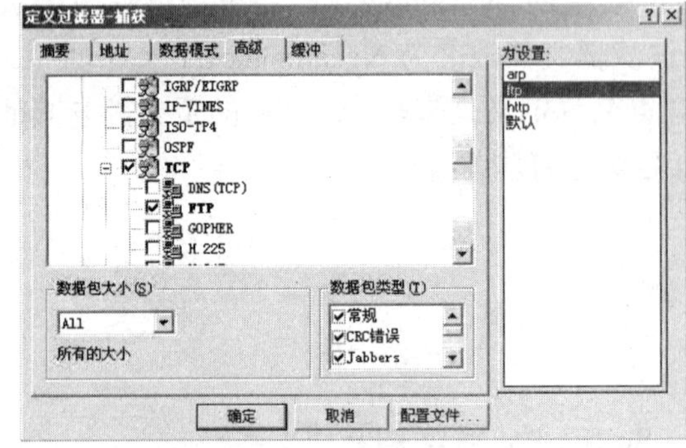

图 3-23 “定义过滤器”对话框

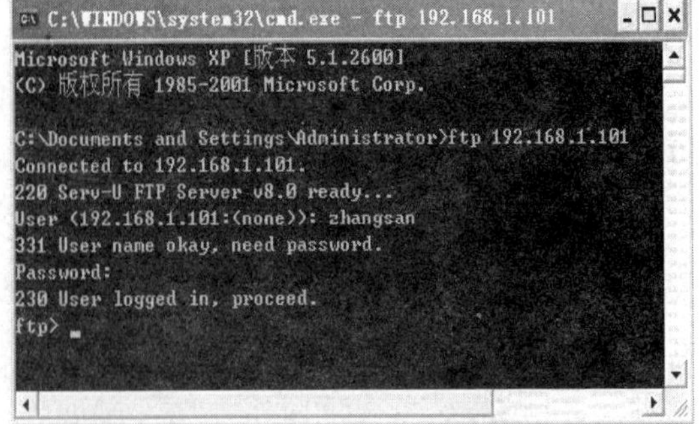

图 3-24 用 DOS 方式登录主机 A 的 FTP 服务器

3）从捕获界面中看到捕获数据包已达到一定数量，单击“停止并显示”按钮，停止抓包。单击窗口左下角的“解码”选项卡，窗口中会显示所捕捉的数据，如图3-25所示。

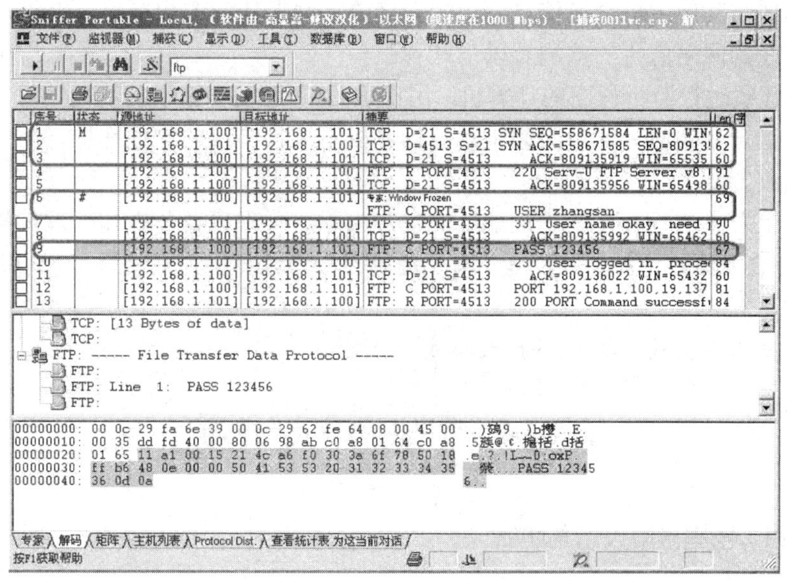

图3-25 显示所捕捉到的数据

4）分析捕获的数据包，获得大量有用的信息，详细如下：

可以看出通信双方的IP地址和开启的端口号等信息。在捕获报文窗口中看出数据包1～3是主机A和主机B的TCP三次“握手”。数据包1显示主机B向服务器A发出了FTP连接的请求，数据中包含SYN。数据包2是服务器A向主机B发送的应答，此时，TCP连接已经完成了两次握手。数据包3显示了第三次握手，从而完成了TCP连接。

数据包6是主机B向服务器A发送账号数据，其中“USER zhangsan”代表此用户名为“zhangsan”。数据包9是主机B向服务器A发送密码数据，其中“PASS 123456”代表此密码为“123456”。这正说明了FTP中的数据是以明文形式传输的，在捕获的数据包中可以分析到被监听主机的任何行为。

5. 问题分析

对于网络监听攻击，可以采取以下一些措施进行防范：

（1）网络分段：一个网络段包括一组共享底层设备和线路的计算机，如交换机、动态集线器和网桥等设备，可以对数据流进行限制，从而达到防止嗅探的目的。

（2）加密：一方面可以对数据流中的部分重要信息进行加密，另一方面也可只对应用层加密，后者将使大部分与网络和操作系统有关的敏感信息失去保护。选择何种加密方式取决于信息的安全级别及网络的安全程度。

（3）一次性密码技术：密码并不在网络上传输而是在两端进行字符串匹配，客户端利用从服务器上得到的Challenge和自身的密码计算出一个新字符串，并将之返回给服务器。在服务器上利用比较算法进行匹配，如果匹配，就允许建立连接，所有的Challenge和字符串都只使用一次。

（4）划分VLAN（虚拟局域网）：运用VLAN技术，将以太网通信变为点到点通信，可以防止大部分基于网络监听的入侵。

网络监听是很难被发现的，因为运行网络监听的主机只是被动地接收在局域网上传输的信息，不主动地与其他主机交换信息，也没有修改在网上传输的数据包。

对可能存在的网络监听的检测有以下几种：

（1）对于怀疑运行监听程序的计算机，用正确的 IP 地址和错误的物理地址 ping，运行监听程序的计算机会有响应。这是因为正常的计算机不接收错误的物理地址，而处于监听状态的计算机能接收。

（2）向网上发大量不存在的物理地址的包，由于监听程序要分析和处理大量的数据包而占用很多的 CPU 资源，这将导致性能下降。通过比较该计算机前后的性能加以判断。这种方法难度比较大。

（3）使用反监听工具（如 Antisniffer）进行检测。

任务 3.4　常见网络攻击与防护

任务 3.4.1　密码破解攻击与防御

1. 学习目标

（1）了解密码攻击技术及原理。

（2）学会设置复杂密码，增强密码保护意识。

2. 背景知识

密码破解通常有口令猜解、字典攻击和暴力攻击三种方式。

（1）口令猜解：很多人使用自己或家人的生日、电话号码、房间号码、简单数字或者身份证号码中的几位，这样黑客可以很容易通过猜想得到密码。

（2）字典攻击：如果猜解简单口令的攻击失败后，黑客开始试图字典攻击，即利用程序尝试字典中的单词的每种可能组合。

（3）暴力攻击：同字典攻击类似，黑客尝试所有可能的字符组合方式。一个由四个小写字母组成的口令可以在几分钟内被破解，而一个较长的由大、小写字母组成的口令，包括数字和标点，其可能的组合达 10 万亿种。如果每秒钟可以试 100 万种组合，可以在一个月内破解。

密码破解工具其实是一个能将口令解译出来、或者让口令保护失效的程序。密码破解工具一般并不是真正的去解码，因为事实上很多加密算法是不可逆的。也就是说，光从被加密的数据和加密算法，不可能反解出原来未加密的数据。其实大多数密码破解工具是通过尝试一个一个的单词或字符组合，用知道的加密算法来加密这些单词或字符组合，直到发现一个单词或字符组合经过加密后的结果和要解密的数据一样，就认为这个单词或字符组合就是要找的密码了。

LC(Lopht Crack)是一款高效的 Windows 系统密码破解高效工具，目前的版本是 LC 5.02。这个工具可以实现从 Windows 的 Sam 文件中利用散列算法进行密码探测和破解，它有三种方式可以破解密码：词典攻击、组合攻击、强行攻击。LC 对于可以取得 Sam 文件的情况来说，可以有效地探测和破解 Sam 文件中的密码。

3. 工作任务

（1）使用 Lopht Crack 软件。

（2）从 Sam 文件中进行密码探测和破解。

4. 任务实施

（1）在 VMWare Workstation 中构建虚拟实验环境。

1）在 VMWare Workstation 中安装建立虚拟主机并装 Windows 2003 操作系统。

2）在 Windows 2003 虚拟主机中创建用户 abc，密码为 123456；创建用户 def，密码为 swa315llow。

3）在 Windows 2003 虚拟主机中安装 LC 5.02。

（2）Lopht Crack 破解操作。

1）启动 LC5.02，新建一个破解任务，打开 File 菜单，单击 new session 命令，进入主界面，如图 3-26 所示。

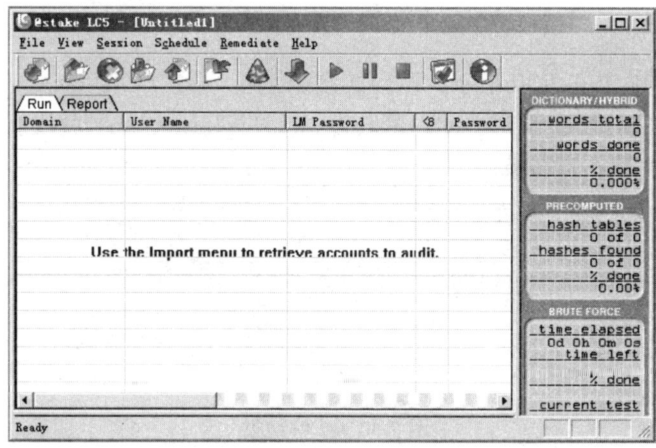

图 3-26　LC5 主界面

2）单击 Session→import 菜单命令，弹出 Import 对话框，选择输入源的方式，如图 3-27 所示，选中 Local machine 单选按钮，即从本地计算机中导入 Sam 文件，然后单击 OK 按钮，如图 3-28 所示。

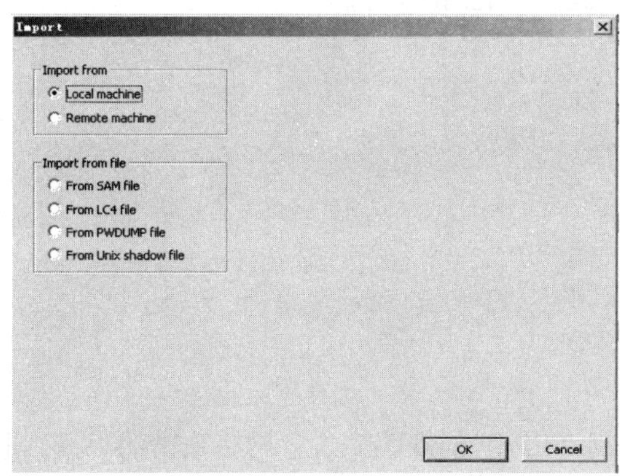

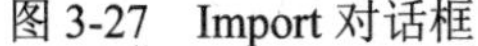

图 3-27　Import 对话框

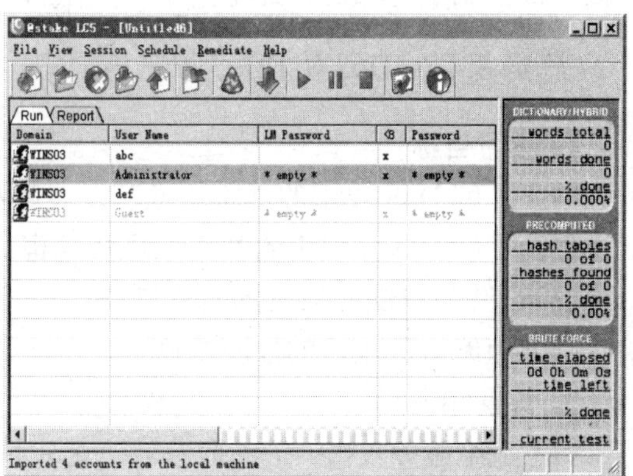

图 3-28　导入 Sam 文件

3）单击运行按钮▶，如图 3-29 所示，便可以完成破解。

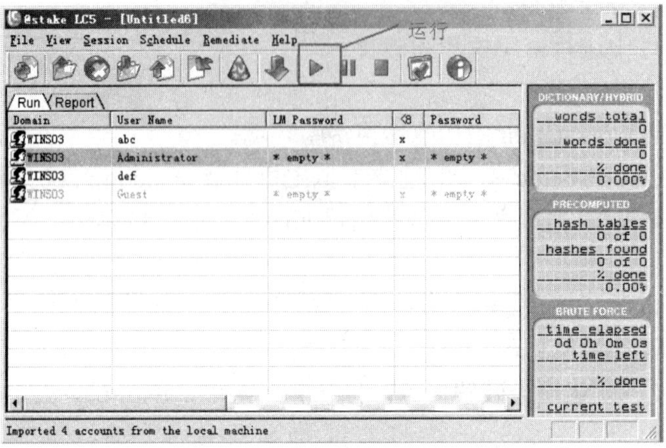

图 3-29 完成破解

4）具体破解结果如图 3-30 所示。从破解结果来看，用户名为 abc，密码为 123456 的创建账号很快被破解了；而用户名为 def，密码为 swa315_llow 的账号就没有被完全破解。这说明密码复杂度越高就越不容易被破解。

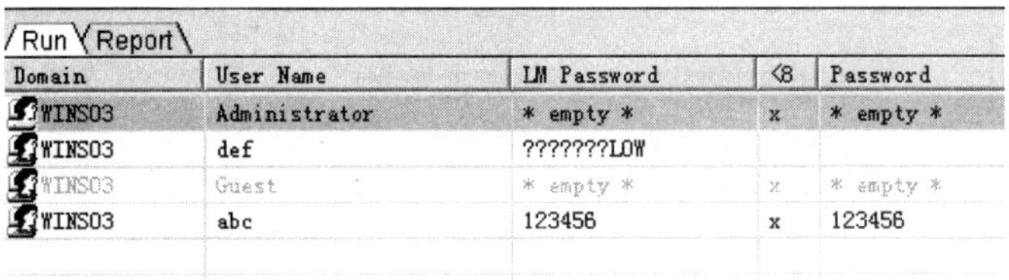

Domain	User Name	LM Password	<8	Password
WINS03	Administrator	* empty *	x	* empty *
WINS03	def	???????LOW		
WINS03	Guest	* empty *	x	* empty *
WINS03	abc	123456	x	123456

图 3-30 破解结果

5. 问题分析

防范密码破解，只要使自己的密码不在英语字典中，且不可能被别人猜测出就可以了。一个好的密码应当至少有 7 个字符长，不要用个人信息（如生日、名字等），密码中要有一些非字母（如数字、标点符号、控制字符等）。选择密码的一个好方法是将两个不相关的词用一个数字或控制字符相连，并不少于 8 个字符。例如 swa315_llow。

任务 3.4.2 DoS 和 DDoS 攻击与预防

1. 学习目标

（1）了解 DoS 攻击的基本原理和发展趋势。

（2）了解 DDoS 攻击的基本原理和危害。

（3）了解 DRDoS 攻击的基本原理。

（4）拒绝服务攻击的预防措施。

2. 背景知识

（1）拒绝服务攻击。拒绝服务攻击是一种针对 TCP/IP 的缺陷来进行网络攻击的手段。拒绝服务攻击降低了资源的可用性，攻击的结果是停止服务，甚至主机系统和网络瘫痪。

拒绝服务攻击具体的实施过程：根据 TCP/IP 的原理，当客户端要和服务器进行通信时，会通过请求/确认的方式进行联系。在拒绝服务攻击情况下，黑客凭借虚假地址向服务器提交连接请求，服务器回复信息时就送到这个虚假地址，但是服务器回传时却无法找到这个地址，根据 TCP/IP 连接原理，此时服务器会进行等待，达到超时设置时才会断开这个连接。如果攻击者传送海量这样的服务请求，那么服务器就会等待更长时间，这个过程周而复始，最终会导致服务器资源用尽，网络带宽用完，正常的服务请求反而不能被服务器处理及回复，形成服务器的拒绝服务。

拒绝服务并不是服务器不接受服务，而是服务器太忙，不能及时地响应请求，相对于客户来说就认为是服务器拒绝给予服务，严重时会造成服务器死机，甚至导致整个网络瘫痪。

最常遭受攻击的目标包括路由器、数据库、Web 服务器、FTP 服务器和与协议相关的服务（如 DNS、WINS 和 SMB）。

拒绝服务攻击的实现是利用了 Internet 协议的许多安全漏洞，从而体现了现存网络脆弱的一面。

（2）分布式拒绝服务攻击。分布式拒绝服务攻击（Distributed Denial of Service，DDoS）是一种基于分布式、协作的大规模拒绝服务攻击。DDoS 攻击是在传统的 DoS 攻击基础之上产生的一类攻击方式。

（3）分布式反射拒绝服务攻击。分布式反射拒绝服务攻击（Distributed Reflection Denial of Service Attack，DRDoS）是新一代的 DDoS 攻击。

DRDoS 的工作原理为：入侵者利用带有请求的 SYN 数据包对网络路由器进行洪水攻击。这些数据包带有虚假的 IP 地址，这些地址都是某网站的。路由器以为这些 SYN 数据包是从该网站发送过来的，所以便对它们发送 SYN/ACK 数据包作为三次握手过程的第二步——根据请求的该网站 IP 地址返回 SYN/ACK 包。恶意的数据包反射到该网站的主机上后，就形成了洪水攻击，造成带宽资源的耗尽，最终导致拒绝服务。

（4）拒绝服务攻击的预防。到目前为止，进行 DDoS 攻击的防御还是比较困难的。

拒绝服务的防御策略如下：

1）建立边界安全界限，确保输出的数据包受到正确限制。经常检测系统配置信息，并建立完整的安全日志。

2）利用网络安全设备（如防火墙）来加固网络的安全性，配置好设备的安全规则，过滤所有可能的伪造数据包。

3）对于 DDoS，除了策略 1）和 2）以外，启动应付策略，尽可能快地追踪攻击包，并且要及时与有关应急组织联系，分析受影响的系统，确定涉及的其他节点，从而阻挡从已知攻击节点的流量。

4）对于 DRDoS，除了策略 1）、2）和 3）以外，及时联系 ISP 和有关应急组织，对数据包出口做严格审查，发现伪造的包，就将包中原主机的地址发送给这些相关组织。

从网络管理员的角度来讲，由于维护的网络中有一些服务器需要向外提供各种网络服务，因而不可避免地成为 DDoS 的攻击目标，这时可以从主机与网络设备两个角度去考虑。

主机上的设置：①关闭不必要的服务；②限制同时打开的 SYN 半连接数目；③缩短 SYN 半连接的 time out 时间；④及时更新系统补丁；⑤更新网络设备上的设置。

防火墙上的设置：①禁止对主机的非开放服务的访问；②限制同时打开的 SYN 最大连接

数；③限制特定 IP 地址的访问；④启用防火墙的防 DDoS 的属性；⑤严格限制对外开放的服务器的向外访问。

路由器（以 Cisco 路由器为例）上的设置：①使用 unicast reverse-path；②访问控制列表（ACL）过滤；③设置 SYN 数据包流量速率；④升级版本过低的 ISO 文件；⑤为路由器建立 log server。其中使用 CEF 和 Unicast 设置时要特别注意，使用不当会造成路由器工作效率严重下降，升级 IOS 也应谨慎。

3. 工作任务

（1）下载并使用 DDoS 攻击工具在虚拟机中进行简单 DDoS 攻击实验。

（2）对网络设备进行配置，预防拒绝服务攻击。

任务 3.4.3 缓冲区溢出攻击与预防

1. 学习目标

（1）了解缓冲区溢出攻击的基本原理。

（2）了解缓冲区溢出攻击的预防。

2. 背景知识

（1）缓冲区溢出的原理。缓冲区溢出是指当计算机程序向缓冲区内填充的数据位数超过了缓冲区本身的容量时，溢出的数据覆盖在合法数据上。操作系统使用的缓冲区又被称为堆栈，在各个进程之间，指令被临时存储在堆栈中，堆栈也会出现缓冲区溢出。当一个超长的数据进入缓冲区时，超出部分就会被写入其他缓冲区，其他缓冲区中存放的数据、指令或者输出内容，就会被覆盖或者被破坏。这就有可能导致一个程序或者操作系统崩溃。

缓冲区溢出攻击是指通过往程序的缓冲区写超出其长度的内容，造成缓冲区的溢出，从而破坏程序的堆栈，使程序转而执行其他指令，以达到攻击的目的。

最常见的缓冲区溢出攻击手段是通过制造缓冲区溢出使程序运行一个用户 shell，再通过 shell 执行其他命令。一般而言，黑客是通过缓冲区溢出漏洞攻击 root 程序，然后执行类似“exec（sh）”的执行代码来获得 root 权限的 shell。

缓冲区溢出攻击之所以成为一种常见攻击手段，其原因在于缓冲区溢出漏洞太普遍了，并且易于实现。而且缓冲区溢出成为远程攻击的主要手段，其原因在于缓冲区溢出漏洞给予了攻击者想要的一切——植入并且执行攻击代码。被植入的攻击代码以一定的权限运行有缓冲区溢出漏洞的程序，从而得到被攻击主机的控制权。

（2）缓冲区溢出攻击的防范方法。

1）编写正确的代码。编写正确的代码是一件耗时的工作。尽管人们知道了如何编写安全的程序，具有安全漏洞的程序依旧出现。因此人们开发了一些工具和技术来帮助程序员编写安全正确的程序。最简单的方法就是用 grep 搜索源代码中容易产生漏洞的库的调用。

2）非执行的缓冲区。通过使被攻击程序的数据段地址空间不可执行，从而使得攻击者不可能执行被攻击程序输入缓冲区的代码，这种技术被称为非执行的缓冲区技术。非执行堆栈的保护可以有效地对付把代码植入自动变量的缓冲区溢出攻击，而对于其他形式的攻击则没有效果。

3）数组边界检查。植入代码引起缓冲区溢出是一个方面，扰乱程序的执行流程是另一个方面。不像非执行的缓冲区保护，数组边界检查完全防止了缓冲区溢出的产生和攻击。

4）程序指针完整性检查。程序指针完整性检查是指在程序指针被引用之前检测它是否被改变。因此，即便一个攻击者成功地改变了程序的指针，由于系统事先检测到了指针的改变，因此这个指针不会被使用。与数组边界检查相比，这种方法不能解决所有的缓冲区溢出问题。

3. 工作任务

调查由于缓冲区溢出导致的网络安全事件。

任务3.5 入侵检测与蜜罐

任务3.5.1 安装和部署入侵检测系统

1. 学习目标

（1）了解入侵检测的原理。

（2）掌握入侵检测系统的部署。

（3）掌握基于主机的入侵检测系统——BlackICE的安装与使用。

2. 背景知识

（1）入侵检测概述。入侵检测（Intrusion Detection）就是对入侵行为的发觉，是通过从计算机网络或计算机系统中的若干关键点收集信息并对其进行分析，以发现网络或系统中是否有违反安全策略的行为和遭到袭击的迹象。入侵检测技术自20世纪80年代提出以来得到了极大的发展，国外一些研究机构已经开发出了应用于不同操作系统的成熟的入侵检测系统（Intrusion Detection System，IDS）。

入侵检测系统实时检测当前网络的活动，监视和记录网络的流量，根据定义好的规则来分析网络数据流，对网络或系统上的可疑行为做出策略反应，及时切断入侵源和记录事件，并通过各种途径通知网络管理员，最大限度地保护系统安全。

入侵检测系统是主动保护自己免受攻击的一种网络安全技术。入侵检测系统是防火墙的合理补充，帮助系统对付网络攻击，扩展了系统管理员的安全管理能力（包括安全审计、监视、进攻识别和响应），提高了信息安全基础结构的完整性。入侵检测被认为是防火墙之后的第二道安全闸门，在不影响网络性能的情况下能对网络进行监测，从而提供对内部攻击、外部攻击和误操作的实时保护。

入侵检测系统的功能主要有以下几个方面：

1）监控、分析用户和系统的活动。

2）对系统配置和漏洞的审计。

3）估计关键系统和数据文件的完整性。

4）识别和反应入侵活动的模式并向网络管理员报警。

5）对异常行为模式的统计分析。

6）操作系统审计跟踪管理，识别违反策略的用户活动。

（2）入侵检测过程。总体来说，入侵检测系统进行入侵检测有两个过程——信息收集和信息分析。信息收集的内容包括系统、网络、数据及用户活动的状态和行为。而且，需要在计算机网络系统中的若干不同关键点（不同网段和不同主机）收集信息。入侵检测很大程度上依赖于收集信息的可靠性和正确性。黑客对系统的修改可能使系统功能失常，这就要保证用来检测网络系统的软件的完整性，特别是IDS软件本身应具有相当强的坚固性，防止因被篡改而收集到错误的信息。

一般通过模式匹配、统计分析和完整性分析三种技术手段对收集到的有关系统、网络、数据及用户活动的状态和行为等信息进行分析。

（3）入侵检测系统的基本类型。

1）基于主机的入侵检测系统。基于主机的入侵检测系统主要使用操作系统的审计日志作为数据源的输入，根据主机的审计数据和系统日志发现可疑事件。其结构为一个管理程序和数个代理程序的组合，每个要保护的主机上运行一个代理程序，管理程序向代理发送查询请求，代理应答请求并发送日志和审计等数据。

2）基于网络的入侵检测系统。随着计算机网络技术的发展，单独依靠主机审计信息和日志进行入侵检测难以适应网络安全的需求，人们提出了基于网络的入侵检测系统。基于网络的入侵检测系统主要使用整个网络上传输的信息流作为输入，通过被动地监听、捕获网络数据包，并进行分析、检测网络上发生的网络入侵行为。

基于网络的入侵检测系统易于安装和实施，只需在主机上安装一次，就能够检测那些来自网络的攻击，特别是扫描和拒绝服务攻击。但是，基于网络入侵检测系统只检查与它直接连接网段的通信，不能检测在不同网段的网络包，而且在扫描大型网络时主机的性能急剧下降，处理加密的会话过程较困难。

3）分布式入侵检测系统（混合型）。基于主机的入侵检测系统和基于网络的入侵检测系统都有不足之处，单纯使用一类产品会造成主动防御系统不全面。在这种背景下，美国普度大学安全研究小组提出了分布式入侵检测系统。

分布式入侵检测系统一般由多个部件组成，分布在网络的各个部分，完成相应的功能，分别进行数据采集、数据分析等。通过中心的控制部件进行数据汇总、分析、产生入侵报警等。在这种结构下，不仅可以检测到针对单独主机的入侵，同时也可以检测到针对整个网络上的主机入侵。

（4）入侵检测系统产品。目前市场上入侵检测系统产品种类繁多，具有代表性的入侵检测系统有Snort、BlackICE、Cisco Secure、RG-IDS、“水之眼”。

（5）入侵检测系统部署。基于主机的入侵检测系统只要部署在需要监控的主机上，就能监控主机网络流量和网络攻击行为。

基于网络的入侵检测系统的部署位置具体有：

1）在边界防火墙之内，放置于防火墙的DMZ区域：可以查看受保护区域主机被攻击状态；可以看出防火墙系统的策略是否合理；可以看出DMZ区域被黑客攻击的重点。

2）在边界防火墙之外，放置于路由器和边界防火墙之间：可以审计所有来自Internet上对保护网络的攻击数目；可以审计所有来自Internet上对保护网络的攻击类型；但这样部署会使检测器彻底暴露在黑客之下。

3）在主要的网络中枢，放置于核心交换机上：监控大量的网络数据，可提高检测黑客攻击的可能性，可通过授权用户的权利周界来发现为授权用户的行为。

4）放在一些安全级别需求高的子网，对非常重要的系统和资源的入侵检测，比如一个公司的财务部门，这个网段安全级别需求非常高，因此我们可以对财务部门单独放置一个检测器系统。

3. 工作任务

（1）安装基于主机的入侵检测系统 BlackICE。

（2）配置基于主机的入侵检测系统 BlackICE。

（3）利用 BlackICE 检测入侵行为。

4. 任务实施

（1）安装 BlackICE。

1）下载 BlackICE 软件并运行，如图 3-31 所示，按一步一步往下安装，遇到“ap off”和“ap on”两个选项，其中“ap on”意思是应用程序控制，也就是程序安装后扫描系统中的所有文件，如果发现木马或是一些病毒程序，则即时将它杀死，而“ap off”的意思就是说不检测，直接跳过去。为安全起见，一般选择 ap on，对硬盘里的文件进行扫描，之后单击 Next 按钮进行安装，安装完成后单击 Finish 按钮，如图 3-32 所示。

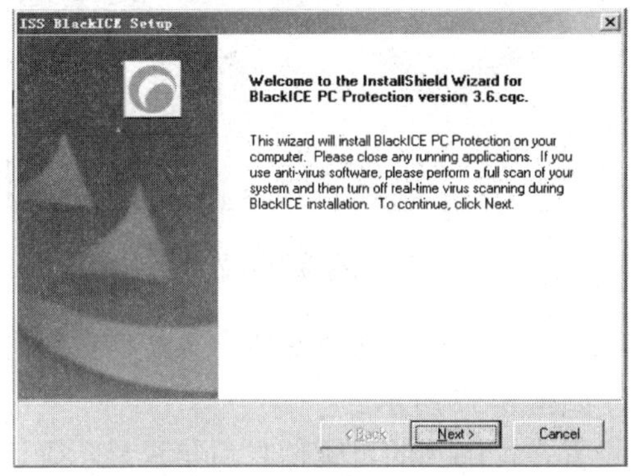

图 3-31 BlackICE 软件安装向导

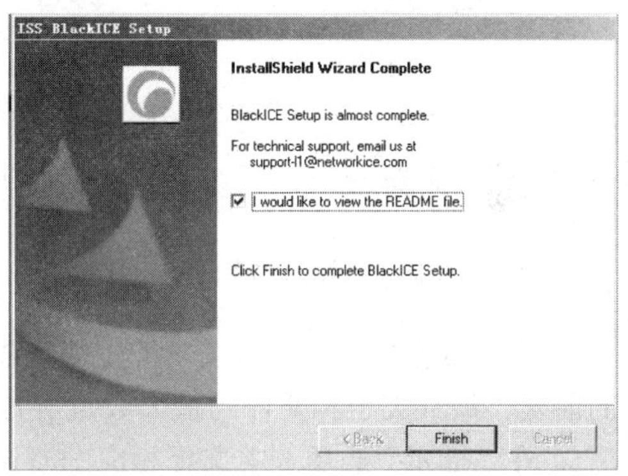

图 3-32 BlackICE 安装完成

2）汉化 BlackICE，运行并安装汉化补丁，如图 3-33 所示，完成汉化，并选中“运行 BlackICE”，单击“完成”按钮。

（2）配置 BlackICE。

1）运行 BlackICE 软件，主界面如图 3-34 所示。

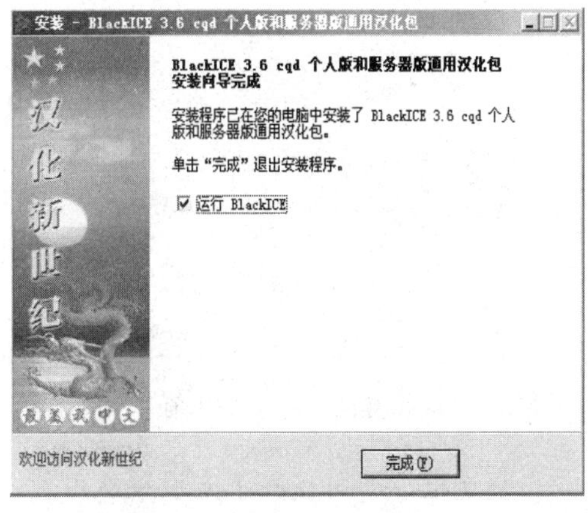

图 3-33 汉化 BlackICE 完成

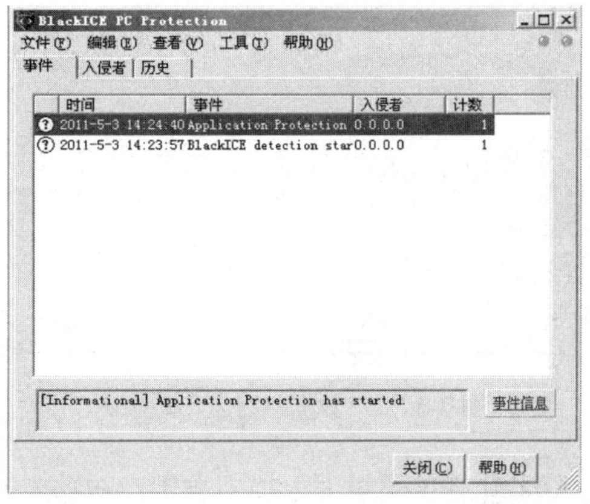

图 3-34 BlackICE 主界面

2）单击菜单栏中“工具”菜单，选择“编辑 BlackICE 的设置”，弹出“防火墙”选项卡，如图 3-35 所示。防护级别设为“怀疑一切”，下面三个选项“启用拦截”、“允许 Internet 文件共享”，“允许 NetBIOS 邻居”，可以按需选择，一般选择“启用拦截”。

3）在“通告”选项卡的“事件通告”区域对“可看到的指示”和“可听到的指示”进行设置，如图 3-36 所示。

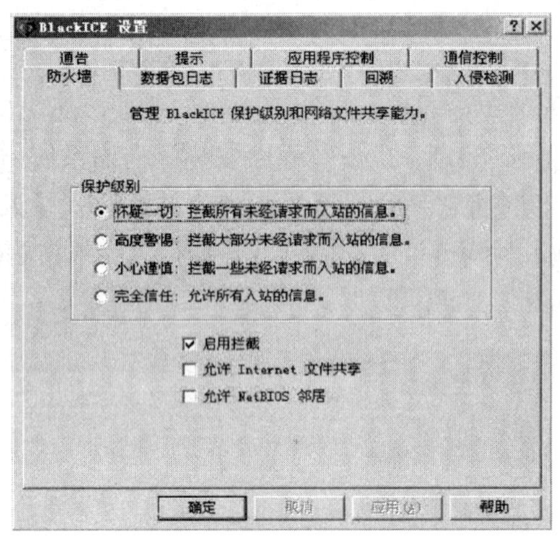

图 3-35 “防火墙”选项卡

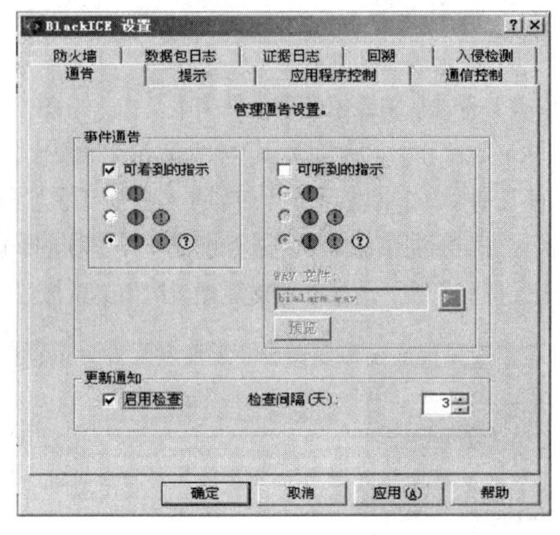

图 3-36 “通告”选项卡

4）在“数据包日志”选项卡中，勾选“启用日志”复选框，即可对所有系统信息日志文件的前缀、最大大小和文件的最大数量进行设置，如图 3-37 所示。

5）在“提示”选项卡中选择相应的复选框，设置在检测到的可疑信息后是否显示确认对话框、显示工具提示以及当服务停止时显示提示进行设置，如图 3-38 所示。

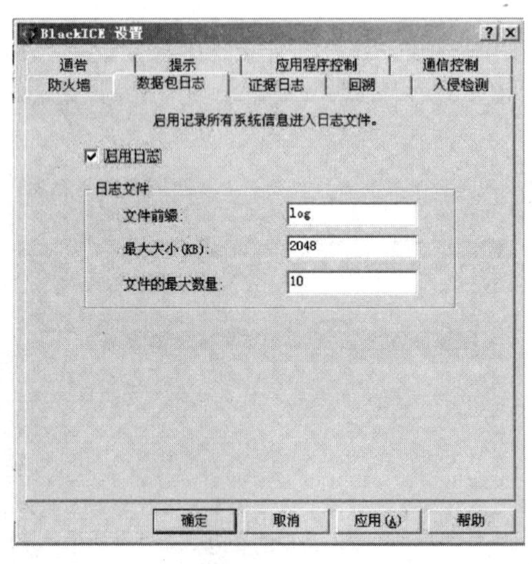

图 3-37 “数据包日志”选项卡

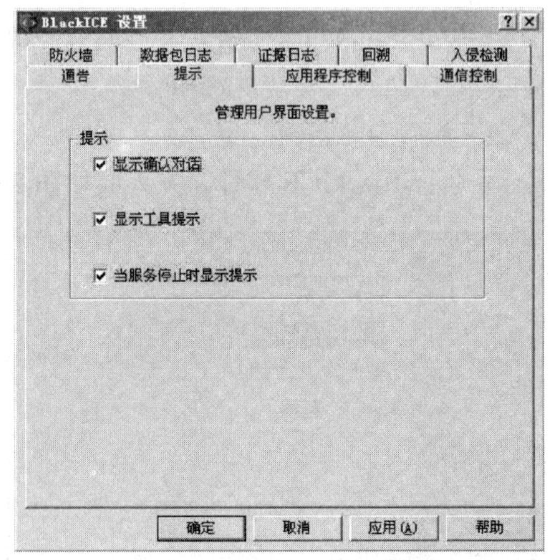

图 3-38 “提示”选项卡

6）在“证据日志”选项卡中，勾选“启用日志”复选框，即可在其下方设置从可疑入侵者那里收集到的日志文件的前缀、最大大小和文件的最大数量，一般采用默认设置，如图 3-39 所示。

7）在“应用程序控制”选项卡中，勾选“启用应用程序保护”复选框，即可对控制运行在该计算机上的应用程序或其他程序，如图 3-40 所示。

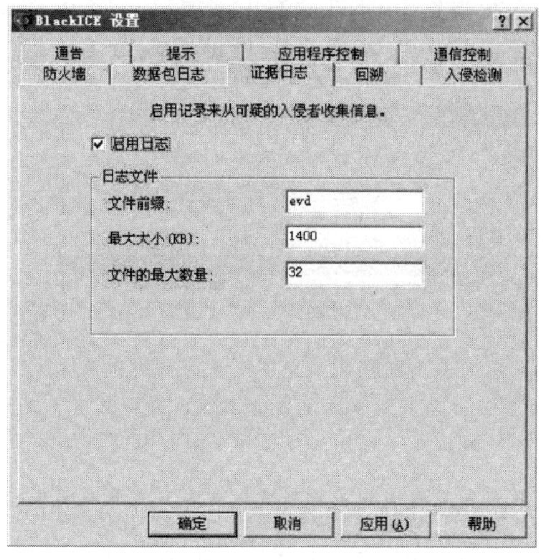

图 3-39 “证据日志”选项卡

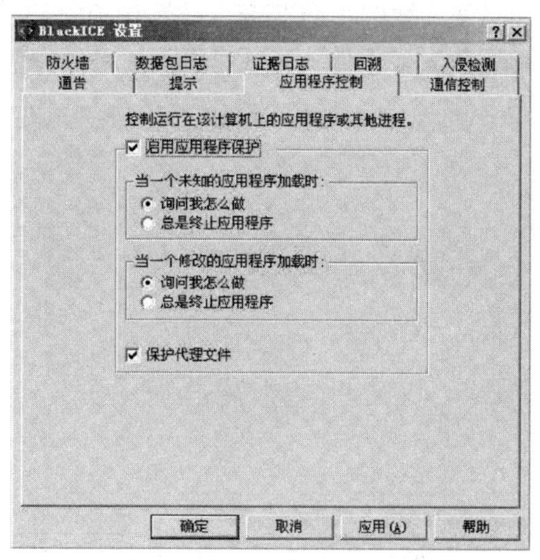

图 3-40 “应用程序控制”选项卡

8）切换到“回溯”选项卡，即可设置如何以及何时定位关于入侵者的网络信息，有间接追踪和直接追踪两种方法，如图 3-41 所示。

9）切换到“通信控制”选项卡，即可对来自于该计算机的网络访问进行设置，如图 3-42 所示。

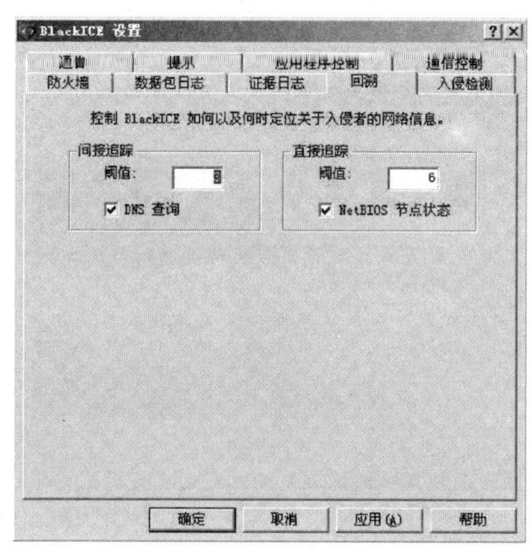

图 3-41 “回溯”选项卡

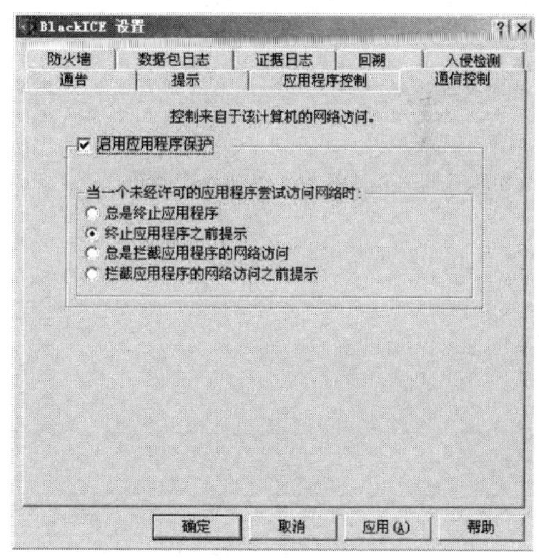

图 3-42 “通信控制”选项卡

10）切换到“入侵检测”选项卡，即可查看 BlackICE 应该信任或忽略的管理地址和签名，可以通过单击左下“添加”按钮，添加从报告中排除要信任的地址，如图 3-43 所示，从而完成了 BlackICE 的相关配置。

（3）入侵与入侵检测。

1）制造入侵事件，可以在另一台计算机中 ping 该主机，或者 telnet 该主机，或者利用扫描软件，扫描该主机。

2）回到 BlackICE 的主界面，单击“事件”选项卡，在“事件”选项卡中可以看到入侵检测效果，如图 3-44 所示。该图中检测到了 5 个入侵事件，前两个为正常事件，后三个为刚才制造的入侵事件，可以看出入侵事件类型、入侵者计算机名（或 IP 地址）和攻击次数。

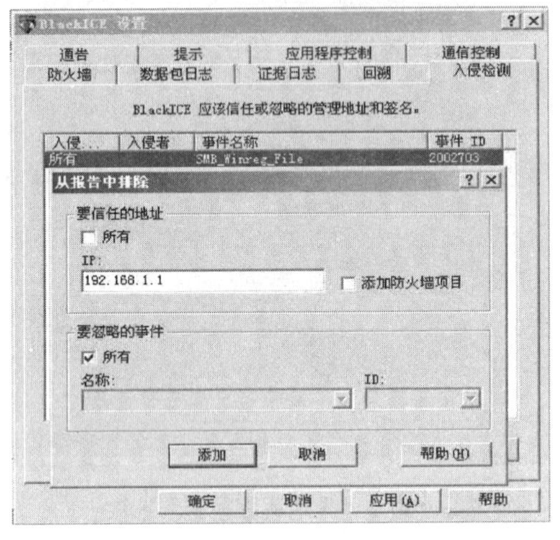

图 3-43 “入侵检测”选项卡添加规则

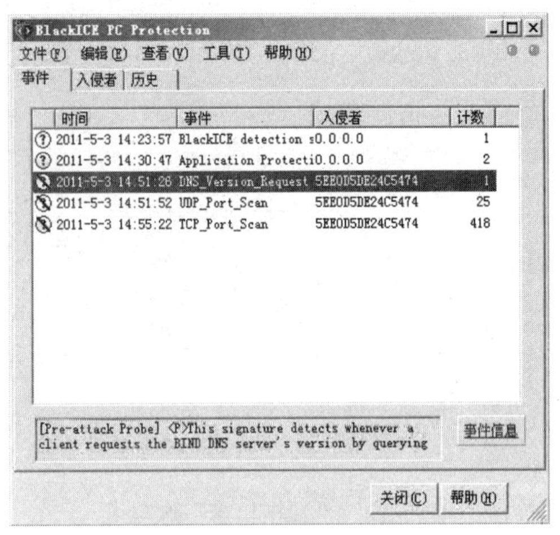

图 3-44 “事件”选项卡

3）切换到“入侵者”选项卡，如图 3-45 所示，在该界面中可以进一步查看入侵者的详细信息，包括：IP 地址、主机名、MAC 地址和 NetBIOS 名称等。

4）切换到“历史”选项卡，在该界面中可以看到某些被认为可疑的入侵事件，如图 3-46 所示，可以对网络流量和入侵事件进行分析。

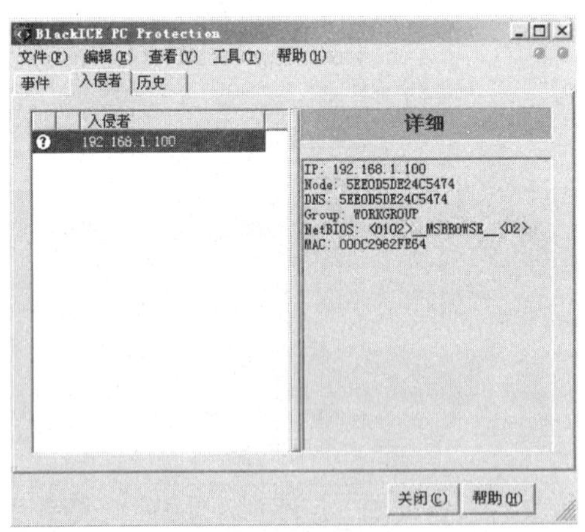

图 3-45 “入侵者”选项卡查看入侵者信息

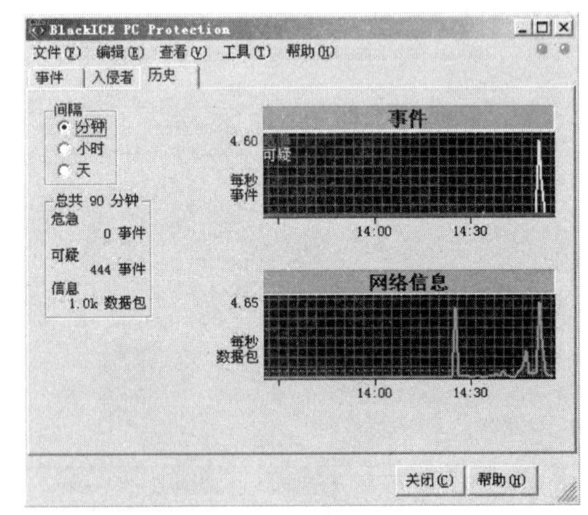

图 3-46 “历史”选项卡

任务 3.5.2 安装蜜罐监控黑客攻击

1. 学习目标

（1）了解蜜罐技术的原理和作用。

（2）掌握蜜罐系统的安装与配置。

（3）通过蜜罐系统监控黑客攻击行为，并分析。

2. 背景知识

“The Honeynet Project”的创始人Lance Spitzner对蜜罐给出了权威的定义：蜜罐是一种安全资源，其价值在于被探测、攻击和攻陷。这个定义表明蜜罐（Honeypot）是一种在Internet上运行的计算机系统，是专门为吸引并“诱骗”那些试图非法闯入他人计算机系统的入侵者而设计的，可以被发现、扫描、攻击和攻陷，蜜罐不会修补任何东西。蜜罐的核心价值在于可以对捕获黑客的攻击行为，整个入侵过程进行监视、检测和分析，追踪那些入侵者，并为深入分析黑客提供了基础。

蜜罐系统是一个包含漏洞的诱骗系统，是一种被监听、被攻击或已经被入侵的资源，它通过模拟一个或多个易攻击的主机，给攻击者提供一个容易攻击的目标。由于蜜罐并没有向外界提供真正有价值的服务，整个系统处于被监听、被攻击的状态，因此所有链接的尝试都将被视为是可疑的。蜜罐的另一个用途是拖延攻击者对真正目标的攻击，让攻击者在蜜罐上浪费时间。这样，最初的攻击目标得到了保护，真正有价值的内容没有受到侵犯。此外也可以为跟踪攻击者提供有用的线索。从这个意义来说，蜜罐就是“诱捕”攻击者的一个陷阱。

蜜罐系统最重要的功能是对系统中所有操作和行为进行监视和记录，网络安全专家通过精心的伪装，使得攻击者在进入到目标系统后仍不知道自己所有的行为已经处于系统的监视之中。为了吸引攻击者，网络安全专家通常还在蜜罐系统上故意留下一些安全后门以吸引攻击者上钩，或者放置一些网络攻击者希望得到的敏感信息，当然这些信息都是虚假的信息。这样，攻击者在目标系统中的所有行为，包括输入的字符、执行的操作等都已经被蜜罐系统所记录。蜜罐系统管理人员通过分析和研究这些记录，可以得到攻击者使用的攻击工具、攻击手段、攻击目的和攻击水平等信息，当然也可以得知它的下一个攻击目标。

蜜罐系统构造的成功与否取决于两项关键技术：服务伪装和漏洞提供。服务伪装是指蜜罐系统提供貌似正常的服务，使入侵者确信蜜罐系统是正常运行的系统；漏洞提供是指提供便于入侵者进入系统的安全漏洞。

下面介绍几种蜜罐系统工具：

（1）DEFNET Honeypot。DEFNET Honeypot是一个著名的“蜜罐”虚拟系统，而且还是一款绿色软件无需安装。下载后直接使用，不用安装，其设置非常简单，迷惑性、仿真性较强。DEFNET Honeypot会虚拟一台有“缺陷”的计算机，等着恶意攻击者上钩。这种通过DEFNET Honeypot虚拟出来的系统和真正的系统看起来没有什么两样，但它是为恶意攻击者布置的陷阱。只不过，这个陷阱只能套住恶意攻击者，看看他都执行了那些命令，进行了哪些操作，使用了哪些恶意攻击工具。通过陷阱的记录，可以了解攻击者的习惯，掌握足够的攻击证据，甚至反击攻击者。

（2）Trap Server。Trap Server是一款Web服务器蜜罐软件，它可以模拟很多不同的服务器，例如：Apache HTTP Server、Microsoft IIS等。Trap Server蜜罐运行时就会开放一个伪装的Web服务器，虚拟服务器将对这个服务器的访问情况进行监视，并把所有对该服务器的访问记录下来，包括IP地址，访问文件等。通过这些对黑客的入侵行为进行简单的分析。

3. 工作任务

（1）配置DEFNET Honeypot蜜罐虚拟系统。

（2）根据 Honeypot 蜜罐系统信息，分析入侵行为。

4. 任务实施

（1）在 VMWare Workstation 中构建虚拟实验环境。在虚拟机 A 中安装服务器操作系统，并部署蜜罐系统，设置 IP 为 192.168.1.100。在虚拟机 B 中实施网络攻击，设置 IP 为 192.168.1.101。

（2）设置虚拟系统。

1）运行 DEFNET Honeypot，在 DEFNET Honeypot 的程序主界面右侧，如图 3-47 所示。在界面右侧有一些按钮，其中“Monitore”按钮用于开启设置好的蜜罐开始监控，“Stop”按钮停止监控，“Clean”按钮清除监控记录，“Save”按钮保存监控记录，“Options”按钮设置入侵提醒、监控日志通知与存放位置，“Honeypot”按钮配置蜜罐，模拟各种服务器。

图 3-47 DEFNET Honeypot 的程序主界面

2）单击“Honeypot”按钮，弹出设置蜜罐服务器对话框，如图 3-48 所示，在设置对话框中，可以虚拟 Web、FTP、SMTP、Finger、POP3 和 Telnet 等常规网站提供的服务。

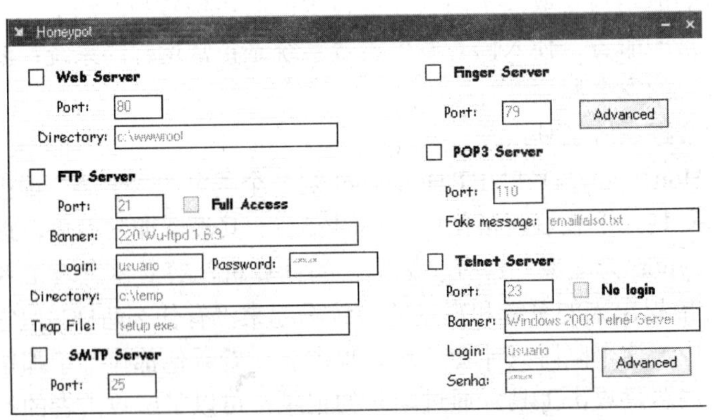

图 3-48 设置蜜罐服务器对话框

3）虚拟一个 FTP Server 服务，选中相应的“FTP Server”复选框，对虚拟的 FTP 服务器进行设置，如端口号为“21”，权限为“Full Access”，账号为“admin”，密码为“123”。并可设置目录用于指定伪装的文件目录项，如图 3-49 所示。

4）虚拟一个 Telnet Server 服务，选中相应的“Telnet Server”复选框，对虚拟的 Telnet 服务器进行设置，如端口号为“23”，账号为“admin”，密码为“123”，如图 3-49 所示。

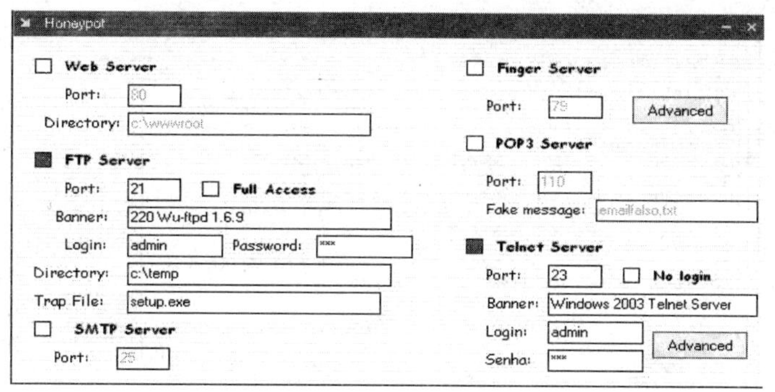

图 3-49 配置虚拟服务器

5）在“Telnet Server”的高级设置项中，还可以伪装驱动器盘符（Drive）、卷标（Volume）、序列号（serial no），以及目录创建时间和目录名，剩余磁盘空间（Free space in bytes），MAC 地址，网卡类型等，如图 3-50 所示。

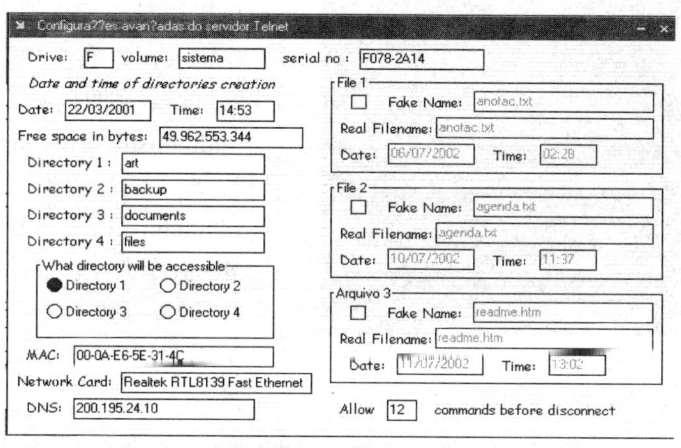

图 3-50 “Telnet Server”的高级设置

（3）监视恶意攻击者。

1）蜜罐搭建成功后，单击 Honeypot 主程序界面的“Monitore”按钮，开始监视恶意攻击者。

2）在命令行中，实施对 FTP 服务器攻击，如图 3-51 所示，先用 administrator 账号的密码“123456”进行探测登录，然后再次连接用用户 admin 和密码 123 进入系统，接下来用 dir 命令查看文件目录。

3）在 Honeypot 左面窗口中的内容，如图 3-52 所示，就可以清楚地看到恶意攻击者的行为和操作记录，分别用 administrator、admin 账号进行探测登录，以及所做的操作。

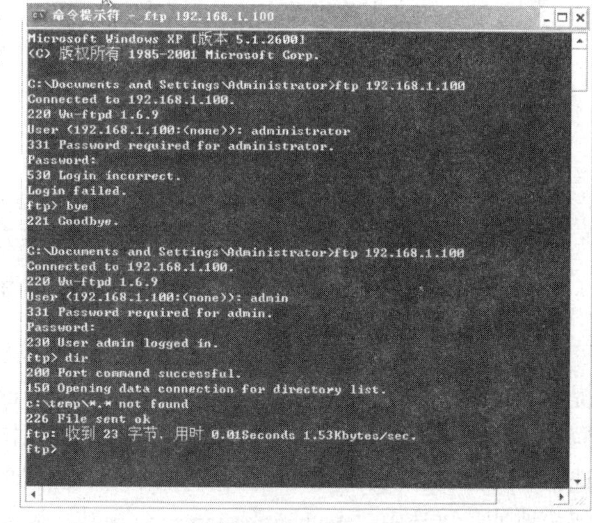

图 3-51 实施对 FTP 服务器的攻击

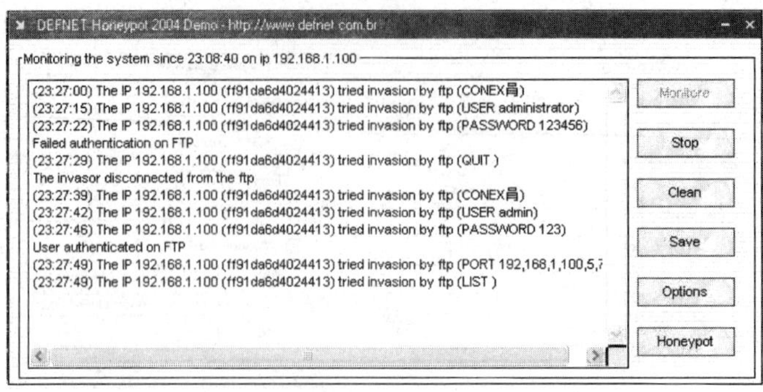

图 3-52　蜜罐监控到的 FTP 攻击行为

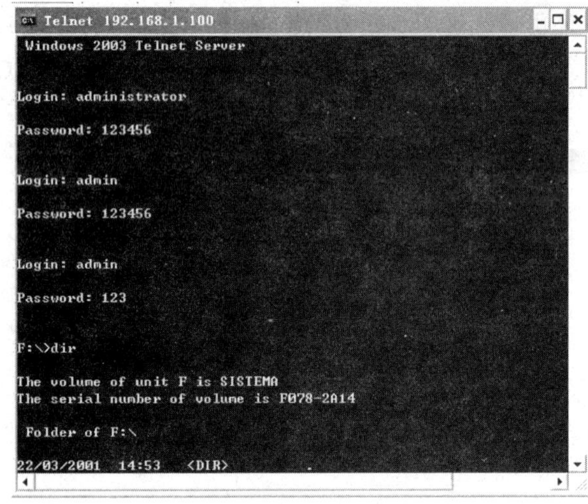

图 3-53　利用 Telnet 实施攻击

4）利用 Telnet 实施攻击，如图 3-53 所示。

5）在 Honeypot 左面窗口中的内容，就可以清楚地看到恶意攻击者的行为和操作记录。如图 3-54 所示，从信息中，我们可以看到攻击者 Telnet 到服务器分别用 administrator、admin 账号的密码“123456”进行探测，然后再次连接使用用户 admin 和密码 123 进入系统。接下来用 dir 命令查看目录。攻击者的所作所为一目了然，我们获得了这些信息后，可以尝试用此用户和密码远程连接攻击者的计算机。

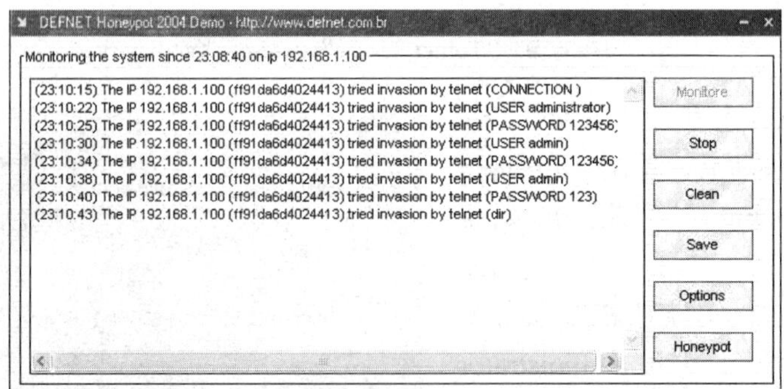

图 3-54　蜜罐监控到的 Telnet 攻击行为

（4）攻击提醒。由于不能一直在计算机前监控攻击者的攻击动作，这时可以使用 Honeypot 提供的“提醒”功能。在软件主界面单击“Options”按钮，打开“Options”设置对话框如图 3-55 所示，设置自己的 E-mail 信箱，其自动将攻击者的动作记录下来，发送到设置的邮箱中。选中“Send logs by e-mail”，在输入框中填写自己的邮箱地址，邮件发送服务器地址，发送者邮箱地址。再选中“Authentication required”，填写邮箱的登录名和密码，自己就可以随时掌握攻击者的入侵情况了。另外还可以选中“Save automatic logs on in the directory”将入侵日志保存到指定的目录中，方便日后分析。

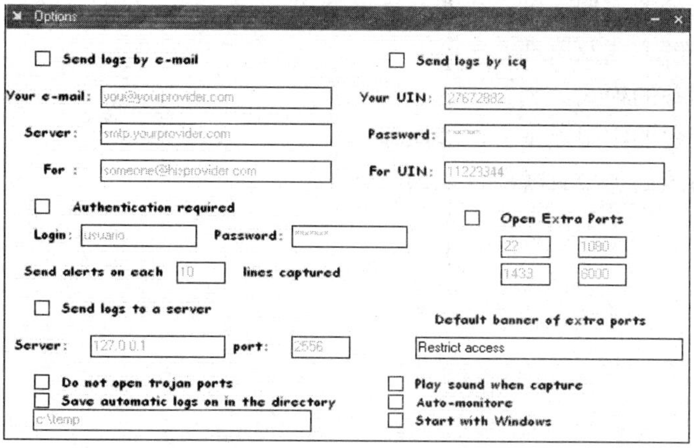

图 3-55 “Options”对话框

项目实训　常见攻防工具的使用

实训目的

（1）学会利用搜索引擎等手段获取信息。

（2）了解网络黑客工具“流光”，并学会使用。

（3）学会利用 Iris 软件监听网络数据流。

（4）学会安装和部署基于网络的入侵检测系统 Snort。

（5）了解蜜罐系统 Trap Server。

实训任务

（1）利用搜索引擎搜索信息。

（2）在 VMWare Workstation 中创建模拟试验环境，利用“流光”扫描网络中主机漏洞。

（3）在一台主机中安全 Iris 软件监听工具，监听网络数据流并分析。

（4）安装、部署基于网络的入侵检测系统 Snort。

（5）在 VMWare Workstation 中创建模拟试验环境，部署 Trap Server 的各种 Web 服务器蜜罐，实施网络攻击，分析网络攻击行为。

实训总结

（1）利用“流光”扫描网络中主机漏洞时，主机漏洞一般为前些年发现的，请收集近几年中发现的主机系统或软件漏洞。

（2）入侵检测系统 Snort 的安装相对较复杂，如何部署是关键，请考虑并提出具体的方案。

习　　题

1. 什么是黑客？黑客是否就是专门入侵别人计算机，并搞破坏的人？
2. 简述网络攻击的分类。

3. 简述网络攻击的一般防范策略。
4. 简述黑客入侵的前期准备工作和具体手段。
5. 简述密码破解方式及原理。
6. 简述拒绝服务的模式分类。
7. 简述拒绝服务的常用攻击方法和原理。
8. 入侵检测系统的类型有哪些，如何部署？

项目 4　操作系统安全配置

操作系统安全是计算机安全的重要基础，但目前，市场上主流的操作系统，如微软的 Windows 系列操作系统及各种版本的 Linux 操作系统等，都或多或少存在着安全问题，而弥补这些安全问题的主要方法就是对操作系统进行安全的配置和管理。本项目主要是通过对 Windows 和 Linux 操作系统进行安全配置与管理，构建一个稳固、安全的操作系统环境。

任务 4.1　操作系统安全需求分析

任务 4.1.1　了解操作系统安全的基本要素

1. 学习目标

（1）了解操作系统的安全现状。

（2）理解安全操作系统的定义。

（3）理解安全操作系统的特征。

2. 背景知识

（1）操作系统的安全现状。操作系统的安全对于整个网络系统的安全尤为重要，没有操作系统的安全保护，也谈不上整个网络系统的安全，也不可能有应用软件信息处理的安全。

微软的 Windows 系列操作系统在我们的学习和生活中应用非常广泛，但是，众所周知，它的安全问题也经常被我们提及，正因为它的应用广泛，所以也成了黑客和病毒攻击的主要对象，它的安全问题也不断被发现和利用，给用户造成了很大的损失。

Linux 操作系统作为开源的自由软件现在也越来越得到广泛的应用，与其他操作系统相比，它在很多方面都具有自己的优势。Linux 在设计之初就考虑到了很多与安全相关的问题。但是，这并不代表 Linux 没有安全问题。随着 Linux 的应用日趋广泛，它的受关注度也越来越高，所以安全问题也逐渐增多。

目前我国安全操作系统的研究已经取得了一些成果。1993 年我国宣布成功开发了具有 B2 级的操作系统。现在也有众多的科研单位和公司也开始重视安全操作系统的开发，如中科红旗公司开发的红旗 Linux、南京大学的 Softos 操作系统等。

（2）安全操作系统的定义。操作系统是应用软件与系统硬件的接口，其目标是高效地、最大限度地、合理地使用计算机资源。而安全操作系统是增强了安全机制与功能，保障计算资源使用的保密性、完整性和可用性。

安全操作系统通常包含两层含义：

1）操作系统在设计时通过权限访问控制、信息加密性保护、完整性鉴定等一些机制实现的安全。

2）操作系统在使用中，通过一系列的配置，保证操作系统避免由于实现时的缺陷或是应用环境因素产生的不安全因素。

（3）安全操作系统具备的特征。操作系统是一切软件运行的基础，而安全在操作系统中的含义是在操作系统的工作范围内，提供尽可能强的访问控制和审计机制。在用户—应用程序和系统硬件—资源之间进行符合安全政策的调度，从而限制非法的访问，并在整个软件信息系统的最底层进行保护。

按照有关信息系统安全标准的定义，安全的操作系统至少要有这样的特征：

1）最小特权原则，即每个特权用户只拥有能进行他工作的权力。

2）有 ACL 的自主访问控制，自主访问控制是一种普遍采用的访问控制手段，它使用户可以按照自己的需要对系统参数进行适当的修改，从而决定哪些用户可以访问其系统资源。

3）强制访问控制，包括保密性访问控制和完整性访问控制。这是一种强有力的控制手段，可以使用户与文件都有一个固定的安全属性，系统利用安全属性来决定一个用户是否可以访问某种资源。安全属性可以由系统自动分配给每一个主体或客体，也可以由系统管理员或系统安全员来进行手工分配。

4）安全审计和审计管理，安全审计可以对那些危及系统安全的系统级属性进行逻辑评估。它可以跟踪并报道企图对系统进行破坏的行为，也可以用于安全活动中。

5）安全域隔离，安全域隔离主要是采用一定的措施使系统某一部分的问题不影响其他部分。

6）可信路径，可信路径要求为用户提供与系统交互的可信通道。可信路径的实现方法是通过核心对安全注意键的监控，并退出当前终端下的所有应用程序，启动新的可信登录程序。

3. 工作任务

（1）通过 Internet 搜索关于当前主流的操作系统有哪些，它们的安全状况如何。

（2）设想安全的操作系统的发展趋势。

任务 4.1.2 Windows 操作系统安全性分析

1. 学习目标

（1）了解桌面版及服务器版 Windows 操作系统的安全问题。

（2）理解 Windows 操作系统的一般安全配置方案。

2. 背景知识

Windows 系列操作系统是目前市场占有率最高的操作系统，它不但是普通用户在桌面系统上的主要选择，也是大部分服务器操作系统的主要选择之一。现在，Windows 操作系统的体积越来越大，功能也越来越多，在设计时，每一款新的产品在安全性方面都会有改进，但是还是会有不少安全性问题在使用过程中被发现。

（1）Windows 操作系统安全性概述。目前主要使用的桌面版 Windows 操作系统主要有 Windows XP/Vista/7 等，而服务器版操作系统主要有 Windows Server 2003/2008 等。这些操作系统在安全性方面都进行了相关设计：

1）Windows XP 具有完善的用户管理功能，可以通过 NTFS 权限来控制对用户及文件夹的访问；透明的软件限制策略，可以隔离不可靠的和潜在的对用户数据有危害的代码；支持 NTFS 和 EFS 文件系统（如图 4-1 所示），可以保护文件及文件夹的安全；自动更新功能（如

图 4-2 所示)，可以及时为系统升级补丁，弥补系统的安全漏洞；Windows 防火墙功能（如图 4-3 所示)，可以为所有网络连接通信时进行安全防护等。

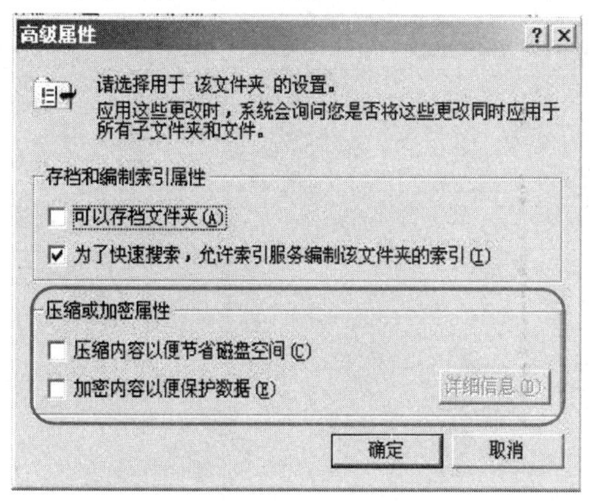

图 4-1 EFS 文件系统

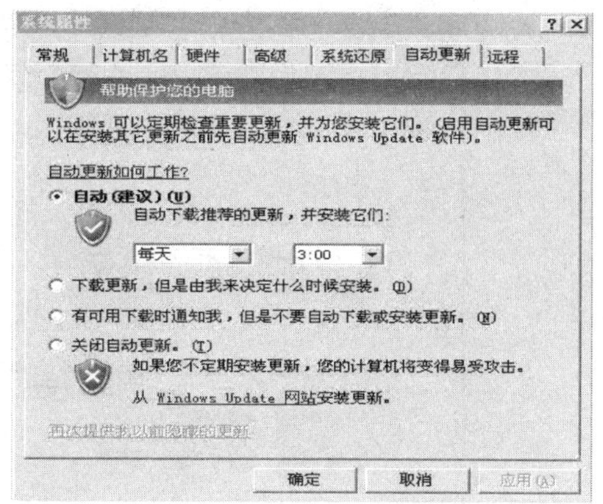

图 4-2 自动更新

2）Windows Vista 与 Windows XP 相比，它在界面、安全性、功能上都有了很大的改进。在安全性方面，用户账户保护功能（UAC）可以防止非管理员用户意外误配置网络或安装影响系统稳定性的应用程序；身份验证功能提供了 Kerberos 身份验证协议和智能卡登录的增强功能，使身份认证机制更加容易实现；防 Malware（恶意软件）功能可以清除很多蠕虫、病毒和 root kits；网络访问保护功能可以提高移动计算机与内部网络的安全性；Internet Explorer 增强功能可以帮助用户在将安全威胁降至最低的同时访问 Internet 上的资源。

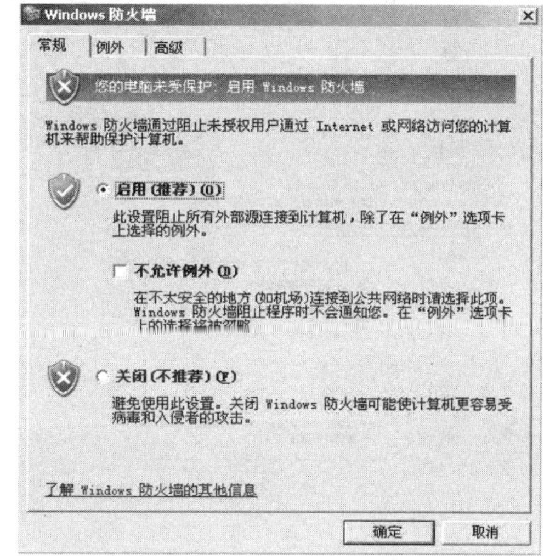

图 4-3 Windows 防火墙

3）Windows 7 的安全性是建立在 Windows Vista 的安全性基础上的，其内核保护功能可以确保系统不会出现非授权访问；更安全的网页浏览器 Internet Explorer 8，其 InPrivate 浏览方式可以提供私密上网功能（如图 4-4 所示)，另外，其改进的保护模式确保恶意或未经授权的代码不会被允许在浏览器上运行；比 Microsoft Vista 更流畅的用户账户控制（UAC）保护功能（如图 4-5 所示)；提供了安全工具和应用软件，其中基本安装包中的 windows 防火墙和 Windows Defender 反间谍软件(如图 4-6 所示)，以及可以免费下载安装的反病毒软件 Microsoft Security Essentials 都可以增强其安全性；Windows Action Center 监控功能可以给用户提供关于有关防火墙、间谍和病毒软件、Windows 的更新状态、Internet 的安全设置及 UAC 等信息。

4）Windows Server 2003 是专门作为服务器的操作系统，它具有高性能、高可靠性和高安全性的特点。在微软的企业级操作系统中，如果说 Windows 2000 全面继承了 NT 技术，那么 Windows Server 2003 则是根据.NET 架构和 NT 技术做了重要的发展和实质性的改进。具体的安全机制主要有以下几个方面：

图 4-4　InPrivate 浏览方式

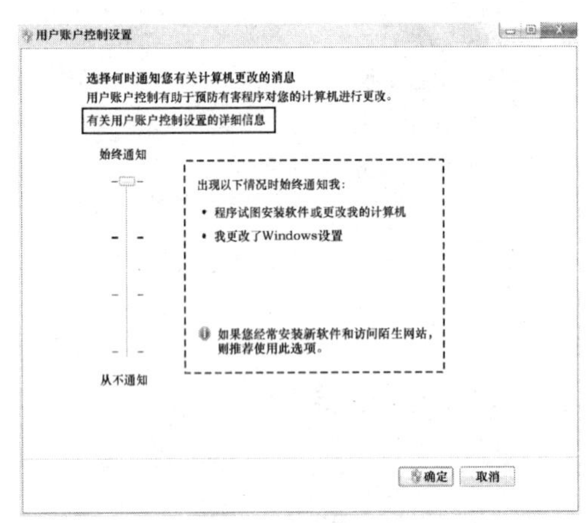

图 4-5　UAC 功能

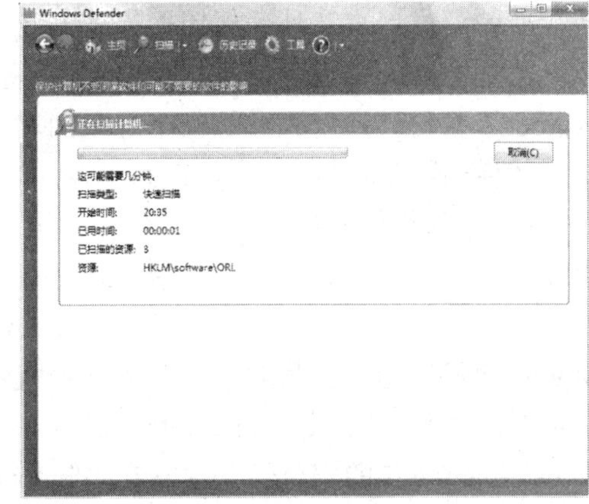

图 4-6　Windows Defender 功能

IIS6.0 的改进。IIS6.0 采用新的处理架构，可以自动探测到内存泄露、非法访问及其他错误。另外 IIS6.0 与以前的版本不同，它默认不被 Windows Server 2003 自动安装，而是需要管理员进行手工选择进行安装，这也在很大程度上提高了安全性。

活动目录的安全性改进。Windows Server 2003 在活动目录的安全性方面主要在以下几个方面做了改进：跨森林验证、跨森林授权、交叉认证的增强、IAS 和跨森林验证、凭证管理器、软件限制策略等。

数据存储和保护。Windows Server 2003 在 EFS 方面有所改进，如可以对脱机文件数据库进行增强加密。采用自动恢复系统（ASR）能够实现裸机恢复并保证服务器数据的恢复，包含“系统状态”的一致性。使用修复模式，ASR 确保服务器能在发生错误时自动恢复为错误发生前的状态。Windows 的备份应用程序能够轻松让系统恢复 ARS 的功能。另外，结合 RIS

（远程安装服务），ASR 可以在没有用户干涉的情况下提供高效的跨网络自动完成系统恢复的功能。

安全方面新增功能。高信度计算：病毒的存在及软件安全性是现存的一个连续性的挑战。为了解决该问题，微软在其所有产品中使用了高可信度计算作为关键技术。CRL（Common Language Runtime）：CRL 软件引擎是 Windows Server 2003 提升可靠性并确保安全计算环境的关键要素。降低了由通常编程引起的 Bug 和安全漏洞的数量，因而也减少了可供攻击者利用的漏洞。关机的"理由"：在 Windows Server 2003 中，使用了一项新的故障跟踪技术——关机跟踪器，因此用户在关机之前，必须找个理由来关闭事件跟踪器系统状态数据。Windows 提供这样的功能，即可在用户启动的系统重新启动之前检测到将要接近或超过的服务器系统资源限制。此信息对于了解服务器失败的根本原因非常重要，同时还有助于了解导致用户重新启动的性能降低的原因。命令行工具：微软公司在 Windows Server 2003 中提供了大量的命令行管理工具，通过这些程序的使用，管理员可以完成一些在 GUI 方式下较难完成或无法完成的任务。

5）Windows Server 2008 是继 Windows Server 2003 之后微软公司的又一款新的服务器操作系统软件，它引入了众多新的功能并扩展了 Windows Server 2003 的功能，并提供安装服务器执行相应角色所需要的服务，在安全性方面有了显著的提高，具体表现如下：

网络访问保护（Network Access Protection，NAP）功能可以通过监控和评估试图连接网络或在网络中通信的客户端计算机的健康状况来实施健康要求。如果客户端计算机的健康状况不符合要求，则会被安置于受限网络。

网络策略与访问服务（Network Policy and Access Services，NPAS）功能可以使企业能够部署 VPN、拨号上网及 802.11 保护无线接入的技术。管理员可以通过网络策略服务器（Network Policy Server，NPS）定义和执行有关网络访问验证、授权和客户端健康的策略。

服务器内核（Server Core）功能可以选择只安装服务器的核心的功能，这样可以降低管理员的管理工作量、控制安全风险并减少服务器角色的受攻击面。

高安全性的 Windows 防火墙功能可以过滤所有进出计算机的 IPv4 和 IPv6 的流量。

下一代加密技术（Cryptography Next Generation，CNG）是 Windows Server 2008 的最新加密工具，它符合最新的加密标准并执行美国政府的 Suite B 加密算法。它扩展了 Windows Server 2003 的 CryptoAPI 加密功能，可以执行基本的密码运算，创建、保存及恢复密钥，Windows BitLocker 驱动器加密等功能。

加密文件系统（Encrypting File System，EFS）可以提供对核心文件的加密，可以在 NTFS 文件系统中保存加密文件。

Windows Server Backup 功能可以为服务器提供一个基本的备份与修复解决方案，它可以协助管理员更有效率且可靠地保护服务器，在硬盘故障等灾难发生时可以快速地修复资料或整个磁盘分区。

（2）Windows 操作系统的安全配置方案。Windows 操作系统在正确的配置及安全的管理下，它的安全性还是可以得到保障的，根据安全原则——"最少的服务+最小的权限=最大的安全"，安全和应用在很多时候都是相对矛盾的。因此，管理员需要在两者之间选择一个折中的方案，使得安全原则不妨碍系统的应用。在 Windows 操作系统中，一般会选择以下的配置方案来增强系统的安全性。

1）精简系统的服务组件和程序。

2）系统漏洞修补。

3）关闭不用的或未知的端口。

4）禁用危险服务。

5）强化权限设置。

6）规范身份验证机制。

7）建立审核策略机制。

8）加强日志管理和保护。

3. 工作任务

（1）列举在安全性方面 Windows 7 比 Windows XP 有哪些具体改进。

（2）列举在安全性方面 Windows Server 2008 比 Windows Server 2003 有哪些具体改进。

（3）以 Windows 7 为平台设计一个基本的系统安全方案。

（4）以 Windows Server 2008 为平台设计一个基本的系统安全方案。

任务 4.1.3 Linux 操作系统安全性分析

1. 学习目标

（1）了解 Linux 操作系统的安全问题。

（2）理解 Linux 操作系统的一般安全配置方案。

2. 背景知识

（1）Linux 操作系统安全性概述。Linux 操作系统作为当今主流的操作系统之一，由于其出色的性能、较好的稳定性及开放源代码特性带来的灵活性和可扩展性而深受 IT 工业界的广泛关注和应用。但在安全性方面，Linux 系统内核只提供了 Unix 自主访问控制，以及支持了部分 POSIX.1e 标准草案中的 Capabilities 安全机制，这对它的安全性还是显得不够，也影响了 Linux 系统的进一步发展和更广泛的应用。

Linux 操作系统存在的安全问题主要有：

1）文件系统未受到保护。在 Linux 系统中的很多重要的文件，如/bin/login，如果有黑客入侵，黑客可以上传修改过的 login 文件来代替/bin/login，然后就可以不需要任何登录名和密码就登录系统。

2）进程未受到保护。系统上运行的进程是为某些系统功能所服务的，例如，HTTPD 是一个 Web 服务器来满足远程客户端对于 Web 的访问需求。作为 Web 服务器系统，保护其进程不被非法终止是非常重要的。但是如果入侵者获得了 ROOT 权限后，系统就无能为力了。

3）超级用户（root）对系统操作的权限不受限制，甚至可以对现有的权限进行修改。

注：现在的 Linux 主要用的是传统 DAC（Discretionary Access Control）访问控制，即自主访问控制。DAC 是指主体（进程，用户）对客体（文件，目录，特殊设备文件，PC 等）的访问权限是由客体的属主或超级用户决定的，而且此权限一旦确定，将作为以后判断主体对客体是否有，以及有什么权限的唯一依据，只有客体的属主或超级用户才有权更改这些权限。

传统 DAC 的安全缺陷：一是访问控制力度太粗，不能对单独的主体和客体进行控制。例如，用户 A 是某一文件的属主，他想把文件的读写权利赋予用户 B，那必然也同时将权利赋予了 B 所在的同组用户，而这样做是不安全的。二是只有两种权限级别的用户——超级用户和普通用户，而超级用户的权利过大。很多特权程序和 Linux 的系统服务都需要超级用户的权利，这给安全带来很大的漏洞，为缓冲区溢出攻击提供了舞台，而入侵者一旦由此获得超级用户的口令，他就取得了对系统的完全控制权。

（2）Linux 操作系统的安全机制。随着 Linux 的不断普及，其功能在不断地增强，它的安全机制也在日益完善。目前，Linux 操作系统的安全级别可以达到 TCSEC 评估标准的 C2 级。具体如下：

1）PAM（Pluggable Authentication Modules）机制。PAM 机制是一组共享库，系统管理员可以通过它自由选择应用层允许使用的验证机制，也就是即使应用程序切换了验证机制，也不需要对程序重新编译。PAM 机制的主要功能包括：①加密口令；②允许随意 Shadow 口令；③限制用户在指定时间内从指定地点登录；④对用户进行资源限制以防止 DoS 攻击等。

2）强制访问控制（Mandatory Access Control，MAC）机制。强制访问控制是一种由系统管理员从系统的角度定义和实施的访问控制技术，它通过标识系统中的主客体，强制性地限制信息的共享和流动，使不同的用户只能访问到与其相关的、指定范围的信息。目前，很多类别的 Linux 系统都实现了强制访问控制机制，但是不同的系统采用的具体策略也有所不同。

3）加密文件系统。安全的文件系统要求做到在硬盘丢失或失窃的情况下，也不会泄露系统的任何信息，这样就可以有效地保障系统数据的安全。加密文件系统就是将加密服务引入文件系统，从而提高计算机系统的安全性。目前，Linux 已经有多种加密文件系统，如 CFS、TCFS 和 CRYPTFS 等，其中较有代表性的是 TCFS（Transparent Cryptographic File System）。该加密文件系统将加密服务与文件系统紧密结合，用户在使用时感觉不到文件的加密过程。

4）防火墙技术。防火墙技术是一种用来加强网络之间访问控制，防止外部网络用户以非法手段通过外部网络进入内部网络并访问内部网络资源，保护内部网络操作环境的特殊网络互联设备。它对两个或多个网络之间传输的数据包按照一定的安全策略来实施检查，以决定网络之间的通信是否被允许，并监视网络运行状态。Linux 系统防火墙主要提供以下功能：

访问控制，可以执行给基于源和目的地址、用户和时间的访问控制策略，从而可以拒绝非授权的访问，同时也可以保护内部用户的合法访问不受影响。

审计，可以对通过防火墙的网络访问进行记录，并建立完备的日志、审计和跟踪网络访问记录，并可以根据需要产生报表。

防御攻击，防火墙系统直接暴露在非信任网络中，对外界来说，受到防火墙保护的内部网络的一个点，所有的攻击行为都是直接针对它的，因此可以称其为堡垒主机，它具有高度的安全性和抵御各种攻击的能力。

其他附属功能，如与审计相关的报警和入侵检测，与访问控制相关的身份验证、加密和认证，以及 VPN 等。

5）入侵检测系统。入侵检测是防火墙技术的合理补充，它可以帮助系统对付网络攻击，扩展系统管理员的安全管理能力（包括安全审计、监视、进攻识别和响应等），提高信息安全的完整性。目前较为流行的入侵检测系统有 SNORT、Portsentry、LIDS 等。利用 Linux 配备的工具和从 Internet 上下载的工具就可以使 Linux 具备高级的入侵检测能力，这些能力包括：

记录入侵企图，当攻击发生时及时通知管理员。

在指定情况的攻击行为发生时，采取预先设定的措施。

发送一些错误的信息，如将系统伪装成其他的操作系统，从而让攻击者误认为它们攻击的是 Windows 或 Solaris 等操作系统。

6）安全审计机制。安全审计作为安全操作系统的一个重要安全机制，对于监督系统的正常运行、保障安全策略的正确实施、构造计算机入侵检测系统等都有重要的意义。它可以记录攻击者的行踪，帮助系统管理员掌握系统受到的攻击行为，并可以针对这些攻击行为采取相应的安全措施。Linux 系统中，日志是其安全结构的一个重要组成部分，它主要提供攻击者的唯一真实证据。因为现在的攻击方法很多，所以 Linux 系统提供对网络、主机和用户级的日志信息，并记录以下主要内容：

记录所有系统和内核信息。

记录每一次网络连接和它们的源 IP 地址、长度等，有时还记录攻击者的用户名和使用的操作系统。

记录远程用户申请访问哪些文件。

记录用户可以控制哪些进程。

记录具体用户使用的每条口令。

7）内核封装技术。保护系统内核，使用户不能对内核进行模块插入，从而保护系统的安全。Linux 系统通过限制系统管理员的权限，使其权限的使用处于保护之下，即使误操作或者蓄意破坏，也不至于对系统造成致命的打击。

3. 工作任务

（1）搜集常见的 Linux 操作系统存在的安全问题，如 Redhat-Linux、Redflag-Linux、Fedora、Ubuntu、Debain、SUSE 等。

（2）列举当前 Linux 系统在安全机制上主要有哪些改进。

任务 4.2 操作系统安全设置

任务 4.2.1 Windows 操作系统安全设置

1. 学习目标

（1）了解巩固 Windows Server 2008 操作系统安全的方法。

（2）掌握 Windows Server 2008 操作系统的安全策略设置。

2. 背景知识

安全策略是保护计算机安全的一系列措施的组合，Windows 操作系统中的本地安全策略可以用来保护本地计算机系统的安全。系统管理员可以通过对账号策略、审核策略、用户权限分配、安全选项及软件限制策略等本地安全策略的配置来巩固 Windows 计算机系统的安全，从而强化网络的安全性。

（1）账户策略。账户策略包含密码策略和账户锁定策略两项。其中，密码策略主要包含：

1）密码必须符合复杂性要求。如果启用此策略，则密码必须至少要满足6个字符的长度，同时密码中必须包含以下四类字符中的三类：

大写英文字母，A～Z。

小写英文字母，a～z。

10个基本数字，0～9。

特殊字符，如!、$、#、%等。

2）最短密码长度。要求用户账户密码中包含的最小的字符数，它的设置范围在1～14个字符之间，如果将字符数设置为0，则用户账户不需要密码。

3）密码最短使用期限。此设置要求新设置的密码必须要使用一段时间（以天为单位），它的设置范围是1～998天的一个值，如果将此设置设为0，则允许立即更改密码。

4）密码最长使用期限。此设置要求用户新设置的密码必须使用的时间长度（以天为单位），它的设置范围是1～999天的一个值，如果将此设置设为0，则密码永不过期。

5）强制密码历史。此设置能够记住用户在以前连续使用过的密码历史记录，在此历史记录中的密码不能再被使用，该设置的设置范围在0～24个密码之间。

6）用可还原的加密来存储密码。此设置可以设置操作系统是否使用可还原的加密来存储密码。它可以为某些需要用户密码来进行身份验证的程序提供支持，如在Internet信息服务（IIS）中使用摘要式身份验证时需要设置此策略。

账户锁定策略可以防止其他人不断地尝试猜测用户的账户密码，其策略主要包含：

1）账户锁定阈值。此设置可以设置用户账户在尝试登录多少次之后锁定该账户，如果账户被锁定，则在账户锁定时间期满或者管理员解锁该账户之前，该账户无法再登录系统，该设置的设置范围为0～999，如果设置为0，则账户始终不会被锁定。

2）账户锁定时间。此设置设定账户在自动解锁之前保持锁定的时间，设置范围为0～99 999分钟，如果设置为0，则账户一直保持锁定，直到管理员解锁为止。

3）在此后复位账户锁定计数器。此设置确定在某次登录尝试失败之后将登录尝试失败计数器重置为0次错误登录尝试之前需要的时间，其设置范围为1～99 999分钟。如果定义了账户锁定阈值，则此重置时间必须小于或等于账户锁定时间。

（2）审核策略。安全审核对于任何企业系统来说都是非常重要的，因为只能使用审核日志来说明是否发生了违反安全的事件。如果通过其他某种方式检测到了入侵行为，则正确的审核设置所生成的审核日志将记录下该入侵的重要信息。审核设置包括成功、失败和无审核三个选项，在Windows Server 2008中的审核策略主要包括以下几项：

1）审核策略更改。此设置可以审核用户权限分配策略、审核策略或信任策略更改的每一个事件。

2）审核登录事件。此设置可以对用户在计算机上登录、注销或建立网络连接的每个事件进行审核。登录事件是在登录尝试发生的位置生成的。

3）审核对象访问。此设置确定是否审核用户访问指定了它自己的系统访问控制列表SACL（System Access Control List）的对象（如文件、文件夹、注册表项及打印机等）的事件。

4）审核进程跟踪。此设置可以审核进程的激活、退出、句柄复制及间接对象访问等事件的成功与否。

5）审核目录服务访问。此设置可以对用户访问 Active Directory 对象的事件进行审核。

6）审核特权使用。此设置可以审核用户实施其用户权利的每一个实例。

7）审核账户登录事件。可以审核在此计算机用于验证账户时，用户登录到其他计算机或从其他计算机注销的每个实例。此设置可以记录用户成功或失败的登录，它对于检测入侵事件十分有用。账户登录事件是在账户所在的位置生成的。

8）审核账户管理。此设置可以对每个账户的管理进行审核，如创建、修改或删除用户账户或组，重命名、禁用或启用用户账户，设置或修改密码等。

（3）用户权限分配。所谓用户权限就是用户在计算机系统或域中执行任务的权力，它有两种类型，分别是登录权限和特权。登录权限主要控制哪些用户有权限登录计算机系统并确定他们的登录方式。特权主要控制对计算机上系统范围的资源的访问，并可以覆盖在特定对象上的权限。例如，登录权限的一个示例是在本地登录计算机的权限，特权的一个示例是关闭系统的权限。管理员可以将这两种用户权限作为计算机安全设置的一部分分配给某个用户或组。常用的用户权限设置如下：

1）允许本地登录。此登录权限可以确定哪些用户能以交互方式登录到此计算机。通过键盘按 Ctrl+Alt+Del 组合键启动的登录要求用户具有此登录权限。另外，可以登录的用户的某些服务或管理应用程序可能要求此登录权限。如果为某一个用户或组来设置此策略，则还必须向 Administrators 组授予此权限。

2）关闭系统。此安全设置可以确定哪些在本地登录到计算机的用户可以使用关机命令来关闭操作系统。

3）从网络访问此计算机。此用户权限确定允许哪些用户和组可以通过网络连接到计算机。默认情况下 Administrators、Backup Operators、Users 和 Everyone 有这个权限。

4）拒绝本地登录。此安全设置确定防止哪些用户在该计算机上登录。如果用户账户受制于此策略设置和“允许本地登录”的策略设置，则前者会取代后者。（注：如果将此策略应用到 Everyone 组，则任何人都不能在本地登录。）

（4）安全选项。在安全选项中可以控制一些与操作系统安全性相关的设置，常用的设置有：

1）交互式登录：不显示最后的用户名。该设置确定是否在 Windows 登录屏幕中显示最后登录到计算机用户的名称。

2）交互式登录：提示用户在过期之前更改密码。该设置确定提前多长时间向用户发出密码即将过期的警告，默认为 14 天。

3）账户：来宾账户状态。此设置可以启用或禁用来宾账户。

4）账户：重命名管理员账户。此设置可以更改系统管理员 Administrator 的账户名称。

3. 工作任务

（1）设置工作组环境下 Windows Server 2008 系统中用户账户的密码策略，要求密码必须符合复杂性要求，密码长度至少 6 个字符，密码的最短使用期限为 3 天，最长使用期限为 14 天，并要求强制密码历史，历史记录为 10 个。

（2）设置用户账户的锁定策略，用户可以尝试密码三次，如果三次尝试都错误，则锁定账户，锁定时间为 30 分钟。

（3）设置审核账户登录事件的失败事件及审核账户管理的成功和失败事件。

（4）设置审核 sample 用户账户对系统文件夹 C:\Softwares 的失败访问事件。

（5）设置允许 sample 用户可以从网络访问此计算机，但拒绝他登录本地计算机系统。

（6）设置交互式登录时不显示最后登录的用户名，同时将默认管理员的账号名称 Administrator 改为 Admin。

4. 任务实施

（1）设置用户账户策略——密码策略。以管理员身份（如 Administrator）登录系统，设置密码策略。单击“开始”→“程序”→“管理工具”→“本地安全策略”命令，打开“本地安全策略”对话框，如图 4-7 所示。

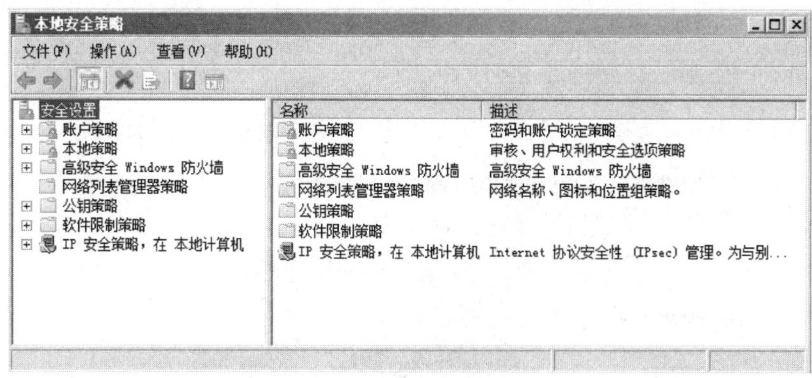

图 4-7　“本地安全策略”对话框

在左侧窗格中展开“账户策略”，单击“密码策略”项，在右侧的窗格中显示密码策略的相关策略项，如图 4-8 所示。

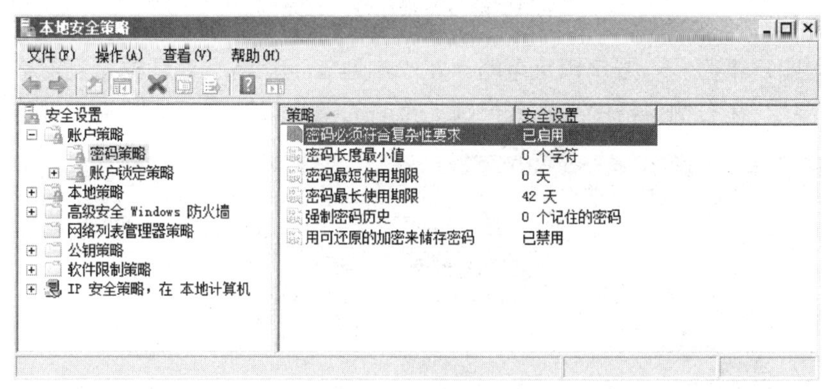

图 4-8　密码策略

双击“密码长度最小值”项，弹出“密码长度最小值　属性”对话框，在“密码必须至少是”的列表框中输入“6”个字符，如图 4-9 所示。单击“确定”按钮，返回“本地安全策略”对话框。双击“密码最短使用期限”项，在“密码最短使用期限　属性”对话框的“在以下天数后可以更改密码”列表中输入“3”天，如图 4-10 所示。单击“确定”按钮，返回“本地安全策略”对话框。同样的方法，设置“密码最长使用期限”为“14”天，设置“强制密码历史”为“10”个记住的密码。上述设置完成后即完成了账户的密码策略设置，如图 4-11 所示。

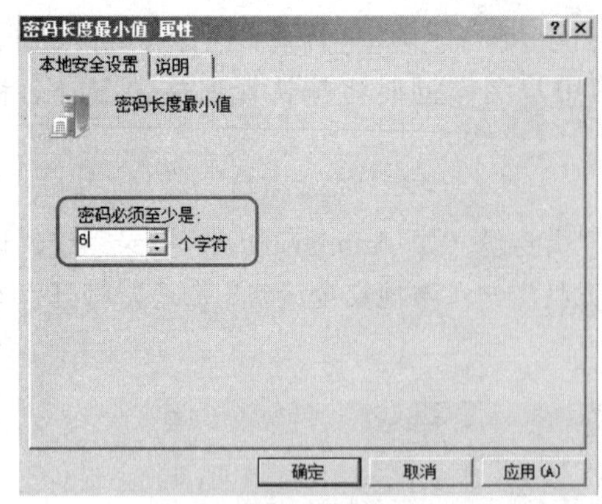

图 4-9　密码长度最小值

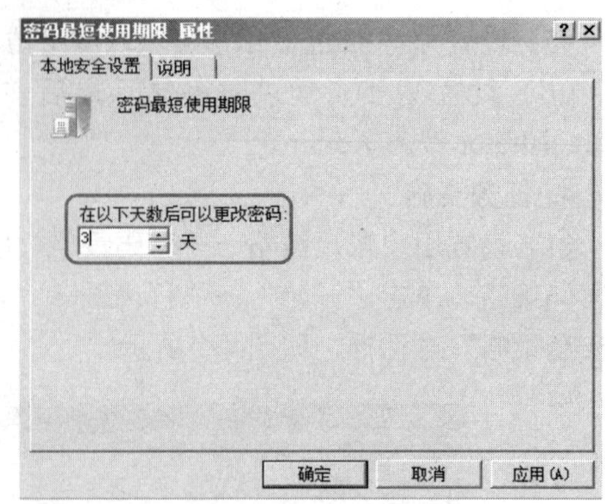

图 4-10　密码最短使用期限

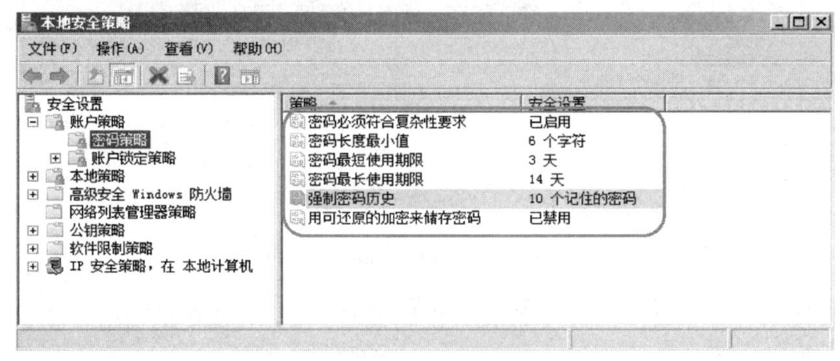

图 4-11　账号密码策略设置完成

（2）设置账户策略——账户锁定策略。在“本地安全策略”对话框左侧窗格中单击“账户锁定策略”项，在右侧窗格中显示账户锁定策略的三个策略项，如图 4-12 所示。

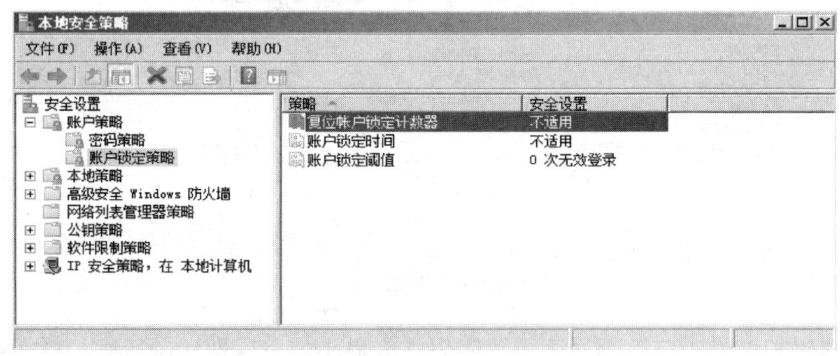

图 4-12　账户锁定策略

双击“账户锁定阈值”项，打开“账户锁定阈值　属性”对话框，在“在发生以下情况之后，锁定账户”列表框中输入“3”次无效登录，如图 4-13 所示。单击“确定”按钮，出现“建议的数值改动”对话框，设置建议的账户锁定时间 30 分钟、复位账户锁定计数器为 30 分钟，如图 4-14 所示，单击“确定”按钮，完成账户锁定策略设置，如图 4-15 所示。

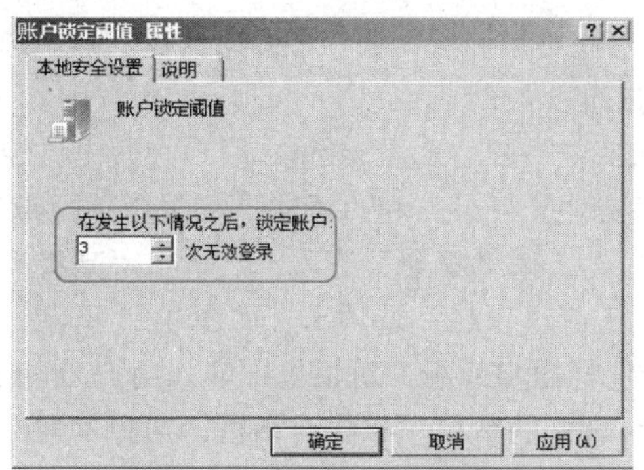

图 4-13 账户锁定阈值

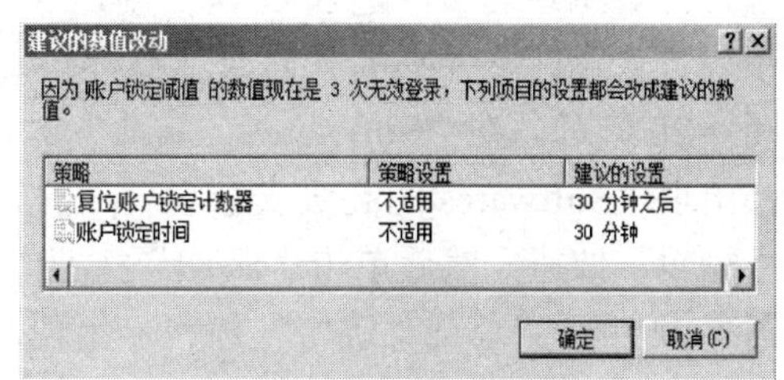

图 4-14 建议的数值改动

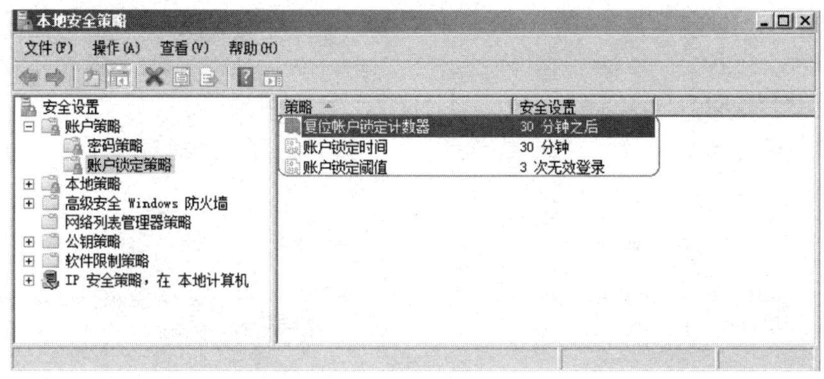

图 4-15 完成账户策略设置

（3）设置审核策略　　审核账户登录事件的失败事件及账户管理的成功和失败事件。在“本地安全策略”对话框的左侧窗格中展开“本地策略”项，选择“审核策略”项，在右侧窗格中出现审核的相关策略项，如图 4-16 所示。

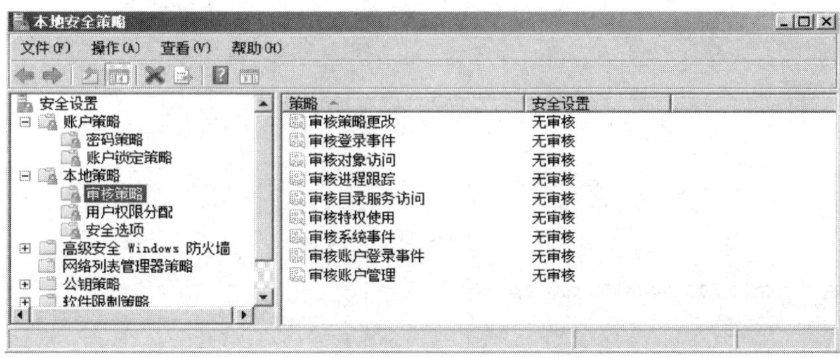

图 4-16 审核策略

双击右侧窗格中的“审核账户登录事件”项，打开“审核账户登录事件 属性”对话框，选择“审核这些操作：”复选框的“失败”选项，如图 4-17 所示。单击“确定”按钮返回，双击“审核账户管理”项，出现“审核账户管理 属性”对话框，选择“审核这些操作：”复选框的“成功”和“失败”选项，如图 4-18 所示，单击“确定”按钮。

（4）设置审核对系统文件夹 C:\Softwares 的失败访问事件。在如图 4-16 所示的“本地安全策略”对话框中，双击“审核策略”项中的“审核对象访问”项，在弹出的对话框中选择“失败”复选框，如图 4-19 所示，单击“确定”按钮。

打开资源管理器，进入 C 盘，创建 Softwares 文件夹，设置 sample 用户（假设已经创建该用户）对此文件夹的“读取和执行”、“列出文件夹目录”和“读取”权限为“拒绝”，如图 4-20 所示。在“Softwares 属性”对话框中，选择“安全”选项卡，单击“高级”按钮，出现“Softwares 的高级安全设置”对话框，选择“审核”选项卡，如图 4-21 所示。单击“编辑”按钮，然后单击“添加”按钮，在“选择用户或组”对话框中输入用户 sample，如图 4-22 所示。单击“确定”按钮，出现“Softwares 的审核项目”对话框，选择“列出文件夹/读取数据”项的“失败”复选框，如图 4-23 所示，设置完成后，逐级单击“确定”按钮返回。

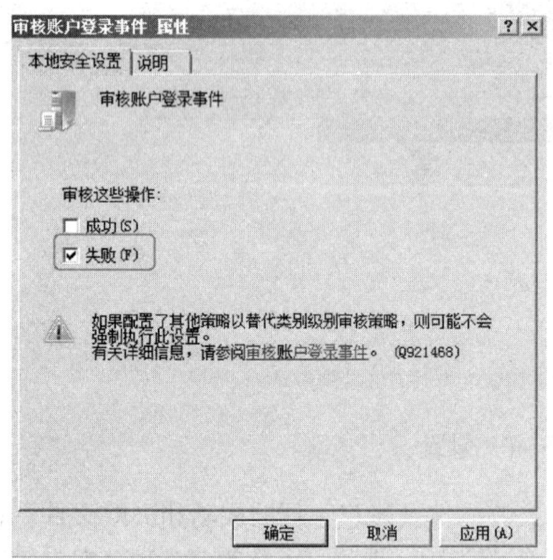

图 4-17　审核账户登录事件

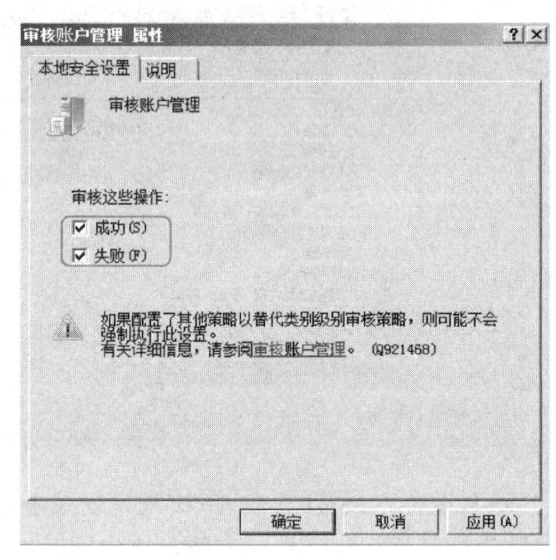

图 4-18　审核账户管理

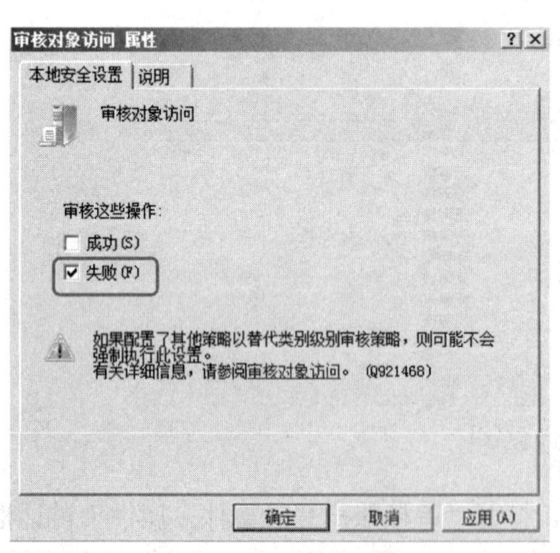

图 4-19　审核对象访问

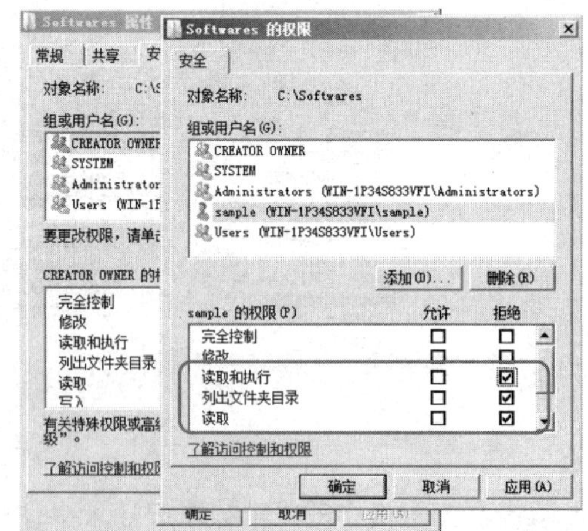

图 4-20　Softwares 文件夹属性

切换用户账户 sample 进行登录，访问 Softwares 文件夹，系统提示“您当前无权访问该文件夹”的信息，如图 4-24 所示。

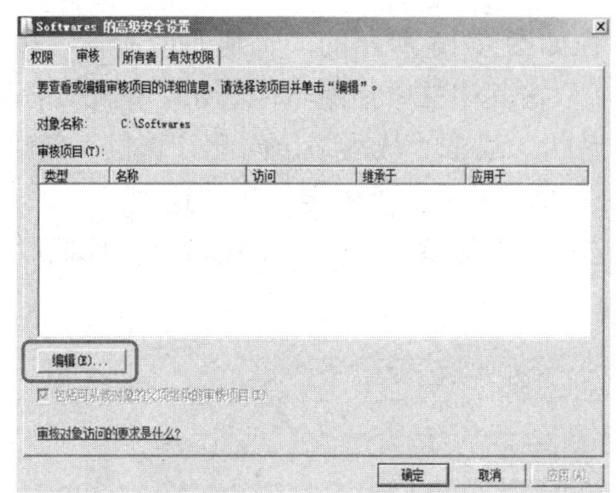

图 4-21 Softwares 文件夹属性

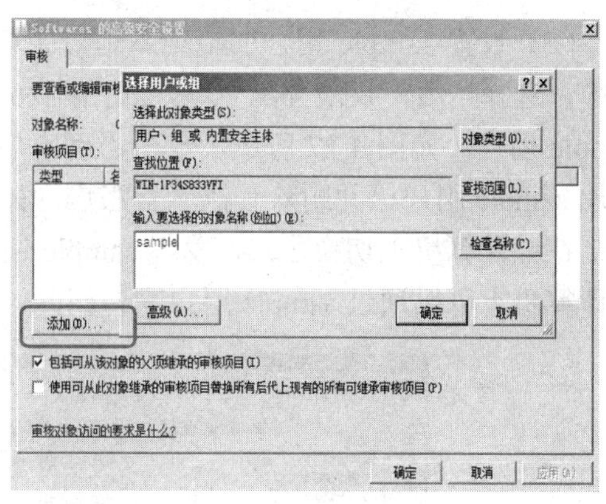

图 4-22 添加 sample 用户

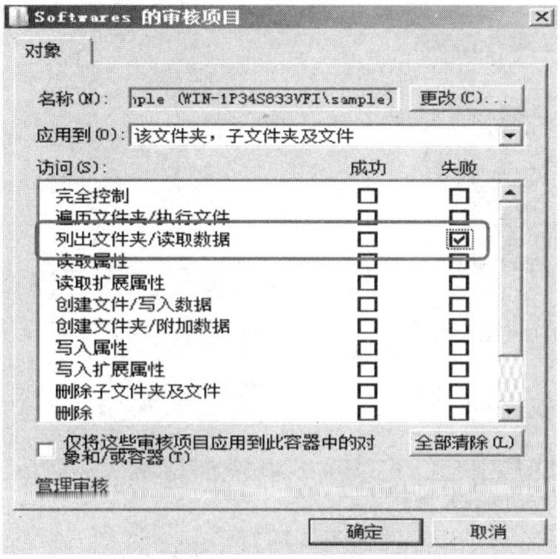

图 4-23 Softwares 的审核项目

再以管理员 Administrator 的身份登录，单击“开始”→“管理工具”→“事件查看器”命令，打开“事件查看器”对话框。单击“Windows 日志”→“安全”项，在“事件属性”对话框中可以查看该失败事件的审核日志信息，如图 4-25 所示。

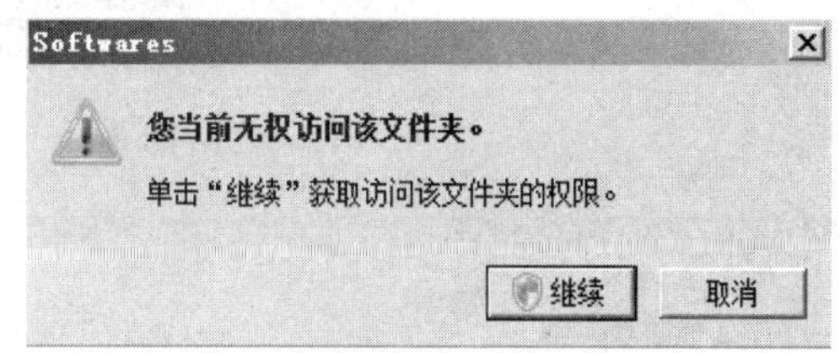

图 4-24 系统访问提示信息

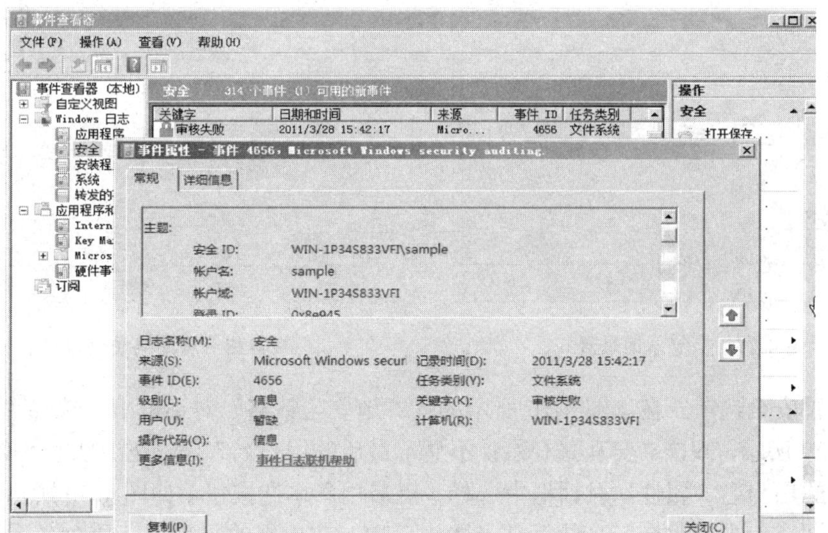

图 4-25 查看审核日志

（5）设置 sample 用户的拒绝本地登录权限。在如图 4-16 所示的“本地安全策略”对话框中，选择“用户权限分配”项，如图 4-26 所示。双击其中的“拒绝本地登录”策略，添加 sample 用户，如图 4-27 所示，单击“确定”按钮返回。双击“从网络访问此计算机”策略，添加 sample 用户，并删除其他所有账户，如图 4-28 所示，单击“确定”按钮返回。

在此计算机上切换账户，发现 sample 用户的选项已经去除了。同时，在与此计算机联网的计算机上可以通过 sample 用户来访问此计算机。

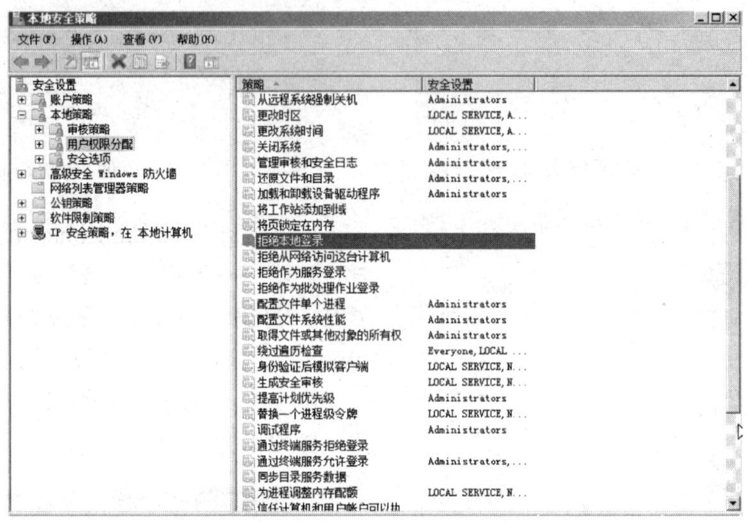

图 4-26 用户权限分配

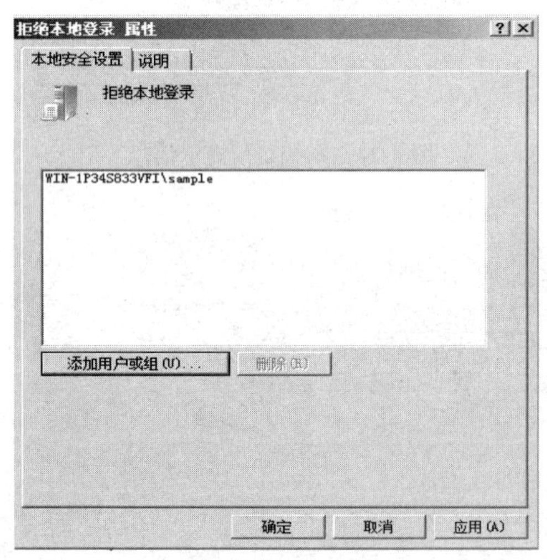

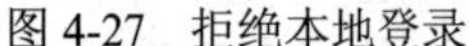
图 4-27 拒绝本地登录

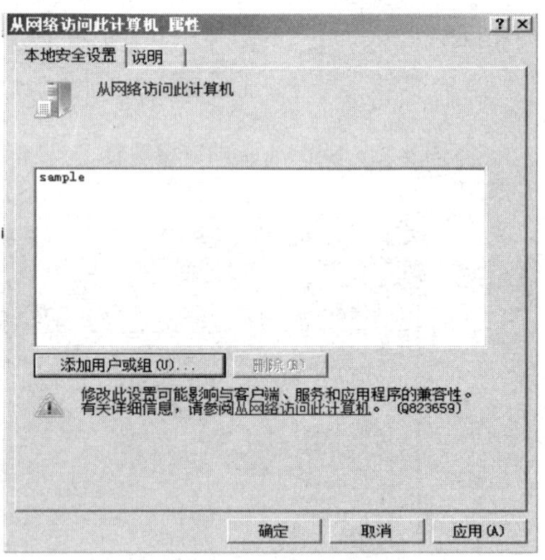

图 4-28 从网络访问此计算机

（6）设置安全选项。在如图 4-16 所示的“本地安全策略”对话框中，选择“安全选项”项，如图 4-29 所示，双击“交互式登录：不显示最后的用户名”项，在出现的“交互式登录：不显示最后的用户名 属性”对话框中选择“已启用”单选按钮，如图 4-30 所示，单击“确定”按钮返回。双击“重命名系统管理员账户”项，在出现的“账户：重命名系统管理员账户 属性”对话框中输入新的系统管理员账户的名称“Admin”，如图 4-31 所示，单击“确定”按钮返回。

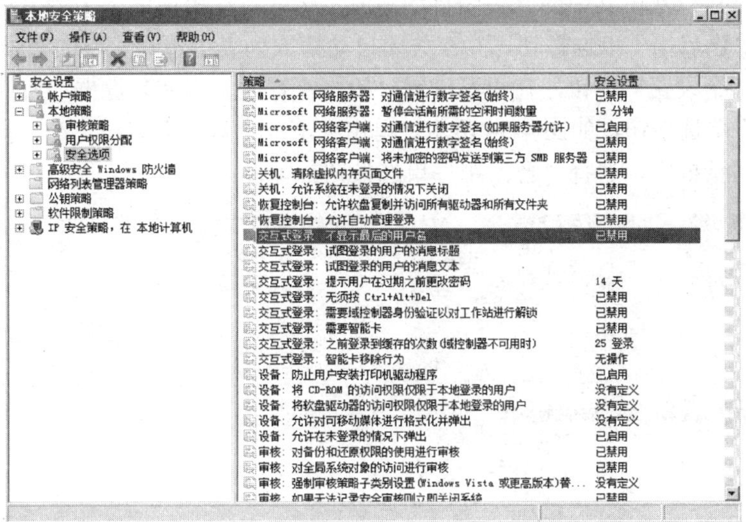

图 4-29　安全选项

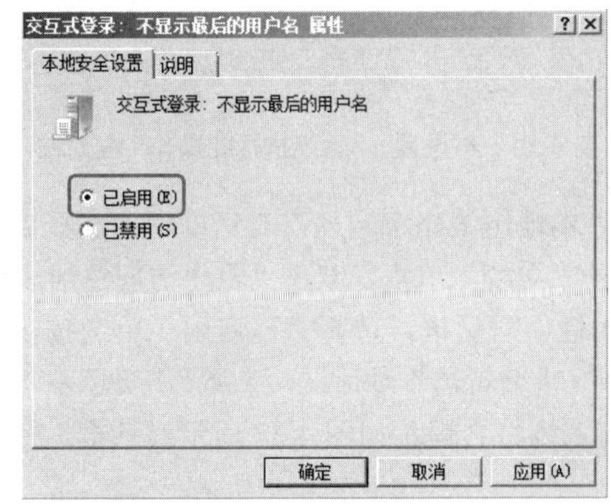

图 4-30　交互式登录：不显示最后的用户名

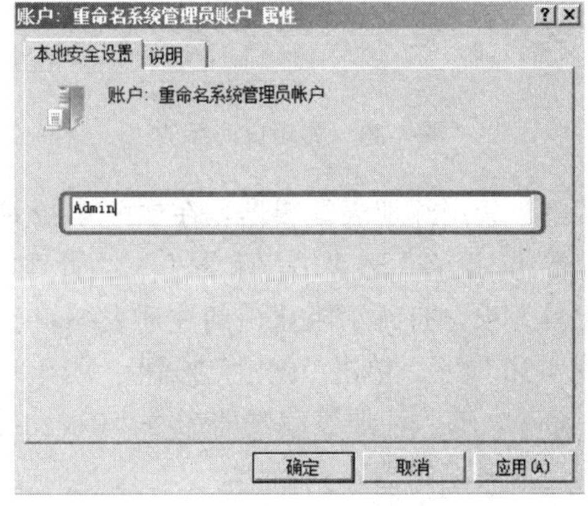

图 4-31　账户：重命名系统管理员账户

（7）关闭自动播放。现在很多病毒会利用系统的自动播放功能来进行传播，通过设置本地安全策略可以减少病毒传播的危险，具体步骤如下：

单击“开始”→“运行”命令，输入“gpedit.msc”命令，打开本地组策略编辑器，如图 4-32 所示。

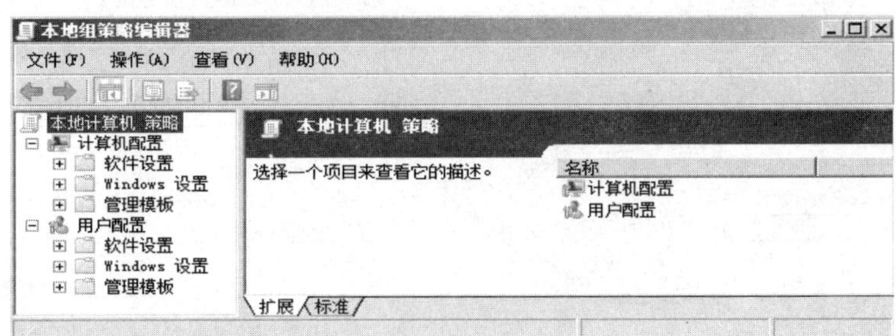

图 4-32　“本地组策略编辑器”对话框

选择“本地计算机策略”→“计算机配置”→“管理模板”→“Windows 组件”→“自动播放策略”节点，双击其中的“关闭自动播放”选项，在出现的“关闭自动播放　属性”对话框中选择“已启用”单选按钮，并在关闭自动播放列表中选择相应的选项，如图 4-33 所示。单击“下一个设置”按钮，在“不设置‘始终执行此操作’复选框　属性”对话框中，选择“已启用”单选按钮，如图 4-34 所示。单击“下一个设置”按钮，在“自动运行的默认行为　属性”对话框中，选择“已启用”单选按钮，如图 4-35 所示。

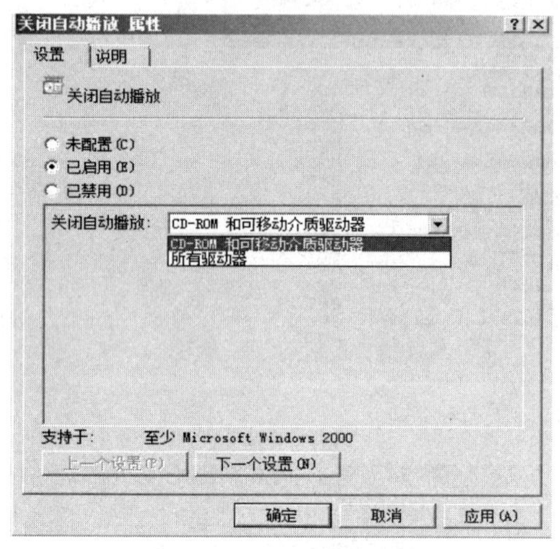

图 4-33　关闭自动播放

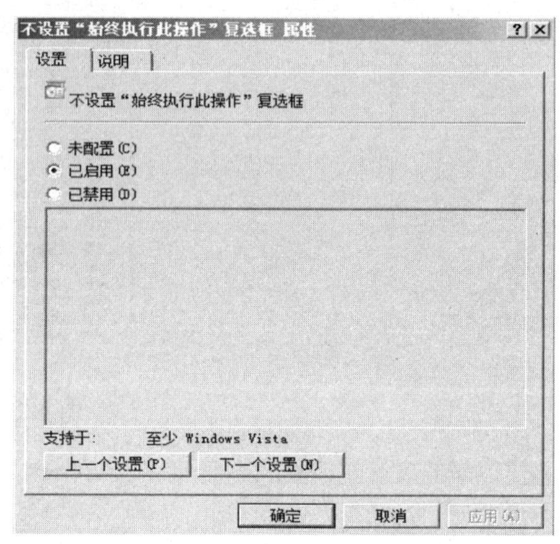

图 4-34　不设置“始终执行此操作”复选框

（8）禁用注册表编辑器。在如图 4-32 所示的“本地组策略编辑器”对话框中，选择“本地计算机 策略”→“用户配置”→“管理模板”→“系统”节点，双击“阻止访问注册表编辑工具”项，打开“阻止访问注册表编辑工具　属性”对话框，选择“已启用”单选按钮，如图 4-36 所示，单击“确定”按钮。关闭“本地组策略编辑器”对话框，选择“开始”→“运行”命令，输入注册表编辑器命令“Regedit.exe”，系统将会提示如图 4-37 所示对话框，禁止使用注册表编辑器。

图 4-35　自动运行的默认行为

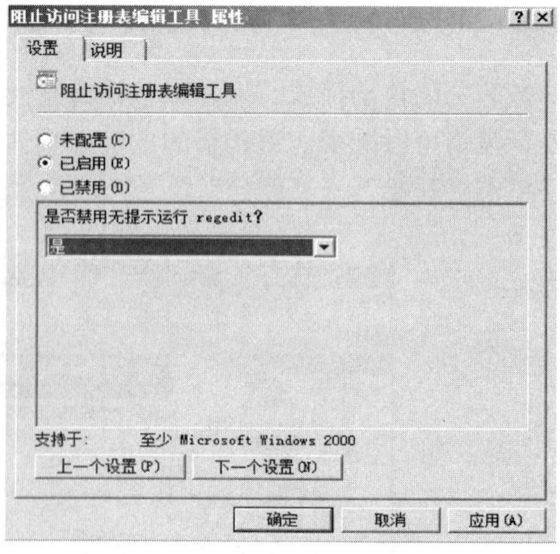

图 4-36　阻止访问注册表编辑工具

（9）禁止恶意程序。在通过 Internet Explorer 访问 Internet 时，经常会有恶意软件偷偷下载到本地计算机，给系统安全带来严重的威胁。为了让 Windows Server 2008 系统更加安全，可以通过其组策略来禁止这些恶意程序的运行，步骤如下：

在如图 4-32 所示的“本地组策略编辑器”对话框中，选择“本地计算机 策略”→“计算机配置”→“管理模板”→“Windows 组件”→“Internet Explorer”→“安全功能”→“限制文件下载”节点，双击其中的“Internet Explorer 进程”项，打开“Internet Explorer 进程 属性”对话框，选择“已启用”单选按钮，如图 4-38 所示，单击“确定”按钮。

图 4-37　禁用注册表编辑器警告信息

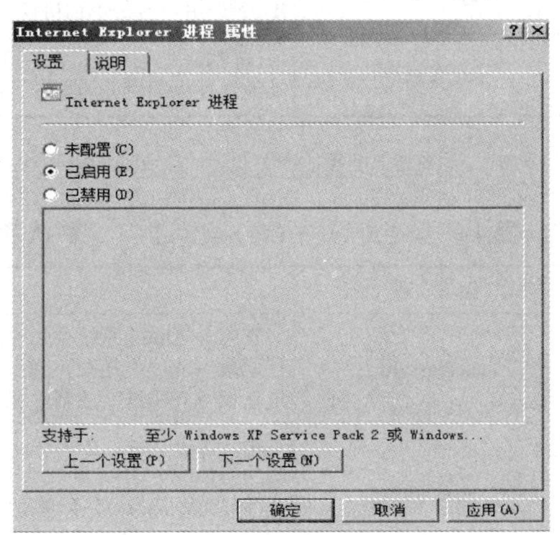

图 4-38　Internet Explorer 进程

任务 4.2.2　Linux 操作系统安全设置

1. 学习目标

（1）了解巩固 Redhat Enterprise Linux 5 操作系统安全的方法。

（2）掌握 Redhat Enterprise Linux 5 操作系统的安全设置。

2. 背景知识

（1）Linux 操作系统的系统配置文件。Linux 操作系统是一个多任务、多用户的操作系统，其中的每一个程序都是一个可执行文件，它含有操作码表，CPU 将执行这些操作码来完成特定的操作。Linux 系统的配置往往通过众多的系统配置文件来完成，从而实现其安全的管理。Linux 系统的配置文件可以控制用户权限、系统应用程序、守护进程、服务和其他管理服务。这些任务包括用户账号的管理、磁盘配额的分配、电子邮件和新闻组的管理及内核参数的配置等。在 Red Hat Linux 系统中，大部分配置文件都存放在“/etc”目录中，系统配置文件分类如下：

1）系统命令配置文件。系统命令需要独占控制操作系统，并让一切正常工作。例如，bash 命令提供用户与计算机之间的交互，login 命令完成控制台用户身份验证阶段，因此，与这些命令相关的配置文件至关重要，它关系到整个系统的安全。如表 4-1 所示为主要的系统命令配置文件。

表 4-1　　系统命令配置文件

配置文件	说　明
/etc/lilo.conf	主要包含系统的默认引导命令行参数，及启动时使用的不同映像。在 LILO 引导提示时，按 TAB 键可以查看该列表
/etc/logrotate.conf	用于维护/var/log 目录中的日志文件

续表

配置文件	说 明
/etc/identd.conf	identd 是一个服务器，它按照 RFC 1413 文档中指定的方式实现 TCP/IP 提议的标准 IDENT 用户身份识别协议
/etc/inittab	init 的进程号为 1，它是所有进程的父进程，系统内核初始化完毕之后，init 程序开始运行。其他软件也同时开始运行。init 程序通过/etc/inittab 文件进行配置

2）系统管理配置文件。它可以配置与用户相关的设置，如表 4-2 所示。

表 4-2　　系统管理配置文件

配置文件	说 明
/etc/passwd	它包含 Linux 系统中每个用户的一些基本属性，并且对所有用户可读。/etc/passwd 中每一行记录对应一个用户，每行记录用冒号分隔，其格式为：用户名:口令:用户标识号（UID）:组标识号（GID）:注释性描述:主目录:默认 shell
/etc/shadow	用户影子文件，因为/etc/passwd 文件对所有用户可读，因此，Linux 将用的密码信息存放到/etc/shadow 文件中，这个文件只有 root 用户才拥有读权限，因此保证了用户密码信息的安全性。其格式为：登录名:加密口令:最后一次修改时间:最小时间间隔:最大时间间隔:口令到期前的天数:口令到期后的天数:账号过期的日期:保留
/etc/group	用户组配置文件，用户组的所有信息都存放在此文件中。格式为：组名:口令:组标识号:组内用户列表
/etc/nologin	如果存在该文件，则 login（1）将只允许 root 用户登录
/etc/rpmrc	Rpm 命令配置。所有 rpm 命令行选项都可以在此文件中一起设置，这可以使得任何 rpm 命令在系统中运行时，所有的选项都会全局适用
/etc/motd	设置每日消息，在管理员希望向 Linux 服务器的所有用户传达某个消息时使用

3）文件系统配置文件。很多实用程序都会使用文件系统配置文件中存在的值来显示系统统计信息。相关文件如表 4-3 所示。

表 4-3　　文件系统配置文件

配置文件	说 明
/etc/mtab	文件系统被安装和卸载时，改变的信息会立即反映到此文件中
/etc/fstab	列举计算机当前"可以安装"的文件系统。这非常重要，因为计算机引导时将运行 mount -a 命令，该命令负责安装 fstab 的倒数第二列中带有"1"标记的每一个文件系统
/etc/mtools.conf	DOS 类型的文件系统上所有操作（创建目录、复制、格式化等等）的配置

4）访问文件配置文件，如表 4-4 所示。

表 4-4　　访问文件配置文件

配置文件	说 明
/etc/host.conf	指定主机名查找方法，一般是先查找文件/etc/hosts，找不到时再向 DNS 服务器请求
/etc/hosts	提供主机名到 IP 地址的映射关系，建议将经常使用的主机加入此文件中，也可以将没有 DNS 记录的计算机加入到该文件中
/etc/hosts.allow	控制可以访问本机的 IP 地址
/etc/hosts.deny	控制禁止访问本机的 IP 地址。如果与/etc/hosts.allow 设置冲突，则以/etc/hosts.deny 的设置为准

5）引导和登录/注销配置文件，如表 4-5 所示。

表 4-5 引导和登录/注销配置文件

配置文件	说　明
/etc/redhat-release	包括一行声明 Red Hat 版本号和名称的信息，由 rc.local 使用
/etc/rc.d/rc	一般在所有运行级别运行，级别作为参数传送。例如，要以图形（Graphics）模式（X-Server）引导计算机，可以在命令行运行“init 5”命令（运行级别 5 表示以图形模式引导系统）
/etc/rc.d/rc.local	非正式的。可以从 rc、rc.sysinit 或 /etc/inittab 调用

6）网络配置文件，如表 4-6 所示。

表 4-6 网络配置文件

配置文件	说　明
/etc/gateway	由 routed 守护进程可选地使用
/etc/networks	列举从计算机所连接的网络可以访问的网络名和网络地址
/etc/protocols	列举当前可用的网络协议
/etc/resolv.conf	配置 DNS 客户，它包含了主机的域名搜索顺序和 DNS 服务器的地址
/etc/rpc	包含 RPC 指令 / 规则，这些指令 / 规则可以在 NFS 调用、远程文件系统安装等中使用
/etc/exports	要导出的文件系统（NFS）和对它的权限
/etc/services	将网络服务名转换为端口号 / 协议。由 inetd、telnet、tcpdump 和一些其他程序读取
/etc/sysconfig/network	用来指定服务器上的网络配置信息，包含了控制和网络有关的文件和守护程序的行为的参数
/etc/inetd.conf	包含每个网络服务的条目，inetd 必须为这些网络服务控制守护进程或其他服务。注意，服务将会运行，但在 /etc/services 中将它们注释掉了，这样即使这些服务在运行也将不可用 格式为：<service_name> <sock_type> <proto> <flags> <user> <server_path> <args>

7）守护进程配置文件，如表 4-7 所示。

表 4-7 守护进程配置文件

配置文件	说明
/etc/httpd.conf	Web 服务器 Apache 的配置文件。这个文件一般不在/etc 中。它可能在/usr/local/httpd/conf/或/etc/httpd/conf/中，但是要确定它的位置，还需要检查特定的 Apache 安装信息
/etc/syslogd.conf	syslogd 是一种守护进程，它负责记录（写到磁盘）从其他程序发送到系统的消息。这个服务尤其常被某些守护进程所使用，这些守护进程不会有另外的方法来发出可能有问题存在的信号或向用户发送消息

（2）Linux 引导装载程序。Linux 系统一般有两个常用的引导装载程序，即 LILO（Linux Loader）和 GRUB（Grand Unified Bootloader）。两者的功能一样，即可以在多个操作系统共存的情况下选择引导哪个系统。

LILO 是所有 Linux 发行版的标准组成部分，它是一个较早的 Linux 引导加载程序，而 GRUB 是之后的装载程序，它可以实现 LILO 的绝大部分功能。在以前大部分的 Linux 操作系统自带的是旧版的LILO，这带来一个问题就是：启动/boot分区不能超过1023柱面的地方，否则LILO不能安装或不能正确引导系统，而GRUP不存在此问题。目前，新版的LILO已解决该问题。

LILO的配置是通过对“/etc/lilo.conf”配置文件的配置来实现的，而GRUB的配置是通过对“/boot/grub/grub.conf”配置文件的配置来实现的。

不管是用LILO还是GRUB来引导Linux操作系统，都需要使用口令来保护系统的安全。因为这样首先可以防止攻击者进入单用户模式；其次可以防止攻击者进入非安全的操作系统（如DOS）来存取和控制文件权限；另外，还可以防止攻击者进入GRUB控制台并利用其编辑界面来改变它的配置或使用cat命令来收集信息。

（3）Linux用户权限管理。Linux操作系统允许多个用户可以在同一时间内登录同一个系统执行各自的不同任务，不同用户有不同的权限，它对用户角色的分类主要有三类，即超级用户、普通用户和虚拟用户。它们都有各自的权限：

1）超级用户拥有对系统的最高管理权限，“root”用户是默认的超级用户。

2）普通用户具有登录系统的权限，但只能对自己用户目录下的文件进行访问和修改。例如，sample普通用户只能对其用户目录（/home/sample/）下的文件进行访问和修改。

3）虚拟用户没有登录系统的权限，它主要为方便系统管理而存在，满足系统进程对文件属主的要求。例如，系统默认的nobody用户，它在运行的Web服务中使用，但是它不能登录系统。

每一个用户都有唯一的用户名称和用户口令，登录时，需要输入正确的用户名称和用户口令后才能登录操作系统并进入该用户的主目录。具有相同特征的用户可以放到同一个用户组中，如果需要给这些具有相同特征的用户赋予某种权限时，可以直接给该用户组赋予这种权限，从而减少管理的工作量。用户与组的关系可以有以下几种：

1）1：1——1个用户可以隶属于1个组中，且是该组的唯一成员。

2）1：m——1个用户可以隶属于多个组。

3）m：1——多个用户可以隶属于同一个组。

（4）Linux 文件权限。所谓文件权限是指对文件的访问权限，包括对文件的读、写、删除和执行等权限。Linux 中的每一个用户能够对自己主目录下的文件进行写操作，但是，在主目录之外，普通用户只能进行读取和查找操作。

1）查看文件的权限属性。通过“ls”命令可以查看Linux中文件及目录的权限信息，其“-a”参数可以列出目录下所有文件，包括“.”开头的隐含文件，“-l”参数可以列出文件的详细信息，如图4-39所示。

列1 主要表示文档类型和执行权限，它由四部分组成：

文档类型部分：用1个字符表示，当其为“d”时表示目录；当为“-”时表示文件；当为“c”时表示串行接口字符设备文件；当为“b”时表示可供存储的块设备文件；当为“l”时表示软链接。

User部分：用3位字符表示，如“rwx”，对文档所有者（User）权限进行设定。“r”表示可读，“w”表示可写，“x”表示可执行，“-”表示无权限。

Group部分：同User部分，用3位字符表示，对文档所属用户组（Group）权限的设定。

others部分：同User部分，用3位字符表示，对文档所有者之外的其他用户权限的设定。

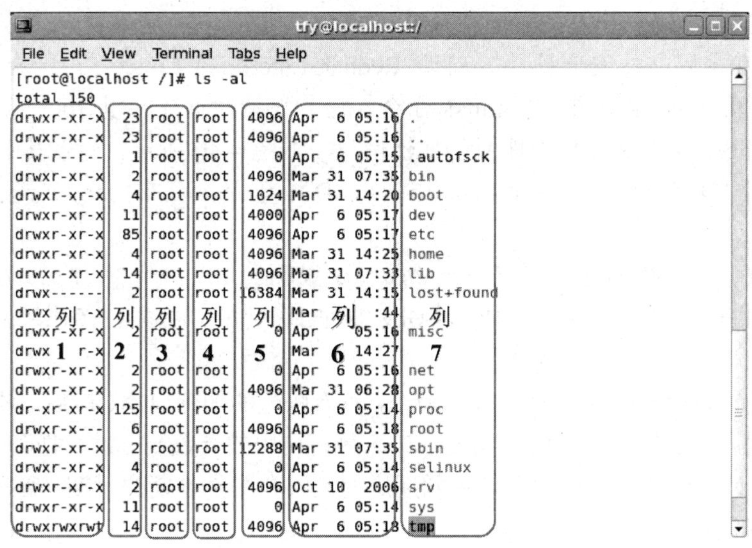

图 4-39 ls –al 列出文件权限信息

列 2 表示文档的连结数（硬链接），即多少个文件指向同一个索引节点。

列 3 表示文档所属的用户。

列 4 表示文档所属的用户组。

列 5 表示文档的大小，默认以 Byte 为单位。

列 6 表示文档最后一次修改的日期，一般以月、日、小时、分钟的格式显示。

列 7 表示文档的名称，在 Linux 中，以“.”开头的文件为隐藏文件，以“.”开头的目录是隐藏目录。

2）更改文件权限属性。Linux 中文件权限属性的修改主要通过“chmod”命令，此命令有两种使用方法，即字符设定法和数字设定法，其语法格式如表 4-8 所示。

表 4-8　chmod 命令语法

语法	字符设定法	数字设定法
格式	chmod ［who］［+ | - | =］［mode］文件名	chmod［所有者权限的数字组合］［用户组权限的数字组合］［其他用户权限的数字组合］文件名
参数说明	who 表示操作对象，“u”代表用户（User），“g”代表用户组（Group），“o”代表其他用户（Others），“a”代表所有用户（all）；“+ | -”分别代表添加、删除某个权限，“=”代表赋予权限，同时取消以前所有权限；mode 表示可以执行的权限，分别是“r”、“w”、“x”	数字表示的含义：0 代表没有任何权限，1 代表有可执行权限（即同字符设定法的“x”），2 代表有可写权限（同“w”），4 代表可读权限（同“r”）。 如果要将文件赋予多种权限，可以将代表这些权限的数字进行相加，如 7（4+2+1）代表读、写、执行的权限
示例	Chmod ugo+rw sample.log	chmod 644 sample.log

3. 工作任务

（1）检测 Redhat Enterprise Linux 5 的系统安全性。

（2）Redhat Enterprise Linux 5 系统的安全配置。

4. 任务实施

（1）账号和密码文件安全检测。启动 Redhat Enterprise Linux 5，选择 Application→Accessories 菜单命令，再单击 Terminal 命令，打开终端对话框，以 root 身份运行“more /etc/passwd”命令，显示系统现有账号的属性信息，如图 4-40 所示。检查其中是否有异常的账号，如检查用户标识号（UID）和组标识号（GID），看是否有非 root 账号被改成 root 账户的权限。

注：每一个 Linux 用户账号都会被分配一个 UID，root 账号的 UID 为 “0”，1～99 为系统保留，分配给系统预定义的账号。如果某一个账号的 UID 和 GID 都被改成了“0”，在该用户登录系统时就是 root 用户的身份。

以 root 身份运行“more /etc/shadow”命令，查看账号的加密口令、最后一次修改时间（距 1970 年 1 月 1 日的天数）、最小时间间隔（口令最短使用的天数）、最大时间间隔（口令最长使用的天数）、口令到期前的天数、口令到期后的天数和账号过期的日期（距 1970 年 1 月 1 日的天数），如图 4-41 所示。

```
tfy@localhost:/etc
File  Edit  View  Terminal  Tabs  Help
[tfy@localhost etc]$ su root
Password:
[root@localhost etc]# more /etc/passwd
root:x:0:0:tfy:/root:/bin/bash
bin:x:1:1:bin:/bin:/sbin/nologin
daemon:x:2:2:daemon:/sbin:/sbin/nologin
adm:x:3:4:adm:/var/adm:/sbin/nologin
lp:x:4:7:lp:/var/spool/lpd:/sbin/nologin
sync:x:5:0:sync:/sbin:/bin/sync
shutdown:x:6:0:shutdown:/sbin:/sbin/shutdown
halt:x:7:0:halt:/sbin:/sbin/halt
mail:x:8:12:mail:/var/spool/mail:/sbin/nologin
news:x:9:13:news:/etc/news:
uucp:x:10:14:uucp:/var/spool/uucp:/sbin/nologin
operator:x:11:0:operator:/root:/sbin/nologin
games:x:12:100:games:/usr/games:/sbin/nologin
gopher:x:13:30:gopher:/var/gopher:/sbin/nologin
ftp:x:14:50:FTP User:/var/ftp:/sbin/nologin
nobody:x:99:99:Nobody:/:/sbin/nologin
dbus:x:81:81:System message bus:/:/sbin/nologin
avahi:x:70:70:Avahi daemon:/:/sbin/nologin
mailnull:x:47:47::/var/spool/mqueue:/sbin/nologir
smmsp:x:51:51::/var/spool/mqueue:/sbin/nologin
nscd:x:28:28:NSCD Daemon:/:/sbin/nologin
```

图 4-40　账号权限属性信息

```
tfy@localhost:/etc
File  Edit  View  Terminal  Tabs  Help
[root@localhost etc]# more /etc/shadow
root:$1$AlcdiNbz$5mW8x3fxYC6ep5s2pfA79/:15064:0:99999:7:::
bin:*:15064:0:99999:7:::
daemon:*:15064:0:99999:7:::
adm:*:15064:0:99999:7:::
lp:*:15064:0:99999:7:::
sync:*:15064:0:99999:7:::
shutdown:*:15064:0:99999:7:::
halt:*:15064:0:99999:7:::
mail:*:15064:0:99999:7:::
news:*:15064:0:99999:7:::
uucp:*:15064:0:99999:7:::
operator:*:15064:0:99999:7:::
games:*:15064:0:99999:7:::
gopher:*:15064:0:99999:7:::
ftp:*:15064:0:99999:7:::
nobody:*:15064:0:99999:7:::
dbus:!!:15064:0:99999:7:::
avahi:!!:15064:0:99999:7:::
mailnull:!!:15064:0:99999:7:::
smmsp:!!:15064:0:99999:7:::
nscd:!!:15064:0:99999:7:::
vcsa:!!:15064:0:99999:7:::
haldaemon:!!:15064:0:99999:7:::
```

图 4-41　账号密码等相关信息

（2）检查系统日志。Syslog 是 Linux 中最重要的日志文件，使用 syslogd 守护程序来获得日志信息，一般情况下可以通过查看“/etc/syslog.conf”，知道 syslog 记录的内容。默认情况下，它把大量的消息传给/var/adm/message，如果 syslog 被非法修改，则说明有入侵事件。

在终端中输入“ls –al/var/log”命令，检查 messages、utmp 及 wtmp 等文件的完整性和修改时间是否正常。

（3）引导装载程序的安全性配置。

1）用口令保护 LILO 的安全。在“/etc/lilo.conf”文件中增加选项，可以使 LILO 启动时需要输入口令，从而加强系统的安全性。具体设置如下：

```
Boot=/dev/had
Map=/boot/map
```

```
Install=/boot/boot.b
Time-out=30              #等待 30s
Prompt
Default=Linux
Password=<password>      #设置口令<password>
Image=/boot/vmlinuz-2.2.14-12
Label=Linux
Initrd=/boot/initrd-2.2.14-12.Img
Root=/dev/hda6
Read-only
```

因为上述口令的设置是以明文方式存放的，所以对于 lilo.conf 文件的文件属性设置为只有 root 用户才可以读写：

```
# chmod 600 /etc/lilo.conf
# /sbin/lilo -v          #使 lilo.conf 文件生效
```

2）用口令保护 GRUB 的安全。打开 Terminal 程序，以 root 用户登录，在提示符下输入“/sbin/grub-md5-crypt”命令，在出现提示信息时，输入 GRUB 口令，按“回车”键后，再次确认口令，然后按“回车”键，口令完成，系统返回一个散列值（Hash），如图 4-42 所示。

注：散列值是根据文件内容的数据通过逻辑运算得到的数值，不同的文件（即使是相同的文件名）得到的散列值是不同的。

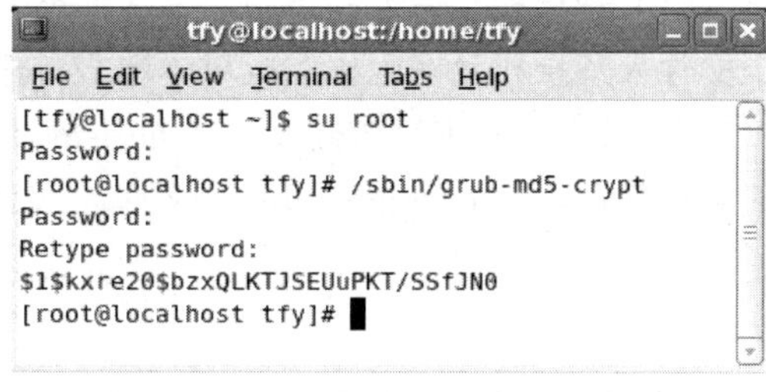

图 4-42　设置保护 GRUB 的口令

用 vi 编辑器打开 GRUB 的配置文件“/boot/grub/grub.conf”，在 timeout 行下添加一行内容“password --md5 <password-hash>”，其中，<password-hash>为刚才返回的散列值，如图 4-43 所示，输入“：wq”命令保存并退出该配置文件。

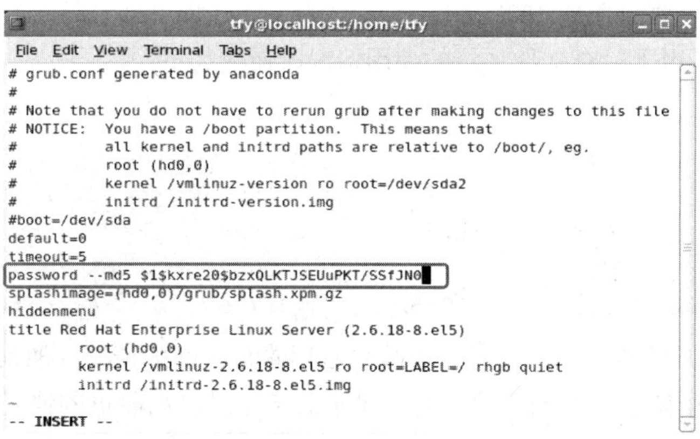

图 4-43　编辑 GRUB 的配置文件

下次系统引导时，如果不首先按 P 键和输入 GRUB 口令，则 GRUB 菜单不允许进入编辑器或命令界面。

（4）用户账户及口令的管理。用户账户是系统认证用户身份的主要手段，系统安装时，默认的口令最小长度通常是5，但为了保证口令不易被猜测攻击，可以增加口令的最小长度，如设置最小长度为8。具体设置可以修改/etc/login.defs文件中PASS_MIN_LEN参数。同时，应该限制口令的使用时间，要求定期更换口令，建议修改PASS_MIN_DAYS参数。

```
PASS_MAX_DAYS   14          #密码的最长使用天数为14位
PASS_MIN_DAYS   1           #密码的最短使用天数1天
PASS_MIN_LEN    8           #密码最小长度设置为8位
PASS_WARN_AGE   20          #密码的过期时间20天
```

对于系统中不用的默认用户和组账户（如lp、sync、shutdown、halt、news、uucp、operator、games和gopher等）进行删除。

另外，当用户离开系统而忘记注销账户时可能给系统安全带来隐患，可以修改/etc/profile文件，让用户账户在一段时间内没有操作后自动从系统注销。编辑文件/etc/profile，在“HISTFILESIZE=”行下增加一行“TMOUT=600”，即600s（10min）内用户误操作则自动注销账户。

（5）禁止和允许远程访问。在Linux中可以通过修改/etc/hosts.deny和/etc/hosts.allow两个文件来禁止和允许远程主机对本地服务的访问。具体设置如下：

1）禁止远程主机访问。编辑hosts.deny文件，在其中加入下列行后，所有服务对所有外部主机禁止，除非由hosts.allow文件显式允许。

```
[root@localhost tfy]        # deny access to everyone
ALL: ALL@ALL
```

2）允许远程主机访问。编辑hosts.allow文件，加入下列行后，将允许IP地址为172.17.10.71和主机名为jssvc.edu.cn的机器作为Client访问FTP服务。

```
[root@localhost tfy]        # accept a host
ftp: 172.17.10.71 jssvc.edu.cn
```

（6）磁盘空间维护。定期检查Linux的磁盘空间对维护其文件系统非常重要。在Linux中维护磁盘空间的主要命令是df和du。

1）df命令主要用于检查文件系统的使用情况，命令如下：

```
[root@localhost tfy]        # df -k
Filesystem      1K-blocks   Used Available Use% Mounted on
/dev/sda2       6450176     1977192     4140040     33% /
/dev/sda1       46633       9366        34859       22% /boot
tmpfs           320596      0           320596      0% /dev/shm
/dev/sda3       988116      19852       917260      3% /home
```

2） du命令用户检查文件、目录和子目录占用磁盘空间的情况。通常带-s选项使用，只显示需检查目录占用磁盘空间的统计，而不显示其子目录占用磁盘的情况。命令如下：

```
[root@localhost /]          # du -s /home/tfy/*
8       /home/tfy/Desktop
```

5. 问题分析

在运行Linux命令时，有可能出现“bash: chkconfig: command not found”的错误信息，即找不到“chkconfig”命令，解决的方法如下：

```
[root@localhost tfy]        # chkconfig
bash: chkconfig: command not found
[root@localhost tfy]        # rpm -aq | grep chkconfig
chkconfig-1.3.30.1-1
[root@localhost tfy]        # export PATH=/sbin:$PATH
[root@localhost tfy]        # chkconfig
chkconfig version 1.3.30.1 - Copyright (C) 1997-2000 Red Hat, Inc.
This may be freely redistributed under the terms of the GNU Public License.
usage:  chkconfig --list [name]
        chkconfig --add <name>
        chkconfig --del <name>
        chkconfig [--level <levels>] <name> <on|off|reset|resetpriorities>
[root@localhost tfy]        # echo $PATH
/sbin:/usr/kerberos/sbin:/usr/kerberos/bin:/usr/local/bin:/usr/bin:/bin:/usr/X11R6/bin:/home/tfy/bin
[root@localhost tfy]        # PATH="$PATH":/sbin
[root@localhost tfy]        # echo $PATH
/sbin:/usr/kerberos/sbin:/usr/kerberos/bin:/usr/local/bin:/usr/bin:/bin:/usr/X11R6/bin:/home/tfy/bin:/sbin
```

项目实训　操作系统安全配置

实训目的

（1）掌握 Windows Server 2008 的系统安全配置。

（2）掌握 Redhat Enterprise Linux 5 的系统安全配置。

实训任务

（1）通过 Windows Updates 为 Windows Server 2008 进行系统补丁升级。

（2）关闭 Windows Server 2008 系统中不必要的服务。

（3）设置将 Windows Server 2008 升级为域控制器后，设置其域控制器安全策略，包括账户策略、审核策略及用户权限分配策略。

（4）禁止 Windows Server 2008 使用可移动存储设备。

（5）使用服务配置工具（system-config-services）、ntsysv 和 chkconfig 来关闭 Redhat Enterprise Linux 5 系统的网络服务。例如，cupsd-Redhat Linux 的默认打印服务器、lpd-另一个打印服务器、xinetd-控制连接到 vsftpd、telnet 等从属服务器的超级服务器、sendmail-邮件传输代理。

（6）设置用户账户及口令的安全性要求，要求密码长度最小为 10 位，口令的最长使用天数为 20 天。

（7）使用网络相关命令（如 ifconfig、netstat）来监视所有 Linux 服务器上的可疑活动。

实训总结

（1）总结保护操作系统安全的重要作用。

（2）分析对于工作站和服务器操作系统安全设置的不同点，如设置目的、设置方法、安全程度的要求，设置的手段等。

习　　题

1. 什么样的系统是安全操作系统？安全操作系统有哪些特征？
2. 简述“最少的服务+最小的权限=最大的安全”的安全原则。
3. Windows XP 和 Windows 2003 的安全性如何？它们的安全防范措施有哪些？
4. 简述 Linux 操作系统的安全性。
5. 如何设置 Linux 的防火墙来保护系统的安全？
6. 如何关闭 Linux 操作系统中的服务端口，如 Sendmail？

项目 5　网络病毒的清除与预防

计算机病毒是计算机技术、网络技术和以计算机信息处理为中心的社会信息化进程发展到一定阶段的必然产物。随着计算机在各行各业的大量应用，计算机病毒也随之渗透到计算机世界的各个角落，给我们正常的计算机应用造成了巨大的负面影响。计算机病毒的流行引起了人们的普遍关注，成为影响计算机安全运行的一个重要因素。现在，计算机病毒已经超出了计算机技术领域，成为一个严重的社会安全问题。要想解决这个棘手的问题，就要求我们对计算机病毒有一个全面清楚的了解。

本项目主要分析了计算机病毒的产生和发展趋势等基本知识；通过介绍病毒的命名规则识别病毒，进而清除和预防常见病毒；通过常用的杀毒软件的部署构建病毒防护体系。

任务 5.1　病　毒　认　识

任务 5.1.1　计算机病毒的发展

1. 学习目标

（1）了解计算机病毒的概念、传播途径。

（2）了解计算机病毒的发展趋势。

2. 背景知识

（1）计算机病毒的定义。计算机病毒是一个程序或一段可执行代码，而人们对其准确的定义已经争论了很多年。第一个计算机病毒的发明者弗雷德·科恩（Fred Cohen）给出了这样的定义：计算机病毒是一种程序，它用修改其他程序的方法将自身的精确拷贝或者可能演化的拷贝加载入其他程序，从而感染其他程序。1994 年 2 月，我国正式颁布的《中华人民共和国计算机信息系统安全保护条例》第二十八条中有明确的定义：计算机病毒是指编制的或者在计算机程序中插入的，对计算机功能和数据有破坏作用，影响计算机正常使用并且能够自我复制的一组指令或程序代码。

然而，随着 Internet 技术的发展，计算机病毒的定义正在逐步发生着变化。从广义的角度而言，与计算机病毒的特征和危害有类似之处的"特洛伊木马"和"蠕虫"程序等都被划到病毒程序范围内。

（2）计算机病毒的传播途径。计算机病毒的基本特征之一就是具有极强的传染性，然而病毒是如何从一台计算机传染到另一台计算机上的呢？事实上，计算机病毒主要是通过以下四种途径传播：

第一种途径：通过不可移动的计算机硬件设备进行传播，这些设备通常有计算机专用芯片和硬盘等。这种病毒虽然极少，但破坏力却极强，目前尚没有较好的检测手段。

第二种途径：通过磁盘、U 盘、移动硬盘等可以移动的存储介质传播。现在，U 盘、移动硬盘等移动存储设备是当前应用较为广泛、使用也非常频繁的存储介质，当一个移动的存储介质在一台已感染计算机上使用时，该存储介质就会被病毒感染，当它在另一台易感计算机上使用时，这台易感计算机就会被感染，这样就完成了一个传播过程。这种传播方式是目前大多数计算机病毒的主要传播途径之一。

第三种途径：通过计算机网络进行传播。计算机网络“四通八达”的特点也给计算机病毒的传播提供了一个“高速公路”。计算机病毒可以附着在正常文件中，通过计算机网络进入一个又一个系统，并且交叉传播。这种方式已经成为目前计算机病毒传播最主要的途径，尤其是蠕虫和木马程序。

第四种途径：利用无线电等无线通信介质进行传播。虽然这种病毒现今还不太多，比如手机病毒就是利用了手机中的蓝牙技术进行传播。随着手机通信技术的不断发展，该途径将成为病毒传播、扩散的主要途径之一。

（3）计算机病毒的触发条件。计算机病毒的最基本特性有传染性、潜伏性、可触发性、破坏性等。传染性使病毒得以传播，破坏性体现了病毒的杀伤能力。可触发性是病毒的攻击性和潜伏性之间的调整杠杆，可以控制病毒感染和破坏的频度，兼顾杀伤力和潜伏性。

过于苛刻的触发条件，可能使病毒有好的潜伏性，但不易传播，只具有低杀伤力。而过于宽松的触发条件将导致病毒频繁感染与破坏，容易暴露，导致用户即使做反病毒处理，也不能有大的杀伤力。

（4）计算机病毒感染的表现。在一般情况下，计算机在感染病毒后总有一些异常现象出现，其中具有代表性的行为有：

1）计算机变得比平常迟钝；程序载入时间比平时长，这是因为有些病毒能控制程序或系统的启动程序，当系统刚开始启动或是一个应用程序被载入时，这些病毒将被执行，因此系统启动或程序载入的时间较长。

2）对一个简单的工作，磁盘似乎花了比预期长的时间。

3）不寻常的错误信息出现，表示病毒已经试图去读取磁盘并感染它，特别是当这种信息出现繁复时。

4）硬盘的指示灯无缘无故地闪亮。

5）系统内存忽然大量减少，有些病毒会消耗大量的内存，曾经执行过的程序，再次执行时，突然提示没有足够的空间可以利用。

6）磁盘可利用的空间突然减少，这个信息表明病毒已经开始复制了。

7）可执行文件的大小改变了，正常情况下，这些程序应该维持固定的大小，但有些不太高明的病毒会增加程序的大小。

8）坏道增加，有些病毒会将某些磁道标注为坏道。

9）内存中增加来路不明的常驻程序或进程。

10）文件奇怪地消失或文件的内容被加进一些奇怪的资料。

11）系统文件出现莫名其妙地丢失，或字节变长、日期修改等。

（5）计算机病毒发展的趋势。由于计算机软件的脆弱性与 Internet 的开放性，我们将与病毒长期共存。从 1983 年计算机病毒首次被确认以来，并没有引起人们的重视。直到 1987 年计算机病毒才开始受到世界范围内的普遍重视。我国于 1989 年在计算机界发现病毒。

现在的计算机病毒已经由从前的单一传播、单种行为变成依赖 Internet 传播，集电子邮件、文件传染等多种传播方式，融木马、黑客等多种攻击手段于一身，形成一种广义的“新病毒”。根据这些病毒的发展演变，可预见未来的计算机病毒的发展趋势具有如下特征：

1）病毒的网络化。病毒与 Internet 和 Intranet 更紧密地结合，利用 Internet 上一切可以利用的方式进行传播，如邮件、局域网、远程管理、实时通信工具等。

2）病毒功能的综合化。新型病毒集文件传染、蠕虫、木马、黑客程序等的特点于一身，破坏性大大加强。

3）传播渠道的多样化。病毒通过网络共享、网络漏洞、网络浏览、电子邮件、即时通信软件等途径传播。

4）病毒的多平台化。目前，各种常用的操作系统平台病毒均已出现，各种跨新型平台的病毒也日益增多。

反病毒专家称，带有黑客性质病毒的出现和黑客越来越频繁地攻击网络，信息安全问题进入了“后病毒时代”。“后病毒时代” 就是黑客的攻击目标从大网站、大单位扩展到了普通的电脑用户。最重要的趋势就是黑客借助于病毒的广泛和迅速传播的特性，把黑客攻击手段从以前的一对一攻击变成了一对多攻击的模式。

3. 工作任务

（1）列出计算机病毒可能的传播途径，并设计如何阻断计算机病毒的传播。

（2）列举一到两例计算机病毒的中毒症状，从而识别计算机是否已经中毒。

（3）调查计算机病毒的发展新趋势，完成一份调查报告。

任务 5.1.2　认识常见病毒

1. 学习目标

（1）了解计算机病毒的命名规则。

（2）学会识别计算机病毒类型。

2. 背景知识

（1）计算机病毒的命名方法介绍。计算机病毒如今已是计算机界的一大公害，造成的损失和破坏难以估计。要防范计算机病毒，首先得知道病毒是属于哪一种类型的，然后再对其采取相应的措施。而且，一种计算机病毒往往有多个名字，例如：1701 病毒的别名有落叶病毒、落泪病毒、雨点病毒、感冒病毒等。掌握了病毒的命名规则，就能通过杀毒软件的报告中出现的病毒名来判断该病毒的一些公有的特性，为病毒的防治打下基础。

命名病毒的常用方法有以下几种：

1）按病毒发作时间的命名。这种命名取决于病毒发作或破坏系统的时间。例如，黑色星期五，是因为该病毒在某月的 13 日恰逢星期五时发作，破坏执行文件而得名。米开朗基罗病毒发作时间是 3 月 6 日，而 3 月 6 日是世界著名艺术家米开朗基罗的生日，于是得名，简称“米氏”病毒。

2）按病毒发作症状命名。例如，小球病毒，是因为该病毒发作时在屏幕上出现不停运动的小球而得名；火炬病毒，是因为该病毒发作时在屏幕上出现五支闪烁的火炬而得名。

3）按病毒自身保护的标志命名。以病毒中出现的字符串、病毒标识、存放位置或病发表现时病毒自身宣布的名称命名，例如，大麻病毒中含有 Marijuana 及 Stoned 字样，所以人们将该病毒命名为 Marijuana（译为大麻）或 Stoned 病毒；Liberty 病毒，也是因为该病毒中含有该标识而得名；DiskKiller 病毒，是因为该病毒自称为 DiskKiller（磁盘杀手）；CIH 病毒是因为病毒程序的首位是 CIH；熊猫烧香病毒是因为感染病毒有的程序图标为熊猫烧香而得名。

4）按病毒发现地命名。以病毒首先发现的地点名来命名，如黑色星期五又称耶路撒冷病毒，是因为首先在耶路撒冷发现该病毒的；Vienna 病毒首先是在维也纳发现的。

5）按病毒的字节长度命名。以病毒传染文件时文件的增加长度或病毒自身代码的长度来命名，如 1575、1701、1704 和 1514 等病毒。

目前，很多病毒会有很多变种，有些变种病毒只是简单地修改原病毒的显示信息，而对核心传染模块等重要代码未改动；有些变种病毒则修改了一些重要代码后，病毒以新的机制工作，且破坏力加强。

（2）一种较通用的病毒命名规则。给计算机病毒命名，目的就是要使人们能快速准确地辨识出该病毒，以便防范和诊治。反病毒公司为了方便标识和管理，往往会按照病毒的特性，将病毒进行分类命名。虽然每个反病毒公司的命名规则都不太一样，但大体都是采用一个统一的命名方法来命名，一般格式为病毒前缀.病毒名.病毒后缀。

病毒前缀是指一个病毒的种类，用来区别病毒的种族分类。不同的种类的病毒，其前缀也不相同。例如，常见的木马病毒的前缀 Trojan，蠕虫病毒的前缀是 Worm 等。

病毒名是指一个病毒的家族特征，是用来区别和标识病毒家族的。例如，以前著名的 CIH 病毒的家族名是 CIH；振荡波蠕虫病毒的家族名是 Sasser。

病毒后缀是指一个病毒的变种特征，是用来区别具体某个家族病毒的某个变种的。一般都采用英文中的 26 个字母来表示，如 Worm.Sasser.b 就是指振荡波蠕虫病毒的变种 b。如果该病毒变种非常多，可以采用数字与字母混合表示变种标识。

（3）常见的病毒的命名。

1）系统病毒。系统病毒的前缀为 Win32、PE、Win95、W32、W95 等。这些病毒的一般公有的特性是可以感染 Windows 操作系统的*.exe 和*.dll 文件，并通过这些文件进行传播。如 CIH 病毒又称为 Win95.CIH。

2）蠕虫病毒。蠕虫病毒的前缀是 Worm。这种病毒的公有特性是通过网络或者系统漏洞进行传播，很大一部分的蠕虫病毒都有向外发送带毒邮件等数据来阻塞网络的特性。如冲击波（阻塞网络）、小邮差（发带毒邮件）等。

3）木马病毒、黑客病毒。木马病毒其前缀是 Trojan，黑客病毒前缀名一般为 Hack。木马病毒的公有特性是通过网络或者系统漏洞进入用户的系统并隐藏，然后向外界泄露用户的信息。而黑客病毒则有一个可视的界面，能对用户的电脑进行远程控制。木马、黑客病毒往往是成对出现的，即木马病毒负责侵入用户的电脑，而黑客病毒则会通过该木马病毒来进行控制。现在这两种类型都越来越趋向于整合了。比较多的针对网络游戏的木马病毒，如 Trojan.LMir.PSW.60。黑客程序如网络枭雄（Hack.Nether.Client）等。

4）脚本病毒。脚本病毒的前缀是 Script。脚本病毒的公有特性是使用脚本语言编写，通过网页进行的传播的病毒，如红色代码（Script.Redlof）。脚本病毒还会有如下前缀：VBS、JS（表明是何种脚本编写的），如欢乐时光（VBS.Happytime）、十四日（Js.Fortnight.c.s）等。

5）宏病毒。其实宏病毒是也是脚本病毒的一种，由于它的特殊性，因此在这里单独算成一类。宏病毒的前缀是 Macro。该类病毒的公有特性是能感染 Office 系列文档，然后通过 Office 通用模板进行传播，如著名的美丽莎（Macro.Melissa）。

6）后门病毒。后门病毒的前缀是 Backdoor。该类病毒的公有特性是通过网络传播，给系统开后门，给用户电脑带来安全隐患。如 IRC 后门 Backdoor.IRCBot。

7）捆绑机病毒。捆绑机病毒的前缀是 Binder。这类病毒的公有特性是病毒作者会使用特定的捆绑程序将病毒与一些应用程序如 IE 捆绑起来，表面上看是一个正常的文件，当用户运行这些程序时，会隐藏运行捆绑在一起的病毒，从而给用户造成危害。如系统杀手（Binder.killsys）。

3. 工作任务

（1）在网络上搜集近期发现的新病毒。

（2）根据新病毒的命名对搜集的病毒归类，并进行分析。

任务 5.1.3　识别 Windows 系统进程与病毒进程

1. 学习目标

（1）识别 Windows 系统进程，了解整个进程的基本功能。

（2）识别病毒进程和伪装成系统进程的病毒进程。

2. 背景知识

要防治计算机病毒，仅仅依靠杀毒软件是不够的，因为杀毒软件都是计算机上的数据与病毒库中的病毒样本进行对比，从而来判断是否中毒。对于病毒库中还没有样本的新病毒的检测能力略显不足，而且若完全依赖杀毒软件来清除病毒，对于杀毒软件无法杀除的病毒就无能为力了，因此，有必要学习一些手工杀毒的方法。

进程是操作系统当前运行的执行程序，可执行病毒同样以“进程”形式出现在系统内部。可以通过打开系统进程列表来查看哪些进程正在运行，通过进程名及路径判断是否有病毒。如果有病毒则记下它的进程名，结束该进程，然后删除该病毒程序。

Windows 系统进程一般包括基本系统进程和附加进程。基本系统进程是系统运行的必备条件，而附加进程则是可以按需运行或结束，系统进程的名称表如表 5-1 所示。

表 5-1　系统进程表

alg.exe	csrss.exe	ddhelp.exe	rpcss.exe	services.exe	smss.exe
dllhost.exe	explorer.exe	inetinfo.exe	snmp.exe	spoll32.exe	spoolsv.exe
internat.exe	hernel32.dll	lsass.exe	stisvc.exe	System Idle Process	system
mdm.exe	mmtask.tsk	mprexe.exe	tashmon.exe	svchost.exe	winmgmt.exe
msgsrv.exe	matask.exe	regsvc.exe	winlogon.exe	tcpsvcs.exe	

（1）基本系统进程。

csrss.exe：这是子系统服务器进程，负责控制 Windows 创建或删除线程，以及 16 位的虚拟 DOS 环境。

lsass.exe：管理 IP 安全策略及启动 ISAKMP/Oakley（IKE）和 IP 安全驱动程序。

explorer.exe：资源管理器。

smss.exe：这是一个会话管理子系统，负责启动用户会话。

services.exe：系统服务的管理工具，包含很多系统服务。

system：Windows 系统进程。

system Idle Process：这个进程是作为单线程运行在每个处理器上，并在系统不处理其他线程的时候分派处理器的时间。

spoolsv.exe：管理缓冲区中的打印和传真作业。

svchost.exe：系统启动的时候，svchost.exe 将检查注册表中的位置来创建需要加载的服务列表，如果多个 svchost.exe 同时运行，则表明当前有多组服务处于活动状态；多个 DLL 文件正在调用它。

winlogon.exe：管理用户登录。

以上这些进程都对计算机运行起至关重要的作用，不能随意结束，否则可能直接影响系统的正常运行。

（2）附加进程。除了基本系统进程，其他就是附加进程了，如 wuauclt.exe（自动更新程序）、systray.exe（显示系统托盘小喇叭图标）、ctfmon.exe（微软 Office 输入法）、mstask.exe（计划任务）、winampa.exe 等。附加进程可以结束，不会影响到系统的正常运行。

（3）应用程序的进程。当运行应用程序时，应用程序就会显示在进程列表中，在查毒时最好将已运行的程序全部按正常方式关闭，而病毒一般不随应用程序关闭而结束。

3. 工作任务

（1）通过进程列表，识别正常进程。

（2）通过进程列表，识别可疑进程、病毒进程或者病毒伪装进程。

（3）手动结束进程。

（4）分析病毒的感染行为。

4. 任务实施

（1）查看进程列表的方法。

1）在 Windows 2000/2003 系统中可以按 Ctrl+Alt+Del 组合键，然后单击“任务管理器”项，打开“Windows 任务管理器”窗口，然后单击“进程”标签即可查看进程。在 Windows XP 中直接按下 Ctrl+Alt+Del 键即可打开“Windows 任务管理器”窗口，单击“进程”标签即可查看进程，如图 5-1 所示。

图 5-1 Windows 任务管理器进程列表

2）如果在如图 5-1 所示的系统进程表中发现“不明的进程名”，那么就应当把它列为可疑进程。例如，avserve.exe 为震荡波病毒的进程；java.exe、services.exe 为 MyDoom 病毒的进程；svch0st.exe、expl0er、user32.exe 网银大盗的进程。

3）结束进程，选中要结束的进程，单击左下方“结束进程”按钮，或单击右键结束。

（2）伪装成系统进程的病毒举例分析。下面以早先几个流行的病毒为例，分析它们伪装成的系统进程。

1）SCO 炸弹变种 N 病毒分析。SCO 炸弹变种 N 病毒，英文名称为 Worm.Novarg.N，又称 Worm.Mydoom.m，是一种典型的通过电子邮件传播的蠕虫病毒。运行后，将自己复制到 %windows% 目录（操作系统安装目录）下，文件名为 java.exe。释放一个后门病毒在同一目录中，文件名为 services.exe，并在注册表启动项 CurrentVersionRun 下加入这两个文件的启动键值——JavaVM 和 Service，实现病毒的开机自启动。这是一个典型伪装成 services.exe 的蠕虫病毒。

services.exe 进程是微软 Windows 操作系统的一部分，用于管理启动和停止服务，并处理在计算机启动和关机时运行的服务。这个进程对系统的正常运行是非常重要的。

2）冲击波病毒分析。冲击波英文名称为 Worm.WelChia，它发送 ICMP 响应信号，或者发送 ping 命令来感染 Internet 上存在病毒的计算机。当该病毒被运行后，为了迷惑用户，避免病毒的执行体被进程管理器终止，就借用了 dllhost.exe 作为进程名。但是由于 Windows 不允许同一个目录下有同名文件的存在，因此，冲击波把病毒体 dllhost.exe 放到了 C:\Windows\System32\Wins 目录里面（Windows 2000 是%windows%\System32\Wins），但是真正的 dllhost.exe 应该放在%windows%\System32 中。

dllhost.exe 即 DCOM DLL Host 进程是微软 Windows 操作系统的一部分，支持基于 COM 对象并支持 DLL 以运行 Windows 程序。dllhost.exe 进程正常情况下应该位于 system32 目录下和 system32\dllcache 目录下。

任务 5.2 常见病毒的分析与预防

任务 5.2.1 蠕虫病毒的分析与预防

1. 学习目标

（1）了解蠕虫病毒的工作机理和基本特征。

（2）了解蠕虫病毒的危害。

（3）通过分析蠕虫病毒，掌握基本的预防方法。

2. 背景知识

（1）蠕虫的基本结构与传播过程。“蠕虫”（Worm）是一种通过网络传播的恶意程序或程序片段，是一种广义上的计算机病毒。蠕虫病毒一旦侵入计算机网络，可以导致计算机网络的效率急剧下降，系统资源遭到严重破坏，短时间内造成网络系统的瘫痪。可以说，蠕虫病毒是近年来发作非常猖獗、影响也极其广泛的一类计算机病毒。

蠕虫的基本程序结构为：传播模块负责蠕虫的传播，其又包括扫描模块、攻击模块和复制模块三个模块；隐藏模块负责侵入主机后，隐藏蠕虫程序，防止被用户发现；目的功能模块主要实现对计算机的控制、监视或破坏等功能。

蠕虫程序的一般传播过程为扫描、攻击、复制。蠕虫的扫描模块负责探测存在漏洞的主机，当程序向某个主机发送探测漏洞的信息并收到成功的反馈信息后，就得到一个可传播的对象。攻击模块按漏洞攻击步骤自动攻击找到的对象，取得该主机的权限（一般为管理员权限），获得一个 shell。复制模块通过原主机和新主机的交互将蠕虫程序复制到新主机并启动。

（2）蠕虫病毒的危害。从美国康奈尔大学的研究生莫里斯在 1988 年编写的第一个蠕虫病毒（莫里斯蠕虫）现身网络开始，蠕虫病毒以其快速、多样化的传播方式不断给网络世界带来灾难。在网络环境下，蠕虫病毒可以按几何增长模式进行传染，至今，已经给全球经济造成了巨大损失。

（3）典型蠕虫病毒——“熊猫烧香”病毒分析。熊猫烧香病毒其实是一种蠕虫病毒的变种——尼姆亚变种 W（Worm.Nimaya.w），而且是经过多次变种而来的。由于中毒计算机的可执行文件会出现“熊猫烧香”图案，如图 5-2 所示，所以也被称为“熊猫烧香”病毒。

图 5-2 “熊猫烧香”病毒感染现象

该病毒除了通过网站带毒感染用户之外，还会在局域网中传播，用户计算机中毒后可能会出现蓝屏、频繁重启及系统硬盘中数据文件被破坏等现象。同时，该病毒的某些变种可以通过局域网进行传播，进而感染局域网内所有计算机系统，最终导致企业局域网瘫痪，无法正常使用。它能感染系统中的.exe、.com、.pif、.src、.html、.asp 等文件，它还能中止大量的反病毒软件进程并且会删除扩展名为.gho 的文件，该文件是系统备份工具 GHOST 的备份文件，使用户的系统备份文件丢失。被感染的用户系统中所有.exe 可执行文件全部被改成熊猫举着三根香的模样。

该病毒还可以通过共享文件夹、系统弱口令等多种方式进行传播。这是一个感染型的蠕虫病毒，它还能中止大量的反病毒软件进程。

熊猫烧香病毒的防范方法：

1）立即检查本机 administrator 组成员口令，一定要放弃简单口令甚至空口令，安全的口令是字母数字特殊字符的组合。

2）利用组策略，关闭所有驱动器的自动播放功能。

3）修改文件夹选项，以查看不明文件的真实属性，避免无意双击那些伪装或合法程序的病毒程序而中毒。

4）时刻保持操作系统及应用软件获得最新的安全更新，不要随意访问来源不明的网站。

5）启用 Windows 防火墙保护本地计算机。同时，局域网用户尽量避免创建可写的共享目录，已经创建共享目录的应立即停止共享。

此外，对于未感染的用户，一般建议不要登录不良网站；及时下载微软公布的最新补丁，来避免病毒利用漏洞袭击用户的电脑；上网时应采用“杀毒软件+防火墙”的立体防御体系。

（4）蠕虫病毒的预防。面对快速复制和疯狂传播的病毒，需要客户端使用者与网络管理员互相配合，共同防范。

对于客户端用户而言主要的防范措施有：

1）安装杀毒软件，特别是网络版杀毒软件，进行查杀。

2）在网络中共享的文件夹一定要将访问权限设置为只读，而且最好给共享文件夹设置一个访问账号和密码。这样病毒在传播的过程中会因为权限不够而造成复制失败。

3）定期检查自己的系统内是否具有可写权限的共享文件夹，一旦发现，要及时关闭该权限。

4）定期检查计算机中的账户，一旦发现不明账户应立即删除该账户，并且要禁用 Guest 账号，以防止被病毒利用。

5）给计算机中的账户设置比较复杂的密码，以防止被病毒破译。

对于网络管理员而言主要的防范措施有：

1）安装网络版杀毒软件，进行全网监控和全网查杀。

2）为了防止攻击，及早发现系统漏洞并打上补丁。

3）为了预防蠕虫病毒扫描，使用防火墙来过滤扫描。

4）对蠕虫进行检测，针对其制订入侵检测规则。蠕虫的扫描有一定的模式，扫描包有一定的特征串，这些都可以作为入侵检测的特征。

3. 工作任务

（1）分析“冲击波”、“震荡波”、“蠕虫王”等知名的蠕虫病毒的传播，提出具体的预防措施。

（2）探索新型蠕虫病毒（如“扫荡波”等）的防治方法与措施。

任务 5.2.2　木马病毒的分析与预防

1. 学习目标

（1）了解木马病毒。

（2）识别感染木马病毒症状。

（3）通过分析木马病毒，掌握其预防方法。

2. 背景知识

（1）木马病毒。木马（Trojan horse）这个名字来源于古希腊传说。本书中所提到的木马是一种基于远程控制的黑客程序，也是一种潜伏执行非授权功能的技术。它在正常程序中存放秘密指令，使计算机在仍能完成原先指定任务的情况下，寻找发现系统后门或漏洞，执行非授权操作，窃取密码等重要文件。木马可以对计算机进行跟踪监视、控制、查看、修改等操作，具有很强的隐蔽性、突发性和攻击性。所以，木马病毒严格意义上讲不是一种普通的病毒，而是一种远程控制的黑客攻击工具，是一种广义上的计算机病毒。

大多数木马病毒都是基于 C/S 模式的，即包括客户端和服务器端两个部分。木马病毒的服务器端悄悄地寄生于用户的计算机系统中，在用户毫无察觉的情况下，盗取用户信息，并通过网络发送给运行客户端的攻击者，攻击者在接收到有用的信息后就可以实施入侵和破坏等活动。木马也是一种后门程序，为黑客入侵系统提供特定的后门。

木马病毒的传播方式主要有三种：第一种是通过 E-mail，控制端将木马程序以附件形式附着在邮件上发送出去，收件人只要打开附件就会感染木马；第二种是软件下载，用户下载感染木马程序的软件，只要一运行这些软件，木马程序就会自动安装；第三种是通过通信软件发送文件进行传播，用户一旦打开带有木马病毒的文件就会感染。

典型的木马病毒有 SUB7、BO2000、冰河、网游木马、QQ 通行证木马等。

（2）发现木马病毒。发现木马病毒，除了用杀毒软件等工具之外，还可以通过查看系统开启的端口来发现。木马病毒被激活后，进入内存，并开启事先定义的木马端口，准备与控制端建立连接。这时用户可以在 DOS 方式下，利用 netstat–an 命令查看端口状态，分析每个端口的应用程序，进而分析是否感染木马病毒。

网络通信必然打开一些端口，端口号的域值范围是 0～65 535，除了 0 号端口是无效端口之外，其他的 1～65 535 号端口的具体分类如下：

1）公用端口：它的范围是 0～1023，它们定义了一些应用广泛的服务。如 FTP 使用 21，

Telnet 使用 23。

2）注册端口：范围从 1024～49 151。它们不确定地分配给一些应用服务。在上网浏览网站时，浏览器会打开多个连续的端口下载文字、图片到本地硬盘上，这些端口都是 1025 以上的连续端口。

3）私有端口：其范围是 49 152～65 535。理论上，不应为服务定义这些端口。

除常用的端口基本可以排除之外，如发现还有其他端口打开，尤其是数值比较大的端口，就要怀疑是否感染了木马病毒。当然如果木马病毒有定制端口的功能，那任何端口都有可能是木马端口，那么这时就要分析和区分该端口开启的服务是否是本机用户安装的，还是木马病毒安装的。

（3）木马病毒预防。在对付木马病毒方面，有以下几种办法：

1）提高防范意识。在打开或下载文件之前，一定要确认文件的来源是否可靠。

2）使用杀毒软件。现在国内的杀毒软件都推出了清除某些木马病毒的功能，可以不定期地在脱机的情况下进行检查和清除。另外，有的杀毒软件还提供网络实时监控功能，可以在黑客从远端执行用户计算机上的文件时，提供报警或让执行失败，从而避免了进一步的损失，但是这并不是万能的。

3）立即断开网络。发现网络通信异常（如网速度突然变慢等），则可以先查看网络连接状态，分析上传下载数据状态，也可以键入“netstat –a”命令来观察与计算机相连的当前所有通信进程。当发现可疑迹象后，最好就是立即断开网络。然后对硬盘有无木马病毒进行认真检查。

4）监测系统文件和注册表的变化。普通用户应当经常观察位于系统盘目录下的文件，查看是否发现木马病毒、击键程序的记录文件，如果发现只有文件名没有图标的可执行程序，应该用杀毒软件进行认真清理。

5）备份文件和注册表。备份注册表的目的是在系统崩溃时能够进行恢复。

3. 工作任务

（1）通过 netstat 命令分析并查看主机端口开启情况，判断是否中木马病毒。

（2）安装木马清除软件——反黑精英，了解其使用方法。

（3）在 VMware Workstation 中 Windows XP 系统中安装冰河木马服务器端，在另一个虚拟主机中安装冰河客户端，在服务器端监控其他虚拟主机的运行。

任务 5.2.3 移动通信病毒的分析与预防

1. 学习目标

（1）认识手机病毒的传播和中毒症状。

（2）掌握手机病毒的防范方法。

（3）了解常见的手机病毒的清除方法。

2. 背景知识

随着手机越来越智能化，当前移动通信工具特别是手机所处的硬件环境、软件环境、通信环境及人为环境，都已经造成了手机容易感染病毒的条件。越来越多的木马病毒和黑客开始从网络攻击发展到针对手机的攻击和破坏。

移动通信病毒（即手机病毒）就是以智能手机为主要感染对象，以手机网络和计算机网络为平台，通过病毒短信、邮件等形式，对手机进行攻击，导致用户手机死机、关机、资料被删、发垃圾短信或邮件、自动拨打电话等异常的一种新型病毒。

（1）手机病毒的传播途径。手机病毒和计算机病毒一样，是利用手机操作系统的漏洞、软硬件的兼容性等问题，通过电信公司网络来进行传播。主要的传播途径有几下几种：

1）网络下载。如今，市场上的主流手机产品普遍都有发送接收短信（SMS）和彩信（MMS，移动多媒体消息）的功能，很多木马病毒通过短信，特别是彩信进行传播。一些大型门户网站和专业的手机内容服务提供商，都提供了手机铃声和手机游戏的下载功能，这也给手机病毒制造者传播病毒提供了可乘之机。

总之，随着越来越多的人使用手机访问 Internet 和下载文件，手机病毒对手机的攻击是一个极大的危险。例如，Commwarrior 手机病毒已广泛蔓延，中了该病毒的手机可自动读取手机用户的本地地址簿，并逐个号码发送隐藏病毒文件的彩信，包括视频、音频和文本文件。再如，Skulls 病毒可以替换系统应用程序并使其不能应用，所有应用程序图标都被替换为骷髅和交叉骨头的图标，而且图标也不再跟相应的应用程序关联，手机的上网、短信、彩信、照相等功能全部丧失，只能接打电话。

2）红外线或蓝牙传输。手机病毒还可以通过手机的红外线和蓝牙功能进行传播。蓝牙技术可以有效简化笔记本、手机和 PDA 等移动终端之间的通信，使移动通信设备与 Internet 之间的数据传输变得更加灵活、高效。

当手机用户通过蓝牙或红外线将自己的手机与已经中毒的计算机连接时，病毒或恶意程序就会借助蓝牙传输到手机上，从而感染手机的操作系统和应用程序。另外，木马病毒还可以通过蓝牙或红外线在手机之间传播。

通过红外线或蓝牙来攻击手机的病毒文件有多种。例如，Caribe（卡比尔）病毒主要通过蓝牙近距离传播。手机中毒后，就会通过蓝牙不停搜索附件是否有配置为“可见”的蓝牙手机，一旦发现就会将自身发送出去，感染其他设备。所以手机中此病毒后，一般没有明显的特征反应，就是电量消耗很快。

3）短信传播。手机病毒还可以借助“病毒短信”来攻击，一般中了“病毒短信”的手机会无法提供某些方面的服务，同时病毒短信会显示一些怪字符或乱码等，这些乱码有时会在来电显示中出现，用户一旦接听电话，就会感染病毒，手机中的资料将会被病毒修改或破坏。

智能手机都有自己的操作系统，用于管理 CPU、内存等硬件，手机操作系统也需要及时安装漏洞补丁，否则木马病毒程序就会利用手机漏洞来实现传播的目的。

（2）手机中病毒后的症状。下面介绍手机中病毒后的几种症状：

1）自动拨打电话。

2）大量转发短信。

3）破坏手机内存。

4）经常死机。

5）收发垃圾短信。

6）电量消耗过快。

（3）手机病毒的预防方法。

1）切断手机病毒传播途径：在不使用蓝牙等数据传输方式时，关闭蓝牙功能，以免手机遭到病毒的攻击。

2）保证手机下载的应用程序的安全性：在使用手机上网时，尽量到各大知名网站上去下载网络资源，以防止病毒从 Internet 传入手机。

3）关闭乱码电话，删除怪异短信：收到乱码电话和怪异短信，不要接听或打开，短信立即删除。

4）安装手机防病毒软件：现在国内外各大杀毒软件开发商都发布了自己的手机版杀毒软件，可以下载并安装，为手机提供病毒防护的一道屏障。

（4）常见手机病毒的清除方法。下面具体介绍几种常见手机病毒的清除方式。

1）Caribe 病毒。该病毒为蠕虫病毒，主要感染 Symbian 系列智能手机系统。手机中此病毒后屏幕上会出现 Caribe 的程序图标，手机蓝牙功能会自动打开，并搜索到附近的蓝牙设备，并向其发送带毒的 sis 文件。

手机中此病毒后的清除方法：安装手机版杀毒软件进行查杀或手动删除如下文件：

```
c:\system\apps\caribe\caribe.rsc
c:\system\apps\caribe\caribe.app
c:\system\apps\caribe\flo.mdl
c:\system\apps\symbiansecuredata\caribesecuritymanager\caribe.app
c:\system\apps\symbiansecuredata\caribesecuritymanager\caribe.rsc
```

2）LianFeng 病毒。该病毒为木马病毒，主要感染手机系统为 Symbian S60。手机中此病毒后无明显特征，无法正常收发彩信。

手机中此病毒后的清除方法：安装手机版杀毒软件进行查杀或手动删除如下文件：

```
c:\system\apps\install\euninstall.exe
c:\system\recogs\apptoolkit.mdl
c:\system\recogs\recmemcard.mdl
c:\system\data\wapstore\setings\ewapstore.exe
```

3）Lasco 系列病毒。Lasco.A 病毒一般被命名为 velasco.sis。如果发现手机中此病毒，千万不要激活它（卸载或运行都是激活），一旦激活，它就会感染手机里的其他 sis 为后缀的文件。

手机中此病毒后的清除方法：在没有激活的情况下删除如下文件：

```
c:\system\apps\velasco.rcs
c:\system\apps\velasco.app
c:\system\apps\flo.mdl
```

如果病毒被激活，应删除 c:\system\apps\symbiansecuredata\velasco 和 c:\system\recogs\flo.mdl 下的所有文件。

3. 工作任务

（1）关闭手机蓝牙功能，切断手机病毒传播途径。

（2）手机安装防病毒软件，并查杀手机病毒。

任务 5.2.4 病毒的预防措施

1. 学习目标

（1）掌握主机病毒的主要防范措施。

（2）了解网络病毒的主要防范措施。

2. 背景知识

（1）主机病毒防治措施。

1）安装杀病毒软件。很多公司都推出了杀病毒软件，每个软件都试图保护主机并查杀病毒。在局域网中，安装正版的杀毒软件，并实时更新病毒库，开启实时监控系统的功能，定期对主机进行查毒杀毒，这样基本上可以有效预防病毒入侵和清除病毒。

2）应用安全更新。操作系统和应用程序在不同程度上都存在漏洞和后门，这给病毒入侵提供了可乘之机，病毒可以通过这些缺陷和漏洞进行入侵和传播。所以，应及时利用安全更新管理服务，修补系统和应用程序的漏洞，如 Windows Update 服务。

3）系统漏洞测试。在安装和配置系统后，应该定期对系统进行漏洞检测，以确保没有留下安全漏洞。现在有很多软件自身就提供漏洞扫描功能，而且有些病毒查杀工具也提供漏洞扫描和分析以保护系统免受病毒和入侵者利用最新的漏洞进行攻击。

4）启用基于主机的防火墙。基于主机的防火墙或个人防火墙，是客户端重要的防护手段。正确设置防火墙规则，可以预防黑客入侵，防止木马等病毒盗取重要数据。

5）合理设置权限。系统管理员要为其他用户合理设置权限，使用“最少授权策略”即提供尽可能少的权限，将用户的权限设置为最低，这样就可以最大限度保护主机免受病毒的入侵。

6）限制可疑的应用程序。对于电子邮件和下载文件，应该提高警惕，电子邮件如果发现病毒，不要打开该邮件，特别是其附件，应该尽量在下载后立即进行病毒查杀。

7）重要数据定期备份。数据备份是保证数据安全的重要手段，可以通过与备份文件的比较来判定是否有病毒入侵。当系统文件被病毒感染，可用备份文件恢复原有的系统。数据备份可采用自动方式，也可采用手动方式；可定期备份和也可按需备份。数据备份不仅可用于被病毒侵入破坏的数据恢复，而且也可在因其他原因破坏了数据完整性后进行系统恢复。

还有，对系统用 Ghost 软件做镜像文件备份，如果系统中了病毒又难以清除的时候，就可利用镜像文件来恢复系统。

（2）网络环境下的病毒预防措施。对于网络环境下的病毒防治应该遵循“防重于治，防重在管，管理与技术并重”的原则，建立多层次的网络防范结构，并同网管结合起来，提高病毒的查杀能力、病毒的监控能力和对新病毒的反应能力等。网络病毒的主要的防范点有 Internet 接入口、外网上的服务器、各内网的中心服务器等。具体的预防措施如下：

1）建立严格的规章制度和操作规范，加强网络管理，提高安全意识。

2）防火墙与防毒软件结合。

3）正确选择、部署网络防杀病毒软件。

4）部署入侵检测，并与防火墙联动。

5）建立多层次防御——病毒检测、数据保护、实时监控。

3. 工作任务

（1）根据校园网结构和特点，设计防病毒解决方案。

（2）根据企业网特点，设计防病毒解决方案。

任务 5.3　杀毒软件的安装和使用

任务 5.3.1　单机版杀毒软件的安装和使用

1. 学习目标

（1）掌握卡巴斯基杀毒软件的安装和使用方法。

（2）运用卡巴斯基杀毒软件防范病毒。

2. 背景知识

在网络环境中，计算机病毒具有如下一些新的特点：传染速度快、传染面广、传染形式多、清除难度大、破坏性强等。作为网络的用户，最基本的就是能使用一种或多种杀毒软件来保护自己的数据安全和通信安全。

单机版杀毒软件有：360 杀毒、瑞星杀毒、卡巴斯基等。目前很多单机版杀毒软件都逐渐推出永久免费的杀毒软件。

卡巴斯基（Kaspersky）杀毒软件是由俄罗斯著名的信息安全领导厂商 Kaspersky Labs 推出的，为个人用户、企业网络提供反病毒、防黑客和反垃圾邮件产品。卡巴斯基反病毒软件（Kaspersky Anti-Virus，原名 AVP）被众多计算机专业媒体及反病毒专业评测机构评为病毒防护较为出色的产品，查杀病毒的性能也较高。

卡巴斯基杀毒软件具有较强的中心管理和杀毒能力，提供了各种类型的抗病毒防护解决方案：抗病毒扫描仪、监控器、行为阻断和完全检验。它支持几乎是所有的操作系统。卡巴斯基控制所有可能的病毒进入端口，它强大的功能和局部的灵活性及网络管理工具为自动信息搜索、中央安装和病毒防护控制提供了便利。卡巴斯基的优点是杀毒能力强，缺点是查杀病毒时系统资源占用过大。

3. 工作任务

（1）卡巴斯基杀毒软件的安装方法和配置方法。

（2）在 VMware Workstation 中 Windows XP 虚拟主机中安装卡巴斯基杀毒软件。

4. 任务实施

（1）卡巴斯基杀毒软件的安装。

1）下载卡巴斯基杀毒软件的反病毒单机 2010 版。

2）双击下载目录中的卡巴斯基杀毒软件安装图标。

3）弹出“卡巴斯基反病毒 2010”安装向导界面，如图 5-3 所示。

4）选择“自定义安装”，单击“下一步”按钮，进入卡巴斯基安全网络服务条款界面，如图 5-4 所示。

5）选择“我接受加入卡巴斯基安全网络条款”，单击“下一步”按钮，进入选择目标文件夹界面，如图 5-5 所示，一般默认路径，单击“下一步”按钮。

6）进入自定义安装界面，选择需要安装的组件，如图 5-6 所示，单击“下一步”按钮。

7）实施安装，如图 5-7 所示，等安装完成，进入激活程序界面。

8）选择激活方式，单击“下一步”按钮，如图 5-8 所示，单击“下一步”按钮。

图 5-3　卡巴斯基反病毒 2010 安装向导界面

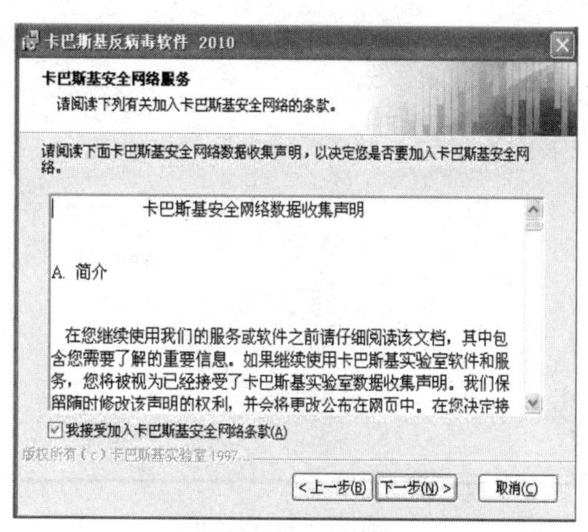

图 5-4　选择是否接受卡巴斯基安全网络服务条款

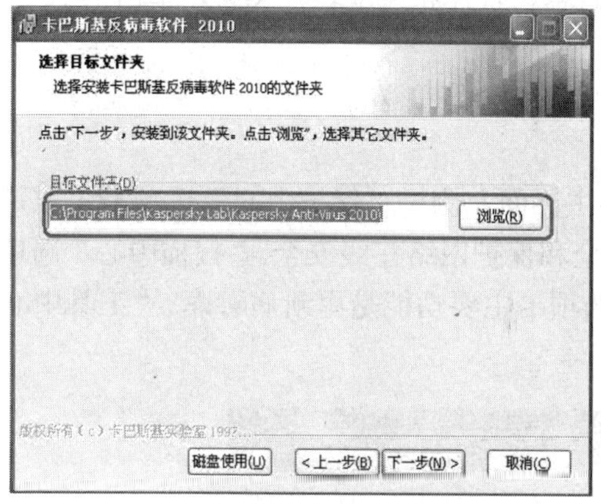

图 5-5　选择目标文件夹

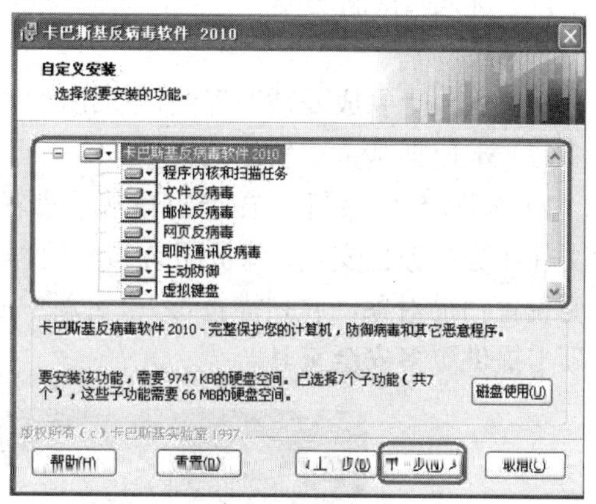

图 5-6　自定义安装

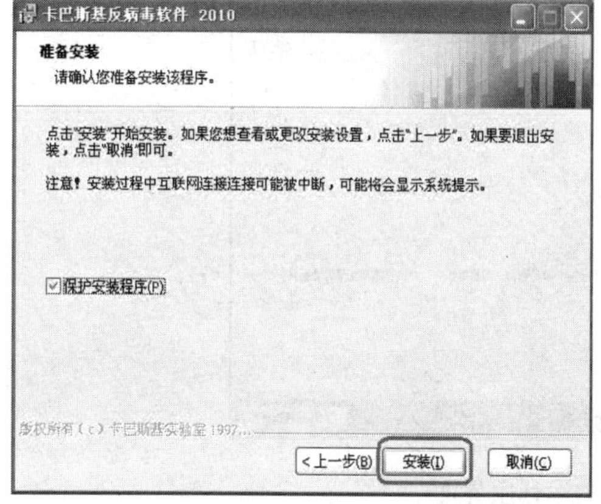

图 5-7　实施安装

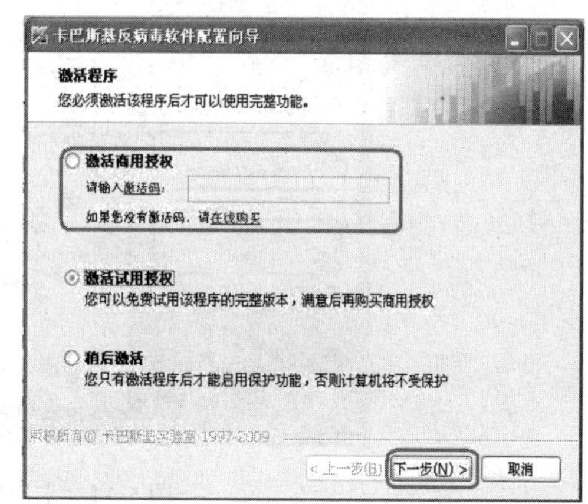

图 5-8　选择许可文件激活

9）进入激活完成界面，如图 5-9 所示，单击“下一步”按钮。

10）安装完成，进入保护模式界面，如图 5-10 所示，单击“下一步”按钮。

11）进入“更新”界面，设置更新方式，一般为自动更新，单击“下一步”按钮。

12）进入“程序密码保护”界面，保护程序不被恶意修改，单击“下一步”按钮。

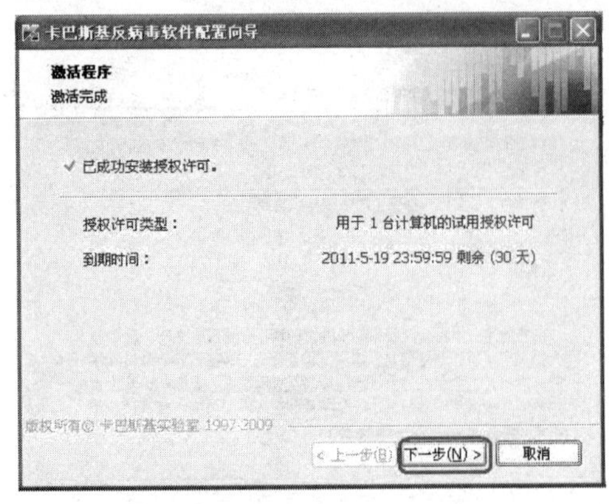

图 5-9　激活完成

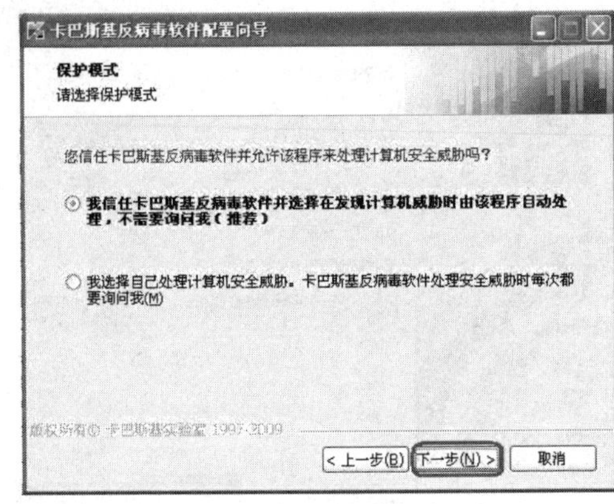

图 5-10　选择保护模式

13）进入“威胁类型”界面，选择需要检测的恶意软件和风险软件类型，单击“下一步”按钮。

14）进入“完成安装”界面，单击“完成”按钮，完成安装。

（2）卡巴斯基杀毒软件的设置。

1）如图 5-11 所示，在卡巴斯基杀毒软件的主界面左侧栏“保护中心”选项卡主要是保护文件和隐私数据安全，保护系统和应用程序安全和保护网络在线安全。“扫描中心”选项卡主要设置扫描对象，并扫描查毒。“更新中心”选项卡主要功能是更新病毒库。“工具中心”选项卡提供更多安全工具。

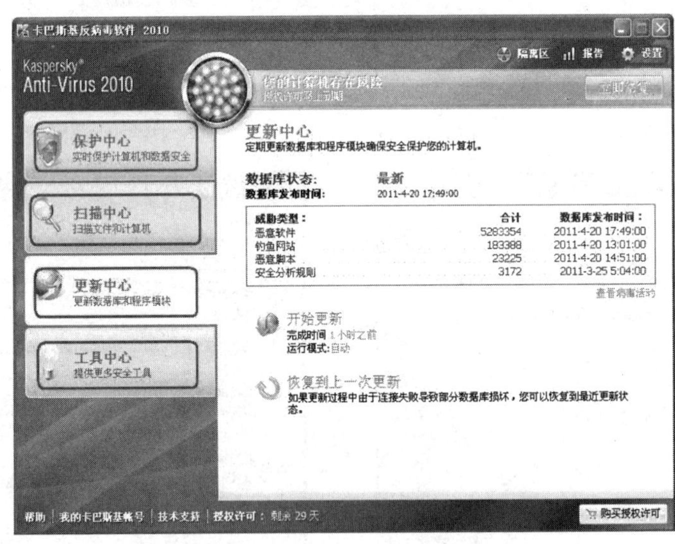

图 5-11　卡巴斯基的运行主界面

2）在卡巴斯基杀毒软件的主界面右上角，单击“设置”项，打开“设置”对话框，如图 5-12 所示。

3）“保护”选项是保护的一般设置和附加策略设置，“保护”选项包括“文件反病毒”、“邮件反病毒”、“网页反病毒”、“即时通信反病毒”和“主动防御”子选项。其中，“文件反病毒”选项是针对文件的反病毒设置和反病毒详细策略设置；“邮件反病毒”选项是针对电子邮件的反病毒设置和电子邮件反病毒详细策略设置；“网页反病毒”选项是针对网页的反病毒设置；“即时通信反病毒”选项进行收发消息和扫描可疑网站设置；“主动防御”选项是信任程序设定和监控系统用户账号。

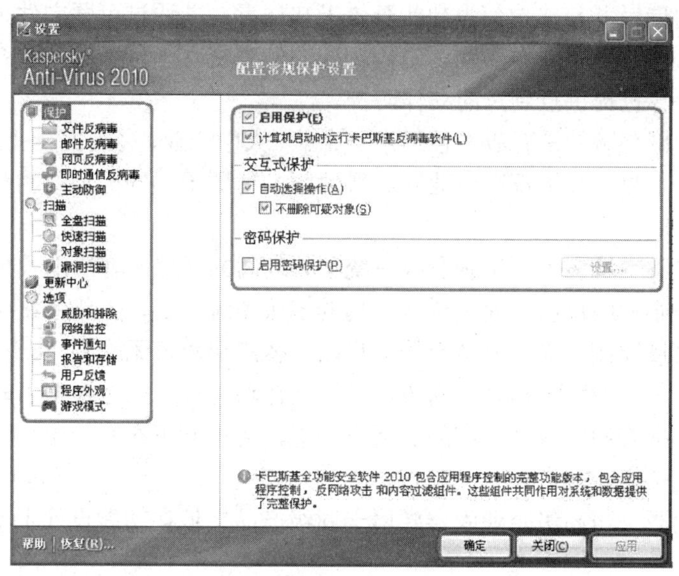

图 5-12 “设置”对话框

4）“扫描”选项，包括“全盘扫描”、“快速扫描”、“对象扫描”和“漏洞扫描”子选项，是对扫描的策略设置。

5）“更新中心”选项是对卡巴斯基更新的策略设置。

6）“选项”选项，包括“威胁和排除”、“网络监控”、“事件通知”、“报告和存储”、“用户反馈”、“程序外观”、“游戏模式”。其中，“威胁和排除”选项是对恶意程序类型选择和排除策略设置。“网络监控”选项是配置代理服务器和对主机应用服务端口进行网络流量监控。

7）“事件通知”选项是配置程序与用户之间的交互性。

8）“报告和存储”选项是对病毒查杀报告，隔离和备份的相关统计设置。

9）“用户反馈”选项是配置卡巴斯基安全网络体系内的统计信息收集。

10）“程序外观”选项是对卡巴斯基软件外观设定。

11）“游戏模式”选项是在全屏运行时将禁用通知和卡巴斯基反病毒软件的一些功能。

任务 5.3.2　网络版杀毒软件的部署和使用

1. 学习目标

（1）理解网络版杀毒软件的系统结构。

（2）掌握瑞星杀毒软件网络版的安装与部署。

（3）掌握瑞星杀毒软件网络版的基本配置。

2. 背景知识

随着计算机技术的日益普及和飞速发展，病毒和防杀病毒软件的斗争越演越烈，很多防病毒软件公司推出了网络版防病毒软件。传统防病毒软件相比，网络版防病毒软件更易于维护、管理，对网络病毒更有针对性。

瑞星公司推出了瑞星杀毒软件网络版，它采用目前国际上先进的结构化多层可扩展（SME）技术设计研制的第五代引擎，实现了从预杀式无毒安装、漏洞扫描、特征码判断查杀已知病毒，到利用瑞星专利技术行为判断查杀未知病毒，并通过可疑文件上报系统、嵌入式即时安全信息中心与瑞星中央病毒判别中心构成的信息交互平台，改被动查杀为主动防御，为网络中的个体计算机提供点到点的立体防护。

瑞星杀毒软件网络版的最新版本包括中小企业、大中企业、高级大企业和行业特别版（教育行业）几个版本。每个版本都有专业版和普通版，适用于不同类型结构和规模的网络，具体如下：

中小企业版：不支持多个中小企业版系统中心之间的通信，客户端数量≤100。

企业版：多个企业版可以组建呈树状结构的多级系统中心，上级系统中心可控制下级系统中心，但不能直接控制下级系统中心的客户端，客户端数量无限制。

企业专用版：与企业版一样属于同级产品，但在功能设计上是根据用户需求来定制的。

高级企业版：拥有网络版系列产品的所有功能，可控制下级系统中心，可直接控制下级系统中心的任何一个客户端。

高级企业专用版：与高级企业版一样属于同级产品，但在功能设计上是根据用户需求来定制的。

（1）瑞星杀毒软件网络版体系结构。瑞星杀毒软件网络版采用三层体系结构：系统中心、管理控制台、杀毒客户端（服务器和客户机）。即在瑞星杀毒软件网络版中同时提供了病毒监控管理中心（系统中心）、管理控制台、杀毒客户端（服务器和客户机）的安装程序。每一个子系统均包括若干不同的模块，除承担各自的任务外，还与另外子系统通信，协同工作，共同完成对网络的病毒防护工作。

1）系统中心。系统中心是整个瑞星杀毒软件网络防病毒系统的信息管理和病毒防护的自动控制核心。系统中心是瑞星网络版杀毒软件的管理和信息接收的位置，所有的服务器和客户端都从系统中心接收指令，并向系统中心转发病毒事件和相关的用户信息，实时地记录防护体系内每台计算机上的病毒监控、检测和清除信息。同时，根据管理员控制台的设置，实现对整个防护系统的自动控制。系统中心必须先于其他子系统安装到符合条件的服务器上。其他子系统只有在系统中心工作后，才可实现各自的网络防护功能。

2）管理员控制台。管理员控制台是为网络管理员专门设计，对网络防病毒系统进行设置、使用和控制的操作平台。利用管理员控制台可以集中管理网络上所有已安装有瑞星杀毒软件网络版客户端的计算机，保障每个纳入瑞星杀毒软件防护网络的计算机时刻处于最佳的防病毒状态。它既可以安装到服务器上，也可以安装到客户机上，视网络管理员的需要，可自由安装。所以，它又被称为“移动管理控制台”。

3）客户端/服务器端。客户端是专门为网络工作站（客户机）设计的防病毒子系统，服务器端是专门为可以应用为网络服务器的操作系统设计的防病毒子系统。这两个防病毒子系统承担着对当前工作站上病毒的实时监控、检测和清除任务，同时自动向系统中心报告病毒监测情况。

（2）典型的瑞星杀毒软件网络版部署。下面以校园网为例分析瑞星杀毒软件网络版的部署。

校园网络的特点是内部客户端、服务器端的数量较多，所以，在具体方案部署时，采用多台病毒系统中心协同工作的方式，并且每台系统中心所承载的任务和客户端数量要平均，系统总体结构如图 5-13 所示。

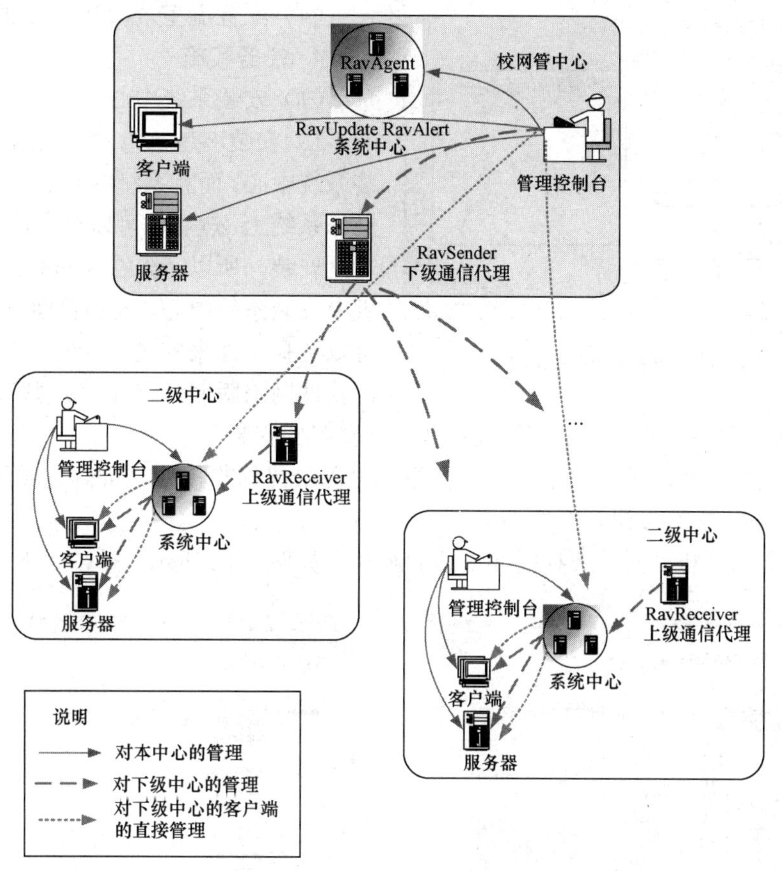

图 5-13　校园网防病毒系统结构与管理

多中心系统是为了满足大型跨区域网络的病毒防护系统而开发的，它采用分级的层次化管理，上级中心能够控制和管理其下级中心。每一级中心既作为一个独立的网络防病毒中心运行，又同其上下级中心共同构成一个完整的防病毒系统。

通过该系统可实现反病毒的统一管理和分布管理，统一管理表现为由上级中心统一制订防病毒策略、发送查杀病毒命令、下达版本升级提示，并及时掌握全部系统中心（包含下级中心）的病毒分布情况等；分布管理表现为下级中心既可以在收到上级中心的命令后作出响应，也可以管理本级，并主动向上级中心发送请求和汇报信息。

以下是具体实现方式：

1）建立多个防病毒系统中心，并且实现多中心的方式。

2）通过瑞星杀毒软件定制安装包的功能，分别制作注册到不同系统中心的自动安装包。

3）通过学校主页来发布防病毒软件安装地址，通过学校 DNS 服务器轮询的方式来实现对安装包的下载。这样客户端可以平均注册到不同的服务器上。

3. 工作任务

（1）构建单中心防病毒系统。

（2）安装瑞星杀毒软件网络版系统中心。

（3）安装瑞星杀毒软件网络版客户端（或者服务器端）。

（4）配置瑞星杀毒软件管理控制台。

4. 任务实施

（1）安装系统中心。

1）安装瑞星杀毒软件网络版，首先要安装系统中心，而且系统中心必须安装在服务器操作系统上，然后才可以在客户机或者服务器端上安装。所以，先在 Windows 2003 的计算机上安装系统中心。安装界面如图 5-14 所示，可以选择组件来安装：系统中心组件、瑞星杀毒软件网络版服务器端、多网段代理和多中心组件。若单击“安装系统中心组件”按钮则进行全组件安装。

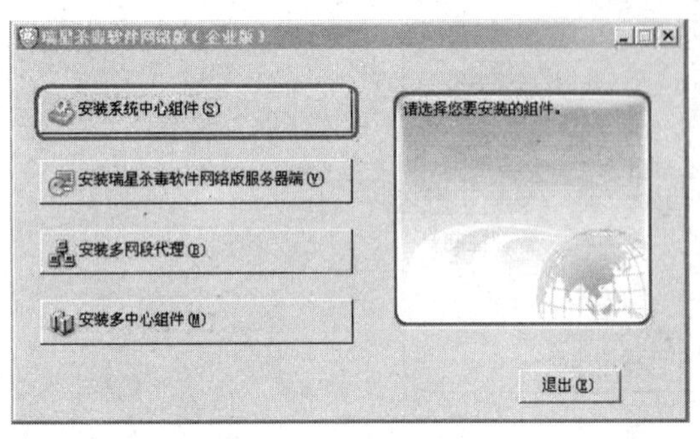

图 5-14　瑞星网络版安装界面

2）进入欢迎界面，单击“下一步”按钮，进入最终用户授权许可协议界面，如图 5-15 所示，单击“下一步”按钮。

3）进入定制安装界面，选择需要安装的组件，如图 5-16 所示，单击“下一步”按钮。

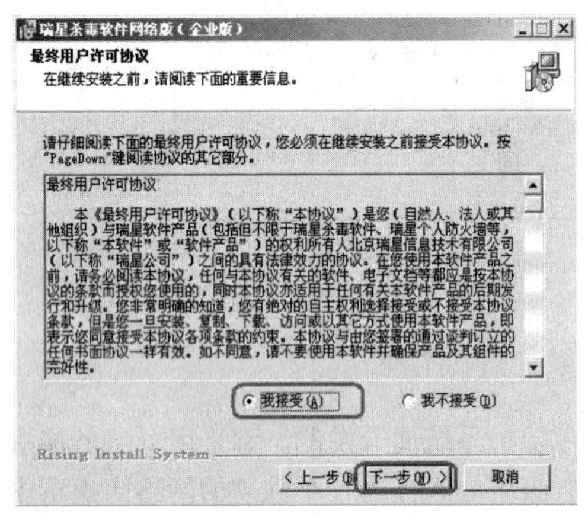

图 5-15　选择是否接受最终用户授权许可协议

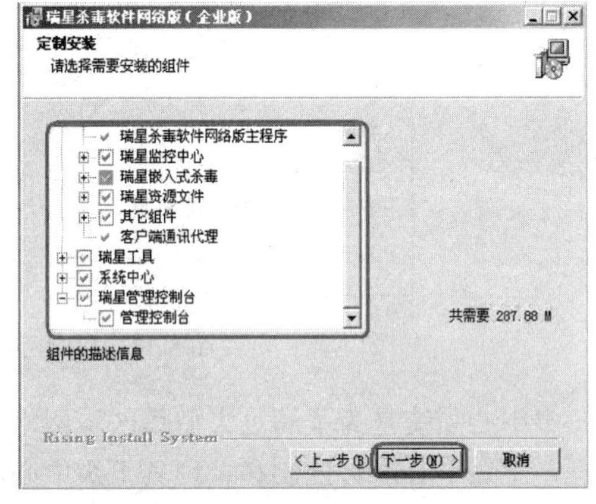

图 5-16　选择需要安装的组件

4）进入数据库选项界面，系统中心安装需要有 MSDE（Microsoft SQL Server Desktop Engine）环境，如果之前曾经安装过 SQL Server，那么只要定义一下数据库名称即可。如果之前没有 MSDE 环境，瑞星网络版的安装文件中已经集成了 MSDE。如图 5-17 所示，设定安装程序目录和安装数据目录，单击“下一步”按钮，安装 MSDE 环境。

5）进入验证产品序列号界面，输入序列号进行验证，如图 5-18 所示，单击“下一步”按钮。

6）进入网络参数设置界面，对系统中心的网络参数进行配置，包括系统中心的 IP 地址、上级通信代理和下级通信代理的设置，如图 5-19 所示，单击“下一步”按钮。

7）进入设置补丁包共享目录界面，设置系统补丁的目录和共享目录，实现瑞星的补丁自动安装，如图 5-20 所示，单击“下一步”按钮。

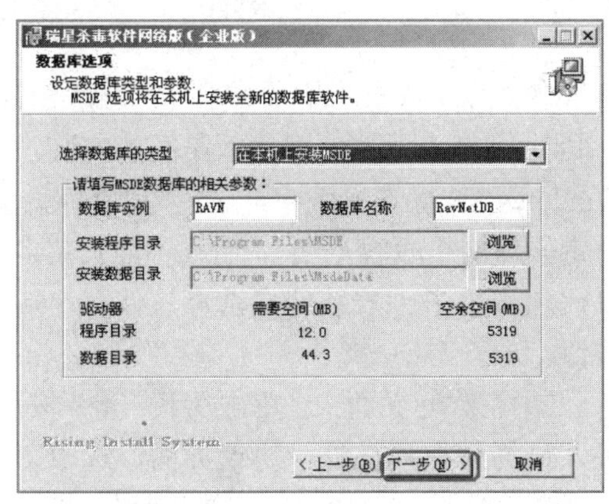

图 5-17　设定数据库类型和参数

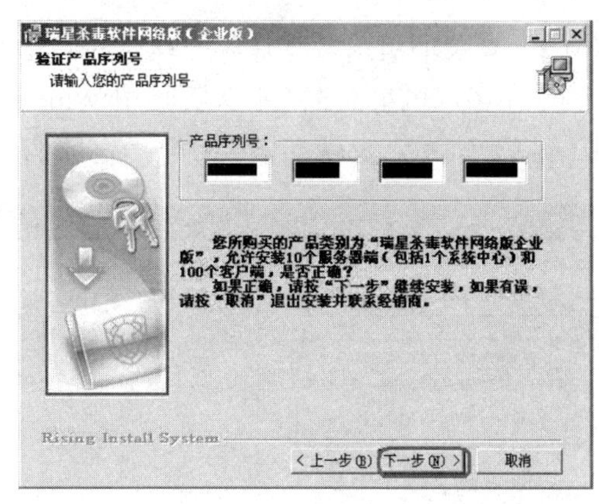

图 5-18　输入产品序列号进行验证

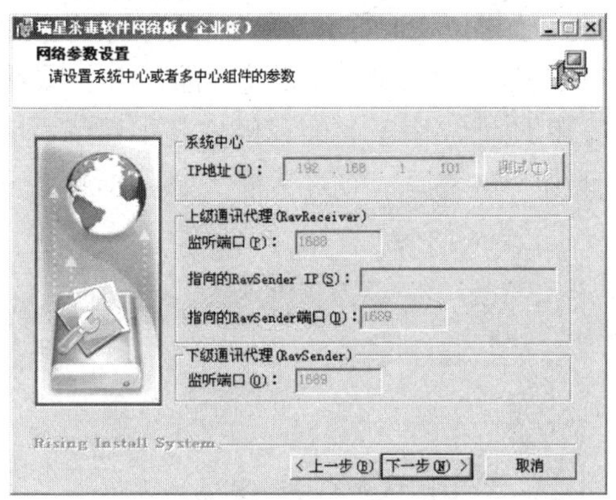

图 5-19　设置系统中心或者多中心组件的参数

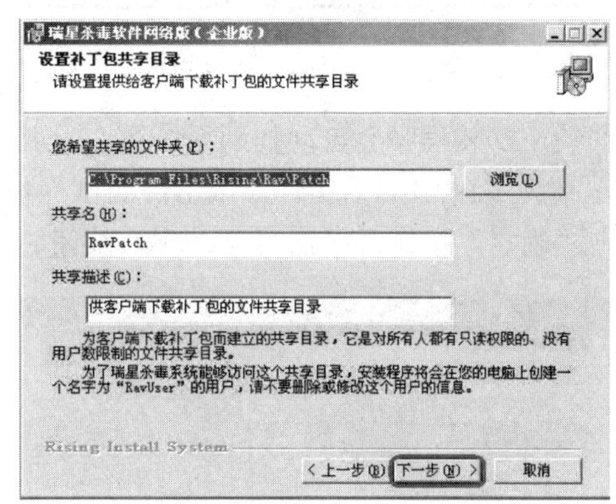

图 5-20　设置补丁包共享目录

8）进入瑞星杀毒系统密码界面，设置瑞星杀毒软件的管理员密码和客户端保护密码，该密码为控制台登录、控制台相关设置和客户端管理进行保护，故务必设置密码，如图 5-21 所示，单击“下一步”按钮。

9）安装程序开始安装，直至安装完成，如图 5-22 所示，单击“完成”按钮，系统提示需要重新启动计算机，重启之后，网络版的系统中心就安装完成了。

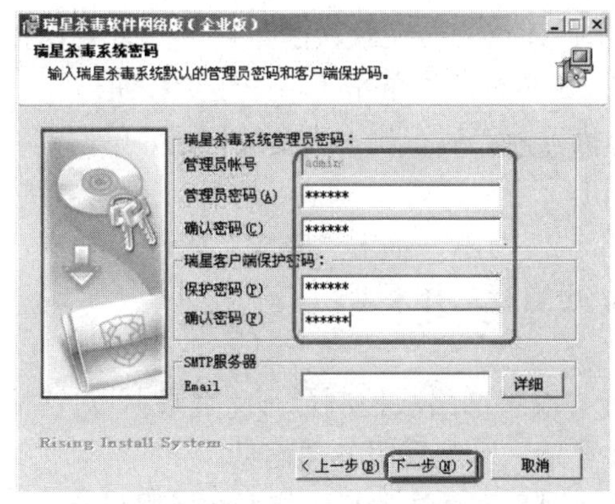

图 5-21　设置管理员密码和客户端保护密码

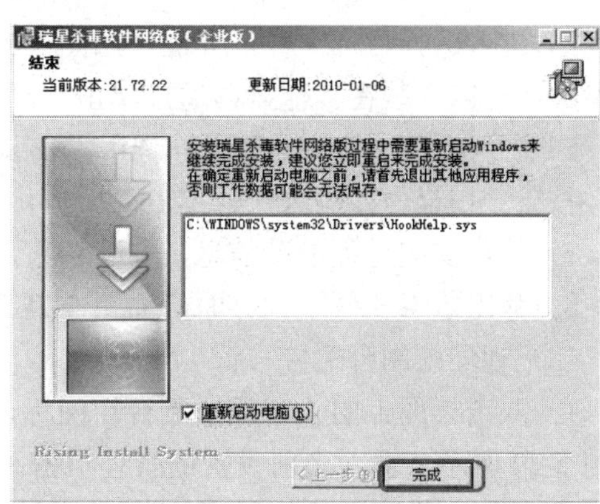

图 5-22　安装完成

（2）安装瑞星杀毒软件客户端。

1）在客户机桌面上（本次实验用 Windows XP 操作系统）双击瑞星杀毒软件网络版图标，如图 5-23 所示，发现与图 5-14 所示略有不同，因为瑞星杀毒软件网络版是智能安装，在 Windows XP 操作系统中，显示为“安装瑞星杀毒软件网络版客户端”，而且不能安装多网段代理。单击“安装瑞星杀毒软件客户端”按钮。

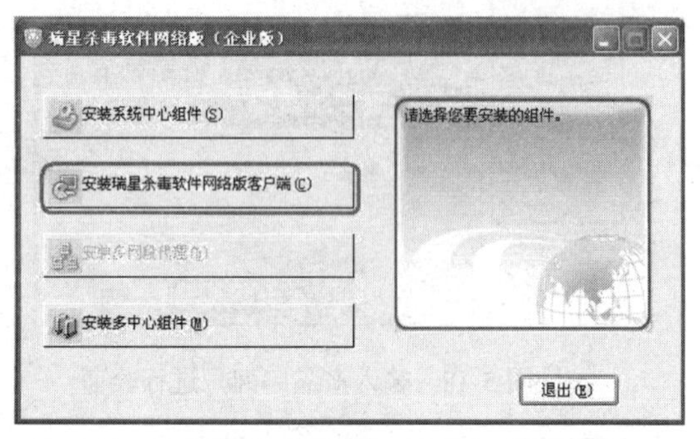

图 5-23　安装瑞星杀毒软件网络版客户端主界面

2）在欢迎界面中，单击“下一步”按钮，进入最终用户授权许可协议界面，选中“我接受”复选框，单击“下一步”按钮。

3）进入定制安装界面，选择需要安装的组件，如图 5-24 所示，单击“下一步”按钮。

4）进入网络参数设置界面，由于采用智能安装，安装程序会自动找到系统中心，并显示其 IP 地址，由于前面已经安装了系统中心，IP 地址为“192.168.1.101”，单击“测试”按钮，弹出“安装提示”对话框，如图 5-25 所示，单击“确定”按钮再单击“下一步”按钮。

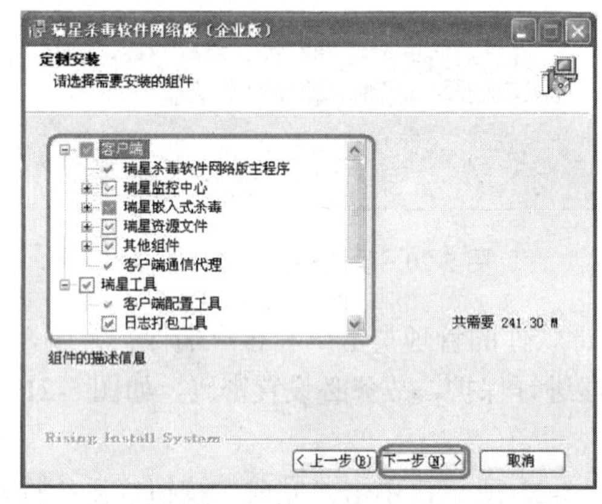

图 5-24　在定制安装界面中选择需要安装的组件

图 5-25　“网络参数设置”对话框

5）进入选择目标文件夹界面，如图 5-26 所示，建议安装在默认的路径下，如果 C 盘空间不够，可以安装在其他盘，通过单击“浏览”按钮来更改，单击“下一步”按钮。

6）进入安装准备完成界面，选中“安装之前执行内存病毒扫描”复选框，并单击“下一步”按钮。扫描内存病毒，再单击“下一步”按钮。

7）显示安装过程进度信息，安装结束，如图 5-27 所示，单击“完成”按钮。

8）弹出杀毒软件运行界面，如图 5-28 所示，可自行选择杀毒。

（3）管理控制台配置与管理。

1）双击桌面上的“管理控制台”图标，打开“瑞星网络版控制台—［登录］”对话框，如图 5-29 所示，输入之前设置的管理员密码进行登录，以配置服务端信息。

2）接下来首先要设置用户信息，如果仅仅是使用序列号注册后，却不注册用户信息，那么，服务端将不可自动升级，单击“管理”菜单，选择“设置本中心用户信息”的“设置用户 ID”命令申请用户 ID。然后，单击“工具”菜单，选择“当前系统中心设置”命令，弹出“系统中心设置”对话框，在左侧列表中选择“升级设置”项，如图 5-30 所示，设置用户 ID，就可以实现自动升级。

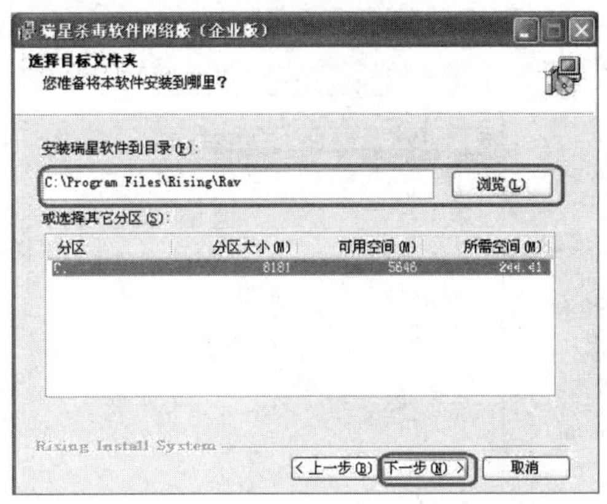

图 5-26　“选择目标文件夹”对话框

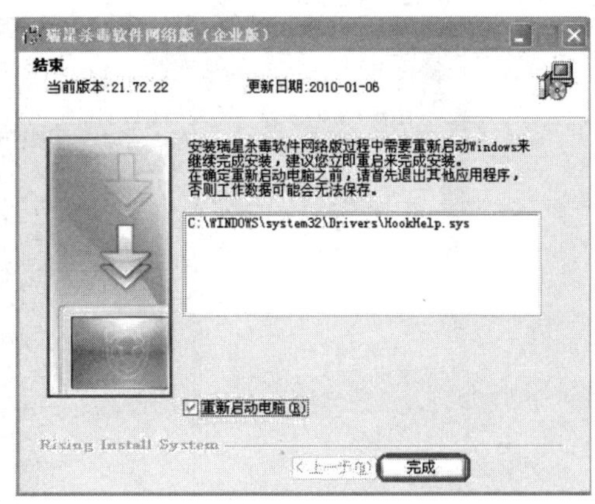

图 5-27　完成安装

图 5-28　杀毒软件运行界面

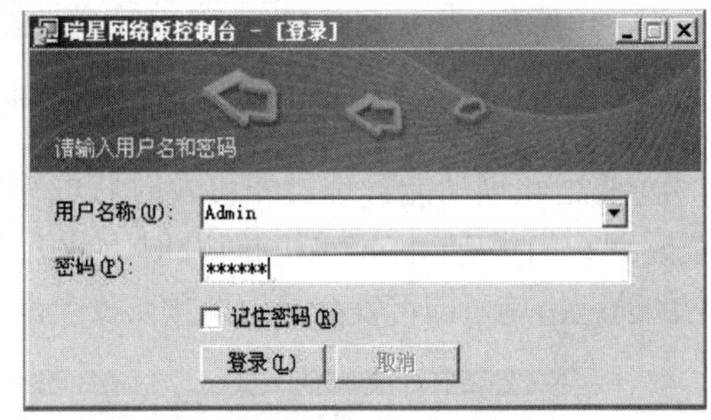

图 5-29　登录“管理控制台”

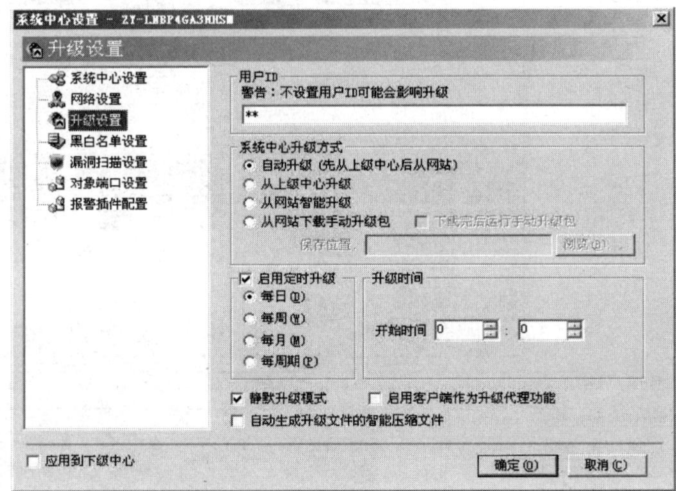

图 5-30　“升级设置”对话框

3）通过瑞星管理员控制台直接管理各种平台的服务器端/客户端（Windows 2000/2003 服务器、Windows 2000 工作站、Windows XP 客户端、UNIX/Linux 客户端），如图 5-31 所示。主要内容包括病毒远程查杀、扫描全网主机漏洞、实时监控、主动防御等管理操作。

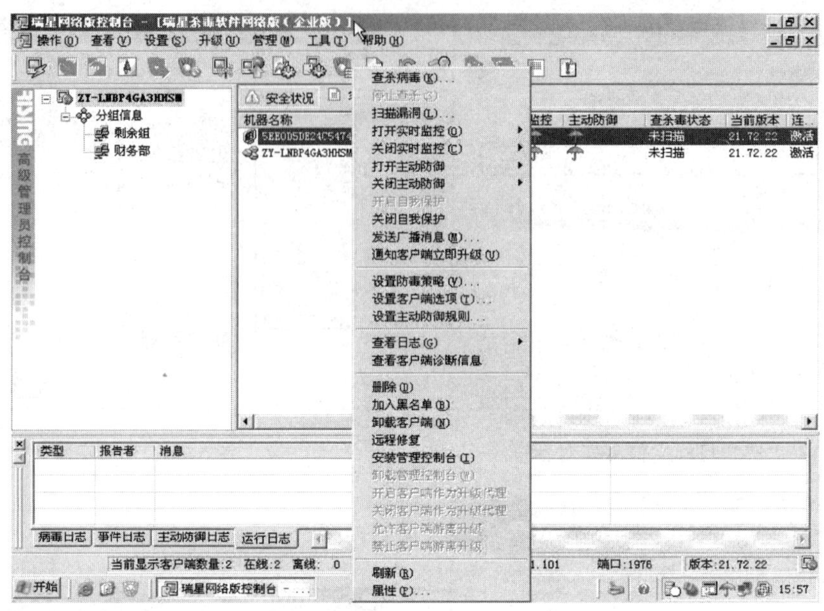

图 5-31 管理控制台实施全面集中管理

4）通过此项功能管理员即可及时获取系统的安全漏洞信息，扫描局域网中是否存在这些安全漏洞，如果存在安全漏洞，及时下载漏洞补丁并通知客户端来安装漏洞补丁程序或采取相应的防范措施，即可安全高效地预防安全漏洞给企业信息安全造成的影响，如图 5-32 所示。

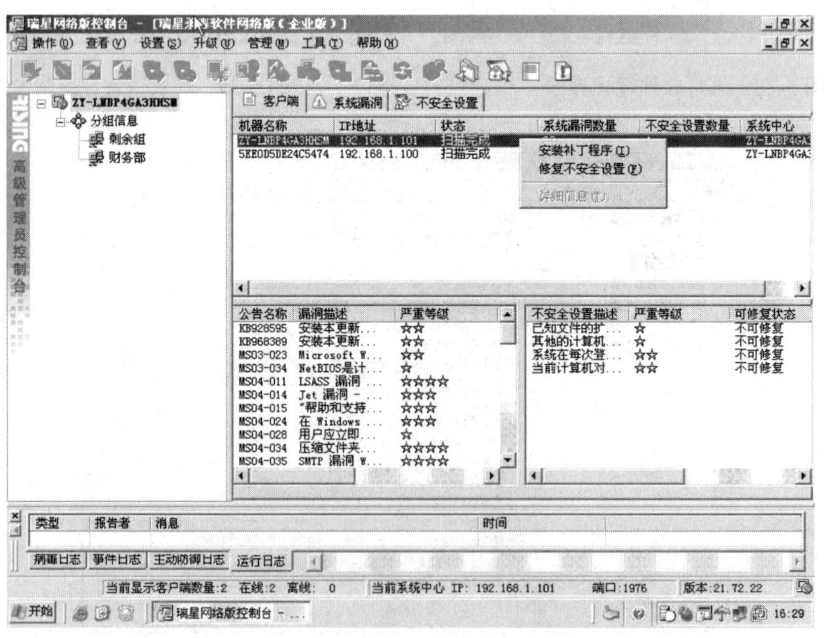

图 5-32 漏洞扫描后安装补丁程序

对于系统中心和客户端/服务器端的管理内容有很多，这里只选取主要方面的配置和管理，其余操作不再累述。

项目实训　特定病毒专杀工具的使用

实训目的

（1）学会分析一些特殊的病毒的中毒症状。

（2）针对特殊病毒，利用网络获取专杀工具。

（3）使用专杀工具清除特殊病毒。

实训任务

（1）QQ 病毒专杀工具——QQKav 的使用。

（2）U 盘病毒防护软件——U 盘病毒防护盒（Anti U-virus Box）的使用。

（3）ARP 病毒专杀工具——360ARP 病毒专杀工具的使用。

（4）木马病毒专杀工具——木马清除大师的使用。

实训总结

（1）为什么要用病毒专杀工具？

（2）如何手动杀除病毒？

习　　题

1. 简述计算机病毒有哪些特征。
2. 简述计算机病毒有哪些传播途径。
3. 简述计算机病毒的防治技术。
4. 简要介绍病毒的危害。
5. 简要介绍反病毒发展的新技术和新的发展动向。
6. 简述杀毒软件的部署方案有哪些。
7. 试分析和对比主流的个人杀毒软件产品的优缺点。

项目 6　密码技术分析与应用

密码学是一门综合数学、计算机科学、电子与通信等诸多学科于一体的交叉学科，它不仅具有保证信息机密性的信息加密功能，而且具有数字签名、身份验证、秘密分存、系统安全等功能。可见，使用密码技术不仅可以保证信息的机密性，还可以保证信息的完整性和可靠性，防止信息被篡改、伪造和假冒。掌握密码学技术，在信息数字化的今天具有非常重要的意义。

本项目主要介绍密码学发展历史和所有关于密码技术的基本概念，阐述了经典密码体制和现代密码体制的工作原理，并对现代密码体制中的对称密码技术和非对称密码技术能有更深入的介绍。此外，还介绍了公钥基础设施 PKI 的体系组成与功能，并通过对一些加/解密软件的应用，让学生更加深入理解密码技术。

任务 6.1　认 识 密 码 学

任务 6.1.1　了解密码学的发展历史

1. 学习目标

（1）掌握密码学的概念及分类。

（2）了解密码学起源与发展过程。

（3）了解密码学的发展趋势。

2. 背景知识

（1）密码学的概念及分类。密码学（Cryptography）一词源自于古希腊的 Crypto 和 Graphein 两个词，意思是密写。它是以认识密码变换的本质、研究密码保密与破译的基本规律为对象的学科。

经典密码学主要包括两个对立统一的学科分支——密码编码学和密码分析学。研究密码变化的规律并用之于编制密码以保护秘密信息的科学，称为密码编码学。研究密码变化的规律并用之于密文以获取情报信息的科学，称为密码分析学，也称为密码破译学。前者是实现对信息保密，通过加/解密技术实现对信息的安全保护；后者是实现对信息反保密，在不知道保密信息的加密方法的情况下，通过密码分析技术破解保密信息的加密方法以获得被保密的消息。密码编码学与密码分析学是相辅相成的，在相互作用中推动了密码学的发展。经典密码学的安全性体现在加/解密方法不公开的基础上。

除了经典密码学包括的两个分支外，随着现代密码学的发展，还形成了一个新分支——密码密钥学，它是以密钥为核心作为研究对象的学科。现代密码学的安全性不是体现在加/解密的方法上，而是体现在对密钥的管理上。密钥管理是一种规程，它包括密钥的产生、分配、存储、保护、销毁等环节，在保密系统中至关重要。密码编码学、密码分析学和密码密钥学三个分支学科构成现代密码学的主要学科体系。

（2）密码学的起源与发展。密码学的历史源远流长，人类对密码的使用可以追溯到古巴比伦时代。我们把 1949 年之前的密码学称为经典密码学（classical cryptography），这个阶段出现一些密码算法和加密设备，出现了替代和置换（substitution & permutation）密码算法的基本手段，这些手段主要针对的是字符，同时也出现了简单的密码分析手段。这个时期又可以分为两个阶段。一个是手工阶段，人们只需通过纸和笔对字符进行加密，在某种意义上讲密码学是一门艺术而非科学。

1949～1975 年，计算机技术的发展，使密码进行高度复杂的运算成为可能。这个阶段，密码学真正作为科学开始被科学家们广泛关注和研究。此时的数据的安全性已经发生了质的变化，不再是基于密码算法的保密性而是基于密钥的保密性。

近代，随着计算机网络通信和网络经济的发展，期待具有更高可靠性的信息加密技术出现。以密钥的保密性为安全特性的密码学体制开始在对称密码学体制和公钥密码体制两个方向得到了发展。

如今，世界各国仍然对密码的研究高度重视，已经发展到了现代密码学时期。密码学已经成为结合物理、量子力学、电子学、语言学等多个专业的综合科学，出现了如“量子密码”、“混沌密码”等先进理论，在信息安全中起着十分重要的角色。

3. 工作任务

（1）通过 Internet 搜索历史上与密码学相关的重大安全事件，并分析密码编码学和密码分析学在事件中所起的作用。

（2）通过 Internet 搜索关于经典密码学的历史事件，分析和比较经典密码学和现代密码学的异同点。

任务 6.1.2　密码技术的基本概念

1. 学习目标

掌握与密码技术相关的基本概念。

2. 背景知识

为了方便学习，首先掌握与密码技术相关的技术术语。

（1）明文（Plaintext）：未被加密的原始消息。

（2）密文（Ciphertest）：加密后的消息。

（3）加密（Encrtption）：用某种方法伪装消息以隐藏它的内容的过程。

（4）解密（Decryption）：把密文转变为明文的过程。

（5）密钥（Key）：参与加密和解密的关键数据，没有它明文不能成为密文，密文不能成为明文。

（6）密员或密码员（Cryptographer）：对明文进行加密操作的人员。

（7）密码算法（Cryptography Algorithm）：用于加密和解密的数学函数。

（8）加密算法（Encryption Algorithm）：密码员对明文进行加密操作时所采用的一组规则。

（9）接收者（Receiver）：所传送消息的预定对象。

（10）解密算法（Decryption Algorithm）：接收者对密文解密所采用的一组规则。

3. 工作任务

通过深入理解各术语的含义，分析各个术语之间的关系。

任务 6.1.3　密码技术的基本原理

1. 学习目标

（1）掌握密码体制的构成要素。

（2）理解和掌握密码体制的定义。

2. 背景知识

一个密码体制由明文、密文、密钥（包括加密密钥和解密密钥）与密码算法（包括加密算法和解密算法）这四个基本要素构成。密码体制可以用一个五元组（P，C，K，E，D）来定义，该五元组应满足条件：

（1）P 是可能明文的有限集（明文空间）。

（2）C 是可能密文的有限集（密文空间）。

（3）K 是一切可能密钥构成的有限集（密钥空间）。

（4）E 是可能加密算法的有限集（加密算法空间）。

（5）D 是可能解密算法的有限集（解密算法空间）。

（6）任意 $k \in K$，有一个加密算法 $ek \in E$ 和相应的解密算法 $dk \in D$，使得 $ek:P \to C$ 和 $dk:C \to P$ 分别为加密解密函数，满足 $dk（ek（x））=x$，这里 $x \in P$。

以上是密码体制的数学描述，密码体制在具体的应用过程中是密员用加密算法 *ek* 和加密密钥 *ke* 对明文 *P* 进行加密得到密文 *C*，接收者对得到的密文 *C* 用解密算法 *dk* 和解密密钥 *kd* 对密文 *C* 进行解密得到明文 *P*。其加密过程如图 6-1 所示。

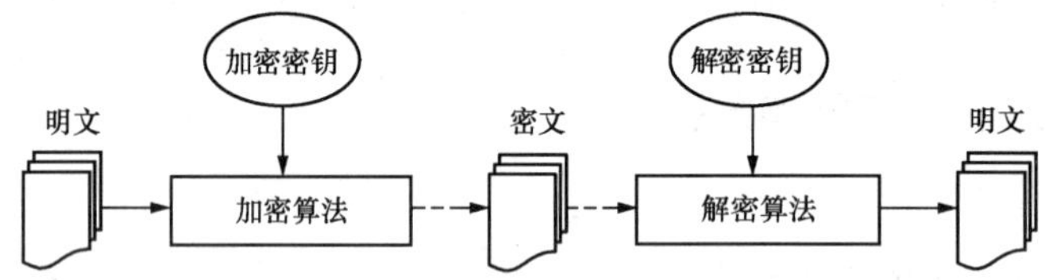

图 6-1　密码体制的加/解密过程

3. 工作任务

列举应用案例，阐述密码体制的工作原理。

任务 6.2　认识经典密码技术

任务 6.2.1　认识代替密码

1. 学习目标

（1）掌握代替密码的概念。

（2）了解代替密码的分类。

（3）理解和掌握凯撒密码的算法思想。

2. 背景知识

（1）代替密码的概念与分类。密码技术的应用一直伴随着人类文化的发展，其古老甚至原始的方法奠定了现代密码学的基础。在计算机出现以前，密码学的算法主要是通过字符之间代替或置换实现的，我们称这些密码体制为经典密码体制。经典密码有着悠久的历史，从古代一直到计算机出现以前，经典密码学主要有两大基本方法——代替密码（Substitution Cipher）和置换密码（Permutation Cipher）。

代替密码就是明文中的每一个字符用另一个字符替换而形成密文。接收者对密文做反向替换就可以恢复出明文。例如，明文字母 a、b、c、d，按照字母表顺序后移 5 位的大写字母来代替，形成密文 F、G、H、I。

在经典密码学中，有几种类型的代替密码：简单代替密码（Simple Substitution Cipher）、多名或同音代替密码（Homophonic Substitution Cipher）、多表代替密码（Polyalphabetic Substitution Cipher）、多字母代替密码（Polygram Substitution Cipher）。

（2）凯撒密码。凯撒密码（Caesar Shift Cipher）是一种典型的单表代替密码，又叫循环移位密码。古罗马时代，凯撒大帝为了指挥他的百万大军，为了在战争中通信的保密性，把 26 个英文字母做成两个轮子，规定一个规则。例如，设定密钥是 5 位，就是把其中一个轮子转 5 格，这时要表达 A，就用 F 替代。这种加密方法就是将明文的字母按照字母顺序，往后依次递推相同的字母，就可以得到加密的密文，而解密的过程正好和加密的过程相反。凯撒密码的加密过程可以用数学的形式表示出来：

$$E(m) = (m+k) \bmod n$$

其中，m 为明文字母在字母表中的位置；k 为密钥，是字母后移的位数；n 为字母表中的字母总数；$E(m)$ 为密文字母在字母表中对应的位置。

例如，对于明文字母 B，其在字母表中的位置是 2，设 k=5，则按照上面的公式计算出密文字母是 G。计算过程如下：

$$E(2) = (m+k)\ n = (2+5) \bmod 26=7=G$$

3. 工作任务

（1）通过 Internet 搜索简单代替密码、多名或同音代替密码、多表代替密码、多字母代替密码，明确这四类代替密码的含义。

（2）根据凯撒密码的算法思想，使用编程语言（如 C 语言、Java 语言等）实现该算法。

任务 6.2.2　认识置换密码

1. 学习目标

（1）掌握置换密码的概念。

（2）理解和掌握矩阵换位法的算法思想。

2. 背景知识

（1）置换密码的概念。置换密码，又称换位密码（Transposition Cipher），就是明文的字母保持相同，但将字符在明文中的顺序打乱，从而实现明文信息的加密。下面介绍矩阵换位法。

（2）矩阵换位法。矩阵换位法（matrix displacement method）是置换密码中常用的方法，它的置换原理如下：

1）将明文中的字母按照所给的顺序按行或按列排列成矩阵。

2）明文中出现的空格也应该算作字符。

3）最后一行或最后一列中的明文不足，可填充特殊字符，如补充“#”或“*”。

4）给出一个按照行或列的置换次序，作为密钥。

5）用根据密钥提供的顺序重新组合矩阵中的字母而形成密文。

6）密文根据密钥中的按照行或列的置换次序的逆序重新组合矩阵，并去除添加的填充字符，从而得到明文。

例如，明文消息“attack begins at five”，密钥为 K，将明文按照每行 6 例的形式排列在矩阵中，形成如下形式：

$$\begin{pmatrix} a & t & t & a & c & k \\ " & b & e & g & i & n \\ s & " & a & t & " & f \\ i & v & e & * & * & * \end{pmatrix}$$

注：符号“ " ”代表空格，符号“*”为填充字符。

加密密钥 Kc 为按列变换，第 2 列换成第 4 列，第 3 列换成第 5 列，第 4 列换成第 3 列，第 5 列换成第 2 列。其变换规则如下：

$$F = \begin{pmatrix} 1 & 2 & 3 & 4 & 5 & 6 \\ 1 & 4 & 5 & 3 & 2 & 6 \end{pmatrix}$$

根据上面的置换，经过变换后的矩阵形式为

$$\begin{pmatrix} a & a & c & t & t & k \\ " & g & i & e & b & n \\ s & t & " & a & " & f \\ i & * & * & e & v & * \end{pmatrix}$$

按照行重写，从而得到密文消息“aacttk giebnst a fi**ev*”。解密过程是加密的逆过程，解密密钥 Kd 也按列变换，将变换后的矩阵的第 2 列换成第 5 列，第 3 列换成第 4 列，第 4 列换成第 2 列，第 5 列换成第 3 列。其变换规则如下：

$$F' = \begin{pmatrix} 1 & 2 & 3 & 4 & 5 & 6 \\ 1 & 5 & 4 & 2 & 3 & 6 \end{pmatrix}$$

根据上面的置换，就可以将密文还原成明文。

3. 工作任务

根据矩阵换位法的算法思想，使用编程语言（如 C 语言、Java 语言等）实现该算法。

任务 6.3　认识现代密码技术

任务 6.3.1　认识对称密码技术

1. 学习目标

（1）掌握对称密码技术的概念。

（2）理解对称密码技术的原理。

（3）掌握对称密码技术的特点。

（4）了解 DES 算法。

（5）会使用高强度文件夹加密大师 9000 软件和文件夹加密精灵。

2. 背景知识

（1）对称密码技术的概念。对称密钥加密（Symmetric Encryption），也称为共享密钥（Shared-key Cryptography），对称密码算法是指加密密钥和解密密钥为同一密钥，或者虽然不相同，但是由其中任意一个可以很容易地推导出另一个的密码算法。因此，信息的发送者和信息的接收者在进行信息的传输与处理时，必须共同持有该密码（称为对称密码）。通常，该密钥体制使用的加密算法比较简便高效，密钥简短，具有较高的安全性。

对称密码体制是现代密码体制的一个分支，其信息系统的保密性主要取决于密钥的安全性，任何人只要获得了密钥就等于知道了明文消息，所以在公开的计算机网络上如何安全地传送和保管密钥是一个严峻的问题。

常用的对称加密算法有 DES、Triple DES、Blowfish、RC4、AES 等。其中最著名的是 DES，是第一个成为美国国家标准的加密算法，经常用于银行加密的安全。

（2）对称密码技术原理。通信双方采用对称加密技术进行通信时，双方必须先约定一个密钥，这种约定密钥的过程称为“分发密钥”。有了密钥之后，发送方使用这一密钥，并采用合适的加密算法将所要发送的明文转变为密文。密文到达接收方后，接收方用解密算法（通常是发送方所使用的加密算法的逆），并把密钥作为算法的一个运算因子，将密文转变为与发送方一致的明文。数学表示如下：

加密过程：$Ek(P)=C$

解密过程：$Dk(C)=P$

所以有 $Dk(Ek(P))=P$

其中，P、C、K、E 和 D 分别为明文、密文、密钥、加密算法和解密算法。

采用对称加密技术进行通信的过程如图 6-2 所示。

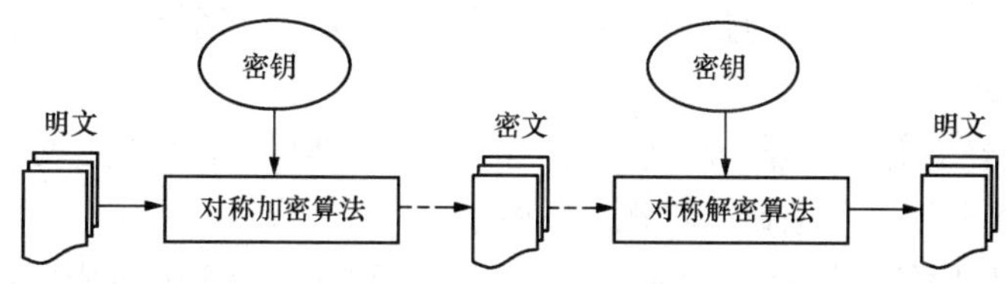

图 6-2　对称加密过程

（3）DES 算法。数据加密标准 DES（Data Encryption Standard）是对称密码技术的典型算法，是 IBM 公司于 1975 年研究成功并公开发表的密码算法。该算法的诞生源自于美国国家标准局（NBS）于 1973 年在美国联邦注册大会上公开征集的标准密码算法。最终，美国政府于 1977 年 1 月宣布采用 IBM 公司设计的方案。

DES 算法全称为 Data Encryption Standard，即数据加密算法，DES 算法的入口参数有三个：Key、Data、Mode。其中 Key 为 8 字节，共 64 位，是 DES 算法的工作密钥；Data 也为 8 字节，共 64 位，是要被加密或被解密的数据；Mode 为 DES 的工作方式，有两种——加密或解密。

（4）对称密码技术的优缺点。对称密码技术的优点是安全性较高、加/解密速度快。但是，对称密码技术存在下面的问题：

1）密钥必须秘密地分配。密钥比任何加密的信息更有价值，因为破译者知道了密钥就意味着知道了所有信息。对于遍及世界的加密系统，这可能是一个非常繁重的任务，需经常派信使将密钥传递到目的地，这似乎不太可能。

2）缺乏自动检测密钥泄露的能力。如果密钥泄露了（如被偷窃、被猜出来等），那么窃听者就能用该密钥去解密传送的所有信息，也能够冒充几方中的一方，从而制造虚假信息去愚弄另一方。

3）假设网络中每对用户使用不同的密钥，那么密钥总数随着用户数的增加而迅速增多。n 个用户的网络需要 $n(n-1)/2$ 个密钥。例如，10 个用户互相通信需要 45 个不同的密钥，100 个用户需要 4950 个不同的密钥，很显然，这也是无法忍受的。

4）无法解决消息确认问题，由于密钥的管理困难，消息的发送方可以否认发送过来某个消息，接收方也以随便宣称收到了某个用户发出的某个消息，由此产生了无法确认消息发送方是否真正发送过消息的问题。

3. 工作任务

（1）高强度文件夹加密大师 9000 软件安装和使用。

（2）文件夹加密精灵 V2.0 使用。

4. 任务实施

任务一 高强度文件夹加密大师 9000 软件的使用

（1）软件介绍。高强度文件夹加密大师 9000 是一款专业的文件和文件夹加密器，不是简单地隐藏文件夹。这款文件加密软件具有界面友好、简单易用、稳定无错、功能强大和兼容性好等特点。它支持临时解密、浏览解密的功能，且不需要每次都重新加密，能在关闭窗口后自动加密。它支持三种加密方式："本机加密"、"移动加密"和"隐藏加密"。"移动加密"是本软件原创的加密方式，使用这种方式加密的文件夹可以随意地移动到任何计算机上，包括未安装本软件的计算机上。使用的加密方式安全性极高，且加密速度快。并且它不受系统影响，即使重装、Ghost 还原、系统盘格式化，也依然可以照样使用。

（2）软件的安装。软件安装过程中全程选择默认选项，直至安装完成。

（3）加密文件夹。

1）预备工作：在 E 盘，新建一个文件夹，名为 test，然后运行高强度文件夹加密大师 9000。

2）单击"加密文件夹"按钮，如图 6-3 所示。

3）在弹出的对话框中选择 E：\test，然后单击"确定"按钮，如图 6-4 所示。

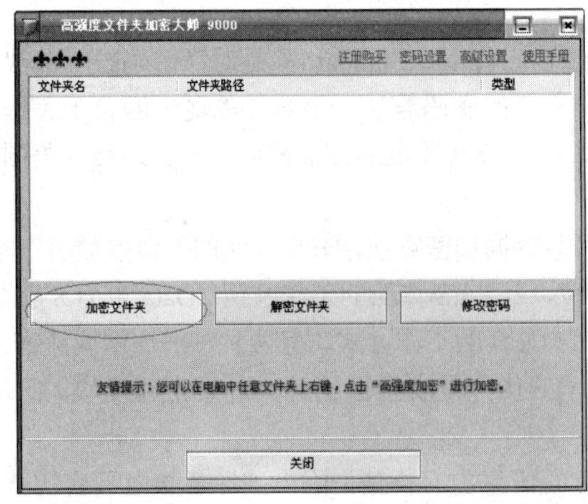

图 6-3 运行高强度文件夹加密大师 9000

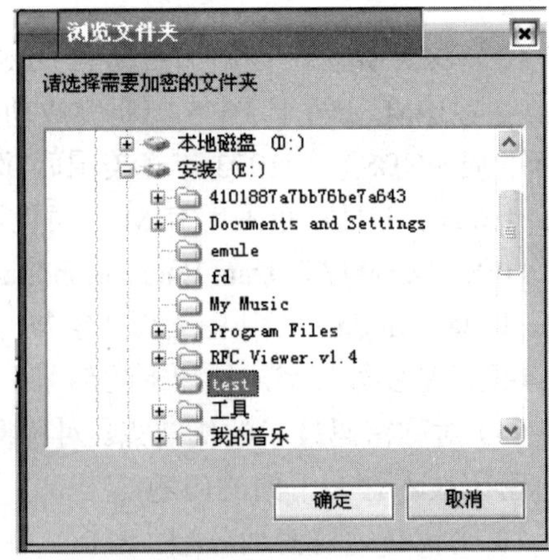

图 6-4 浏览并选择要加密的文件夹

4）设置密码，需要输入两次，然后选择“本机加密”项，单击“加密”按钮，即加密成功，如图 6-5 所示。

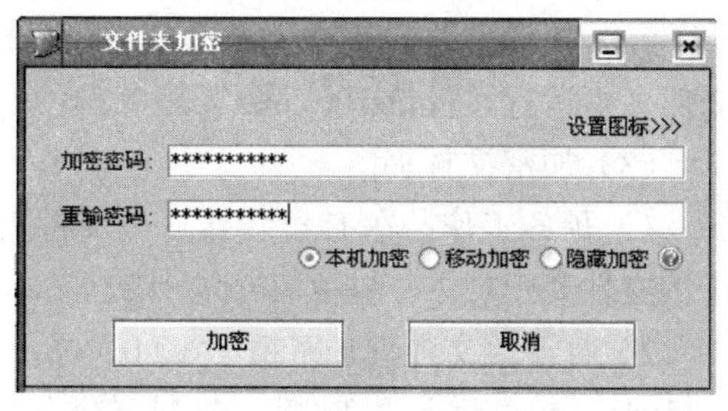

图 6-5　输入加密密码实现对文件夹的加密

此外，也可以在 E 盘直接选中 test 文件夹，右击，在弹出的快捷菜单中选择“高强度加密”选项实现加密。

（4）解密文件夹。

1）可在“高强度文件夹加密大师 9000”对话框中选中该文件，然后单击“解密文件夹”按钮，如图 6-6 所示。

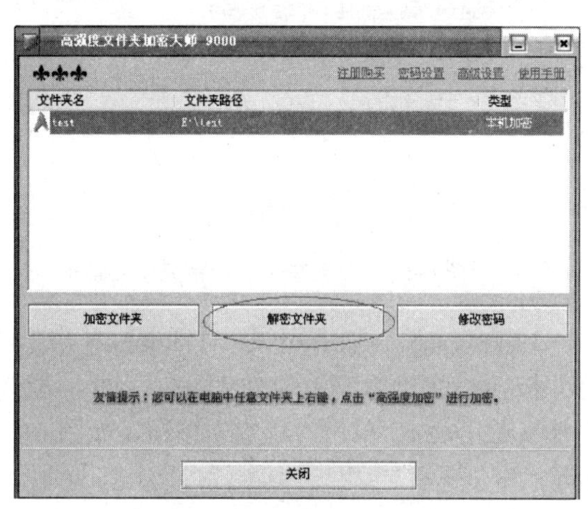

图 6-6　选择要解密的文件夹

2）输入密码，此时有“完全解密”、“临时解密”和“浏览解密”三种选择，此处选择“临时解密”项，单击“解密”按钮即可打开文件夹 test，如图 6-7 所示。

单击问号按钮，查看“完全解密”、“临时解密”、“浏览解密”的区别，另外两种解密方式由读者自己完成。

此外，也可以直接在 E 盘中双击 test 文件夹，这样会弹出如图 6-7 所示的对话框。

（5）移动加密。

1）预备工作：在 E 盘新建文件夹 test1，在 test1 中存放几个文件。

2）右击 test1 文件夹，在弹出的快捷菜单中选择“高强度加密”命令，即弹出“文件夹加密”对话框，输入加密密码，选择“移动加密”选项，单击“加密”按钮，即加密成功，如图 6-8 所示。

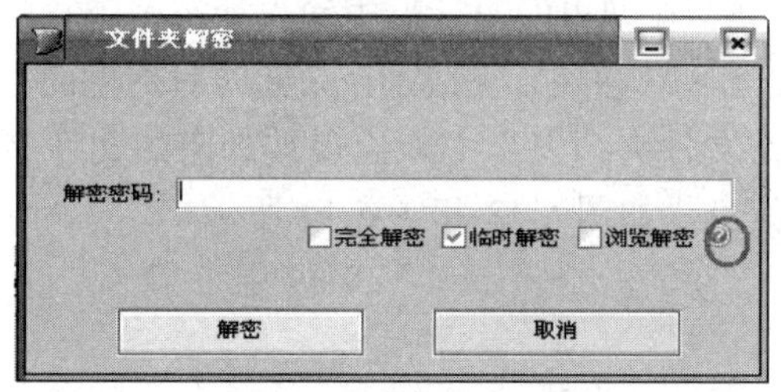

图 6-7　文件夹解密

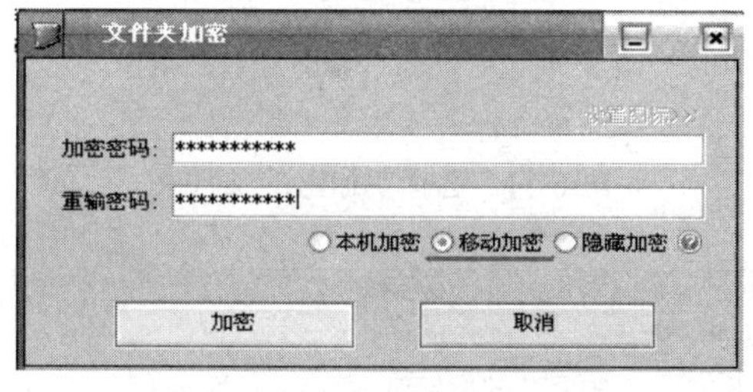

图 6-8　移动加密

将 test1 文件夹发送到同组实验者的计算机，进行解密（打开文件夹，单击“加密解密.exe”文件）。

任务二　文件夹加密精灵 v2.0

（1）软件介绍。这是一款使用方便、安全可靠的文件夹加密工具。该软件具有安全性高、简单易用、界面友好等特点，可在 Windows 98/Me/2000/XP 等操作系统中使用。主要功能模块有快速加解密、安全加/解密、移动加/解密、伪装/还原文件夹、隐藏/恢复文件夹、登录密码管理等。

（2）软件安装。该软件无需安装，只需解压下载的压缩包，在“文件夹加密精灵 v2.0”文件夹中运行“FolderPro.exe”即可。

（3）加密文件夹。

1）预备工作：在 E 盘新建一个文件夹 test，可在该文件夹中放入一些文件或文件夹。

2）打开“文件夹加密精灵 v2.0”文件夹，运行 FolderPro.exe，进入“文件夹加密精灵登录”对话框，选择默认登录密码，如图 6-9 所示，单击“确定”按钮，进入“文件夹加密精灵”对话框，如图 6-10 所示。

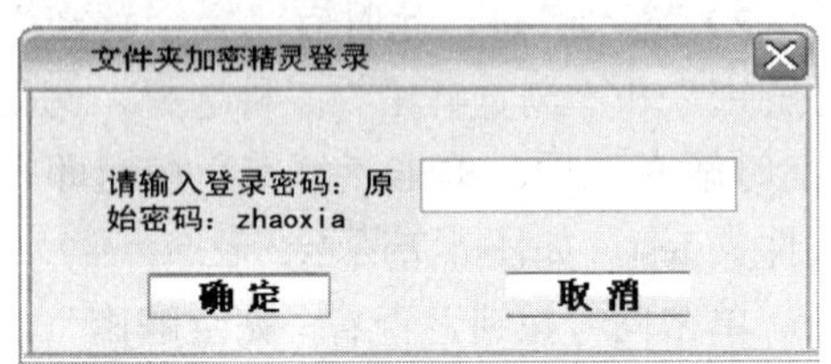

图 6-9 “文件夹加密精灵登录”对话框

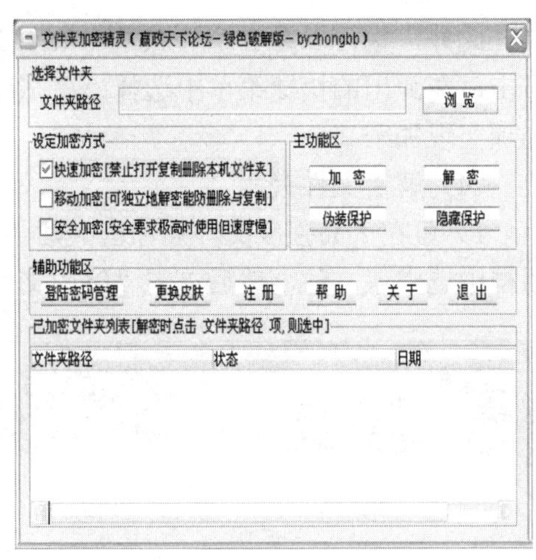

图 6-10 “文件夹加密精灵”对话框

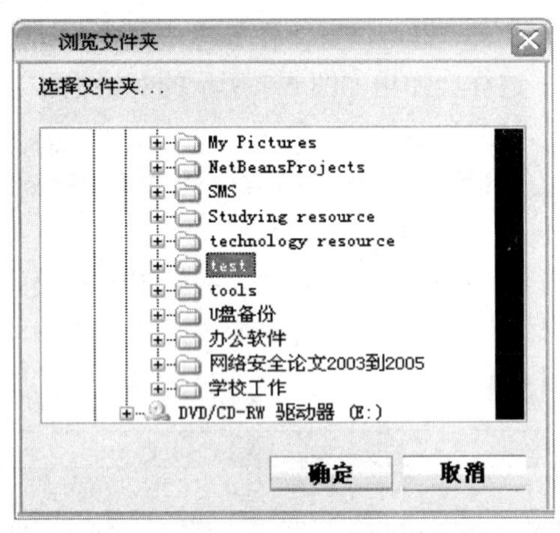

图 6-11 选择要加密的文件夹

3）在“文件夹加密精灵”对话框中单击“浏览”按钮，弹出“浏览文件夹”对话框，选择文件夹 D:\test，单击“确定”按钮，如图 6-11 所示。

4）选择好加密文件夹再返回对话框，有“快速加密”、“移动加密”和“安全加密”三种加密方式，此处选择“快速加密”项，然后单击“加密”按钮，如图 6-12 所示。

5）在弹出的对话框中输入加密密码，单击“加/解密”按钮，完成加密，此时对话框的“已加密文件夹列表”中将出现被加密的文件夹相关信息，如图 6-13 和图 6-14 所示。

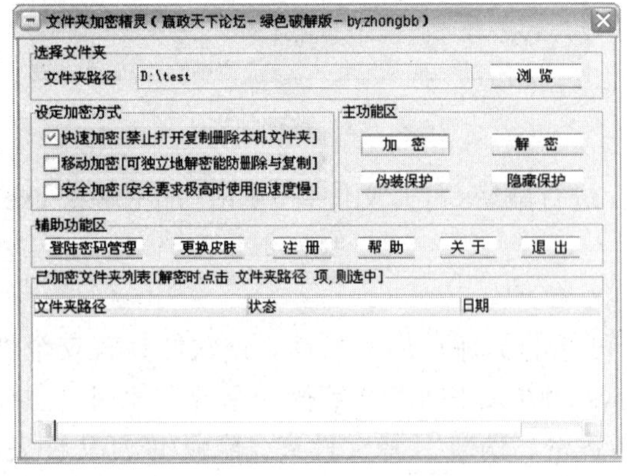

图 6-12 选择加密方式进行加密

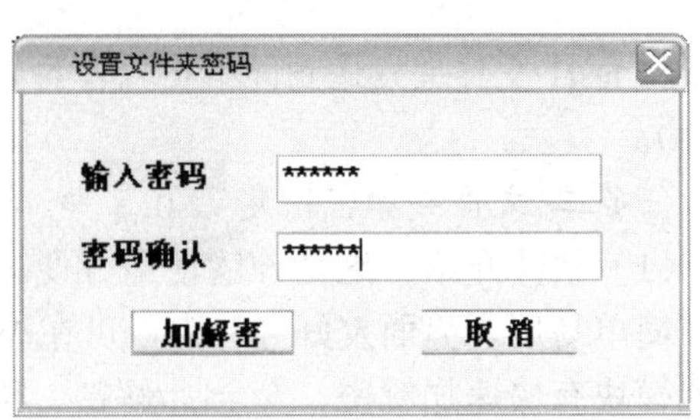

图 6-13 设置加密密码

（4）解密文件夹。

1）运行 FolderPro.exe，进入如图 6-14 所示的对话框，选择“已加密文件夹列表”中需要解密的加密项，此处选择 D：\test，然后单击“解密”按钮。

2）在弹出的对话框中输入解密密码，单击“加/解密”按钮，完成解密，如图 6-15 所示解密文件夹。

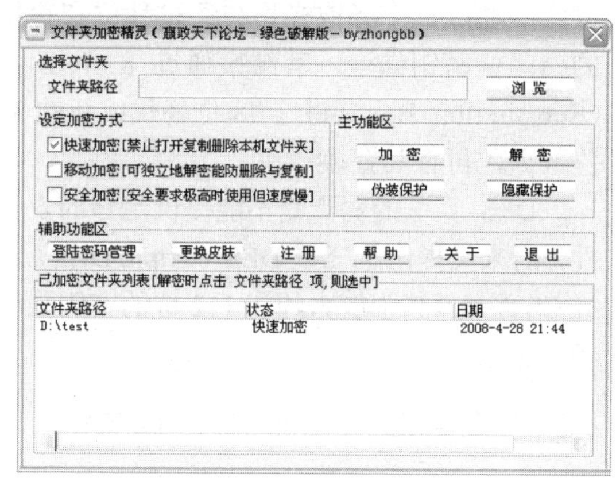

图 6-14　完成加密

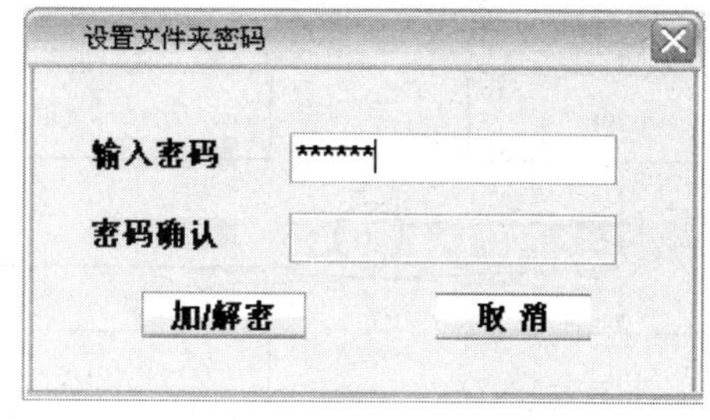

图 6-15　解密文件夹

5. 知识扩展

DES 算法详细介绍如下：

DES 是一种分组加密算法，以 64 位为一组，它是一种对称加密算法。DES 算法的入口参数有三个：Key、Data、Mode。其中 Key 为 8 字节，共 64 位，是 DES 算法的工作密钥，其有效密钥长度为 56 位，有 8 位用于奇偶校验。Data 也为 8 字节，共 64 位，是要被加密或被解密的数据。Mode 为 DES 的工作方式，有两种——加密或解密，如果 Mode 为加密，则用 Key 去把数据 Data 进行加密，生成 Data 的密码形式作为 DES 的输出结果；如 Mode 为解密，则用 Key 去把密码形式的数据 Data 解密，还原为 Data 的明码形式作为 DES 的输出结果。在使用 DES 时，双方预先约定使用的“密钥”即 Key，然后用 Key 去加密数据；接收方得到密文后使用同样的 Key 解密得到原数据，这样便实现了安全性较高的数据传输。其加密的数据流程如图 6-16 所示。

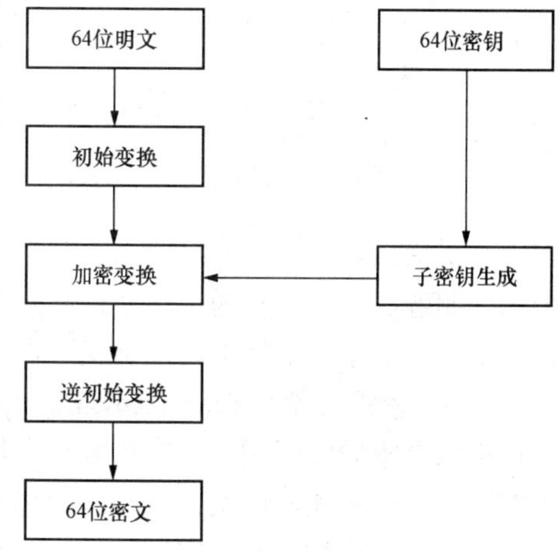

图 6-16　DES 加密的数据流程

DES 算法把 64 位的明文输入块变为 64 位的密文输出块，它所使用的密钥也是 64 位。首先，DES 把输入的 64 位数据块按位重新组合，并把输出分为 L0、R0 两部分，每部分各长 32 位，并进行前后置换（输入的第 58 位换到第 1 位，第 50 位换到第 2 位，依次类推，最后一位是原来的第 7 位），最终由 $L0$ 输出左 32 位，$R0$ 输出右 32 位。根据这个法则经过 16 次迭代运算后，得到 $L16$、$R16$，将此作为输入，进行与初始置换相反的逆置换，即得到密文输出。其算法过程如图 6-17 所示。

每一轮 DES 置换按照如下公式进行：

$$Li=Ri-1$$

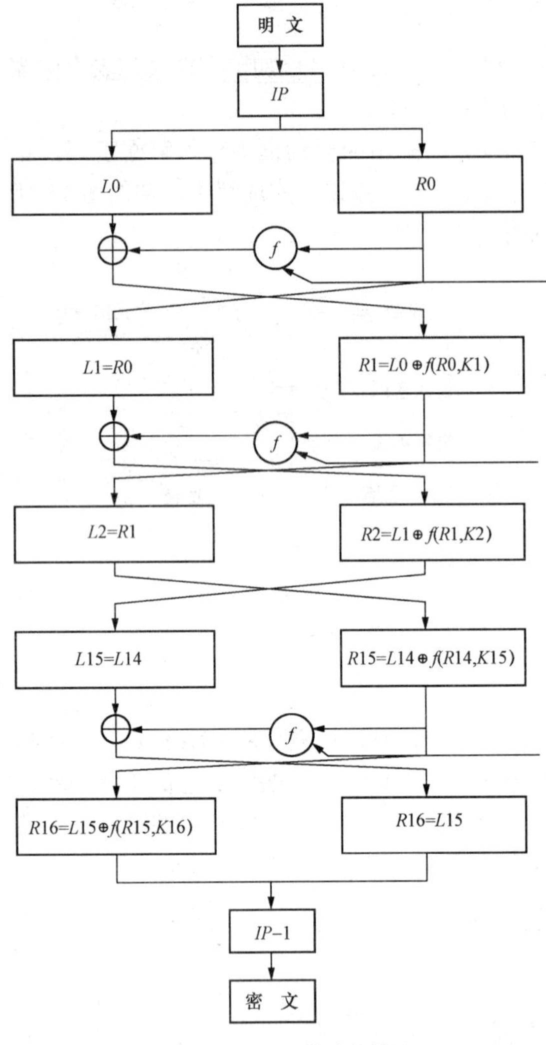

图 6-17 DES 算法的描述

$$Ri=Li-1 \text{ XOR } f\,(Ri-1,\ Ki)$$

函数 *f* 的细节：数据右半部分通过扩展（Expansion Permutation）由 32 位扩展为 48 位，并通过一个异或操作与经过移位和置换的 48 位密钥结合，其结果通过 8 个 S-盒（Substitution Box）将这 48 位替代成新的 32 位数据，再将其置换一次。

DES 算法的弱点是不能提供足够的安全性，后来又提出了三重 DES（Triple DES）或 3DES 系统，其强度大约和 112 位的密钥强度相当。

任务 6.3.2 认识非对称密码技术

1. 学习目标

（1）掌握非对称密码技术的概念。

（2）理解非对称密码技术的原理。

（3）掌握非对称密码技术的特点。

（4）了解 RSA 算法。

（5）理解混合加密技术的原理。

（6）会使用 A-Lock 邮件加密软件。

2. 背景知识

（1）非对称密码技术的概念。对称加密技术的缺点在于密码是对称的。也就是说，用于加密数据和解密数据的密钥是相同的。所以消息的发送方和接收方需要通过一个安全检查的渠道来交换“秘密”密钥，或者采用一个密钥交换算法，通过输入“共享值”来生成密钥。然而，未必就有这些机制。非对称密码体制解决了这一问题，这些密码是非对称的，用于解密数据的密钥不同于加密数据的密钥。加密密钥不需要保密，于是就不再需要一个安全渠道来交换密钥。

非对称密钥加密（Dissymmetric Encryption）也称为公开密钥加密（Public Key Cryptography），它使用两个不同的密钥：一个用来加密信息，称为加密密钥；另一个用来解密信息，称为解密密钥。用户把加密密钥公开，因此加密密钥也称为公开密钥，简称公钥。解密密钥保密，因此解密密钥也称为私有密钥，简称私钥。

常用的非对称密码算法有 RSA、背包密码、McEliece 密码、Rabin、椭圆曲线、EIGamal Diffe Hellman 等。其中，比较著名的公钥密码算法有 RSA、Diffe Hellman、椭圆曲线算法。

（2）非对称密码技术原理。非对称密码技术的思想首先是由菲尔德·迪菲（Whitefield Diffie）和马丁·赫尔曼（Martin Hellman）于 1976 年提出的。这些体制基于陷门单向函数的概念。单向函数是一些易于计算但难于求逆的函数，而陷门单向函数则是在已知一些额外信息的情况下易于求逆的单向函数，这些额外信息就是所谓的陷门。

非对称密码算法都是基于复杂的数学难题。根据所给予的数学难题来分类，有以下三类系统目前被认为是安全和有效的。

1）大整数因子分解系统（如 RSA 算法）。

2）离散对数系统（如 DSA 算法、ElGamal 算法）。

3）椭圆曲线离散对数系统（如 ECDSA 算法）。

非对称密码技术的公钥和私钥都可以用以加密数据，这一点体现在如下所述的两种非对称加密技术中。一种是采用收方公钥加密数据，而用收方的私钥解密。另一种是采用发方的私钥加密数据，而用发方的公钥解密。两者的原理相同，但用途不同。

收方公钥加密，收方私钥解密。

这种发送方使用接收方的公钥 K_{PB} 加密原文，而接收方使用自己的私钥 K_{PV} 来解密的非对称密码算法，可以实现多个用户加密信息，只能由一个用户解读，这就实现了保密通信。PKI 中的加密机制，保证数据完整性服务，就是依据这种技术实现的。采用公钥加密技术进行加密的过程如图 6-18 所示。

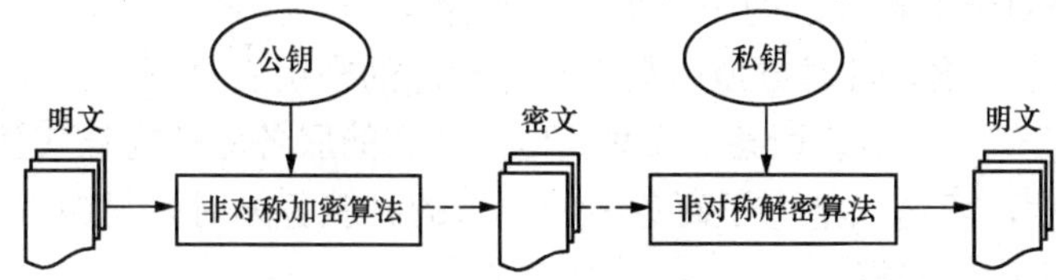

图 6-18　非对称加密过程（一）

发方私钥加密，发方公钥解密。

发方使用自己的私钥 K_{PV} 加密原文，而接收方使用发方公钥 K_{PB} 来解密的非对称密码算法，可以实现一个用户加密的信息，而由多个用户解读，这就是数字签名的原理。PKI 中的签名机制，保证不可否认性服务及数据完整性服务，就是依靠这种技术实现的。采用公钥加密技术进行加密的过程如图 6-19 所示。

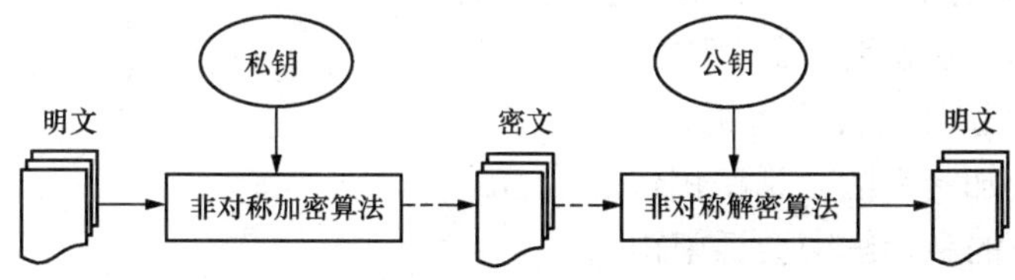

图 6-19　非对称加密过程（二）

（3）非对称密码算法的特点。

1）用加密密钥 PK 对明文 X 加密后，再用解密密钥 SK 解密，即可恢复出明文，或写为 $DSK(EPK(X))=X$。

2）加密密钥不能用来解密，即 $DPK(EPK(X))\neq X$。

3）在计算机上可以容易地产生成对的 PK 和 SK。

4）从已知的 PK 实际上不可能推导出 SK。

5）加密和解密的运算可以对调，即 $EPK(DSK(X))=X$。

（4）RSA 算法。RSA 公钥密码算法的命名取自三个创始人里弗斯特（Rivest）、萨莫尔

（Shamir）和阿多乐曼（Adelman）。他们是麻省理工学院的教授，于 1977 年开发第一个非对称密码算法。它是一种公认十分安全的公钥密码算法，也是目前网络上进行保密通信和数字签名的常用的安全算法。

（5）非对称密码的优缺点。使用公钥加密算法，通信双方事先无需利用秘密通道和复杂协议来交换密钥就可建立起保密通信。在本项目的后面的内容中还可以看到，公钥加密算法可用来实现数字签名和身份认证。而且网络中的每一用户只需保存自己的解密密钥，*n* 个用户仅需产生 *n* 对密钥，因此，密钥少，便于管理。但是，与对称密钥加密算法相比，公钥加密算法加、解密速度慢。

非对称密钥的优点如下：

1）密钥少便于管理，网络中的每一个用户只需保存自己的解密密钥，则 *n* 个用户仅需产生 *n* 对密钥。

2）密钥分配简单，加密密钥表就像电话号码本一样，分发给用户，而解密密钥则由用户自己保管。

3）不需要秘密的通道和复杂的协议来传送密钥。

4）可以实现数字签名，发送方使用只有自己知道的密钥进行签名，接收方利用公开密钥进行检查。也许通信一方并不认识某一实体，但只要它的服务器认为该实体的 CA 是可靠的，就可以进行安全通信，而这正是电子商务中所要求的。服务方对自己的资源可根据客户 CA 的发行机构的可靠程度来授权。

对称密钥的缺点：非对称密钥方案较对称密钥方案处理速度慢，不利于对大量数据的加密，当数据量和密钥的位数增大时，其加密的时间往往很长。

（6）混合密码加密技术。公开密钥加密技术较对称密钥加密技术处理速度慢，运行时占用资源多。因此，通常把这两者结合起来实现最佳性能。即用公开密钥技术在通信双方之间传送对称密钥，而用对称密钥来对实际传输的数据加密/解密，这就是我们所说的混合密钥加密技术。例如，A 向 B 采用混合加密技术发送保密信息，步骤如下：

1）A 生成一随机的对称密钥，又称会话密钥。

2）A 用会话密钥加密明文。

3）A 用 B 的公钥加密会话密钥。

4）A 将密文及加密后的会话密钥传递给 B。

5）B 使用自己的私钥解密会话密钥。

6）B 使用会话密钥解密密文，得到明文。

其加解密过程如图 6-20 所示。

使用混合加密技术，用户可以在每次发送保密信息时都使用不同的会话密钥，从而增加了密码破译的难度。即使某次会话密钥被破译了，也只会泄露该次会话信息，不会影响其他密文的传送。

3. 工作任务

安装使用 A-Lock 邮件加密软件。

4. 任务实施

（1）软件介绍。A-Lock 是一种专门为邮件进行加/解密的软件，该软件使用方便，并具有较高的安全性，可以直接对信息内容进行加密。

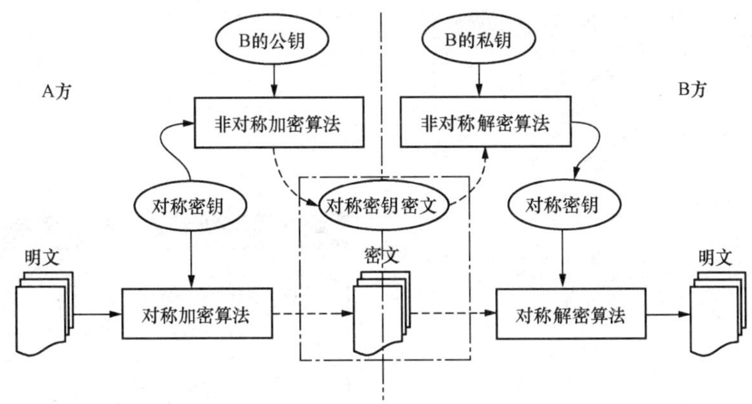

图 6-20　混合密码加/解密过程

（2）软件安装。软件安装过程中全程选择默认选项，直至安装完成。

（3）加密邮件。

1）预备工作：设置 Outlook Express（电子邮件软件）来收发邮件。

2）在电子邮件软件中撰写内容。用鼠标选择要加密的信件内容，如图 6-21 所示。

3）在状态栏中右击 A-Lock 图标，选择 Encrypt\Decrypt；在弹出的对话框中输入两次密码（一次为设置密码，一次为确认密码），密码的最大长度是 7 位，然后单击 OK 按钮，完成加密，如图 6-22 所示。

图 6-21　编辑新邮件

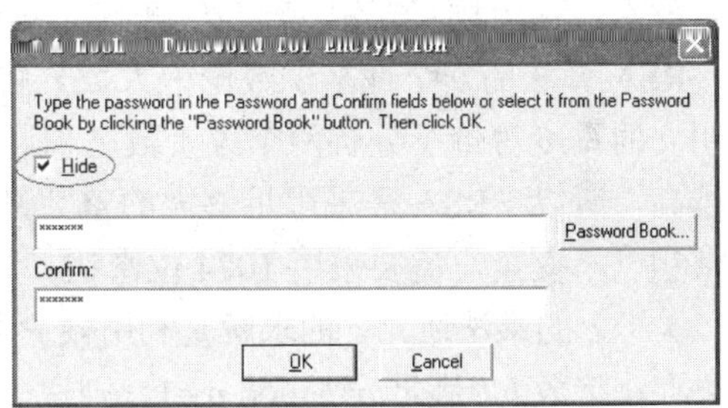

图 6-22　输入加密密码

注意“Hide”选项，如果不选择，那么输入的密码会以明文的形式显示；如果选择，密码会显示为*号。

4）加密之后的结果如图 6-23 所示。

（4）解密邮件。

1）将加密的邮件通过网络发送给同组实验者。

2）同组实验者打开该邮件，单击状态栏上的“A-Lock”图标，选择 Encrypt\Decrypt；在对话框中输入解密密码，单击 OK 按钮，完成解密，如图 6-24 所示。

5. 知识扩展

RSA 算法详细介绍如下：

（1）选取两个大素数 p 和 q，为了获得最大程度的安全性，两数的长度一样。

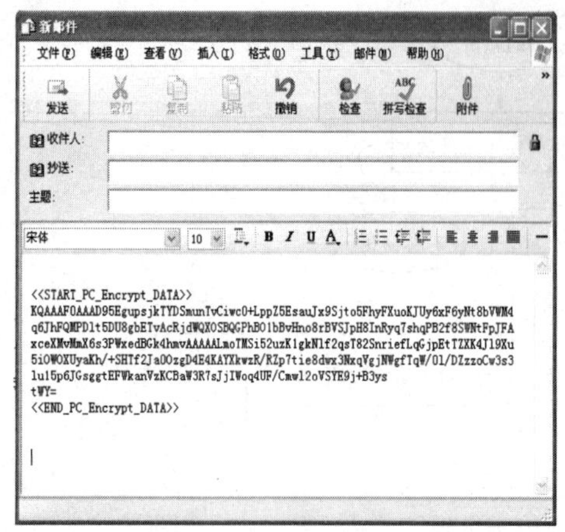

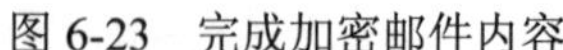
图 6-23 完成加密邮件内容

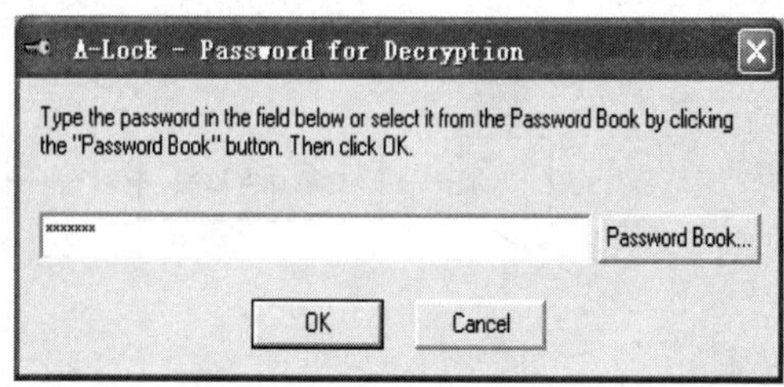

图 6-24 解密邮件内容

（2）计算乘积：$n=p\times q$。

（3）计算 n 的欧拉函数 $\Phi(n)=(p-1)(q-1)$。

（4）选取一个随机数 e 满足 $max(p, q)<e<\Phi(n)$，并且 e 和 $\Phi(n)$ 互质，即 $gcd(e, \Phi(n))=1$，这一必要条件保证了 e 具有乘法逆元。

（5）利用欧拉函数计算出 e 的乘法逆元 d，使其满足 $e^d=1 \bmod (p-1)(q-1)$，mod 为模运算。

在 RSA 算法中，公钥 $PK=(e, n)$，私钥 $SK=(d, n)$，p、q、n、d 不可公开。

设 m 为要传送的明文， c 为加密后的密文，RSA 的加/解密过程：

加密：利用公开密钥（n，e）加密，$c=m^e \bmod n$，（$0\leqslant c<n$）；

解密：利用秘密密钥（n，d）解密，$m=c^d \bmod n$，（$0\leqslant m<n$）。

RSA 算法的安全性基于数论中大数分解质因子的困难性。从一个公开密钥和密文中恢复出明文的难度等价于分解两个大素数之积。因子分解越困难，密码就越难以破译，加密强度就越高。所以，RSA 需采用足够大的整数密钥。统计数据表明，在重要应用中，使用 512 位的密钥已不安全，需要采用 1024 位密钥。

关于 e 的乘法逆元 d 的求解是利用模 P 乘法逆元（费尔马小定理），即，对于整数 a、p，如果存在整数 b，满足 $a*b \bmod p=1$，则说，b 是 a 的模 p 乘法逆元。其中 $a^{p-1} \bmod p$ 是 a 的模 p 乘法逆元。例如，整数 $a=7$，$p=120$，求 $b=?$ 则 $b=a^{p-1} \bmod p=7^{119} \bmod 120=103$ 是 a 的逆元。

RSA 加解密举例：

1）选取 $p=11$，$q=13$。则 $n=p*q=143$。$\Phi(n)=(p-1)*(q-1)=10*12=120$；

2）选取 $e=17$（大于 p 和 q 的质数），计算其逆元，$d=17^{142} \bmod 143=113$。

3）那么公钥 PK 为（143，17），私钥 SK 为（143，113）。

任务 6.4 PGP 软件的使用

任务 6.4.1 PGP 的安装与注册

1. 学习目标

（1）了解 PGP 软件。

（2）掌握 PGP 软件的安装与注册。

2. 背景知识

PGP（Pretty Good Privacy）是一个基于 RSA 公钥加密体系的邮件加密软件。同时，PGP 也是一个网络标准的名字（RFC 2440：Open PGP Message Format）。在这里，我们主要讨论作为 RFC 标准的 PGP。

PGP 是一种以 RSA 等密码算法为基础，用来保护电子邮件等信息的安全性的系统。可以用它对邮件进行保密以防止非授权者阅读，它还能对邮件加上数字签名从而使收信人可以确信邮件是发信人发来的。它让发信人可以安全地和从未见过面的人们通信，而事先并不需要任何保密的渠道用来传递密钥。它采用了审慎的密钥管理，一种 RSA 和传统加密的杂合算法，用于数字签名的邮件文摘算法，加密前压缩等，还有一个良好的人机工程设计。它的功能强大，有很快的速度。而且它的源代码是免费的。此外，PGP 可以用来加密文件，还可以用 PGP 代替 UUencode 生成 RADIX 64 格式（就是 MIME 的 BASE 64 格式）的编码文件。

PGP 是一种供大众使用的加密软件。在现代社会里，电子邮件和网络上的文件传输已经成为生活的一部分。邮件的安全问题就日益突出了，大家都知道在 Internet 上传输的数据是不加密的。如果自己不保护自己的信息，第三者就会轻易获得你的隐秘。还有一个问题就是信息认证，如何让收信人确信邮件没有被第三者篡改，就需要数字签名技术。RSA 公钥体系的特点使它非常适合用来满足上述两个要求：保密性（Privacy）和认证性（Authentication）。

PGP 还可以只签名而不加密，这适用于公开发表声明时，声明人为了证实自己的身份（在网络上只能如此了），可以用自己的私钥签名。这样就可以让收件人能确认发信人的身份，也可以防止发信人抵赖自己的声明。这一点在商业领域有很大的应用前途，它可以防止发信人抵赖和信件被途中篡改。

3. 工作任务

通过 Internet 获得的 PGP 软件，完成 PGP 软件的安装与注册。

4. 任务实施

（1）PGP 的安装。

1）运行安装向导，弹出欢迎信息，单击 Next 按钮，进入许可协议选择界面，单击 YES 按钮，进入提示安装 PGP 所需要的系统及软件配置情况的界面，继续单击 Next 按钮，出现创建用户类型的界面，选择新用户，单击 Next 按钮，如图 6-25 所示。

2）弹出安装路径的选择对话框，可以选择默认的安装路径，D:\Program Files\PGP Corporation\PGP for Windows XP（假设系统盘是 D 盘的情况），单击 Next 按钮，如图 6-26 所示。

3）弹出选择 PGP 组件的窗口，安装程序会检测系统内所安装的程序，如果存在 PGP 可以支持的程序，它将自动为选中该支持组件，单击 Next 按钮，如图 6-27 所示。

4）安装信息的确认，单击 Next 按钮，如图 6-28 所示。

5）弹出安装完成对话框，选择 Yes，I want to restart my computer now 复选框，如图 6-29 所示，单击 Finish 按钮，重新启动计算机，即安装完成。

（2）PGP 的注册。

1）系统重新启动之后，运行 PGP，出现注册向导，注册之后才能顺利配置和使用 PGP 软件，如图 6-30 所示。

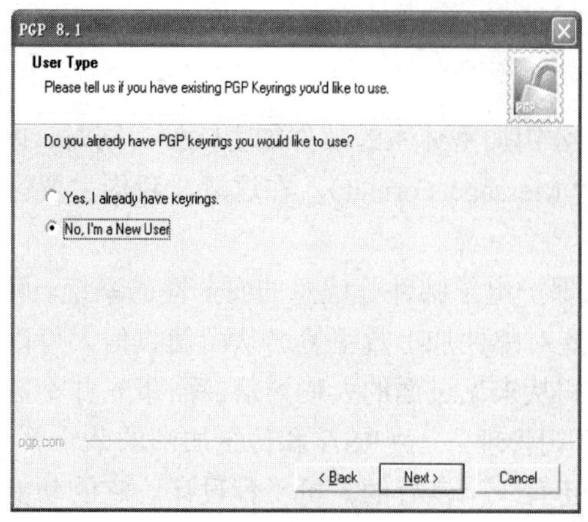

图 6-25 选择新用户安装

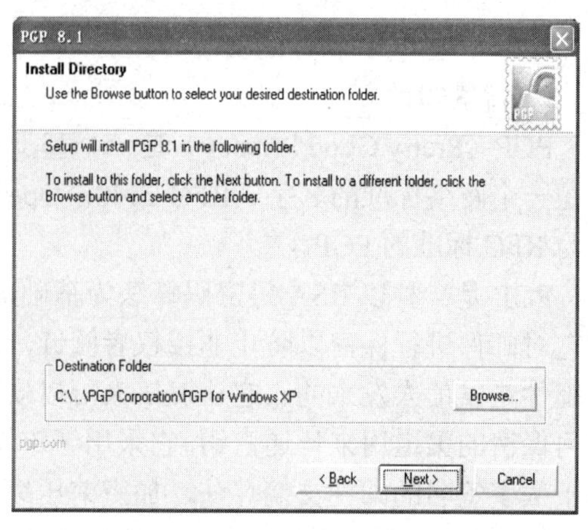

图 6-26 选择安装路径

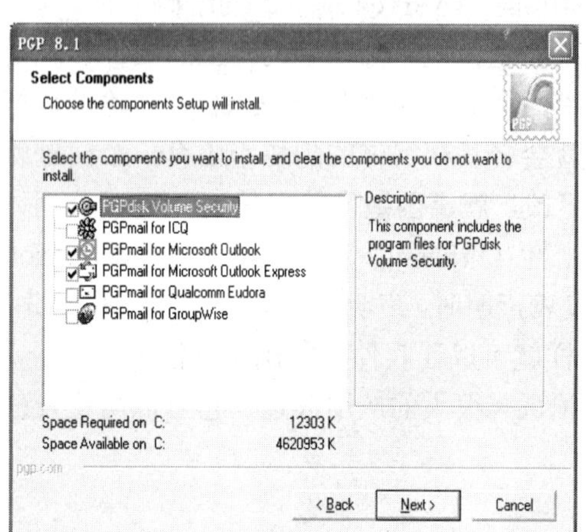

图 6-27 选择安装组件

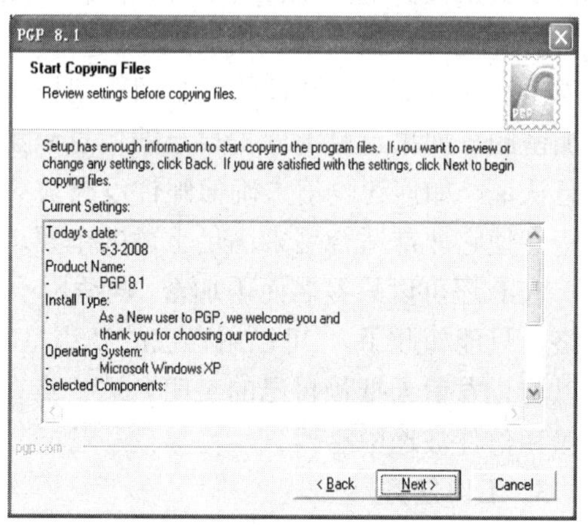

图 6-28 安装信息确认

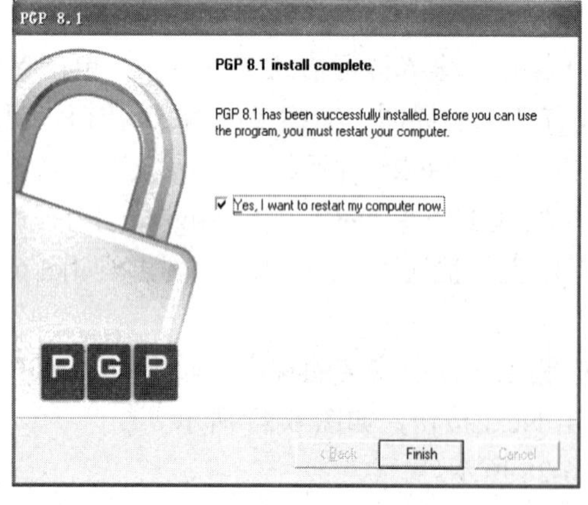

图 6-29 安装完成

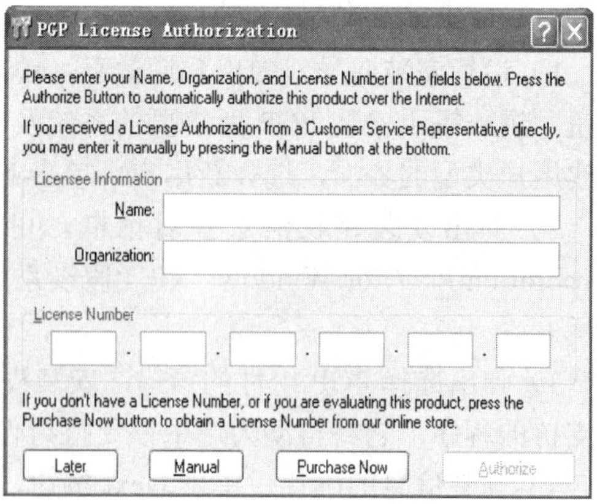

图 6-30 打开注册向导

2）打开附件中的 SN.txt 文件，该文件中有两组注册资料，可以选其中任何一组进行注册，下面以前一组注册资料为例，如图 6-31 所示。

3）分别在 Name、Organization 和 License Number 中输入对应的产品信息，如 User 2004、

Group 2004 和 CUPVJ–RMRME-N4MYZ-M1ZUQ-26CWD-M0A，单击 Manual 按钮，进行手工注册，弹出注册号认证对话框，如图 6-32 所示。

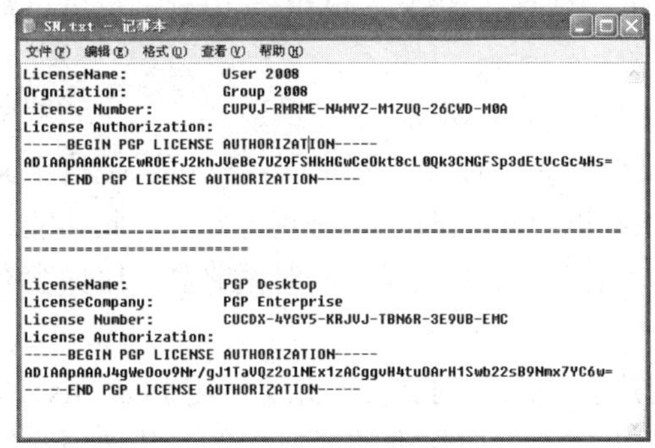

图 6-31　打开注册资料

图 6-32　注册号认证

4）将 SN.txt 中的 License Authorization 部分复制到对话框中，注意必须包括“-----BEGIN PGP LICENSE AUTHORIZATION-----”及“-----END PGP LICENSE AUTHORIZATION-----”，如图 6-33 和图 6-34 所示。

图 6-33　选择认证信息

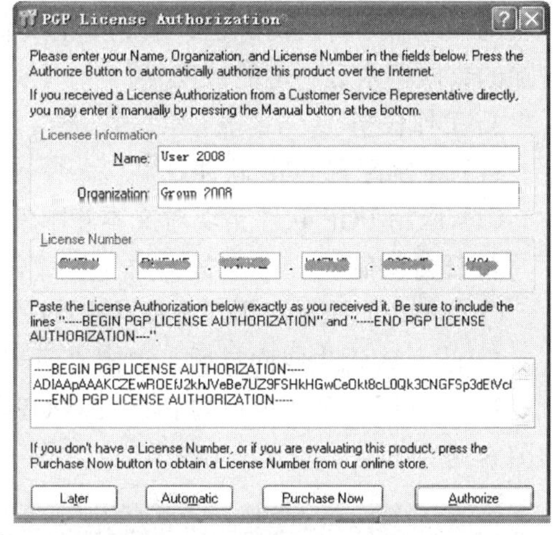

图 6-34　填充认证信息

5）在图 6-34 中单击 Authorize 按钮，弹出注册完成对话框，单击 OK 按钮，进入密钥生成向导。

任务 6.4.2　PGP 的配置与应用

1. 学习目标

（1）了解 PGP 的功能。

（2）掌握 PGP 软件的配置与应用。

2. 背景知识

PGP 能够提供独立计算机上的信息保护功能，使得这个保密系统更加完备。PGP 可以做以下事情：

（1）在任何软件中进行加密/签名及解密/校验。通过 PGP 选项和电子邮件插件，可以在任何软件中使用 PGP 的功能。

（2）创建及管理密钥。使用 PGPkeys 来创建、查看、和维护 PGP 密钥对，也可以把任何人的公钥加入自己的公钥库中。

（3）创建自解密压缩文档 （Self-Decrypting Archives，SDA）。可以建立一个自动解密的可执行文件。任何人不需要事先安装 PGP，只要得知该文件的加密密码，就可以把这个文件解密。这个功能尤其在需要把文件发送给没有安装 PGP 的人时特别好用。并且，此功能还能对内嵌其中的文件进行压缩，压缩率与 ZIP 相似，比 RAR 略低（某些时候略高，比如含有大量文本）。总的来说，该功能是相当出色的。

（4）创建 PGPdisk 加密文件。该功能可以创建一个.pgd 的文件，此文件用 PGP Disk 功能加载后，将以新分区的形式出现，可以在此分区内放入需要保密的任何文件。其使用私钥和密码两者共用的方式保存加密数据，保密性坚不可摧，但需要注意的是，一定要在重装系统前记得备份“我的文档”中的“PGP”文件夹里的所有文件，以备重装后恢复自己的私钥，否则将永远没有可能再次打开曾经在该系统下创建的任何加密文件。

（5）永久性粉碎销毁文件、文件夹，并释放出磁盘空间。可以使用 PGP 粉碎工具来永久地删除那些敏感的文件和文件夹，而不会遗留任何的数据片段在硬盘上。也可以使用 PGP 自由空间粉碎器来再次清除已经被删除的文件实际占用的硬盘空间。这两个工具都是要确保所删除的数据将永远不可能被恢复。

3. 工作任务

（1）正确配置 PGP 软件。

（2）应用 PGP 软件实现对文本和邮件进行保护。

4. 任务实施

（1）PGP 的配置。用户公钥/私钥对的生成。

1）进入密钥生成向导后，单击“下一步”按钮，如图 6-35 所示。

2）设置用户名及用户的 E-mail（PGP 针对此邮件账号进行保护），单击“下一步”按钮，如图 6-36 所示。

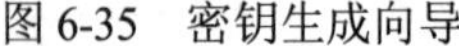
图 6-35 密钥生成向导

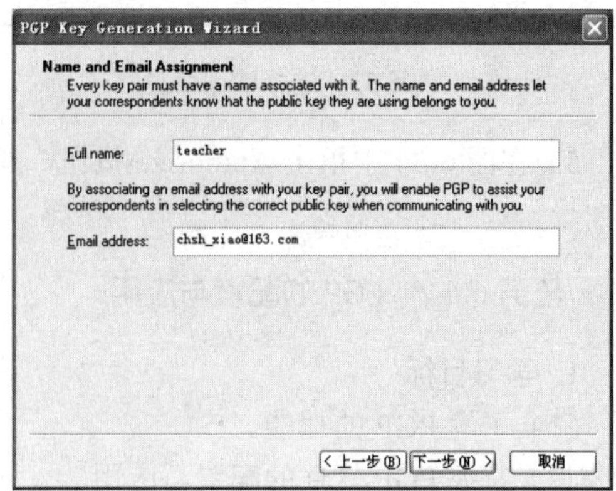

图 6-36 填写用户信息

3）设置用户的口令（初始设置和确认密码，密码需要输入两次），该口令用来保护分发的私钥，单击“下一步”按钮，如图 6-37 所示。

4）如果是新用户，那么在弹出的用户对话框中选择“新用户”，单击 Next 按钮，弹出完成对话框，单击“完成”按钮，如图 6-38 和图 6-39 所示。

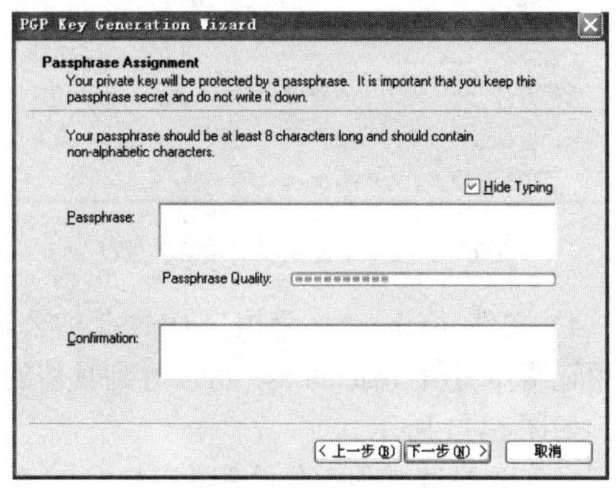

图 6-37　设置口令

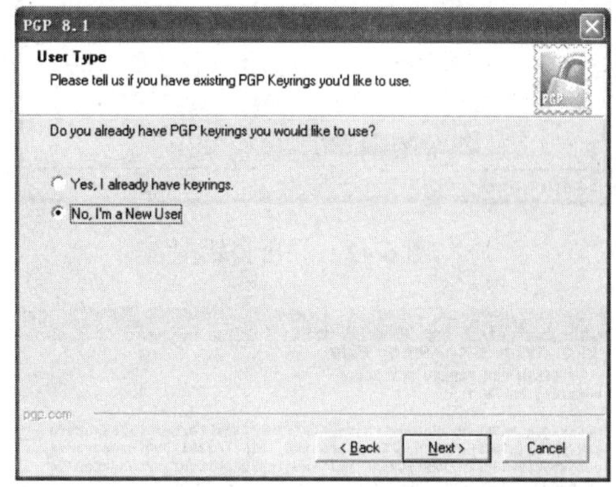

图 6-38　选择用户

图 6-39　完成生产密钥对

用户公钥的导出（公钥需要分发给其他用户）。

1）PGP 安装完成之后在桌面的右下方会出现一个锁形图标，鼠标单击该图标，出现 PGP 的工作菜单，选择 PGPkeys 命令，如图 6-40 所示。

2）在弹出的 PGP 密钥管理窗口中选择需要导出的密钥，如图 6-41 所示。

3）导出用户 teacher 的公钥，在菜单栏中选择 Keys 命令，再选择 Export 命令，选择公钥文件要保存的位置，单击“保存”按钮，如图 6-42 和图 6-43 所示。

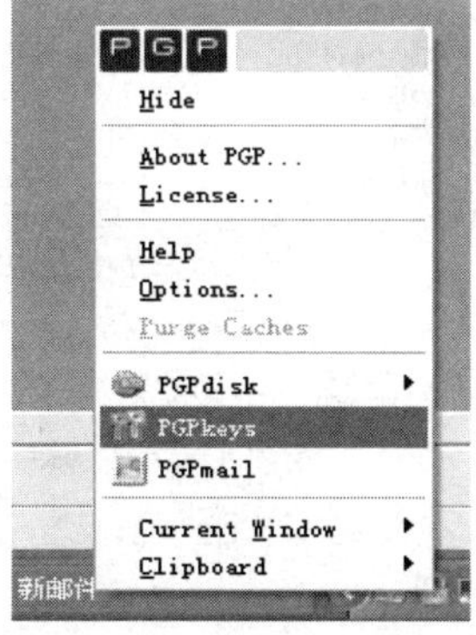

图 6-40　打开 PGP 密钥管理器

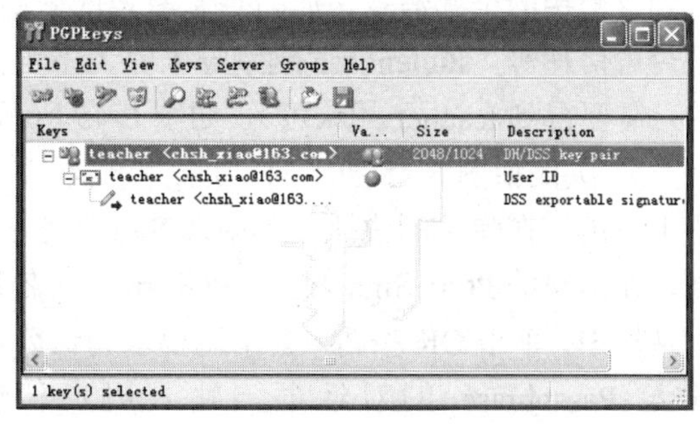

图 6-41　选择要导出的密钥

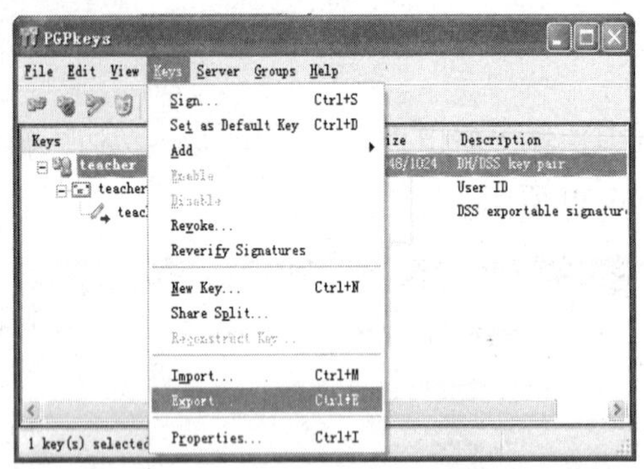

图 6-42　导出公钥

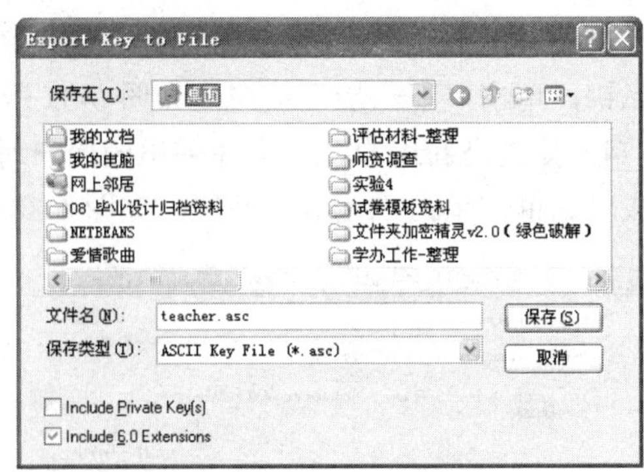

图 6-43　选择公钥文件存放位置

图 6-44　PGP 公钥

4）文件 teacher.asc 为用户 teacher 的公钥。使用记事本打开 teacher.asc 可以看到具体的公钥，如图 6-44 所示。

导入并设置其他人的公钥。用户 teacher 与用户 student 进行安全通信，使用 PGP 进行保护。那么两个用户需要互相交换公钥，即用户 teacher 需要把自己的公钥文件 teacher.asc 发送给用户 student；用户 student 需要把自己的公钥文件 student.asc 发送给用户 teacher。

下面以 teacher 和 student 进行安全通信为例，来讲解如何设置他人的公钥，具体步骤如下。

1）导入公钥：直接单击收到的 student.asc 的公钥，将会出现选择公钥的窗口。

2）选择用户 student，选好后，单击“Import（导入）”按钮，即可导入进 PGP。

3）设置公钥属性，接下来打开 PGPkeys，就能在密钥列表里看到刚才导入的密钥。

4）选中该密钥，右击，在弹出的快捷菜单中选 Key Properties（密钥属性）项，这里能查看到该密钥的全部信息，如是否是有效的密钥，是否可信任等（student.asc 刚刚导入时为不可信的，需要得到 teacher 的认可），如图 6-45 所示。

5）关闭如图 6-45 所示对话框，然后在该密钥上右击，在弹出的快捷菜单中选 Sign（签名）项，在出现的 PGP Sign Key（PGP 密钥签名）对话框中，单击 OK 按钮，会出现要求为该公钥输入 Passphrase 的对话框，输入用户私钥 teacher，然后继续单击 OK 按钮，即完成签名操作。查看密码列表里该公钥的属性，应该在

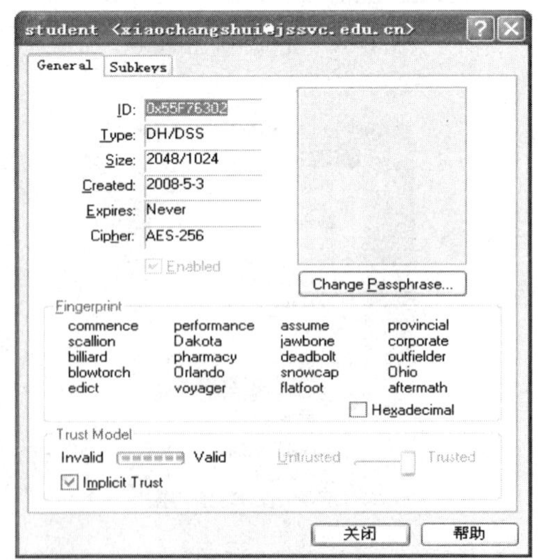

图 6-45　密钥属性

“Validity（有效性）”栏显示为绿色，表示该密钥有效。

6）然后再在该密钥上单击右键，在弹出的快捷菜单中选 Key Properties（密钥属性）项，将“Untrusted（不信任的）”处的滑块拉到“Trusted（信任的）”，再单击“关闭”按钮即可，这时再看密钥列表里的那个公钥，“Trust（信任度）”处就不再是灰色了，说明这个公钥被 PGP 加密系统正式接受，可以投入使用了。关闭 PGPkeys 窗口时，可能会出现要求备份的窗口，建议单击“Now Backup（现在备份）”按钮并选择一个路径保存，如“我的文档”（此备份的作用是防止下次使用的时候意外删除了重要用户）。

（2）PGP 的应用。使用 PGP 对文本进行保护。

1）新建一个文本 test.txt，在其中输入“Today is Wednesday”，使该文本成为当前窗口，单击该窗口，在 PGP 菜单中选择对“Current Window”的操作，如图 6-46 所示。

2）在图 6-46 中，选择 Sign 命令，用户 teacher 需要输入自己的私钥对当前窗口的内容进行签名，签名后的结果如图 6-47 所示。

图 6-46　选择加/解密或签名

PGP 对邮件的保护。

1）安装 PGP 之后，使用 Outlook Express 写邮件。

2）用户 teacher 给用户 student（邮箱为 student@163.com）写信，teacher 进行签名。与 test.txt 签名方法相同。

3）签名结果如图 6-48 所示。

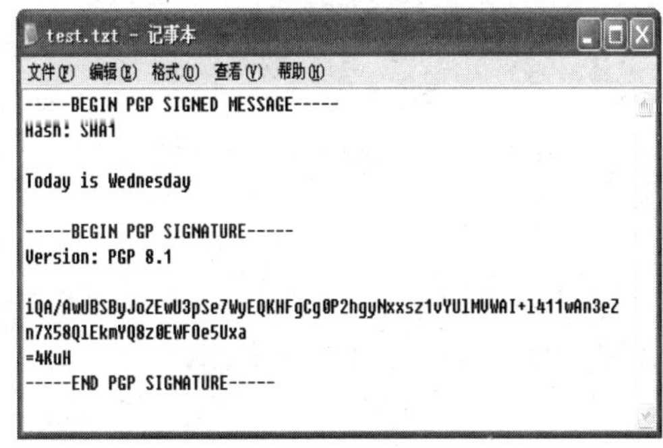

图 6-47　PGP 实现签名

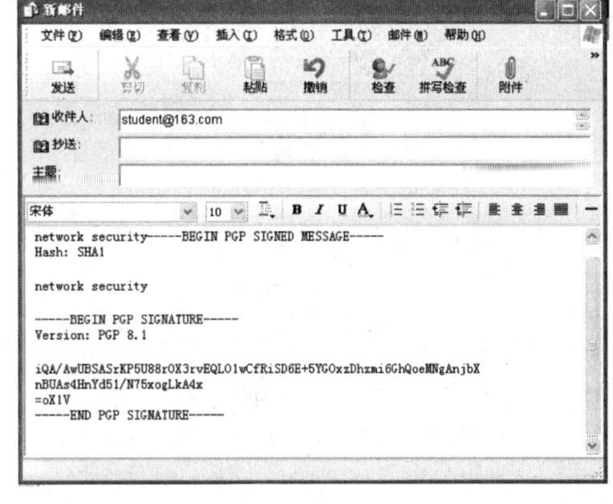

图 6-48　PGP 实现邮件加密

项目实训　PGP 软件应用

实训目的

（1）了解 PGP 软件及功能。

（2）掌握 PGP 软件的安装。

（3）掌握 PGP 软件的配置与应用。

实训任务

（1）在 Windows 系统平台上安装 PGP 软件。

（2）进行 PGP 软件的配置，即公钥/私钥的生成和公钥的导入导出。

（3）使用 PGP 软件实现对邮件的保护。

实训总结

（1）总结在实验过程中的问题，并进行相应分析。

（2）对 PGP 软件进行安全性分析。

习　　题

1. 分别回答明文、密文、密钥、加密、解密和密码算法的含义。
2. 古典密码学的基本加解密方法是什么？请分别作简要阐述。
3. 简述凯撒密码技术原理。
4. 什么是对称加密技术？常用的对称加密算法有哪些？
5. 简述对称密码技术的优缺点。
6. 什么是非对称加密技术？常用的非对称加密算法有哪些？
7. 叙述非对称密钥加密技术原理，并图示说明。
8. 非对称密码算法的特点是什么？
9. 分析非对称密码技术的优缺点。
10. 叙述混合加密技术原理，并图示说明。
11. 简述 PGP 的功能。

项目 7　数字签名技术分析与应用

随着电子邮件及电子商务的蓬勃发展，人们正面临如何进行安全信息交换的巨大挑战，如信息源的身份认证，信息的保密性、完整性、真实性及不可否认性。数字签名技术可以实现在 Internet 上用户安全地交换信息数据。随着电子商务、电子政务和个人网络应用的普及，对数字签名技术的掌握具有重要意义。

本项目主要阐述了数字签名技术原理及应用。给出了数字签名的含义，分析了数字签名的发展状况及作用与用途，详述了数字签名技术原理，并对数字证书和认证中心 CA 做了详细介绍；通过对 PGP 软件的学习和使用，让学生对数字签名技术有更深入的认识。

任务 7.1　了解数字签名技术

任务 7.1.1　了解数字签名发展状况

1. 学习目标

（1）了解电子商务的发展与安全隐患。

（2）了解电子签名技术。

（3）了解电子签名的相关立法。

2. 背景知识

随着 Internet 的发展，电子商务已经逐渐成为人们进行商务活动的新模式。电子商务从产生至今虽然时间不长，但发展十分迅速。电子商务的发展前景及其带来的影响，已经引起世界各国政府和企业的广泛关注和积极参与。但是，由于电子商务交易平台的虚拟性和匿名性，其安全问题也变得越来越突出，电子签名技术的应用及其立法为电子商务安全运行提供了重要保障。

（1）电子商务的发展与安全隐患。电子商务改变了传统的商业运作模式，给世界范围内的商务交易活动带来了新的契机。

电子商务在提高商务效率、降低商务交易成本的同时，也遇到了非常严峻的挑战。电子商务的一个重要技术特征是利用计算机网络来传输和处理商务信息。因此，影响电子商务安全的问题主要存在两个方面：计算机网络安全和商务交易信息安全。计算机网络安全是指作为电子商务交易平台的计算机网络的安全，其内容主要包括计算机网络设备安全、计算机网络系统安全、数据库安全等。其安全防范行为包括防止网络病毒、防止黑客攻击、防止拒绝服务等，目的是确保计算机网络运行的畅通和安全。商务交易信息安全则是指主要包括防止信息窃听、篡改、伪装等，确保电子商务数据的完整性、可用性，交易双方身份的确定性，交易行为的不可抵赖性等。

（2）电子签名技术概述。对于电子商务中的安全问题，IT 行业最初侧重于提升网络运行品质、保障网络安全，更多关注的是怎样防范病毒和黑客的攻击。随着对电子商务的深入研究，人们逐渐认识到还需要通过技术与制度的结合，建立一套完整的预防和控制体系。商务信息安全作为这一体系的重要内容越来越受到关注。以非对称密钥系统（PKI）为主的电子签名技术的应用可以基本解决交易及信息传递的有效性、安全性和不可抵赖性等问题，这一技术在电子认证机构（CA）的支持下得到快速应用和发展，其安全可靠性已经通过大量实践的检验。

在电子商务的虚拟世界中，合同或文件是以电子数据的形式表现和传递的。在电子文件上，传统的手写签名和盖章无法进行，必须依靠数字技术手段来替代。能够在电子文件中起到与手写签名或者盖章同等作用的签名的电子技术手段，称为电子签名。从法律上讲，签名有两个功能：即标志签名人和表示签名人对文件内容的认可。目前，可以通过多种技术手段来实现电子签名，即在确认了签署者的确切身份后，电子签名承认人们可以用多种不同的方法签署一份电子记录，这些签署电子记录的方法统称为电子签名技术。

电子签名技术目前有多种实现方式，例如，基于公钥密码技术（PKI）的数字签名技术；基于签名主体特有的以生物特征统计学为基础的识别标识，如手印、声音印记或视网膜扫描的识别；手书签名和图章的电子图像的模式识别等。

（3）电子签名的立法。从法律的角度给予电子签名以传统签名、盖章同等的法律地位，是电子签名得以广泛应用和发挥功效的前提，也是近十年来国际电子商务立法的核心内容。从 1995 年至今，已有三十多个国家、地区和国际组织先后制订了电子签名法或以确立电子签名法律地位为主要内容的电子商务法，从根本上为电子商务的发展奠定了基础。

2005 年 4 月 1 日，我国正式颁布实施《电子签名法》。它的出台为我国电子商务发展提供了基本的法律保障，它解决了电子签名的法律效力这一基本问题，并对电子商务认证机构、电子签名的安全性、签名人的行为规范、电子交易中的纠纷认定等一系列问题做出了明确的规定。

3. 工作任务

通过 Internet 搜索我国的《电子签名法》，了解有关电子签名的概念。

任务 7.1.2　数字签名的基本概念

1. 学习目标

（1）掌握电子签名的概念。

（2）了解电子签名的作用。

（3）掌握数字签名的概念。

2. 背景知识

数字签名是电子签名的一种方式。数字签名是在公钥加密系统的基础上建立起来的，数字签名的产生涉及的运算方式是人们常用的散列函数功能（Hash Function）。散列函数功能其实是一种数学计算过程。这一计算过程建立在一种以“散列函数值”或“散列函数结果”形式创建信息的数字表达式或压缩形式（通常被称作“信息摘要”或“信息标识”）的计算方法之上。在安全的散列函数功能（有时被称作单向散列函数功能）情形下，要想从已知的散列函数结果中推导出原信息来，实际上是不可能的。因而，散列函数功能可以使软件在更少且可预见的数据量上运作生成数字签名，却保持与原信息内容之间的高度相关，且有效保证信息在经数字签署后并未做任何修改。

数字签名只有信息的发送者才能产生，别人无法伪造的一段数字串，它同时也是对发送者发送的信息的真实性的一个证明。签署一个文件或其他任何信息时，签名者首先须准确界定要签署内容的范围。然后，签名者软件中的散列函数功能将计算出被签署信息唯一的散列函数结果值（为实用目的）。最后使用签名者的私人密码将散列函数结果值转化为数字签名。

得到的数字签名对于被签署的信息和用以创建数字签名的私人密码而言都是独一无二的。

ISO 7498-2 标准对数字签名是这样定义的：附加在数据单元上的一些数据，或是对数据单元所做的密码变换，这种数据或变换允许数据单元的接收者用以确认数据单元来源和数据单元的完整性，并保护数据，防止被人（如接收者）伪造。

3. 工作任务

通过深入理解电子签名与数字签名的含义，分析两者的关系。

任务 7.1.3　数字签名的作用与用途

1. 学习目标

（1）掌握数字签名的作用。

（2）了解数字签名的用途。

2. 背景知识

（1）数字签名的作用。由于有了 Internet 上的电子商务系统技术，在网上购物的顾客能够极其方便地获得商家和企业的信息，但同时这也增加了某些敏感或有价值的数据被滥用的风险。因为买方和卖方必须保证对于在 Internet 上进行的一切金融交易运作都是真实可靠的，并且要使顾客、商家和企业等交易各方都具有绝对的信心，因此 Internet 电子商务系统必须解决伪造、抵赖、冒充和篡改的安全威胁问题，而数字签名可以解决这些安全威胁问题。数字签名技术可以提供如下几方面的功能。

1）信息传输的保密性。

2）交易者身份的可鉴别性。

3）数据交换的完整性。

4）发送信息的不可否认性。

5）信息传递的不可重放性。

（2）数字签名的用途。数字证书的用途很广泛，它可以用于方便快捷安全地发送电子邮件、访问安全站点、网上招标投标、网上签约、网上订购、网上公文的安全传送、网上办公、网上缴费、网上缴税、网上购物等安全电子事务处理和安全电子交易活动。

在网络应用中，数字签名比手工签字更具优越性，数字签名是进行身份鉴别与网上安全交易的通用实施技术。当然，网络环境还有很多其他威胁，要由其他专门技术解决，如防火墙技术、反病毒技术、入侵检测技术等。在网络应用中，凡是要解决伪造、抵赖、冒充、篡改与身份鉴别的问题，都可运用数字签名来处理。

3. 工作任务

正确阐述密码体制的工作原理。

任务 7.2　认识数字签名技术概念与原理

任务 7.2.1　认识消息摘要的概念

1. 学习目标

（1）掌握消息摘要的概念。

（2）掌握散列函数的属性。

（3）了解常用的散列变换算法。

2. 背景知识

（1）消息摘要含义。在信息安全技术中经常需要验证消息的完整性，消息摘要函数（Message Digest）就提供了这一服务。它是一种散列变换，能对不同长度的输入信息产生固定长度的输出，即一个单独的128或256位的大数。这个大数称为原消息的“消息摘要”或“散列”。

一个安全的散列函数 H 应具有以下的属性：

1）H 能够应用到大小不一的数据上。

2）H 对任何输入报文数据生成固定长度的输出。

3）对于任意给定的 x，$H(x)$ 的计算相对简单。

4）对于任意给定的 h，要发现满足 $H(x)=h$ 的 x 在计算上是不可行的。

5）要发现满足 $H(x)=H(y)$ 的 (x, y) 对在计算上是不可行的。

由于消息摘要函数比对称加密算法的速度还快，因此有着广泛的应用。消息摘要函数是数字签名和消息识别码（MAC）的基础。

（2）常用算法。

1）MD5（Message Digest Algorithm-5）算法是由里弗斯特（R.Rivest）设计的，在RFC1321中描述。MD5按512位数据块为单位来处理输入，产生128位的消息摘要。

2）SHA（Secure Hash Algorithm）算法是由NIST（美国国家标准技术研究所）开发，并在1993年作为信息处理标准公布。SHA与MD5的设计原理相似，同样也按512位数据块为单位来处理输入，但它产生160位的消息摘要，具有比MD5更强的安全性。

目前常用的消息摘要函数有MD2、MD4、MDS、HMAC、SHA、SHA-1。

3. 工作任务

（1）通过Internet搜索MD5算法介绍，理解算法思想，掌握算法实现。

（2）通过Internet搜索SHA-1算法介绍，理解算法思想，掌握算法实现。

任务7.2.2 认识数字签名原理

1. 学习目标

（1）掌握置换密码的概念。

（2）理解和掌握矩阵换位法的算法思想。

2. 背景知识

数字签名技术是结合消息摘要函数和公钥加密算法的具体加密应用技术。数字签名指一个用自己的非对称密码算法私钥加密后的信息摘要，附在消息后面；别人得到这个数字签名及签名前的信息内容，使用该用户分发的非对称密码算法公钥，就可以检验签名前的信息内容在传输过程或分发过程中是否已被篡改并且可以确认发送者的身份。

为了实现网络环境下的身份鉴别、数据完整性认证和抗否认的功能，数字签名应满足以下要求：

（1）签名者发出签名的消息后，就不能再否认自己所签发的消息。

（2）接收者能够确认或证实签名者的签名，但不能否认。

（3）任何人都不能伪造签名。

（4）第三方可以确认收发双方之间的消息传送，但不能伪造这一过程，这样，当通信的双方关于签名的真伪发生争执时，可由第三方来解决双方的争执。

对于一个典型的数字签名体系而言，它必须包含两个重要的组成部分：即签名算法（Signature Algorithm）和验证算法（Verification Algorithm）。为了满足上述四点要求，数字签名体系必须满足两条基本假设：

（1）签名密钥是安全的，只有其拥有者才能使用。

（2）使用签名密钥是产生数字签名的唯一途径。

下面举例说明数字签名的实现过程，其过程包括两个方面，首先是发送方的签名过程，其次是接收方对发送方签名的验证过程。设用户 A 向用户 B 发送消息。

发送方签名过程。发送方 A 创建数字签名的过程如下：

1）为保证签名的速度，A 先将原文进行单向 Hash 运算生成定长的消息摘要 A，如图 7-1 所示。

图 7-1　用户 A 生成消息摘要

2）利用自己的私钥加密消息摘要得到数字签名 A，并将数字签名附在原消息后面，如图 7-2 所示。

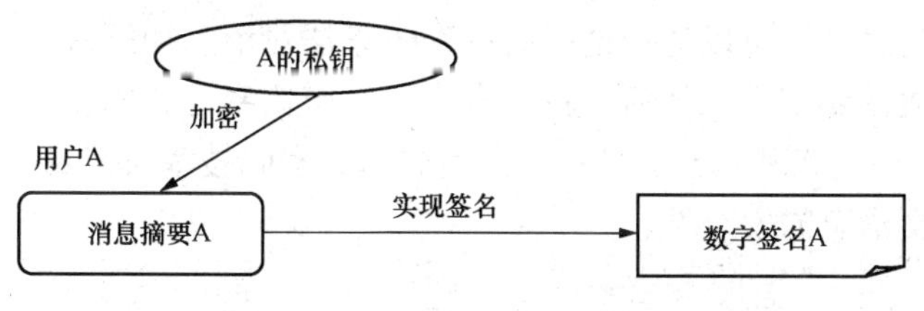

图 7-2　用户 A 实现签名

3）通信时用户 A 将自己的原文和签名文一起通过网络送给通信对方即用户 B，如图 7-3 所示。

接收方验证过程。接收方 B 接收到发送方 A 的签名消息后，对 A 的签名消息进行验证的过程如下：

1）将消息中的原消息与数字签名分离出来，如图 7-4 所示。

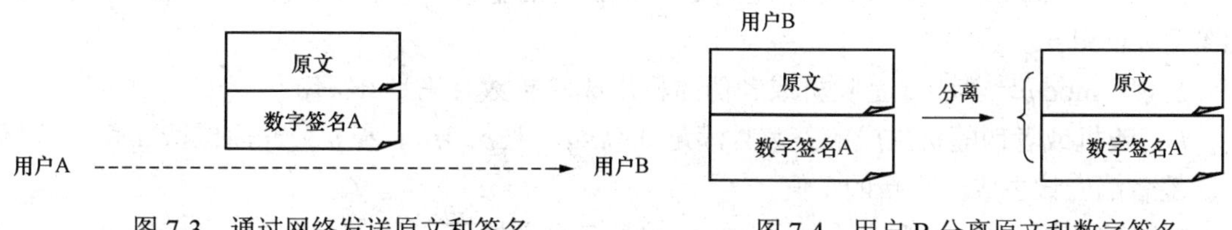

图 7-3　通过网络发送原文和签名　　图 7-4　用户 B 分离原文和数字签名

2）使用 A 的公钥解密数字签名得到摘要，如图 7-5 所示。

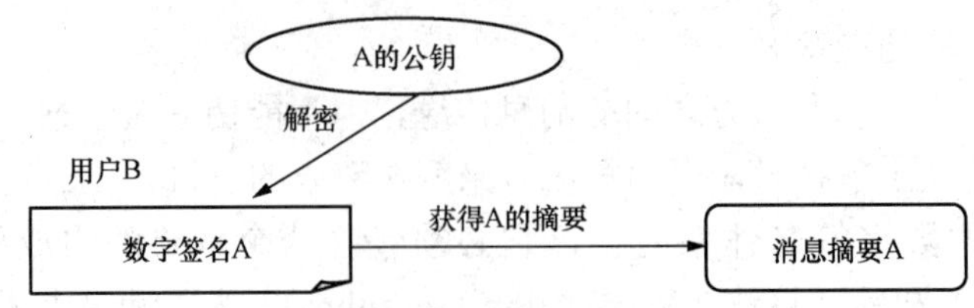

图 7-5　用户 B 解密得到 A 的消息摘要

3）利用与发送方 A 相同的散列函数重新计算原消息的摘要，如图 7-6 所示。

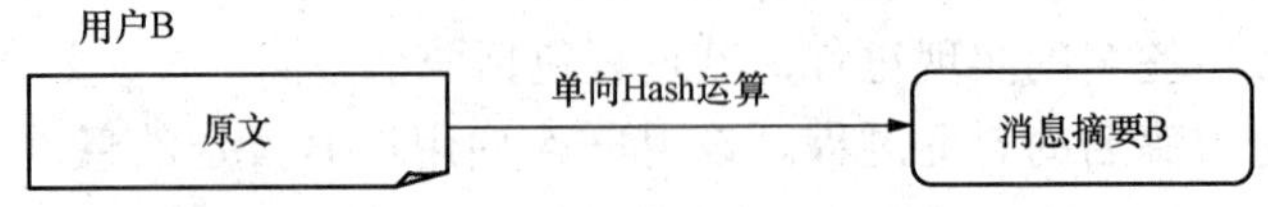

图 7-6　用户 B 对原文产生消息摘要 B

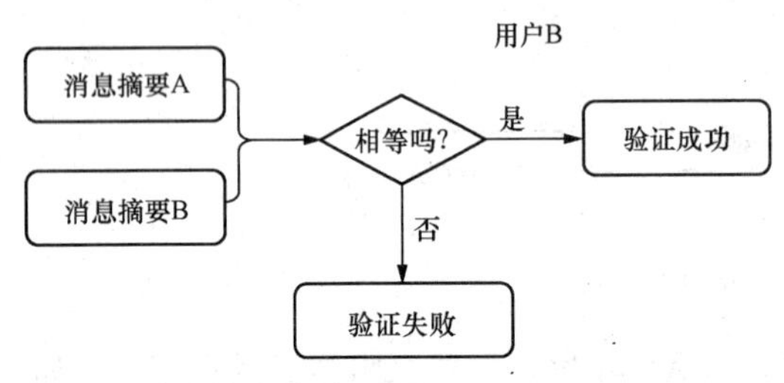

图 7-7　用户 B 进行签名验证

4）比较解密后获得的消息摘要 A 与重新计算产生的消息摘要 B，若相等则说明消息在传输过程中没有被篡改，否则消息不可靠，如图 7-7 所示。

以上的数字签名的实现过程中，消息在网络中传输是公开的。如果是保密消息，可以考虑对消息进行加密。考虑到对称密码技术和非对称密码技术的优缺点，因消息可能很大，用非对称密码算法会耗时多，可以选择使用对称密码算法对消息加解密，并将用非对称密码算法对其密钥加密形成密钥密文。然后，将消息密文、密钥密文和摘要密文一同随网络传输给接收方，接收方对其进行解密验证。其中，使用非对称密码技术对消息加密可实现一次一密，从而大大增加了明文消息的安全性。

3. 工作任务

通过 Internet 搜索数字签名的相关信息，进一步深入理解数字签名原理，根据数字签名过程阐述消息摘要函数和公钥加密算法各自实现的功能。

4. 知识扩展

（1）DSA 签名算法。DSA（Digital Signature Algorithm）中涉及的参数可以描述如下：

p 是一个素数，满足 $2L-1<p<2L$，其中 $512\leqslant L\leqslant 1024$，$L$ 是 64 的倍数。

q 是一个 160 比特的素数并且能够整除 $p-1$。

$g=h^{(p-1)/q} \bmod p$，其中 h 是任意满足 $1<h<p-1$ 的整数，并且使得 $h^{(p-1)/q} \bmod p>1$，即 g 的阶是 $q \bmod p$。

$\beta=g^{a} \bmod p$，其中 a 是随机或者伪随机生成的整数且满足 $0<a<q$。

k 是随机或者伪随机生成的整数且满足 $0<k<q$。把 p，q，g 和 β 公开而保密 a 和 k。对每一次签名都应该生成一个新的 k 值。

1）签名过程。对于给定的 k，消息 m 的签名定义如下：

$$sig(m,\ k)=(y,\ s)$$

其中

$$y = (g^k \bmod p) \bmod q$$
$$s = (k^{-1}(\mathrm{MD5}(m) + ay)) \bmod q$$

消息摘要函数 MD5 用于把可变长度的消息 m 转变为一个 160 位的消息摘要，然后再用数字签名方案对它进行签名。

2）验证过程。设 $ver(m, y, s)$ 是验证算法，它以上述定义的消息 m 和 y，s 为输入。签名的验证通过下面的计算来完成：

$$w = s^{-1} \bmod q$$
$$d1 = (\mathrm{MD5}(m) * w) \bmod q$$
$$d2 = (y * w) \bmod q$$
$$v = ((g^{d1} * \beta^{d2}) \bmod p) \bmod q$$

若 $v=y$，则 $ver(m, y, s)$ 的输出为真，否则为假。

消息 m 的签名是有效的当且仅当 $ver(m, y, s)$ 的输出为真。如果 $ver(m, y, s)$ 的输出为假，则说明或者消息 m 被篡改，或者该签名不是签名者的合法签名。

3）安全性分析。由于 DSA 是基于有限域上离散对数问题，出于短期安全性考虑要求域 Zp 的素数 p 的长度至少为 1024 位，而考虑到长期安全性则要求其长度至少为 2048 位。

（2）RSA 签名算法。RSA 签名算法是第一个较完善的公开密钥算法，它既能用于加密也能用于数字签名，而认证过程相当于保密过程的逆过程。

RSA 的安全性建立在大整数素因子分解困难的基础之上，其数字签名算法类似于 RSA 密码算法，该算法的描述详见本书 7.2.3 节。RSA 数字签名算法可以描述如下：

1）签名过程。消息 m 的签名 $sig(m)$ 通过下面的计算生成：

$sig(m) = (h(m))^e \bmod n$

其中 $h(m)$ 是消息摘要，它由消息 m 通过密码学中的 MD5 算法得到。

2）验证过程。验证算法 $ver(m, y)$ 以消息 m 和签名 y 为输入，定义如下：

$$ver(m, y) = \text{真，等价于 } h(m) \equiv y^d \bmod n$$

其中，(e, n) 为公钥，(d, n) 为私钥。

验证算法使用了签名者的公钥，所以任何人都可以验证一个签名；然而由于签名需要签名者的私钥，故只有签名者本人才能产生有效的签名。

3）安全性分析。正如 RSA 密码体制的情形一样，素数 p 和 q 应该足够大，使得对于给定了它们的乘积 n，如果事先不知道 p 或者 q，分解 n 是计算上不可行的。对于短期安全性，n 的长度至少应该为 1024 位，而长期安全性则要求 n 至少为 2048 位。

任务 7.3　认识数字证书与认证中心

任务 7.3.1　认识数字证书

1. 学习目标

（1）掌握数字证书的概念。

（2）了解数字证书的存放方式。

（3）了解数字证书的类型。

（4）掌握数字证书的结构。

2. 背景知识

（1）数字证书的概念。数字证书如同我们日常生活中使用的身份证，它是持有者在网络上证明自己身份的凭证。在一个电子商务系统中，所有参与活动的实体都必须用证书来表明自己的身份。证书是一个经证书授权中心数字签名的包含公开密钥拥有者信息以及公开密钥的文件。证书一方面可以用来向系统中的其他实体证明自己的身份，另一方面由于每份证书都携带着证书持有者的公钥，所以证书也可以向接收者证实某人或某个机构对公开密钥的拥有，同时也起着公钥分发的作用。

因此，数字证书是各类实体（持卡人/个人、商户/企业、网关/银行等）在网上进行信息交流及商务活动的身份证明，在电子交易的各个环节，交易的各方都需验证对方证书的有效性，从而解决相互间的信任问题。

简单地说，证书的构成就是一个公钥，再加上公钥所有者的标识，以及被信任的第三方对上述信息的数字签名。公证方的数字签名保证了公钥及其所有者的对应关系，同时也保证了证书中的公钥信息不会被篡改。

（2）证书存放方式。考虑到业务的终端类型的多样化以及业务应用的方便程度等因素，数字证书一般以两种方式存放：

1）使用 IC 卡存放。即把用户的数字证书写到 IC 卡中，供用户随身携带。这样用户在所有能够读 IC 卡证书的电子商务终端上都可以享受电子商务服务。

2）直接存放在磁盘或自己的终端上。用户将从 CA（证书颁发机构）申请来的证书下载或复制到磁盘或自己的计算机或智能终端上，当用户使用自己的终端享受电子商务服务时，直接从终端读入即可。

（3）数字证书的类型。从证书的用途来看，数字证书可分为签名证书和加密证书。签名证书主要用于对用户信息进行签名，以保证信息的不可否认性；加密证书主要用于对用户传送信息进行加密，以保证信息的真实性和完整性。

从证书的使用对象来分，数字证书可分为个人数字证书、单位数字证书、单位员工数字证书、服务器证书、VPN 证书、WAP 证书、代码签名证书和表单签名证书等。

从数字证书遵循的标准和格式来看，存在着很多不同种类的证书类型。它们包括：X.509 公钥证书、简单 PKI（Simple Public Key Infrastructure）证书、PGP 证书、属性（Attribute）证书等。这些证书具有各自不同的格式。并且，一种类型的证书可被定义为好几种不同的版本，每一种版本也可能以好几种不同的方式来具体实现。例如，X.509 证书就有三种版本。其中版本 3 的公钥证书包括好几种可选的不同扩展，可以不同的应用方式来具体实现。

1）常用的几种数字证书。

SPKI：是由 IETF SPKI 工作组指定的一系列技术和参考文档，包括 SPKI 证书格式。SPKI 证书又叫授权证书，主要目的是传递许可权。目前只有很少的 SPKI 证书应用需求，而且缺乏市场需求。

PGP（Pretty Good Privacy）：是一种对电子邮件和文件进行加密与数字签名的方法。它规范了在两个实体间传递信息、文件和 PGP 密钥时的报文格式。

PGP 证书与 X.509 证书之间存在着显著不同，它的信任策略主要是基于个人而不是企业。因此，虽然在 Internet 上的电子邮件通信中得到了一定范围内的应用，但对企业内部网来说，却不是最好的解决方案。

SET：安全电子交易（SET）标准定义了在分布式网络上进行信用卡支付交易所需的标准。它采用了 X.509 第 3 版公钥证书的格式，并指定了自己私有的扩展。非 SET 应用无法识别 SET 定义的私有扩展，因此非 SET 应用无法接受 SET 证书。

属性证书：属性证书是用来传递一个给定主体的属性以便于灵活、可扩展的特权管理。属性证书不是公钥证书，但它的主体可以结合相应公钥证书通过“指针”来确定。

2）根据证书的安全级别将证书分类如下：

一级证书。这是最高级别的证书，由认证机构受理审核和发放，一般应用于系统内部的服务器和操作员证书。

二级证书。由业务受理点受理并审核。认证机构进行二次审核后发放，如商家证书、服务器证书等。

三级证书。如个人证书，通过业务受理点或网络进行证书申请，审核由业务受理点完成，必要时可由受理中心和注册机构进行二次审核。

四级证书。如测试证书或对安全要求不高的个人证书，可采用浏览器方式直接通过网络向认证机构的证书签发服务器提出申请。

（4）数字证书的结构。1988 年公布的 ISO 鉴别框架提供了网间鉴别功能，也称 X.509 协议，它的最重要的部分就是公钥证书结构。在所有格式的证书中，X.509 证书应用范围最广。在许多网络安全应用，如 VPN 和 S/MIME（Secure/Multipurpose Internet Mail Extension）中，都使用了 X.509 格式的证书。它规定每个用户都有一个与其他用户不相同的名字，由 CA 分配并签发一个包含用户唯一名字和该用户公钥的证书。X.509 的证书格式包括申请者的信息、证书信息和证书颁发者的信息三部分，下面将分别介绍，其数字证书的结构如图 7-8 所示。

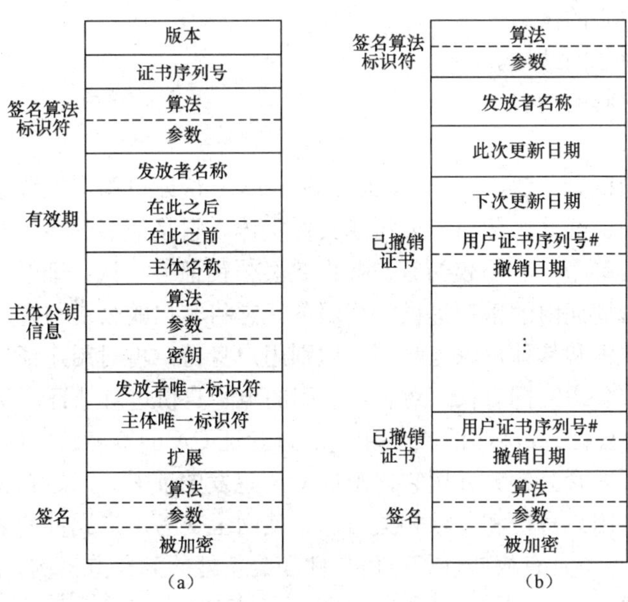

图 7-8　X.509 证书格式

（a）X.509 证书；（b）撤销证书列表

1）申请者的信息。用来刻画证书申请者的基本信息，其中包括：

证书拥有者的可识别名，命名规则一般采用 X.500 格式。

证书所有人的公开密钥和算法识别符，包括公钥算法、公钥的位字符串表示。

证书拥有者的唯一识别符。

2）证书信息。用来描述证书的一般属性，包括：

证书的版本信息：证书版本号，不同版本的证书格式不同。用来与 X.509 的将来版本兼容。

证书序列号，由证书颁发者分配的本证书的唯一标识符。

证书的有效期限，现在通用的证书一般采用 UTC 时间格式，它的计时范围为 1950～2049。

证书扩展信息，是构建证书的可选的标准和专用扩展，包括证书策略、策略映射、密钥标识符、主体及颁发者的别名和主体目录属性等。

3）证书颁发者的信息。用来描述颁发者及数字证书中签名算法的信息，数字证书包含颁发者的签名和用来生成数字签名的签名算法。任何人收到证书后都能使用签名算法来验证证书是否是由颁发者的签名密钥签发的。包括：

颁发者即身份验证机构的标识信息，命名规则一般采用 X.500 格式。

颁发者唯一标识符。

颁发者签名算法及相关参数。

3. 工作任务

通过 Internet 搜索数字证书的相关信息，进一步深入理解数字证书的概念、存放方式、类型和 X.509 的格式。

任务 7.3.2 认识认证中心

1. 学习目标

（1）掌握认证中心的概念。

（2）掌握认证中心的结构。

（3）理解认证中心的功能。

2. 背景知识

（1）认证中心的概念。CA（Certificate Authority）认证机构，也称作认证中心，是一个实体，它可以是个人、群体、部门、公司或其他实体。它是证书的签发机关，是公钥基础设施 PKI 体系中的核心环节。它不仅为客户提供签发公钥证书、认证证书、分配证书和管理证书的服务，还为生命周期内的密钥提供管理服务。它将客户的公钥与客户的名称及其他属性关联起来，并制定政策和具体步骤来验证、识别用户身份，再对用户证书进行签名，以确保证书持有者的身份和公钥的拥有权，对客户之间的电子身份进行认证。认证中心 CA 本身也拥有一个证书（内含公钥）和私钥。终端用户通过验证 CA 的签名从而信任 CA，任何人都可以得到 CA 的证书（内含公钥）并用它来验证 CA 签发的证书。通过自身的注册审核体系，核实进行证书申请的用户身份和各项相关信息，使网上交易用户属性的客观真实性与证书的真实性一致。CA 是一个具有权威性、可信赖性和公正性的第三方机构。因此，CA 主要解决了如下两方面的问题：

1）解决公钥体系中公钥的合法性问题。为每个使用公开密钥的用户发放数字证书，用以证明证书中列出的用户名称与证书中列出的公开密钥相对应。证书中，CA 中心的数字签名使得攻击者不能伪造和篡改数字证书。因此在电子交易的各个环节，交易各方检验对方数字证书的有效性则可确定其身份的合法性，从而根本解决用户信任问题。

2）为网上交易各方的信息安全提供有效的、可靠的保护机制。这些机制提供机密性、身份验证特性（使交易的每一方都可以确认其他各方的身份）、不可否认性（交易的各方不可否认它们的参与）。它的建立对开放网络上的电子商务的开展具有非常重要的意义。

（2）认证中心的结构。CA 认证中心的结构大致可分为以下几部分：接收用户证书申请的证书受理者（Registry Server，RS），证书发放的审核部门（Register Authority，RA），证书发放的操作部门（Certificate Processor，CP），记录作废证书的证书作废表或证书撤销表（Certificate Revocation List，CRL），提供人工服务的业务受理点及证书使用者。各部分的功能说明如下：

1）RA 系统是 CA 的证书发放、管理的延伸，是证书发放的审核部门，负责对证书申请者进行资格审查。RA 也决定是否同意给该申请者发放证书，因此它应由能够承担这些责任的机构担任。具体地讲，它负责证书申请者的信息录入、审核及证书发放等工作，同时对发放的证书完成相应的管理功能。发放的数字证书可以存放于 IC 卡、硬盘或软盘等介质中。RA 系统是整个 CA 中心得以正常运营不可缺少的一部分。

2）RS 是证书受理者，它用于接收用户的证书申请请求，转发给 CP 和 RA 进行相应的处理，它也可以和 RA 合并在一起。

3）CP 为证书发放的操作部门，负责为已授权的申请者制作、发放和管理证书，并承当因操作运营错误所造成的一切后果，包括失密和为没有获得授权者发放证书等，它可以由审核授权部门自己担任，也可以委托给第三方担任。

4）CRL 是证书作废表，其中记录尚未过期但已经声明作废的用户证书序列号，或者记录的是一些已经有不良记录的用户证书序列号，供证书使用者在认证与之通信的对方证书是否作废时查询。

业务受理点就是以系统对外提供服务的一个窗口，由工作人员帮助用户录入、登记等。业务受理点可以担任用户证书发放的审核部门，当面审核用户提交的资料，从而决定是否为用户发放证书。

（3）认证中心的功能。认证机构的主要功能有证书发放、证书更新、证书撤销和证书验证。具体地说应该完成以下任务：

1）能够验证并标识证书申请者的身份。认证机构要对证书申请者的信息进行验证和审核，对合乎要求的申请者颁发包含用户信息和认证机构签名的证书，否则拒绝颁发。

2）能够接受并处理终端用户数字证书的更新请求：比如用户的某项个人信息发生了改变，需要更新，认证机构应该能接受请求并对相关内容做出修改。

3）能够使用户方便地查找各种证书及已经撤销的证书。用户在验证发送方数字签名时需要验证发送方的身份，这就要检验发送方的数字证书。由于该证书可能在有效期限内被认证机构撤销，因此，用户往往需要检查认证机构已撤销的证书。因此，能否给用户提供方便的证书查询功能，是认证机构是否成功的重要标准之一。

4）能根据用户请求或其他相关信息撤销用户证书。用户的身份并不是一成不变的。如用户所在的服务地址改变后，用户的身份也就改变了。这时，原来的证书虽在有效期限内，但它已经没有意义。故认证机构应该根据用户的请求撤销该证书。

5）能根据证书的有效期自动地撤销证书。每个证书都是有有效期的，认证机构应该在证书到达有效期时自动将它们撤销。

6）能够对证书序列号、CA 标识等证书信息进行管理。

7）能完成证书数据库的备份工作。包括数字证书、密钥、证书撤销列表 CRL 及历史数据的存档。

其中最重要的是 CA 自己的一对密钥的管理，它必须确保私钥的高度机密性，防止他人伪造证书。它的公钥在网上公布，整个网络系统必须保证完整性。

3. 工作任务

通过 Internet，学习在中国数字认证网（http://www.ca365.com）上申请数字证书。

任务 7.4　Windows Server 2003 的 PKI 配置

任务 7.4.1　PKI 证书服务器的安装

1. 学习目标

（1）掌握 PKI 的概念。

（2）了解 PKI 的产生背景及发展现状。

（3）了解 PKI 的相关标准。

（4）掌握 Windows Server 2003 系统环境下的 PKI 证书服务器的安装。

2. 背景知识

（1）PKI 的定义。PKI（Public Key Infrastructure）即公钥基础设施体系，简单地说就是利用公钥理论和技术建立的提供信息安全服务的基础设施，它是国际公认的 Internet 电子商务的安全认证机制，它利用现代密码学中的公钥密码技术在开放的 Internet 网络环境中提供数据加密及数字签名服务的统一的技术框架。它由公钥密码技术、数字证书、证书权威机构（CA）和系统安全策略等基本部分组成，是一种验证持有密钥的用户身份的综合系统。从广义上讲，所有提供公钥加密和数字签名服务的系统都可叫做 PKI 系统。

PKI 系统的主要目的是通过自动管理密钥和证书，为用户建立起一个安全的网络运行环境，使用户可以在多种应用环境下方便的使用加密和数字签名技术，从而保证网上数据的机密性、完整性、有效性、不可否认性。

公钥密码技术是目前应用最广泛的一种加密体制，在上一任务中，我们对公钥密码技术原理作了详细的介绍，技术原理在此不作赘述。

（2）PKI 的产生背景及发展现状。随着信息技术日新月异的发展，人类正进入一个以网络为媒介的信息时代，基于 Internet 开展的电子商务已经逐渐成为人们进行商务活动的新模式。广义地讲，除了传统的商务活动外，网络会议、网上谈判、网上会诊、网上投标等所有的网上业务都可称为电子商务。越来越多的人通过 Internet 进行商务活动，电子商务的发展前景十分可观，但随之而来的信息安全问题也变得越来越突出。如：信息泄露、信息完整性破坏、数据业务拒绝和信息非法使用等已经成为计算机网络和信息系统面临的主要的四种安全威胁。如何建立一个安全、便捷的电子商务应用环境，保证电子商务过程中信息的安全性，使得基于 Internet 的电子交易方式与传统交易方式一样安全可靠，已经成为一个广泛关注的问题。此外，随着密码学的发展，公钥密码技术相对成熟，基于公钥密码技术的网络信息安全体系架构 PKI 技术应运而生。

我国的 PKI 研究起步于 1998 年，同年在上海成立了国内第一家以实体形式运营的上海 CA 中心（SHECA）。政府和各有关部门高度重视 PKI 产业的发展，2005 年实施的《中华人民共和国电子签名法（草案）》使得我国的 PKI 产业发展有了法律上的保护。

（3）PKI 的相关标准。美国是研究 PKI 最早的国家，绝大部分 PKI 标准由美国制定的。90 年代初，随着 Internet 应用的普及，为了给电子政务和电子商务的发展提供一个安全的网络环境，美国国家标准技术研究所（National Institute Standard Technology，NIST）联合几个联邦机构研究公钥在政府机构中的应用，开始制定国家级 PKI 系列规范 FPKI。

目前，PKI 标准化主要有两个方面：一是 RSA 公司的公钥加密标准 PKCS（Public Key Cryptography Standards），它定义了许多基本的 PKI 部件，包括数字签名和证书请求格式等；二是由 Internet 工程任务组 IETF（Internet Engineering Task Force）和 PKI 工作组 PKIX（Public Key Infrastructure Working Group）所定义的一组具有互操作性的公钥基础设施协议。

在今后很长的一段时间内，PKCS 和 PKIX 将会并存，大部分的 PKI 产品为保持兼容性，也将会对这两种标准进行支持。PKCS 是由美国 RSA 数据安全公司及其合作伙伴制定的一组公钥密码学标准，其中包括证书申请、证书更新、证书作废表发布、扩展证书内容以及数字签名、数字信封的格式等方面的一系列相关协议。PKIX 是由 IETF 组织中的 PKI 工作小组制定的系列国际标准。此类标准主要定义基于 X.509 和 PKCS 的 PKI 模型框架。PKIX 中定义的四个主要模型为用户、认证中心 CA、注册中心 RA 和证书存取库。

目前世界上已经出现了许多依赖于 PKI 的安全标准，即 PKI 的应用标准，如安全的 SSL 协议、传输层安全协议 TLS、安全的多用途互联网邮件扩展协议 S/MIME 和 IP 安全协议 IPSEC 等。

（4）基于 Windows Server 2003 系统的 PKI 实验环境。一个简易的 PKI 实验环境包括一个 CA 证书服务器和一个客户端，可通过交换机来连接。此 CA 服务器使用 Windows Server 2003 操作系统，IP 地址为 192.168.0.2；客户端使用 Windows XP Professional 操作系统，IP 地址为 192.168.0.3。该实验的拓扑结构如图 7-9 所示。

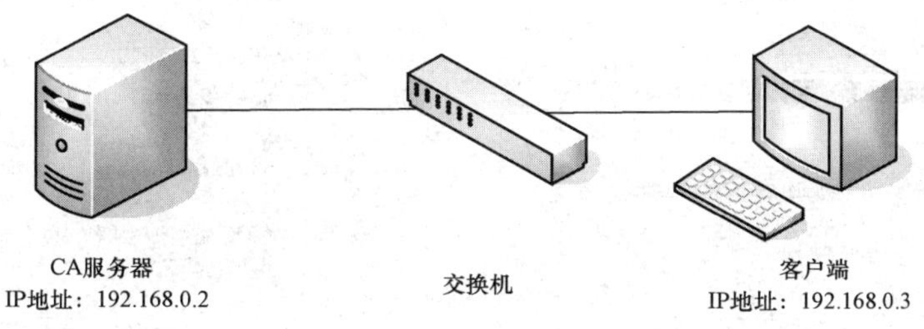

图 7-9　PKI 实验拓扑图

3. 工作任务

（1）在虚拟机环境下组建 Windows Server 2003 系统的 PKI 实验环境。

（2）在 Windows Server 2003 系统的 PKI 实验环境下安装 CA 服务器。

4. 任务实施

（1）创建实验环境。以如图 7-9 所示的 PKI 实验拓扑图为例，使用 VMware Workstation

创建该实验环境。创建两个虚拟机，一个安装 Windows Server 2003 操作系统作为 CA 证书服务器，另一个安装 Windows XP Professional 操作系统作为客户端；两个操作系统采用桥接的方式联网，IP 地址如图 7-9 所示。

（2）安装 IIS 服务器。单击“控制面板”→“添加或删除程序”命令，打开“Windows 组件向导”对话框。在组件下，找到并单击“应用程序服务器”选项，单击“详细信息”按钮，如图 7-10 所示；在“应用程序服务器”的子组件中，单击“Internet 信息服务（IIS）”选项，然后单击“确定”按钮，如图 7-11 所示，系统会进行 IIS 组件的安装。

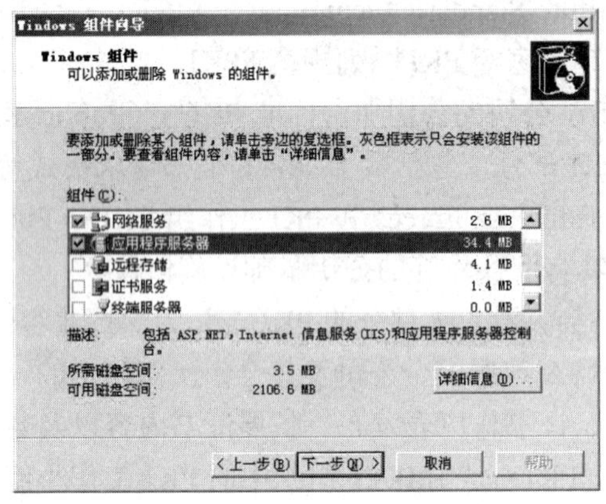

图 7-10 安装 IIS—选择应用服务器

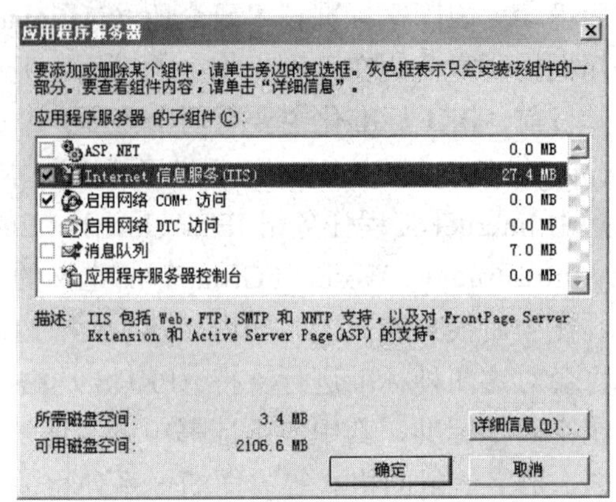

图 7-11 选择 Internet 信息服务

（3）安装证书服务器。打开“Windows 组件向导”，在组件下找到并单击“证书服务”选项，如图 7-12 所示；单击“下一步”按钮，选择“独立根 CA”选项；如果该计算机是域环境中的成员服务器或域控制器，则可以安装“企业根 CA”和“企业从属 CA”（在域中的成员可以通过 MMC 和 WEB 方式申请证书），如图 7-13 所示。

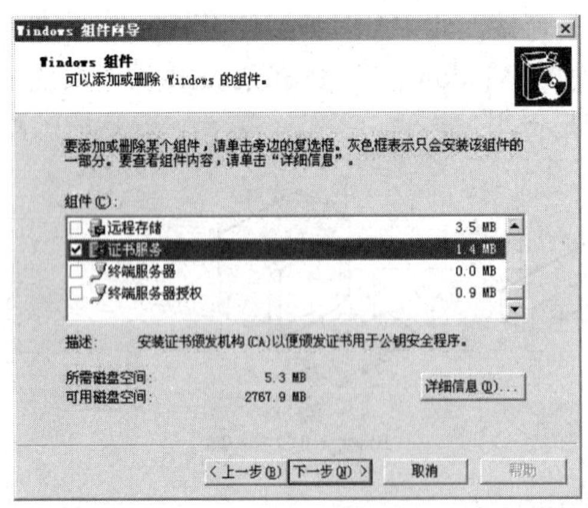

图 7-12 安装证书服务器

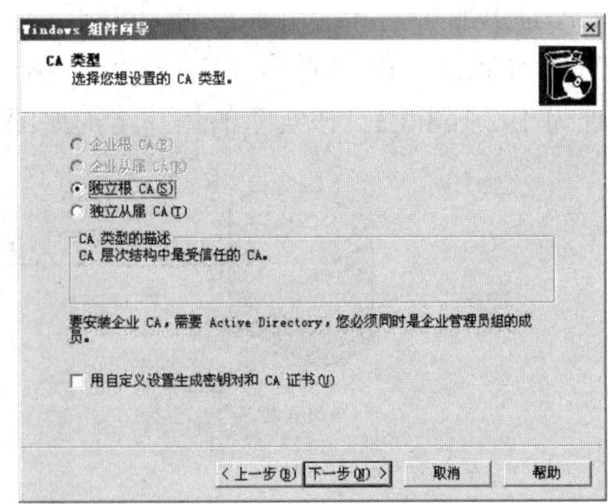

图 7-13 申请独立根 CA

在图 7-13 中单击“下一步”按钮，在弹出的对话框中输入要申请的 CA 公用名称——“public_CA ”，如图 7-14 所示。单击“下一步”按钮，进入证书数据库设置界面，在此可以确定证书数据库和证书数据库日志的存放位置，及确定共享文件夹，再单击“下一步”按钮即可完成 CA 服务器的安装，如图 7-15 所示。

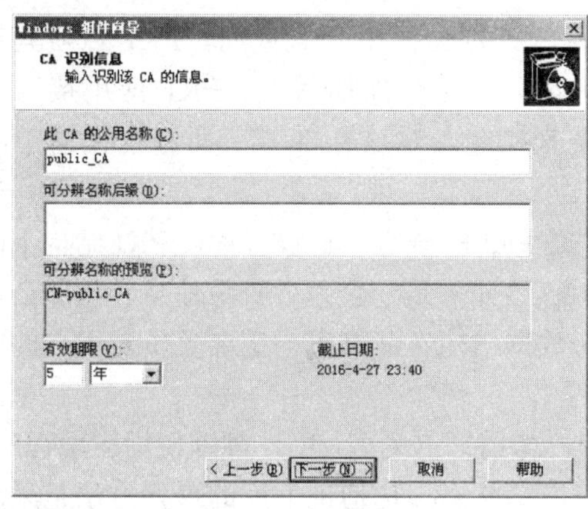

图 7-14　CA 的公用名称

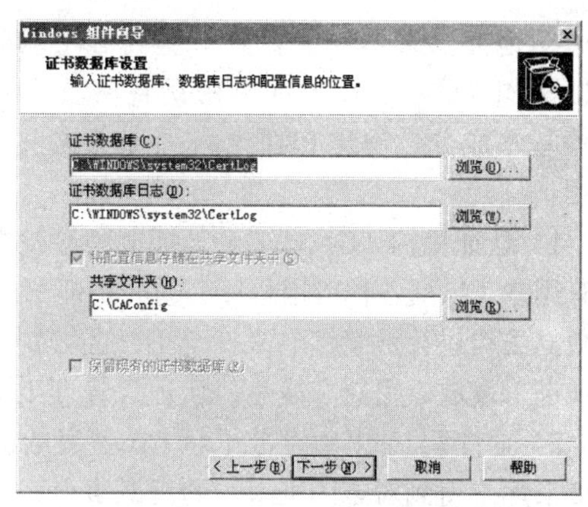

图 7-15　证书数据库设置

通过在“开始”菜单的“运行”菜单项中输入“mmc”命令打开 mmc 控制台，在控制台 1 的“文件”下拉菜单中选择“添加/删除管理单元”，如图 7-16 所示。在“添加/删除管理单元”的对话框中添加“添加证书颁发机构”，如图 7-17 所示。

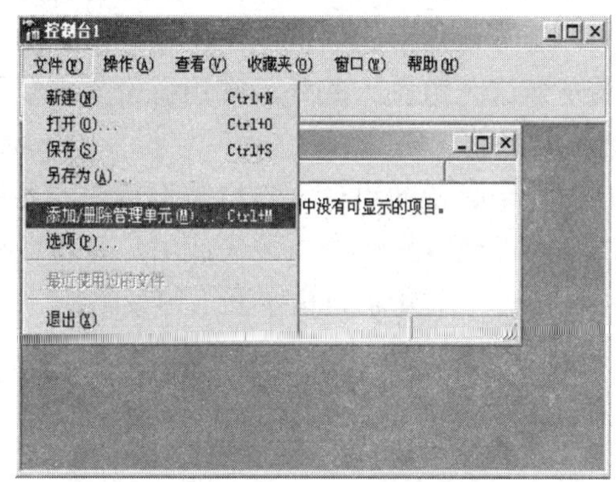

图 7-16　mmc 控制台

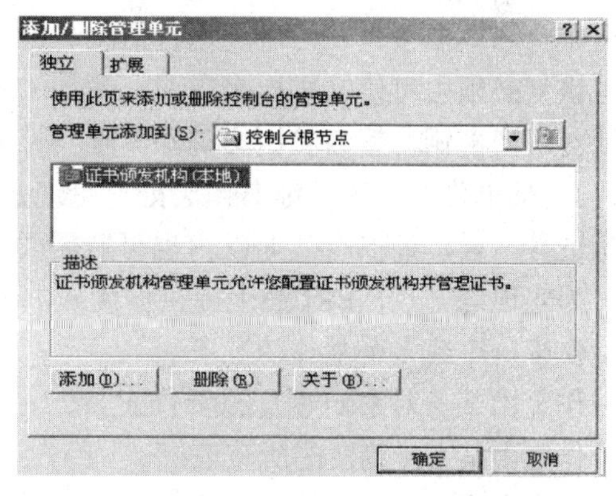

图 7-17　添加证书颁发机构

在图 7-17 中单击“确定”按钮，即完成了证书的添加，如图 7-18 所示，所申请的 public_CA 公用证书已经在列。

图 7-18　完成证书服务添加

任务 7.4.2　PKI 的证书配置

1. 学习目标

（1）掌握 PKI 体系的组成。

（2）了解 PKI 体系的功能。

（3）掌握 PKI 体系的服务内容。

（4）掌握 PKI 中客户端使用 Web 方式申请和安装证书。

（5）掌握 PKI 中用户证书的查看、吊销和解除吊销。

2. 背景知识

（1）PKI 体系的组成。PKI 是一种遵循标准的密钥管理平台，它能够为所有网络应用透明地提供采用加密和数字签名等密码服务所必需的密钥和证书管理。PKI 必须具有认证机构（CA）、证书库、密钥备份及恢复系统、证书作废处理系统、PKI 应用接口系统等基本成分，构建 PKI 也将围绕着这五大系统来构建。对这几部分下面分别作简单的介绍：

1）认证机构（CA）。CA 是证书的签发机构，是 PKI 的核心，它负责管理 PKI 结构下的所有用户（包括各种应用程序）的公钥证书（证书）。该证书是一个包含身份信息和相应公钥的数据结构进行数字签名来捆绑用户的公钥和身份数据结构。证书机构主要负责对用户的密钥或证书发放、更新、废止、认证等管理工作。

2）证书库。证书库存放了经 CA 签发的证书和已撤销证书列表，用户可以使用应用程序，从证书库中得到对方的证书，验证其真伪，查询证书的状态。构造证书库的最佳方法是采用支持 LDAP（轻量级目录访问协议）的目录系统，用户或相关的应用通过 LDAP 来访问证书库。证书库通过 LDAP 的目录技术实现网络服务。支持 LDAP 协议的目录系统能够支持大量用户同时访问，对检索请求也有很好的相应。系统必须确保证书库的完整性，防止伪造、篡改证书。

3）密钥备份及恢复系统。如果用户丢失了用于解密数据的密钥，则数据将无法被解密，将造成合法数据丢失。为避免这种情况，PKI 提供备份与恢复密钥的机制。但是，密钥的备份与恢复必须由可信的机构来完成，例如 CA 可以充当这一角色。此外，密钥备份与恢复只能针对解密密钥，签名私钥为确保其唯一性而不能够作备份。

4）证书作废系统。证书作废处理系统是 PKI 的一个必备的组件。与日常生活中的各种身份证件一样，证书有效期以内也可能需要作废，原因可能是密钥介质丢失或用户身份变更等。为实现这一点，PKI 必须提供作废证书的一系列机制。作废证书有如下三种策略：

作废一个或多个主体的证书。

作废由某一对密钥签发的所有证书。

作废由某 CA 签发的所有证书。

作废证书一般通过将证书列入作废证书表（CRL）来完成。通常，系统中由 CA 负责创建并维护一张及时更新的 CRL，而由用户在验证证书时负责检查该证书是否在 CRL 之列。CRL 一般存放在目录系统中。

5）PKI 应用接口系统。PKI 的价值在于使用户能够方便地使用加密、数字签名等安全服务，因此一个完整的 PKI 必须提供良好的应用接口系统，使得各种各样的应用能够以安全、一致、可信的方式与 PKI 交互，确保所建立起来的网络环境的可信性、完整性和易用性，同时降低网络运营成本。

综上所述，一个完整的可实际应用的 PKI 应由以下服务器和客户端软件构成，其 PKI 系统的组成部分主要在服务器端，实际应用中的服务器应该包含如下内容：

CA 服务器，它提供产生、分发、发布、撤销、认证等服务。

证书库服务器，保存证书和撤销消息。

备份和恢复服务器，能正确管理密钥历史档案。

选用时间戳服务器，能够为文档提供权威的时间信息。

典型的 PKI 网络应用系统模型如图 7-19 所示，从图中可以了解 PKI 的结构及各组成部分之间的关系。

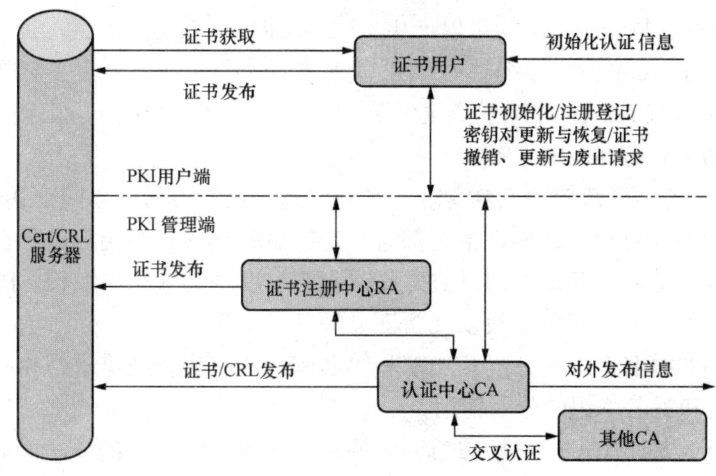

图 7-19　PKI 网络应用系统模型

（2）PKI 体系的功能。通过上面对 PKI 体系组成的分析，PKI 应该在应用中提供如下几个方面的功能：

1）产生、验证和分发密钥。根据密钥生成模式不同，用户公私钥对的产生、验证及分发有两种方式：用户自己产生密钥对，这种方式适合于分布式密钥生成模式；CA 为用户产生密钥对，这种方式适合集中式密钥生成模式。

2）签名和验证。在 PKI 体系中，对信息和文件的签名，以及对数字签名的验证都是很普遍的操作。其数字签名和验证可采用多种方法，如 RSA、DES 等。

3）证书的获取。在验证信息的数字签名时，用户必须事先获取信息发送者的公钥证书，以对信息进行解密验证，并验证发送者身份的有效性。证书可以由发送者附带，接收者从发布证书的目录服务器获取等多种方式得到。

4）验证证书。验证证书的过程时迭代寻找证书链中下一个证书和它相应的上级 CA 证书。在检查每个证书前必须检查相应的 CRL。用户检查证书得路径从最后得一个证书得有效性开始，一旦验证通过，提取该证书的公钥，用于检查下一个证书，直到验证完发送者的签名证书，并用该证书的公钥验证签名。这个过程是回溯的。

5）保存证书。保存证书是指 PKI 实体在本地存储证书，以减少在 PKI 体系中获得证书的时间，并且提高数字签名的效率。证书存储单元对证书进行定时维护，包括清除与最新发布 CRL 文件比较作废或过期的证书。

6）证书废止的申请。当 PKI 中某实体的私钥被泄密时，被泄密的私钥对应公钥证书应该作废。另一种情况是证书持有者终止该证书使用或与某组织的关系中止，该证书也应该作废。证书终止的方式有两种：如果是密钥泄露，证书持有这可以直接通知相应 CA；如果是因关系中止，则由原关系中组织方面通知 CA。

7）密钥的恢复。在密钥泄密、证书作废后，为了恢复 PKI 的实体的业务处理和产生数字签名，泄密实体将获得一对新的密钥，并要求 CA 产生新的证书。每一个实体产生新的密钥时，会获得 CA 用新私钥签发的新证书，而原来用泄密的密钥签发的旧证书将作废，并放入 CRL。

8）CRL 的获取。每一个 CA 均可以产生 CRL。CRL 可以定期产生，也可以每次有证书作废请求后实时产生。CA 应将其产生的 CRL 及时发送到目录服务器上去。CRL 的获取可以有多种方式：CA 产生 CRL 后，自动发送给下属各实体；大多数情况下，由使用证书的各 PKI 实体从目录服务器中获得相应的 CRL。

9）密钥备份。为实现密钥的安全管理，必须对密钥进行备份，以防密钥的遗失。

10）密钥对的自动更换。证书、密钥都有一定的生命期限。当用户的私钥泄露时，必须更换密钥对。另外，随着计算速度的日益提高，密钥长度也必须相应增长。PKI 应该提供完全自动（无须用户干预）的密钥更换以及新证书的分发工作。

11）加密密钥和签名密钥的分隔。加密和签名密钥的密钥管理需求是相互抵触的，因此 PKI 应该支持加密和签名密钥的分隔使用。

12）交叉认证。每个 CA 只可能覆盖一定的作用范围，即 CA 的域。例如，不同的企业往往有各自的 CA，它们颁发的证书都只在企业范围内有效。当隶属于不同 CA 的用户需要交换信息时，就需要引入交叉证书和交叉验证，这就是 PKI 的互操作功能。

13）支持对数字签名的不可抵赖性。任何类型的电子商务都离不开数字签名，因此 PKI 必须支持数字签名的不可抵赖性，而数字签名的不可抵赖性取决于签名私钥的唯一性和机密性。为此，PKI 必须保证签名密钥与加密密钥的分隔使用。

14）密钥历史的管理。每次更新加密密钥后，相应的解密密钥都应该存档，以便将来恢复用旧密钥加密的数据。与此相反，每次更新签名密钥后，旧的签名私钥应该妥善销毁，防止破坏其唯一性。相应的验证公钥应该进行存档，以便将来用于验证旧的签名。这些工作都应该是 PKI 自动完成的。

（3）PKI 体系的服务内容。一般认为 PKI 所提供的核心服务有三个：

1）认证。认证就是确认实体是自己所申明的实体，鉴别身份的真伪。

实体鉴别：实体鉴别一般会产生一个明确的结果，由此允许实体进行某些操作或通信。实体身份一旦获得认证，还可以和访问控制列表中的权限关联起来，决定能否进行访问控制。

数据源鉴别：鉴定某个指定的数据是否来源于某个特定的实体。为了确定被鉴别的实体与一些特定数据有着不可分割的联系，而不是考虑实体下一步可能采取什么操作。

2）完整性。完整性数据完整性服务就是确认数据没有被修改，即数据无论是在传输还是在存储过程中经过检查都没有被修改。为了保证敏感数据不被攻击，必须采用加密技术来防范。在提供数据完整性一方和需要验证完整性一方之间，需要协商合适的密码算法和密钥。PKI 提供的完整性完全能够满足这种需求，因为密码算法的选择和密钥协商是 PKI 的一项基础工作，而且这种密钥协商对实体双方完全是以透明的方式来实现的。

3）保密性。保密性就是确保数据的秘密，除指定的实体外，无人能读出加密数据。保密性产生于以下需求：

数据可能存储到了未经授权个体的介质；

数据备份在未经授权个体的磁带上；

数据在未受保护的网络中传输；

高度敏感的数据只能到达明确的实体手中。

上面讨论了 PKI 系统所提供的核心服务，除此之外 PKI 系统还提供一些附加服务。这些服务并不是任何 PKI 都具备的基本或本身固有的功能，但这些服务都建立在 PKI 的核心服务之上，包括不可否认性，安全时间戳、特权管理等。

3. 工作任务

（1）PKI 中客户端使用 Web 方式申请和安装证书。

（2）PKI 中用户证书的查看、吊销和解除吊销。

4. 任务实施

（1）客户端使用 Web 方式申请和安装证书。在客户机上打开 IE 浏览器，在地址栏输入 http://192.168.0.2/certsrv，访问证书服务器，如图 7-20 所示。选择“下载一个 CA 证书，证书链或 CRL”；再单击“安装 CA 证书链”超链接，即完成 CA 证书链的安装，在安装过程中会出现警告信息，选择“是”项即可。

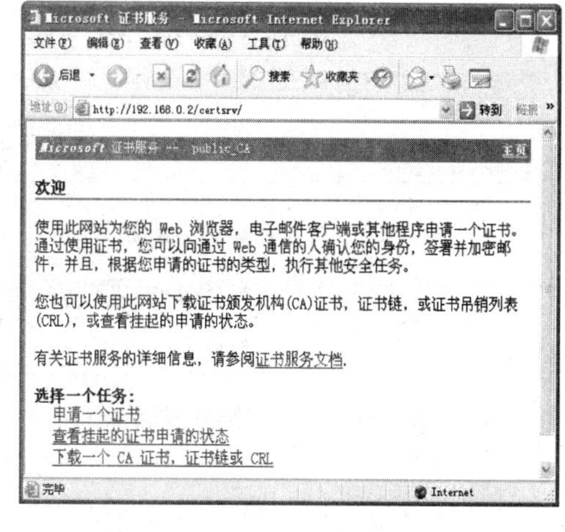

图 7-20　访问证书服务器

向 CA 服务器申请 Web 浏览器证书，返回证书服务器主页，选择“申请一个证书”，如图 7-20 所示。在弹出的证书服务对话框中点击“Web 浏览器证书”超链接，如图 7-21 所示。填写个人证书信息，完成填写后单击“提交”按钮即可完成 Web 浏览器证书的申请，如图 7-22 所示。

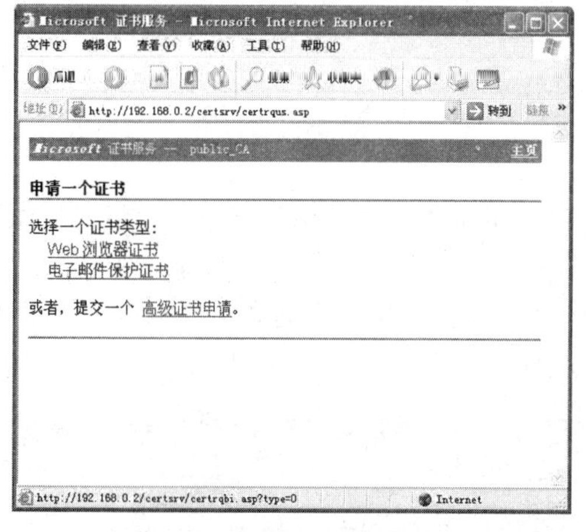

图 7-21　申请 Web 浏览器证书

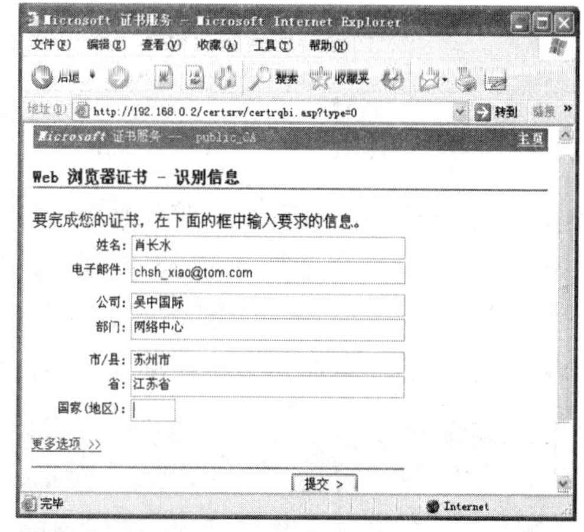

图 7-22　填写个人信息

在证书服务器打开“mmc 控制台”，在挂起的证书里选择需要颁发的证书，点击右键，在弹出的快捷菜单中依次选择“所有任务”→“颁发”命令，即可实现给用户颁发证书，如图 7-23 所示。此时在“颁发的证书”即可看到用户申请的证书，如图 7-24 所示。

为客户机上的用户安装颁发的 Web 服务器证书，返回证书服务器主页，选择“查看挂起的证书申请的状态”超链接，如图 7-19 所示。在弹出的证书服务对话框中点击“Web 浏览器证书（2011 年 4 月 28 日 9:35:27）”超链接，如图 7-25 所示。然后在弹出的证书服务对话框中点击“安装此证书”，确认信任此证书即可完成证书的安装，如图 7-26 所示。

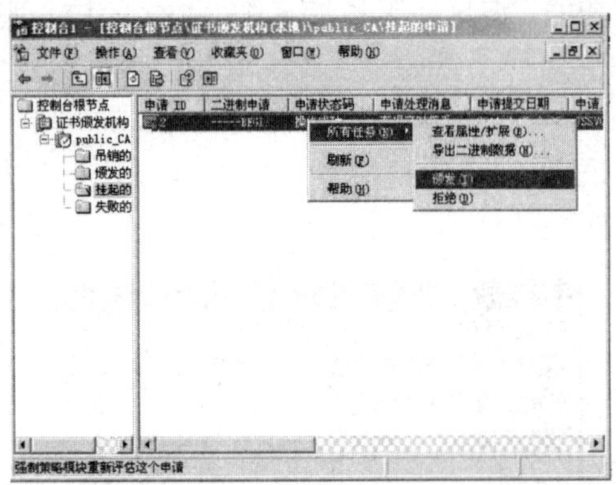

图 7-23 颁发挂起的申请证书

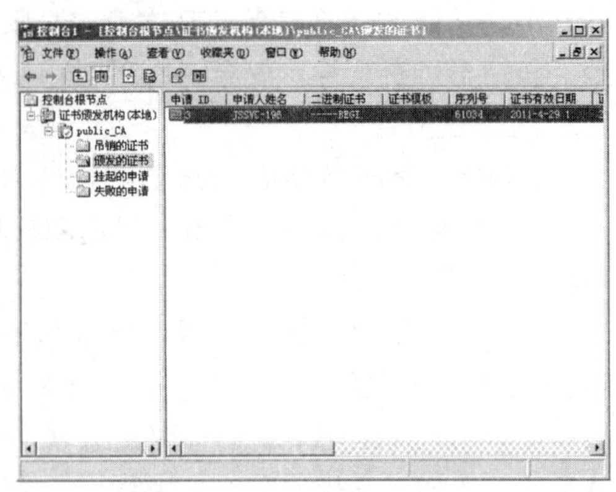

图 7-24 完成挂起证书的颁发

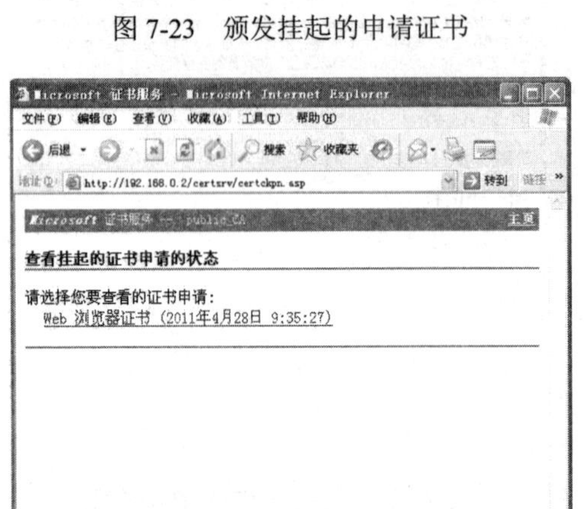

图 7-25 查看挂起的申请证书状态

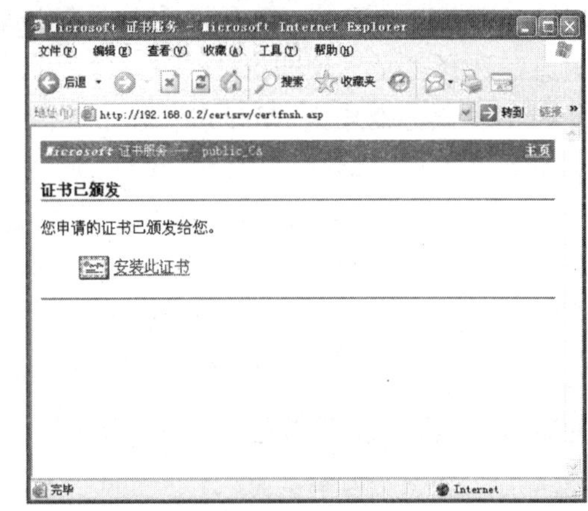

图 7-26 安装证书

（2）用户证书的查看、吊销和解除吊销。在客户端通过在“开始”菜单的“运行”菜单项中输入“mmc”命令打开 mmc 控制台，在“控制台 1”的“文件”下拉菜单中选择“添加/删除管理单元”命令，如图 7-27 所示。在“添加/删除管理单元”的对话框中点击“添加”按钮，在弹出的“添加独立管理单元”对话框中选择“证书”单元，如图 7-28 所示。

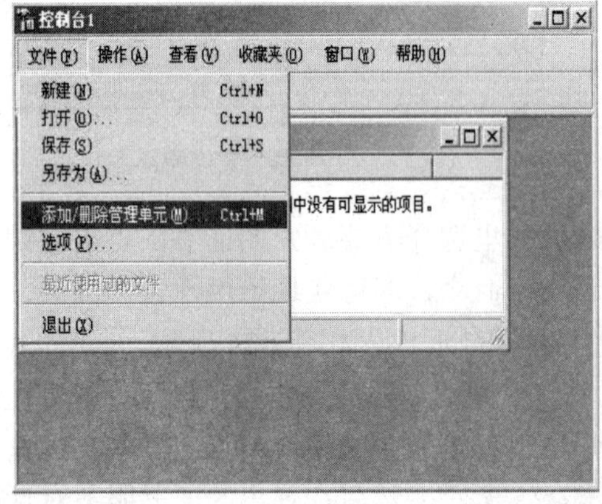

图 7-27 打开客户端 mmc 控制台

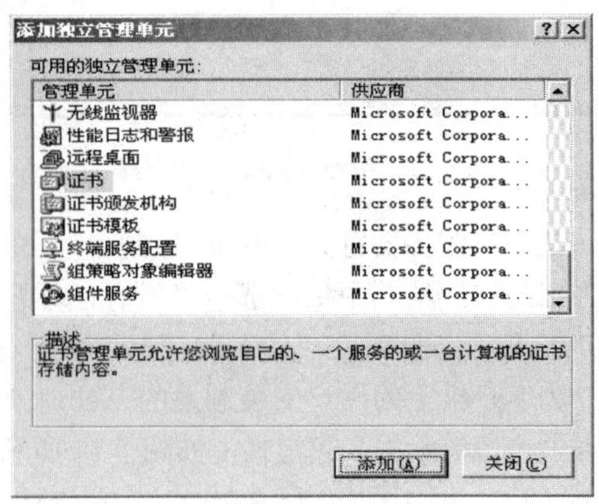

图 7-28 选择要添加的“证书”

单击“添加”按钮，在弹出的“证书管理单元”对话框中选择“我的用户账户”选项，然后单击“完成”按钮，如图 7-29 所示。此时，就完成了添加当前用户证书，如图 7-30 所示，在“证书—当前用户”目录中选择“个人”目录下的“证书”项，即可查看所申请的个人 Web 浏览器证书。

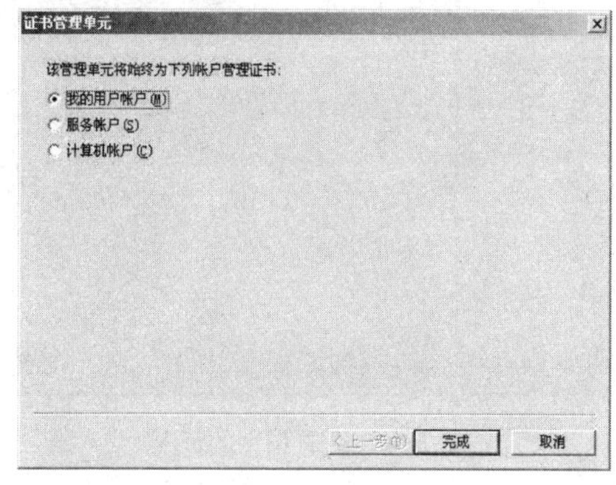

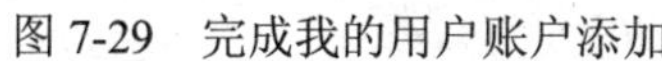
图 7-29　完成我的用户账户添加

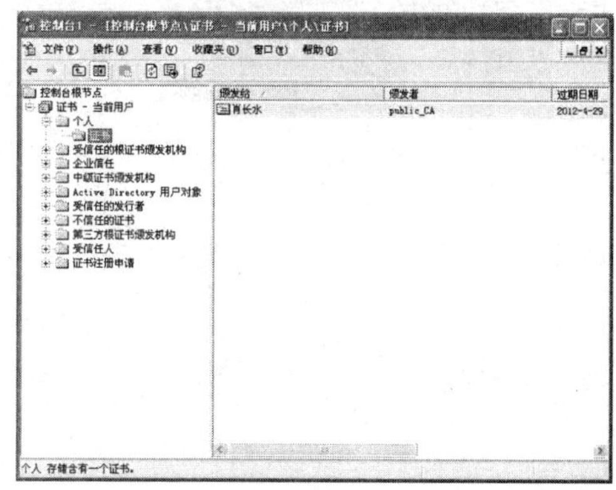
图 7-30　完成添加当前用户证书

在如图 7-30 所示的“控制台根节点”目录下的“证书—当前用户”目录中选择“受信任的根证书颁发机构”目录下的“证书”节点，在右边的窗格中将显示所有受信任的根证书颁发机构，可在其中找到来自证书服务器的根证书颁发机构 public_CA，如图 7-31 所示。双击 public_CA 所在行即可查看改机构颁发的证书，如图 7-32 所示。

图 7-31　查看 public_CA 证书

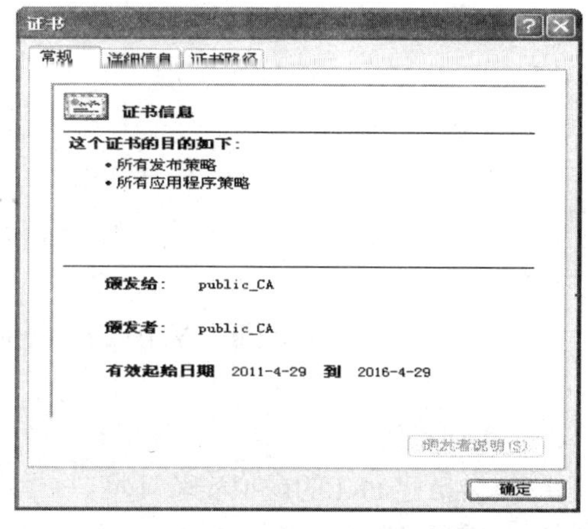

图 7-32　public_CA 证书信息

在根 CA 服务器上打开“mmc”控制台的“颁发的证书”节点，选择需要吊销的证书，右击该证书，在弹出菜单中依次选择“所有任务→吊销证书”命令，此时会出现一个对话框，如图 7-33 所示。此时，要求给出吊销该证书的理由，可供选择的理由有“未指定、密钥泄露、CA 泄露、附加更改、被取代、停止操作、证书待定”，选择“是”按钮即完成证书吊销。在“吊销的证书”里查看到被吊销的证书，如图 7-34 所示。

在根 CA 服务器上打开“mmc”控制台的“吊销的证书”节点，选择需要解除吊销的证书，右击该证书，在弹出菜单中依次选择“所有任务→解除吊销证书”命令，系统将会对需要解除吊销的证书的吊销原因进行审核。只有因为“证书待定”而吊销的证书才能解除吊销，否则将会给吊销出错信息，如图 7-35 所示。

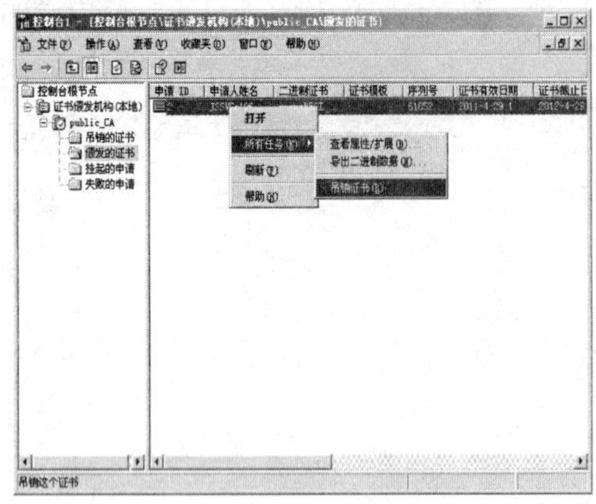

图 7-33 吊销颁发的证书

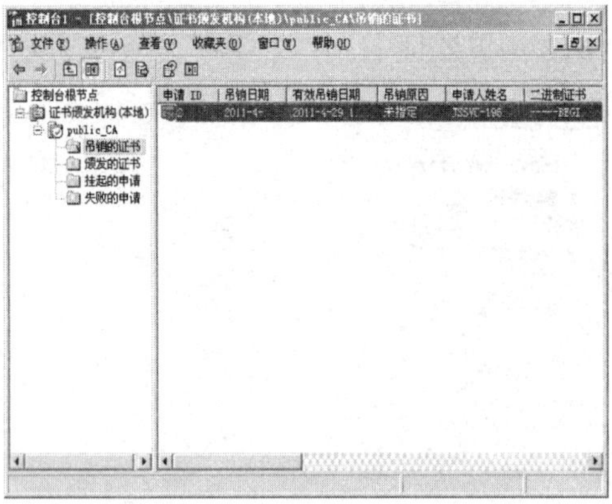

图 7-34 查看吊销的证书

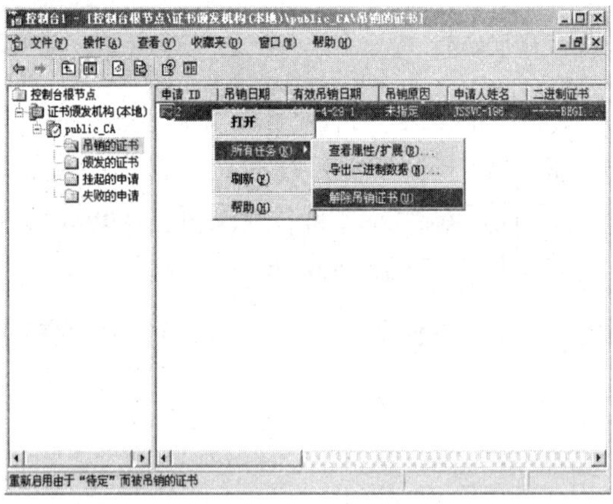

图 7-35 解除吊销的证书

项目实训 Windows Server 2003 的 PKI 应用配置

实训目的

（1）会搭建 PKI 的虚拟实验环境。

（2）掌握 Windows Server 2003 系统环境下的 PKI 证书服务器的安装。

（3）掌握 PKI 中客户端使用 Web 方式申请和安装证书。

（4）掌握 PKI 中用户证书的查看、吊销和解除吊销。

实训任务

（1）使用 VMware Workstation 创建该实验环境。

（2）Windows Server 2003 系统环境下的 PKI 证书服务器的安装。

（3）PKI 中用户证书的查看、吊销和解除吊销。

实训总结

（1）总结在实验过程中的问题，并进行相应分析。

（2）对 PKI 进行安全性分析。

习　　题

1. 什么是电子签名？什么是数字签名？简述二者的区别与联系。
2. 数字摘要的含义是什么？能够生成数字摘要的常用散列算法有哪些？
3. 简述数字签名过程中的发送方签名过程，并图示说明。
4. 简述数字签名过程中的接收方验证过程，并图示说明。
5. 什么是数字证书？简述它的存放方式。
6. 简述数字证书的类型有哪些。
7. 简述数字证书 X.509 的结构。
8. 什么是认证中心 CA？
9. 简述认证中心 CA 的结构及各部分的功能。
10. 简述认证中心 CA 的功能。
11. 什么是 PKI？PKI 的组成有哪些部分？
12. 简述 PKI 的功能。
13. 简述 PKI 的服务内容。

项目8　VPN 技 术 应 用

Internet 安全目前已引起广泛关注，由于企业与企业间的合作、企业与客户间的联系越来越广泛和紧密，使得企业希望能够获得方便快捷、经济高效的网络支持。同时，由于网络攻击事件频繁发生，通过 Internet 传输数据存在诸多隐患，企业对数据安全传输的要求日益增加。虚拟专用网（VPN）利用 Internet 公网基础设施为使用单位各部门提供网络互连服务，其高性价比、安全、可靠的网络传输方式比传统的专网具有明显的优越性，VPN 正受到越来越多企业和单位的欢迎。

任务 8.1　VPN 基本原理的学习

任务 8.1.1　掌握 VPN 基本情况

1. 学习目标

（1）了解 VPN 的主要功能和适用环境。

（2）了解 VPN 的主要安全技术。

（3）了解 VPN 的主要技术优势。

2. 背景知识

（1）VPN 简介。VPN（Virtual Private Network，虚拟专用网）是利用公网（如 Internet 或网络服务提供商的 IP 骨干网）或专网（局域网）来构建的虚拟专用网，它使用特殊设计的硬件和软件，直接通过共享的 IP 网建立隧道。通过 VPN 可以实现远程网络之间安全的、点对点的连接。VPN 是专用网的延伸，它的基本特点是化公为私，使每个企业可以临时占用公用网的一部分供自己专用。

VPN 以较低的网络运营成本实现局域网的延伸。它与租用专线网络方式相比，无论是从营运成本上，还是从其性能上来说都具有无可替代的优势。随着 VPN 技术的日益完善，目前 VPN 网络的安全性能也完全可以与物理专线网络方式相媲美。

（2）VPN 主要采用以下技术措施保证信息安全。

1）基于公钥基础设施（PKI）的用户授权体系。PKI 是一个包含数字证书、管理机构、证书管理、目录服务的安全系统。PKI 采用标准的 X.509v3 证书，将用户身份和用户公钥绑定在一起。通过 PKI 技术和数字证书技术，可以有效判别用户身份。

2）身份验证和数据加密。VPN 客户端采用基于 PKI 的数字证书技术，来完成 VPN 网关服务器和用户身份的双向认证。当用户通过 VPN 客户端访问 VPN 网关时，首先对用户的数字证书和相应的口令进行验证。如果验证通过，VPN 网关服务器则会产生对称会话密钥 K_S，并分发给用户。在此之后，用户与 VPN 网关服务器的所有通信数据都采用 K_S 进行加密传输。

3）数据完整性保护。完善的 VPN 系统不仅需要认证用户的身份，还需要认证系统中传输的数据，要确保传输过程中数据未被篡改。在发送方 VPN 系统对所有传输的数据进行散列运算得到消息摘要，对消息摘要进行加密生成认证码；在通信目的地，对传输的数据进行与发送方相同的散列运算得到新的摘要；对认证码进行解密得到发送方生成的原始摘要，将两个摘要进行比对；若完全一致，则通过完整性认证；若不一致，则表示完整性认证失败。

4）访问权限控制。当某个企业网络利用 VPN 进行扩展后，信息交换的范围随之扩大，安全问题自然增多，这就要求 VPN 系统具有严格的访问控制能力。VPN 技术采用细粒度的访问权限列表（ACL，Access Control List），这使得网络管理员可方便地为每个 VPN 用户分配不同的访问权限。VPN 系统的 ACL 是基于用户身份特征的，其管理与 VPN 系统的技术维护无关，制定和管理 ACL 工作可由其他部门（如交行政部门执行），方便管理。

（3）VPN 的优势。VPN 作为远程网络技术，以众多的优势，目前正被越来越多的企业接受。VPN 的优势主要包括以下方面：

1）节约成本：与传统的专线网络相比，构建 VPN，以较低的成本就可实现较好的性能，具有比较高的性价比。

2）增强的安全性：VPN 采用隧道技术、加密技术、密钥管理技术和身份验证技术在多个方面共同保证通信安全。

3）支持众多网络协议：VPN 支持常用的网络协议及局域网协议。

4）易扩展性：企业扩大 VPN 的容量和覆盖范围，可以交由专门的网络服务提供商来负责，企业不需要对自身的网络做修改。

5）企业网络信息的隐藏：VPN 的隧道和加密技术，可以隐藏 IP 地址等网络信息。

3. 工作任务

（1）分析 VPN 与专用网相比，具有哪些优势。

（2）分析 VPN 主要采取哪些安全措施为通信提供保障。

任务 8.1.2 掌握 VPN 的应用领域

1. 学习目标

（1）掌握 Access VPN 的技术特点、应用领域。

（2）掌握 Intranet VPN 的技术特点、应用领域。

（3）掌握 Extranet VPN 的技术特点、应用领域。

2. 背景知识

（1）Access VPN。Access VPN 又称为拨号 VPN（即 VPDN），是指企业员工或企业的小分支机构通过公共网络拨号的方式构筑的虚拟网，如图 8-1 所示。Access VPN 包括模拟、拨

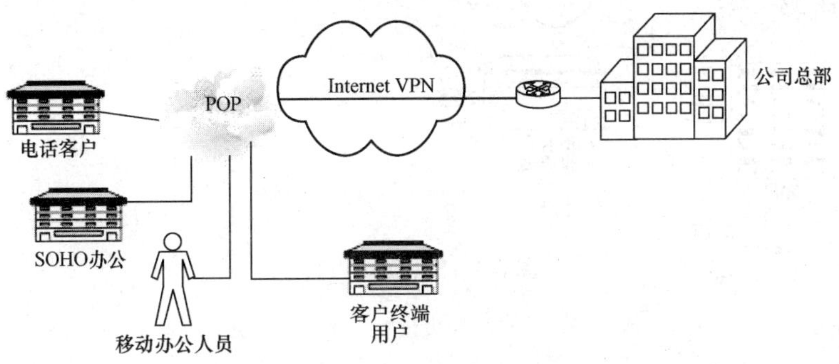

图 8-1 Access VPN

号、ISDN、数字用户线路（xDSL）、移动 IP 和电缆技术，可以安全地连接移动用户、远程工作者或分支机构，适合于内部有人员移动或远程办公需要的企业。

（2）Intranet VPN。Intranet VPN 即企业的总部与分支机构通过 VPN 机进行网络连接，如图 8-2 所示。随着企业的跨地区、国际化经营，这是大多数大、中企业所必需的。企业内部分支机构的互联，Intranet VPN 是最合适的，Intranet VPN 通过公用 Internet 或者第三方专用网进行连接，容易建立连接，连接速度快，能够为分支机构提供整个网络的访问权限。

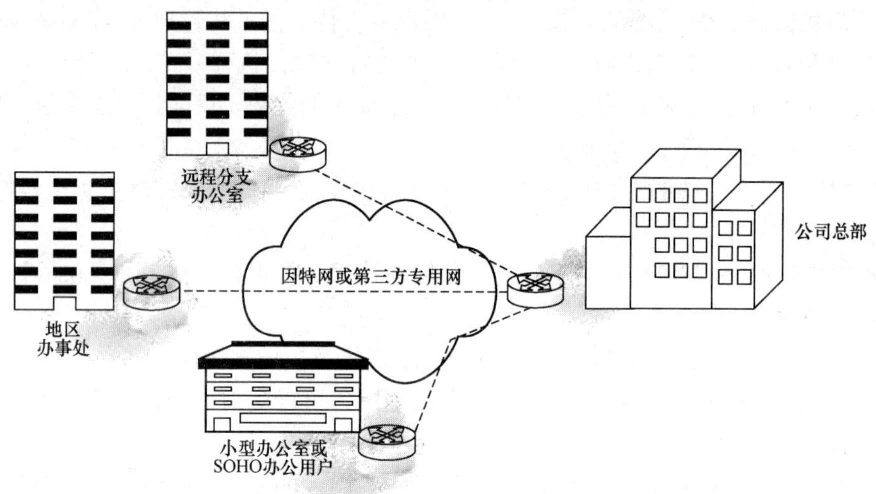

图 8-2　Intranet VPN

（3）Extranet VPN。Extranet VPN 即企业间发生收购、兼并或企业间建立战略联盟后，使不同企业网通过公网来构筑的虚拟网，如图 8-3 所示。利用 VPN 组建 Intranet，既可以向客户、合作伙伴提供有效的信息服务，又可以保证自身的内部网络安全。外部网的用户被许可只有一次机会连接到其合作人的网络，并且只拥有部分网络资源访问权限。

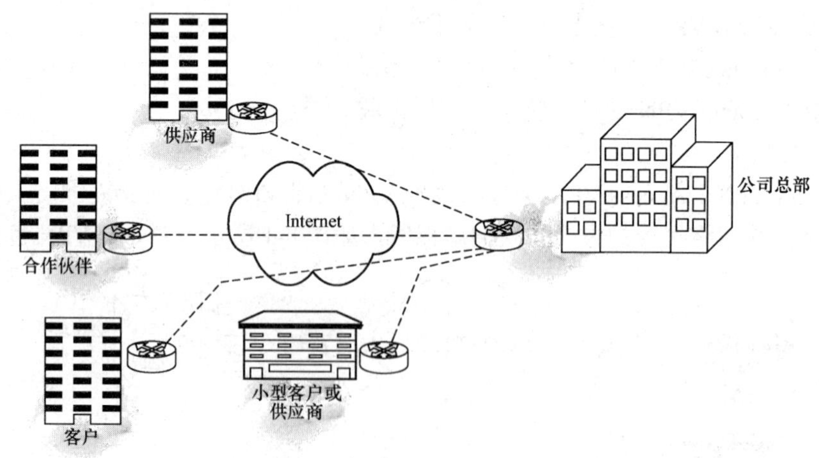

图 8-3　Extranet VPN

3. 工作任务

（1）掌握 Access VPN、Intranet VPN 和 Extranet VPN 之间的区别。

（2）分析校外用户访问校内资源，应选择哪种 VPN。

任务 8.2　VPN 隧道协议的应用

任务 8.2.1　隧道协议概述

1. 学习目标

（1）掌握隧道技术的本质及其适用范围。

（2）掌握隧道协议的分类。

2. 背景知识

（1）隧道技术概念。VPN 技术的核心是隧道（Tunneling）技术。隧道技术就是利用隧道协议对隧道两端的数据进行封装的技术。隧道允许 VPN 的数据流被路由通过 IP 网络，而不管生成该数据流的是何种类型的网络或设备。如图 8-4 所示为 VPN 隧道。

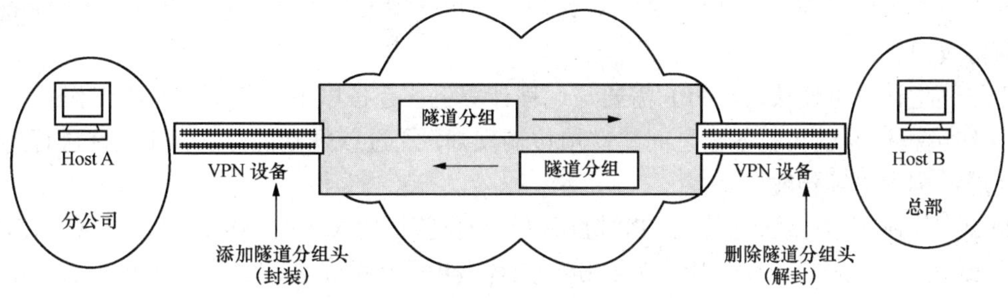

图 8-4　VPN 隧道

自愿隧道（主动隧道）是由客户端计算机通过发送 VPN 请求来创建的。在这种隧道中，双方用户端的计算机作为隧道的端点。

强制隧道是由支持 VPN 的拨号接入服务器来创建和配置的。此时，双方用户端的计算机不作为隧道的端点，而是由位于用户和隧道服务器之间的远程接入服务器作为隧道的客户端，成为隧道的端点。

（2）隧道协议分类。隧道协议可以分为第二层隧道协议和第三层隧道协议。

第二层隧道协议是先把各种网络协议封装到 PPP 中，再把整个数据包装入隧道协议中。这种双层封装方法形成的数据包靠第二层协议进行传输。第二层隧道协议主要有以下三种：

1）由微软、Ascend、3COM 等公司支持的 PPTP（Point to Point Tunneling Protocol，点对点隧道协议），在 Windows NT 4.0 以上版本中都有支持。

2）Cisco、北方电信等公司支持的 L2F（Layer2Forwarding，二层转发协议），在 Cisco 路由器中有支持。

3）由 IETF 起草，微软、Ascend、Cisco、3COM 等公司参与的 L2TP（Layer 2 Tunneling Protocol，二层隧道协议）结合了上述两个协议的优点，L2TP 协议是目前 IETF 的标准，由 IETF 融合 PPTP 与 L2F 而形成。

第三层隧道协议是把各种网络协议直接装入隧道协议中，形成的数据包依靠第三层协议进行传输。三层隧道协议并非是一种很新的技术，早已出现的 RFC 1701 Generic Routing Encapsulation（GRE）协议就是个三层隧道协议。此外，IETF 制定的 IPSec 协议也是个三层隧道协议。

3. 工作任务

（1）分析隧道协议在网络应用中的优势。

（2）了解业内二层、三层隧道协议的应用情况。

任务 8.2.2 掌握 PPTP VPN

1. 学习目标

（1）掌握 PPTP VPN 的协议基础。

（2）掌握 PPTP VPN 的工作原理。

2. 背景知识

（1）PPP 协议。PPP（Point to Point Protocol，点对点通信协议）作为一种工业标准，在拨号网络中得到广泛应用。PPP 允许远程访问客户机使用 IPX、TCP/IP、NetBEUI 和 AppleTalk 的任何协议组合。

当与远程计算机连接时，PPP 需要与远程计算机一起按以下步骤协商完成工作：

1）在远程计算机和服务器之间建立帧传输规则，通过该规则的建立，才允许进行连续的通信（通常称为“帧传输”）。

2）远程访问服务器通过使用 PPP 协议中的身份验证协议（如 MS-CHAP、EAP、CHAP、SPAP、PAP 等），来验证远程用户的身份。具体调用哪个验证协议，取决于远程客户机和服务器的安全配置情况。

3）身份验证完毕后，如果用户启用了回拨，则远程访问服务器将挂断并呼叫远程访问客户机，实现服务器的回拨。

4）NCP （网络控制协议）启用并配置远程客户机，使得所用的 LAN 协议与服务器端进行 PPP 通信连接。

（2）PPTP 协议概述。由 3Com 公司和微软公司合作开发的 PPTP（Point-to-Point Tunneling Protocol，点对点隧道协议）是第一个广泛使用建立 VPN 的协议。PPTP 协议主要增强了 PPP 协议的认证、压缩和加密功能。PPTP 协议可以支持多种主流协议包括 IP、IPX、NetBEUI 等。

（3）PPTP VPN 提供的主要服务。PPTP VPN 提供两个主要服务——封装和加密。

PPTP 协议下的封装（见图 8-5）是使用一般路由封装（GRE）头文件和 IP 报头数据包装 PPP 帧（包含一个 IP 数据包或一个 IPX 数据包）。IP 报头文件是用来标识与 VPN 客户机和 VPN 服务器对应的源和目标 IP 地址等路由信息头。

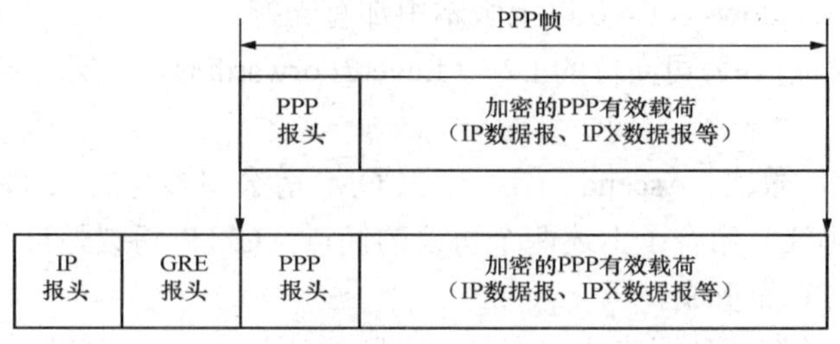

图 8-5 PPTP 封装

PPTP 协议下的“加密”是通过使用从 PPP 协议的 MS-CHAP 或 EAP-TLS 身份验证过程中生成的密钥，PPP 帧以 MPPE 方式进行加密。为了加密 PPP 有效载荷，VPN 客户机必须使用 MS-CHAP 或 EAP-TLS 身份验证协议进行验证，但 PPTP 协议本身不提供“加密”服务，PPTP 指示对先前加密了的 PPP 帧进行封装。

（4）PPTP VPN 建立过程。PPTP 作为“主动”隧道模型允许终端系统进行配置，与任意位置的 PPTP 服务器建立一条不连续的、点到点的隧道。并且，PPTP 协商和隧道建立过程都没有中间媒介 NAS 的参与。NAS 的作用只是提供网络服务。PPTP 建立过程如下：

1）用户通过串口以拨号 IP 访问的方式与 NAS 建立连接取得网络服务。

2）用户通过路由信息定位 PPTP 接入服务器。

3）用户形成一个 PPTP 虚拟接口。

4）用户通过该接口与 PPTP 接入服务器协商、认证建立一条 PPP 访问服务隧道。

5）用户通过该隧道获得 VPN 服务。

3. 工作任务

（1）阐述 PPP 协议的工作特点，适用环境。

（2）阐述 PPTP VPN 的建立过程。

（3）阐述 PPTP VPN 的优势和不足。

任务 8.2.3 掌握 L2TP VPN

1. 学习目标

（1）掌握 L2TP VPN 的协议基础。

（2）掌握 L2TP VPN 的工作原理。

2. 背景知识

（1）L2TP 协议概述。尽管技术上是相同的，但厂商和用户都会察觉 PPTP 和 L2F 有明显的不同。PPTP 受到微软的关注，而 L2F 受到 Cisco 的关注，它主要用于 Internet。尽管 PPTP 和 L2F 都使用封装和加密，但它们互相不兼容。IETF 建议将 PPTP 和 L2F 的最优秀的部分组成一个工业标准，并称为第二层隧道协议（L2TP）。

L2TP 是连接型的隧道封装协议，适用于通过 Internet 接纳远程用户的远程访问型 VPN。L2TP 的特点如下：

1）接纳移动用户（指拨号上网），每次连接都进行用户认证。

2）支持多协议（因为 L2TP 协议对 PPP 封装，PPP 具有支持多种网络协议的功能）。

L2TP 主要由两部分组成：

1）LAC：L2TP 接入集中器（L2TP Access Concentrator），是接在公网上的用户拨号设备，通常配置在 ISP 接入点的接入服务器具有 LAC 功能。

2）LNS：L2TP 网络服务器（L2TP Network Server），管理隧道，通常安装在企业网内。

（2）L2TP VPN 提供的主要服务。L2TP VPN 提供的两个主要服务也是“封装”和“加密”。

L2TP 常和 IPSec 的 ESP 结合使用，先使用 L2TP 封装第二层数据，再使用 IPSec 的 ESP 封装对数据进行加密和提供完整性保护，由此保证通信数据安全传送到目的地，如图 8-6 所示。

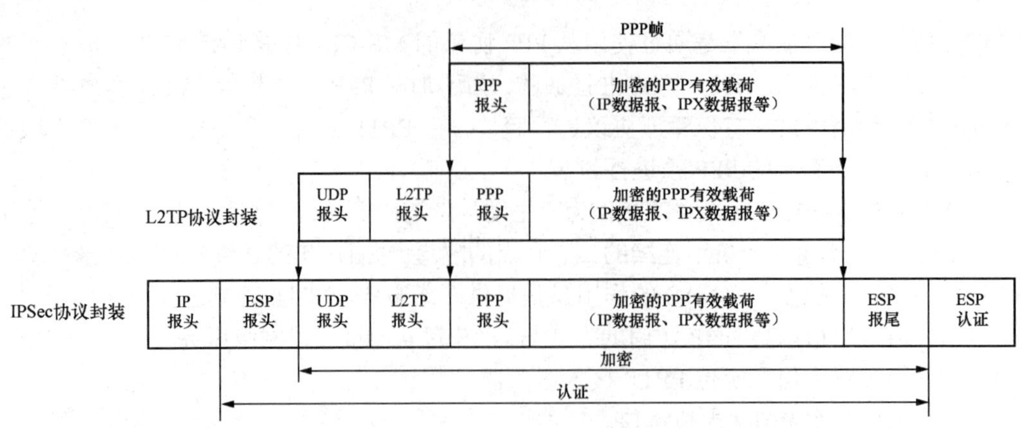

图 8-6 L2TP 的封装与加密

（3）L2TP VPN 建立过程。L2TP 作为“强制”隧道模型是让拨号用户与网络中的另一点建立连接的重要机制。建立过程如下：

1）用户通过 Modem 与 NAS 建立连接。

2）用户通过 NAS 的 L2TP 接入服务器身份认证。

3）在策略配置文件或 NAS 与策略服务器进行协商的基础上，NAS 和 L2TP 接入服务器动态地建立一条 L2TP 隧道。

4）用户与 L2TP 接入服务器之间建立一条点到点协议（Point to Point Protocol，PPP）访问服务隧道。

5）用户通过该隧道获得 VPN 服务。

3. 工作任务

（1）阐述 L2TP VPN 的建立过程。

（2）阐述 L2TP VPN 的优势和不足。

任务 8.2.4 掌握 GRE VPN

1. 学习目标

（1）掌握 GRE VPN 的协议基础。

（2）掌握 GRE VPN 的工作原理。

2. 背景知识

GRE 主要用于源路由和终路由之间所形成的隧道。例如，将通过隧道的报文用一个新的报文头（GRE 报文头）进行封装然后带着隧道终点地址放入隧道中。当报文到达隧道终点时，GRE 报文头被剥掉，继续原始报文的目标地址进行寻址。GRE 隧道通常是点到点的，即隧道只有一个源地址和一个终地址。然而也有一些实现允许点到多点，即一个源地址对多个终地址。这时候就要和下一跳路由协议（Next-Hop Routing Protocol，NHRP）结合使用。NHRP 主要是为了在路由之间建立捷径。

GRE 隧道技术是用在路由器中的，可以满足 Extranet VPN 及 Intranet VPN 的需求。但是在远程访问 VPN 中，多数用户是采用拨号上网。这时可以通过 L2TP 和 PPTP 来加以解决。

3. 工作任务

（1）阐述 GRE VPN 的建立过程。

（2）阐述 GRE VPN 的优势和不足。

任务 8.2.5 掌握 IPSec VPN

1. 学习目标

（1）掌握 IPSec VPN 的协议基础。

（2）掌握 IPSec VPN 的工作原理。

2. 背景知识

（1）IPSec 协议概述。IPSec 提供了在 LAN、专用和公用 WAN 及 Internet 中安全通信的性能。IPSec 能在 IP 层上对所有的流量进行加密、认证处理。这样能保护所有的分布式应用，包括远程登录、客户端/服务器、电子邮件、文件传输、Web 访问等。IPSec 位于传输层之下，对所有的应用都是透明的。因此，当部署 IPSec VPN 时，无须对用户系统和服务器系统的软件做任何改变。同时，IPSec 对终端用户也是透明的，不需要对用户进行安全机制的培训，如分发基于每个用户的密钥资料，或在用户离开组织时撤销密钥资料，安全通道的建立、密钥算法、密钥等的协商和处理都由 IPSec 完成，无须用户关心。

（2）IPSec 协议体系。IETF 的 IPSec 工作组定义了 12 个 RFC，IPSec 是一系列规范的集合，由安全联盟 SA（Security Association），安全协议包括认证头（AH，Authentication Header）、封装安全载荷（ESP，Encapsulating Security Payload）、密钥管理（IKE，Internet Key Management）认证和加密算法构成一个完整的安全体系，如图 8-7 所示。

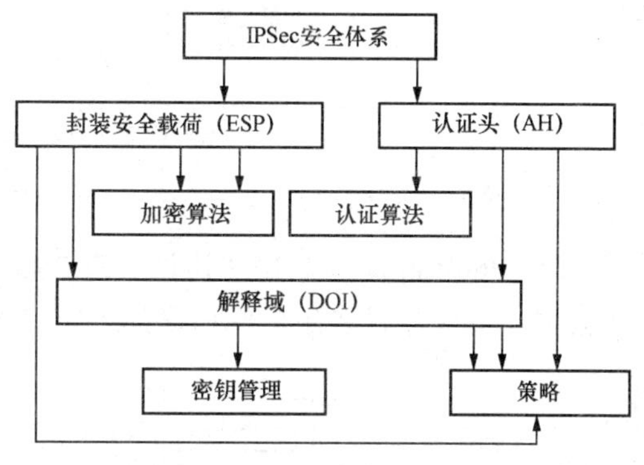

图 8-7 IPSec 协议体系结构

（3）安全关联和安全策略。安全关联是 IPSec 的基础，它决定通信中采用的 IPSec 安全协议、散列函数、加密算法和密钥等安全参数。SA 通常以一个三元组（包括：安全参数索引、目的 IP 地址和安全协议）来唯一表示。SA 在一个传输方向上保护通信，对于通信双方，SA 总是成对出现，对等存在于通信实体的两端。SA 是通信双方协商产生的，存在于双方各自的安全关联数据库（SAD，Security Association Database）中。

安全策略指定对数据包的具体处理，如丢弃、旁路或应用安全保护。安全策略被存放安全策略数据库（SPD，Security Policy Database）中。每个应用 IPSec 的网络接口都拥有 SAD 和 SPD，安全关联和安全策略协同处理进出的 IP 信包。

下一报文头	净荷长度	保留
安全参数索引（SPI）		
序列号		
认证数据（可变长度） （完整性校验值）		

32位

图 8-8 AH 协议格式

（4）认证头 AH 协议。AH 协议用于提供 IP 信包的完整性和认证。AH 协议格式如图 8-8 所示。

1）下一报文头：标识认证头后面的下面一个协议，8 位长。

2）净荷长度：以 32 位为计算单得到的 AH

头部长度减 2，8 位长。

3）保留字段：留做将来可能出现的新用途，现在总是被置 0，16 位长。

4）安全参数索引（SPI）：32 位长。

5）序列号：用于抗重播服务，32 位长。

6）认证数据：变长字段，也被叫做完整性校验值（Integrity Check Value, ICV）。ICV 由 SA 中指定的算法计算得到，用于保证完整性和认证检验。

AH 的使用有两种模式：传输模式和隧道模式。

传输模式下，AH 头部被插入到 IP 头部的后面，如图 8-9 所示。

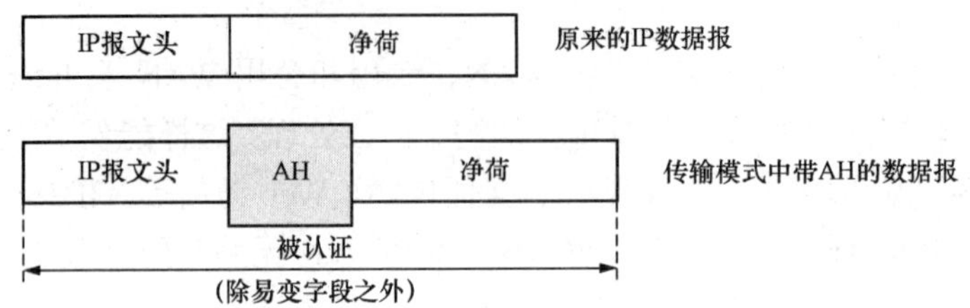

图 8-9　AH 传输模式

在隧道模式下，需要保护的 IP 报文被封装在新的 IP 报文中，作为新报文的负载，如图 8-10 所示。

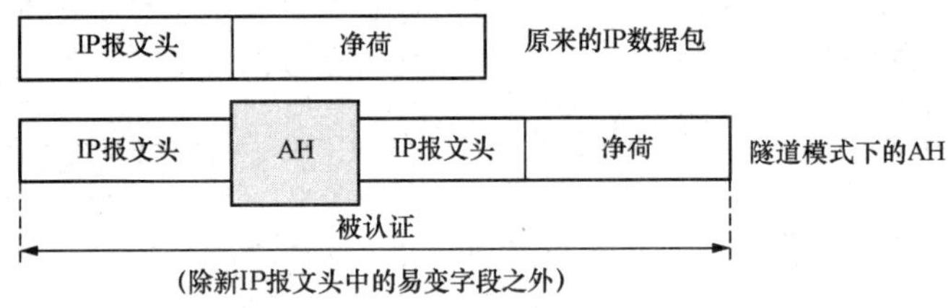

图 8-10　AH 隧道模式

（5）安全封装载荷 ESP 协议。ESP 报文不仅是 ESP 头部，同时包含 ESP 尾部和 ESP 认证数据，负载被封装在头部和尾部之间，如图 8-11 所示。

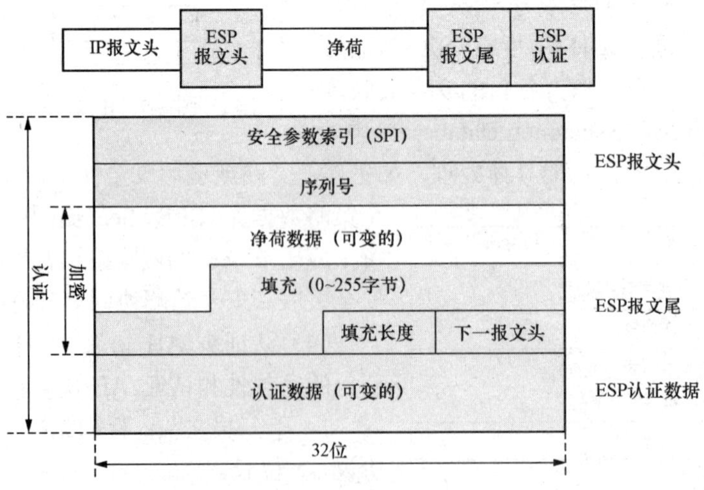

图 8-11　ESP 协议格式

下面这些字段是 ESP 报文的一部分：

1）安全参数索引（SPI）：32 位长。

2）序列号：意义同 AH 中的“序列号”。

3）净荷数据：负载数据字段是必须的，它包含了由“下一报文头”字段给出的变长的数据。负载数据由 SA 建立时所选的密码学算法加密。如果所选的算法需要初始化向量，那么初始化向量也被放在负载数据字段中。

4）填充字段：大多数加密算法要求输入数据包含整数个分组，同时密文结果（包括填充、填充长度和下一报文头字段）的长度必须是 4 字节的整数倍，以便“下一报文头字段”是右对齐。这就是为什么需要一个长度字段，它可以用来隐藏原始报文的长度。不过使用填充对有效带宽是一种浪费。填充字段是可选的。

5）填充长度：8 位长，记录填充字段的长度，总是出现在报文中，置 0 表示没有填充。

6）下一报文头：意义同 AH 中的“下一报文头”。

7）认证数据：这个字段的长度是可变的，包含了为 ESP 报文从 SPI 字段到下一报文头字段而计算的 ICV 值。认证数据字段是可选的。

传输模式下，ESP 头部被插入到 IP 头部后面，ESP 尾部和可选的认证数据字段被放在报文负载后面，如图 8-12 所示。传输模式下的 ESP 不为 IP 头部提供身份认证，也不提供加密。这是 ESP 的一个缺点，因为误传的报文也会被交给 ESP 处理，但这也有它的好处，就是降低了处理开销。

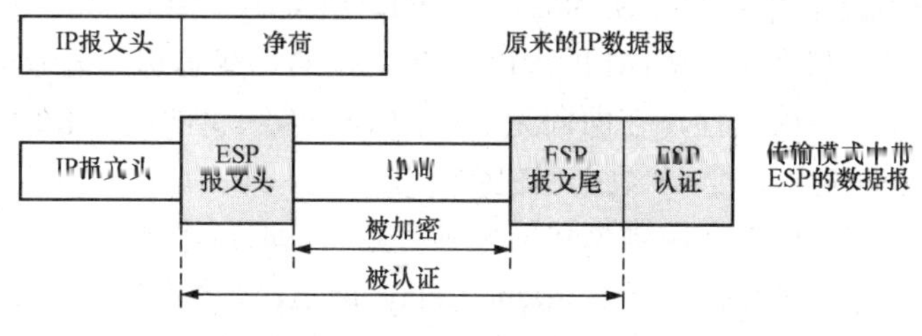

图 8-12 ESP 传输模式

在隧道模式下，需要保护的 IP 报文被封装在新的 IP 报文中，作为新的报文负载。报文封装格式如图 8-13 所示。

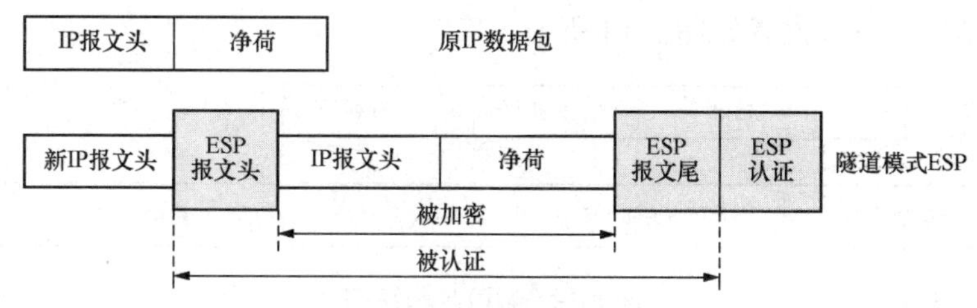

图 8-13 ESP 隧道模式

（6）密钥交换 IKE。进行 IPSec 通信前必须在通信双方建立 SA，IKE 用于动态建立 SA。IKE 是一种混合协议，它沿用了 ISAKMP（Internet Security Association and Key Management Protocol）的框架、Oakley 的模式和 SKEME（Secure Key Exchange Mechanism）的共享和密钥更新技术，组合成自身的验证加密材料生成技术和协商共享策略。

IKE 使用 ISAKMP 两个阶段协商机制。在第一阶段，通信各方彼此间建立一个已通过身份验证和安全保护的通道，即 ISAKMP SA。在第二阶段，利用第一阶段创建的 SA，为 IPSec 协商具体的 SA。

3. 工作任务

（1）阐述安全关联、安全策略在 IPSec VPN 中所起的作用。

（2）阐述 IPSec VPN 的建立过程。

（3）分析 AH 协议为安全通信提供哪些安全保障。

（4）分析 ESP 协议为安全通信提供哪些安全保障。

任务 8.3　MPLS 技术的应用

任务 8.3.1　掌握 MPLS 技术原理

1. 学习目标

（1）了解 MPLS 的工作原理。

（2）了解 MPLS 适用环境和优势。

2. 背景知识

（1）概述。MPLS（Multi-Protocol Label Switching，多协议标记交换）属于第三代网络架构，是新一代的 IP 高速骨干网络交换标准，由 IETF 所提出，由 Cisco、ASCEND、3Com 等网络设备公司所主导。它吸收了 ATM 的 VPI/VCI 交换的一些思想，无缝地集成了 IP 路由技术的灵活性和二层交换的简捷性，在面向无连接的 IP 网络中增加了 MPLS 面向连接的属性。

MPLS 运作的原理是为每个 IP 数据包提供一个标记，并由此标记决定数据包的路径及优先级。与 MPLS 兼容的路由器在将数据包转发前，无须读取每个数据包的 IP 地址，仅读取数据包标记，然后将所传送的数据包置于 Frame Relay 或 ATM 的虚拟电路上，并迅速将数据包传送至终点路由器。MPLS 可减少对数据包的延迟，提高网络速度；同时，有 Frame Relay 及 ATM 交换机所提供的 QoS 对所传送的数据包加以分级，可大幅度提高网络服务质量。

（2）MPLS 头格式与协议结构。MPLS 位于二层协议和三层协议之间，MPLS 承载的报文通常是 IP 数据包，在二层上承载 MPLS 的协议可以有 PPP、以太网协议、ATM 和帧中继等。MPLS 包头的结构及所处位置如图 8-14 所示。

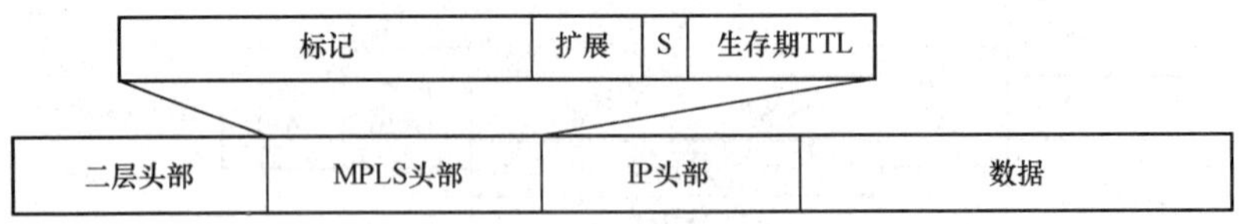

图 8-14　MPLS 头结构

MPLS 头中的字段：

1）标记（Label）：20 位长，Label 值传送标签实际值。当接收到一个标签数据包时，可以查出栈顶部的标签值，并且系统需要知道：①数据包将被转发的下一跳；②在转发之前标签栈上可能执行的操作，如返回到标签进栈顶入口，同时将一个标签压出栈；或返回到标签进栈顶入口然后将一个或多个标签推进栈。

2）扩展（Exp）：3 位长，预留以备扩展。

3）S：1 位长，栈底标识。标签栈中最后进入的标签位置，该值为 0，提供所有其他标签入栈。

4）生存期（TTL）：8 位长。

MPLS 协议结构中的字段：

1）MPLS 相关信令协议，如 OSPF、BGP、ATM PNNI 等。

2）LDP：标签分发协议（Label Distribution Protocol）。

3）CR-LDP：基于路由受限标签分发协议（Constraint-Based LDP）。

4）RSVP-TE：基于流量工程扩展的资源预留协议（Resource Reservation Protocol -Traffic Engineering）。

（3）MPLS 网络的组成。MPLS 网络由标记边缘路由器（LER）和标记交换路由器（LSR）组成。在 LSR 内，MPLS 控制模块以 IP 功能为中心，转发模块基于标记交换算法，并通过标记分配协议 LDP 在节点间完成标记信息以及相关信令的发送。

在 MPLS 中，数据传输发生在标签交换路径（LSP）上。LSP 是每一个沿着从源端到终端的路径上的节点的标签序列。目前使用的标签分发协议有标签分发协议（LDP）、RSVP 或者建于路由协议之上的一些协议，如边界网关协议（BGP）及 OSPF。因为固定长度标签被插入每一个包或信元的开始处，并且可被硬件用来在两个链接间快速交换包，所以使数据的快速交换成为可能。

3. 工作任务

（1）阐述 MPLS 协议的基本结构。

（2）阐述 MPLS 网络的基本组成。

任务 8.3.2　掌握 MPLS VPN

1. 学习目标

（1）掌握 MPLS VPN 的协议基础。

（2）掌握 MPLS VPN 的工作原理。

2. 背景知识

MPLS VPN 与传统的 VPN 不同，MPLS VPN 不依靠封装和加密技术，MPLS VPN 依靠转发表和数据包的标记来创建一个安全 VPN。MPLS VPN 通信网络结构示意图，如图 8-15 所示。

MPLS VPN 工作原理可以简单描述为以下四步：

1）路由器或交换机通过使用 ISP 提供的内部网关协议（OSPF、IS-IS 或 EIGRP）自动生成路由表。LDP 标记协议使用路由表中的拓扑技术在邻近设备间建立有价值的标记。经过这样的步骤后，在与目标节点之间建立了标记交换路由器或者可配置的路由地图。MPLS VPN 标记是自动分配的。

2）入口数据包进入标记交换路由器中，在路由器中确定哪些第三层服务是需要的，如 QoS 和带宽管理。基于路由和策略需求，边界标记交换路由器选择标记，并在数据包头中应用所选的标记，然后继续向前传递数据包。

3）核心标记交换路由器读取第一个数据的标记，并用本地发送路由表中的新的标记替换它，然后继续传递数据包。这一步在每一个途经路由器中重复进行。

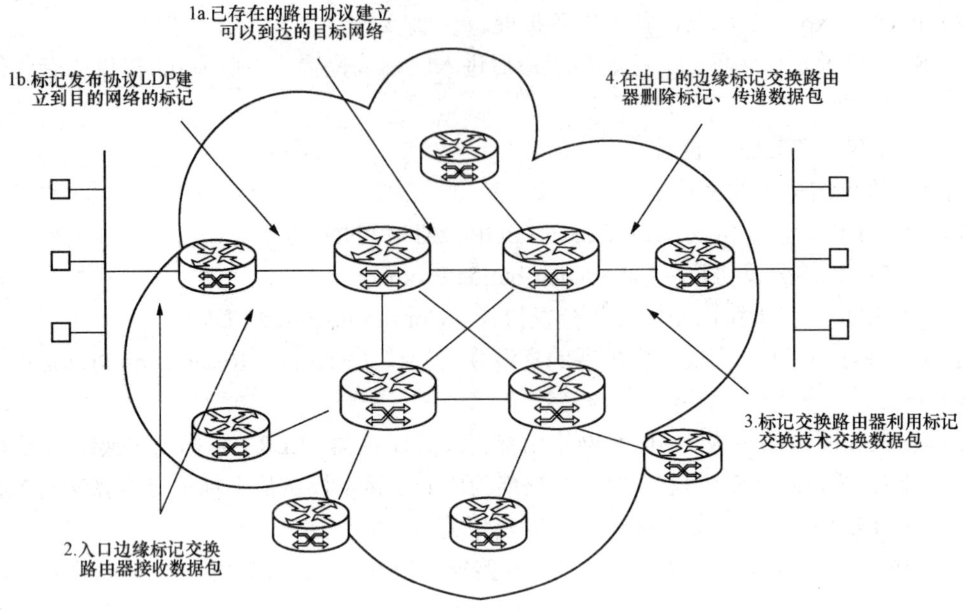

图 8-15 MPLS VPN 通信网络结构

4）出口边缘标记交换路由器去掉数据包中的头标记，读取数据包头信息，然后继续传递数据包到目标网络地址。

每个 MPLS VPN 具有自己的路由表。在 MPLS VPN 中安全性是容易实现的。一个封闭的 VPN 具有内在的安全性，因为它不同公用网相连。如果需要访问 Internet，则可以建立一个通道，在该通道上放置一个防火墙，这样就对整个 VPN 提供安全的连接，管理起来也容易。

3. 工作任务

（1）阐述 MPLS VPN 通信网络结构。

（2）阐述 MPLS VPN 的工作过程。

任务 8.4 VPN 的构建

任务 8.4.1 掌握拨号连接到远程访问服务器的方法

1. 学习目标

掌握在 Windows Server 2003 中拨号连接到远程访问服务器的方法。

2. 工作任务

（1）进行网络配置，设主机 A 作为客户端，主机 B 作为远程访问服务器，完成主机 A 拨号连接到远程访问服务器主机 B。

（2）阐述拨号连接到远处访问服务器的步骤。

（3）分析在拨号连接到远处访问服务器过程中注意的事项。

3. 任务实施

客户端拨号到 Windows Server 2003 远程访问服务器的步骤：

（1）架设远程访问服务器。首先，确保远程访问服务器上安装有调制解调器。其次，停用“Internet 连接防火墙”。然后再按下面的步骤进行操作：

1）单击“开始→管理工具→路由和远程访问”菜单命令。

2）右击服务器节点，选择“配置并启用路由和远程访问”选项。

3）然后选择“拨号连接”项，如图 8-16 所示，单击“下一步”按钮。

4）选择“拨号”选项，如图 8-17 所示，单击“下一步”按钮。

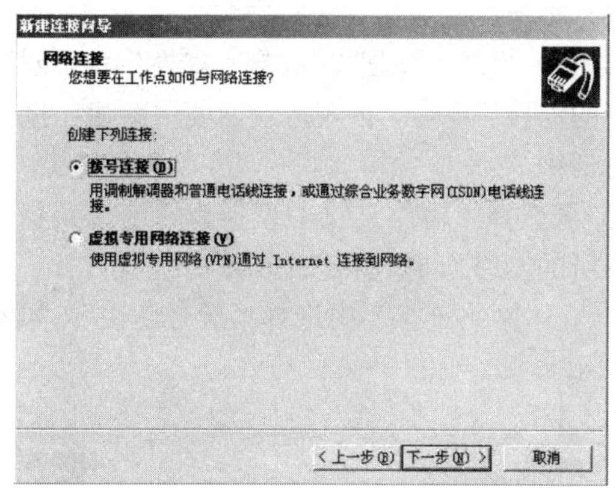

图 8-16 选择“拨号连接”

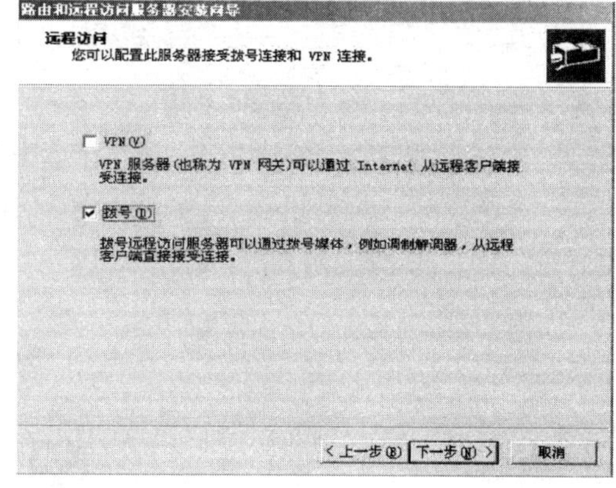

图 8-17 选择“拨号”

5）IP 地址指定，如图 8-18 所示。其中：

选择“自动”选项，表示由远程访问服务器向 DHCP 服务器索取 IP 地址，然后指派给个客户。若无法从 DHCP 服务器取得 IP 地址，则这台远程访问服务器会自动指派 169.254.×.× 的 IP 地址给客户端。

选择“来自一个指定的地址范围”选项，表示在下一步中，设置一段 IP 地址，这些 IP 地址以后被用来指派给客户端。

6）在“管理多个远程服务器”中选择“否，使用路由和远程访问来对连接请求进行身份验证”选项，单击“下一步”按钮，如图 8-19 所示。

图 8-18 IP 地址指定

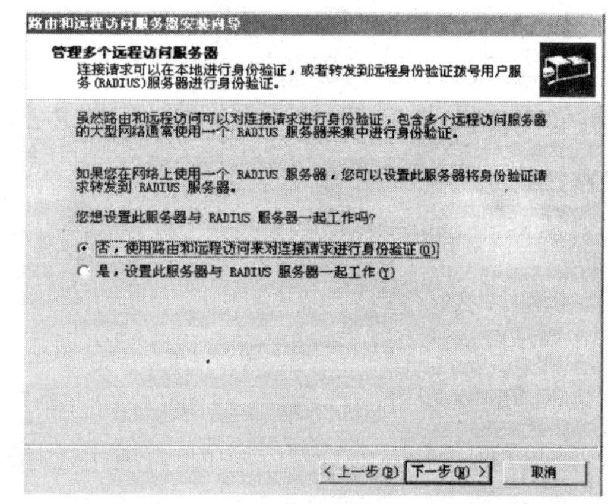

图 8-19 管理多个远程服务器的选择

7）最后在“路由与远程访问安装向导”的“总结”对话框中单击“完成”按钮即可完成安装。

（2）给予用户远程访问的权限。默认情况下，系统内所有用户都没有拨号连接远程访问

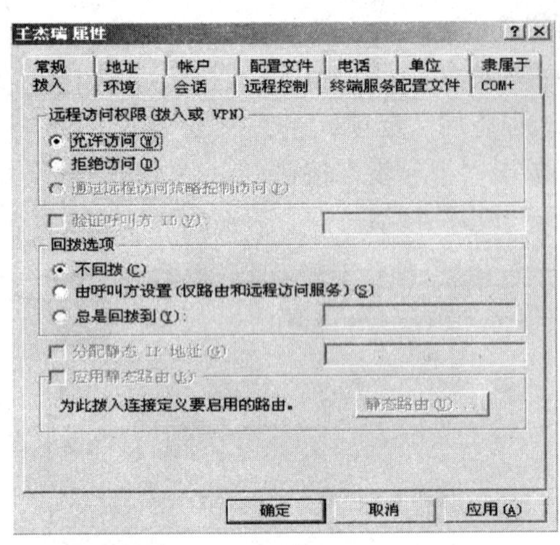

图 8-20 开放远程访问权限

服务器的权限。在 Active Directory 用户和计算机中选择允许拨入的账户，设置其允许访问。

单击“开始”→“管理工具”→“Active Directory 用户和计算机”菜单命令，双击要设置的用户账户，选择“拨入”标签，如图 8-20 所示进行设置。

（3）客户端的设置。

1）右击“网上邻居”，选择“属性”→“创建一个新的连接”命令，出现“欢迎使用新建连接向导”对话框。

2）再选择“网络连接类型”为“连接到我的工作场所的网络”，如图 8-21 所示。

3）在“网络连接”中选择“拨号连接”，如图 8-22 所示。

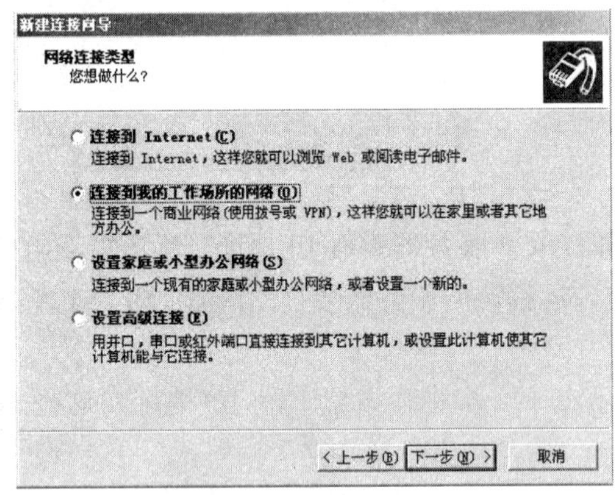

图 8-21 网络连接类型

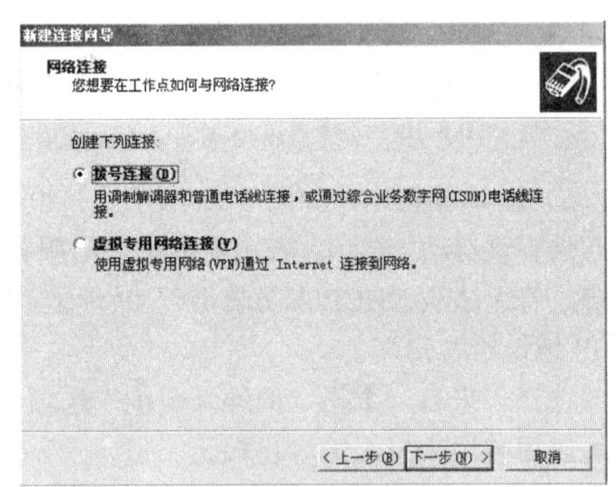

图 8-22 网络连接

4）设置连接的名称，如图 8-23 所示。

5）输入远程访问服务器的电话号码。如果是在外地拨号连接，需要加上区号；如果通过总机（交换机），需要加上外线码，如图 8-24 所示。

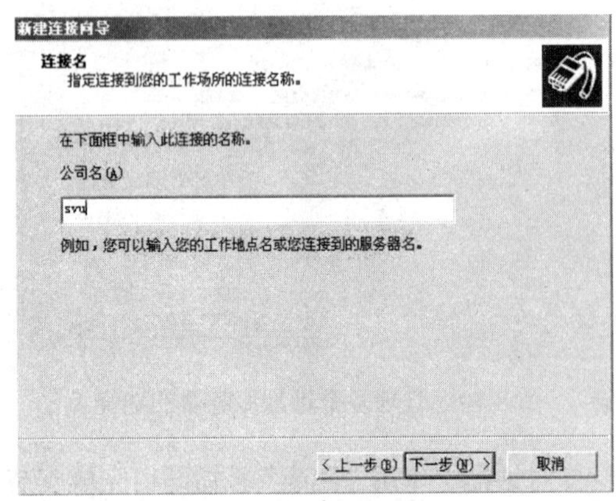

图 8-23 设置连接名称

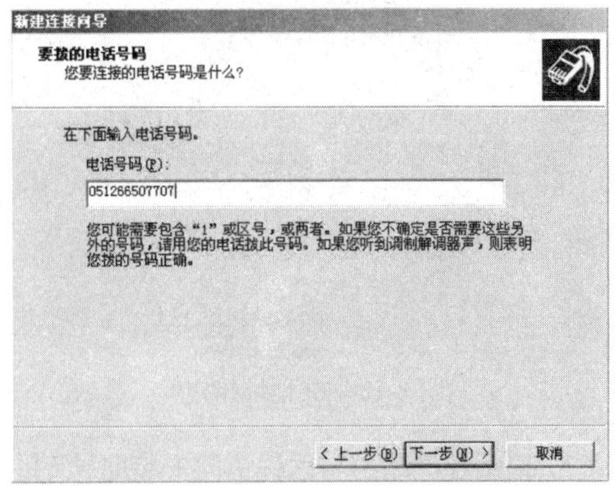

图 8-24 设置远程访问服务器电话号码

6）设置远程访问服务器的用户账号与密码，在“网络邻居”中选择建立完成的连接进行拨号。

任务 8.4.2　掌握 VPN 拨号连接建立的方法

1. 学习目标

掌握在 Windows Server 2003 中 VPN 拨号连接建立的方法。

2. 工作任务

（1）完成 VPN 拨号建立。

（2）阐述 VPN 拨号建立的步骤。

（3）分析在 VPN 拨号建立过程中注意的事项。

3. 任务实施

（1）架设 VPN 服务器。

1）单击“开始”→“管理工具”→“路由和远程访问”菜单命令，右击服务器节点，选择“配置并启用路由和远程访问”选项。

2）在“欢迎使用路由选择和远程访问服务器安装向导”中单击“下一步”按钮。

3）在“配置”对话框中选择“远程访问（拨号或 VPN）”，如图 8-25 所示，单击“下一步”按钮。

4）在“远程访问”对话框中选择“VPN”选项，如图 8-26 所示，单击“下一步”按钮。

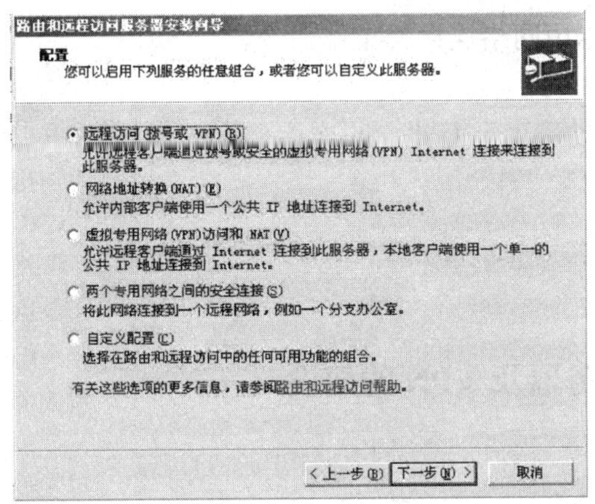

图 8-25 “配置”界面

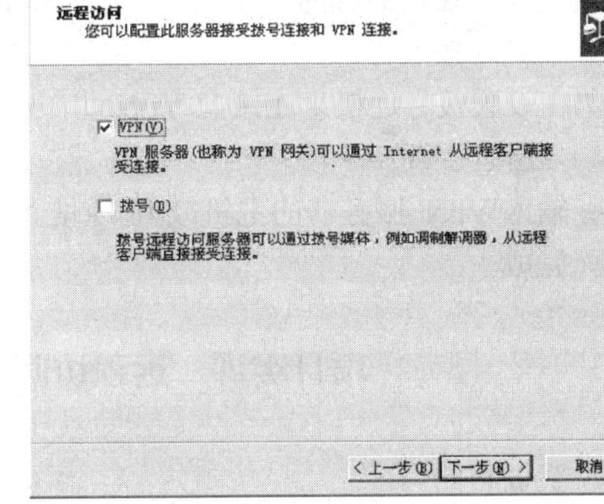

图 8-26 “远程访问”界面

5）选择用来连接的 Internet 网络接口，如图 8-27 所示。

6）若出现 IP 地址指定界面，选择“自动”，如图 8-18 所示。

7）在“管理多个远程服务器”中选择“否”，如图 8-19 所示。

8）在“路由与远程访问”中单击“确定”按钮。

9）系统默认会建立 128 个 PPTP 端口与 128 个 L2TP 端口，如图 8-28 所示，每一个端口可供一个 VPN 客户端来建立 VPN。

（2）给用户远程访问权限。在任务 8.4.1 中已详细描述，此处不再赘述。

（3）在 VPN 客户端建立 VPN 拨号连接。

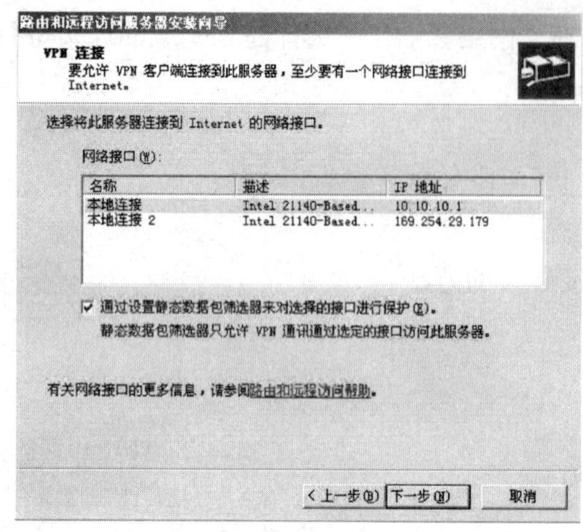

图 8-27 选择网络接口

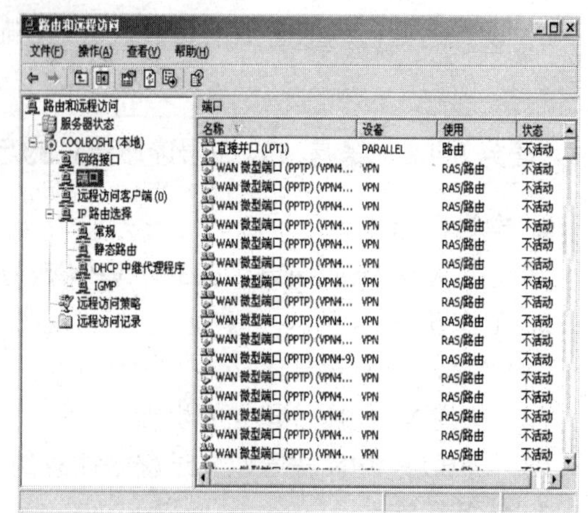

图 8-28 建立的 VPN 端口

1）创建一个新连接。

2）选择“连接到 Internet”→“手动设置我的连接”菜单命令。

3）设置 ISP 的名称。

4）输入用来连接 ISP 的用户名和密码。

（4）在 VPN 客户端建立 VPN 拨号连接。

1）创建一个新连接。

2）选择“连接到我的工作场所”→“虚拟专用网络连接”菜单命令。

3）设置连接名称。

4）在设置拨号连接来连接此 VPN 前，先自动通过上面建立的连接来连接到 Internet，然后再拨号连接此 VPN。

5）输入 VPN 服务器的主机或 IP 地址。

6）完成。

项目实训 远程访问服务器及 VPN 的架设

实训目的

（1）掌握远程接入服务器的配置和使用。

（2）掌握 VPN 拨号连接建立的方法。

实训任务

（1）在客户端配置远程访问服务器。

（2）在服务器配置允许用户远程访问配置。

（3）在客户端建立 Internet 连接。

（4）在客户端建立 VPN 拨号连接。

（5）使用建立的 VPN 进行通信。

实训总结

（1）总结在整个配置服务器、建立连接过程中出现的问题，并进行相应分析。

（2）使用 VPN 连接进行通信和不采用 VPN 进行的网络通信有何不同？试用协议分析软件进行分析。

（3）分析 VPN 连接对网络通信提供哪些方面的安全保障。

习　　题

1. 简述隧道的概念。
2. 简述 IPSec 的协议体系。
3. 描述 MPLS 工作原理。
4. 试比较 MPLS VPN 与 IPSec VPN。

项目 9　Web 安全和电子商务

目前很多单位和个人都拥有自己的网站。个人和公司访问 Internet 的数量正在急剧增加。许多企业都热衷于开发一些用于电子商务的网站。但是，Internet 或 Web 都极易受到各种各样的泄密攻击。Web 的安全需求与日俱增，已成为网络安全重要的一部分。

任务 9.1　Web 安全现状分析

任务 9.1.1　了解 Web 面临的安全威胁

1. 学习目标

（1）了解 Web 所处的网络环境。

（2）了解 Web 存在的不安全因素。

（3）了解 Web 面临的主要安全威胁。

2. 背景知识

Web 的广泛应用正给网络安全带来新的挑战，Web 的安全需要给予足够的重视。

（1）Web 存在的不安全因素。

1）Web 正日益成为单位或产品信息的出口，以及处理商务的平台。如果 Web 服务器遭到破坏，则可能会造成企业信誉的损害和经济损失。

2）虽然 Web 浏览器非常容易使用，也相对容易配置和管理，而且越来越容易开发，但是其底层软件却极其复杂。这种复杂的软件中可能会隐藏很多潜在的安全缺陷。

3）Web 服务器可以作为进入公司或机构的整个计算机联合体的跳板使用。一旦 Web 服务器遭到破坏，攻击者就有可能获得访问并非 Web 本身的组成部分（如本地站点与该服务器相连的数据和系统）的机会。

4）基于 Web 的各种服务面对的一般客户都是临时性的或未经培训的用户。这些用户缺乏对存在的安全风险所必要的警觉感，也没有对这些安全风险给予有效防范的工具。

（2）Web 面临的主要安全威胁。

1）破坏信息的完整性：主要包括篡改用户数据、特洛伊木马攻击、修改内存信息、篡改传输中的信息等。

2）破坏隐私和保密：主要包括窃取服务器信息、窃取客户机信息、窃取网络配置信息、网络传输的窃听、检测客户机/服务器活动等。

3）拒绝服务攻击：耗尽服务器资源，使服务器不能响应正常的客户请求。

4）伪装：主要包括身份伪装和数据伪装。

3. 工作任务

（1）分析 Web 主要面临的安全威胁。

（2）探讨有哪些安全技术可用以面对 Web 面临的安全威胁。

任务 9.1.2　掌握 Web 安全体系结构

1. 学习目标

掌握 Web 安全体系结构的组成。

2. 背景知识

Web 赖以生存的环境包括计算机硬件、操作系统、计算机网络及相应的网络服务和应用，所有这些都可能存在安全隐患，都有可能会最终威胁到 Web 安全。Web 安全体系非常的复杂，主要包括以下几个方面：

（1）客户端软件（Web 浏览器）的安全。

（2）运行浏览器的计算机设备及其操作系统的安全（主机系统的安全）。

（3）客户端的局域网的安全。

（4）网络传输的安全。

（5）服务器端的局域网安全。

（6）服务器端的计算机设备及操作系统的安全。

（7）服务器上的 Web 服务器的安全。

影响 Web 安全的最直接的因素，主要是 Web 服务器的安全以及支撑服务器运行的操作系统的安全。

3. 工作任务

（1）阐述 Web 安全体系结构由哪些部分组成。

（2）探讨 Web 安全所涉及的各个方面会存在哪些安全隐患。

任务 9.2　安全电子交易 SET 协议分析

任务 9.2.1　掌握 SET 协议基本概念

1. 学习目标

（1）了解 SET 协议的产生背景。

（2）掌握 SET 协议的主要特性。

（3）掌握 SET 协议的主要参与者。

（4）掌握 SET 协议的交易类型。

（5）掌握 SET 协议的交易过程。

2. 背景知识

SET （Secure Electronic Transaction，安全电子交易） 协议是 Visa 与 MasterCard 两家信用卡组织共同推出。SET 是一种用来保护在 Internet 上付款交易的开放式规范，它包含交易双方身份的确认，个人和金融信息隐秘性及传输数据完整性的保护。SET 提供了一套既安全又方便的交易模式，并采用开放式的结构及支持各种信用卡的交易。在每一个交易环节都加入电子商务的安全性认证过程。

（1）SET 的主要特性。SET 协议主要提供的安全特性包括：

1）信息的机密性：在网上传输过程中对持卡者账户和支付信息进行加密。SET 能够阻止商家得到持卡者的信用卡号，且保证只有发卡银行才能获取该信息。机密性采用传统加密算法 DES 实现。

2）数据的完整性：从持卡者发送给商家的支付信息包括订单信息、个人数据和支付指令。SET 保证这些消息在传输过程中不会被篡改。使用 SHA-1 的散列码的 RSA 数字签名提供了消息的完整性。特定消息还通过使用 SHA-1 的 HMAC 进行保护。

3）持卡者账户认证：SET 能够让商家检验持卡者是否为有效卡账号的合法用户。为保证该特性，SET 使用 X.509v3 数字证书。

4）商家认证：SET 使持卡者能够验证商家与金融机构之间是否存在着允许商家接受支付卡的业务联系。SET 采用带有 RSA 签名的 X.509v3 数字证书实现这一目标。

（2）SET 参与者。SET 参与者主要包括以下一些对象，如图 9-1 所示。

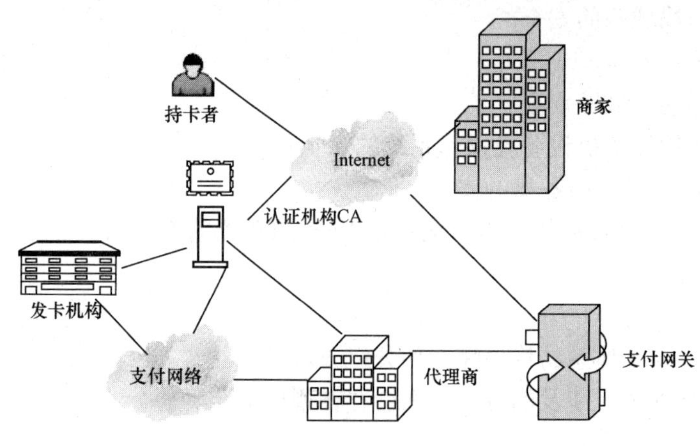

图 9-1　SET 的参与者

1）持卡人（持卡者）：持信用卡购买商品的人，包括个人持卡者和团体持卡者，按照网上商店的表单填写，通过由发卡银行发行的信用卡进行付费。

2）商家：商家是能够售卖货物或服务给持卡人的个人或组织。通常，这些货物或服务是通过 Web 网址或电子邮件提供的。接受支付卡业务的商家必须与代理商具有业务联系。

3）发卡银行：发卡银行是能够为持卡者提供支付卡的金融机构。通常，账号通过邮件或个人申请开设。

4）代理商：代理商是为商家建立账户并处理支付卡认证与支付事务的金融机构。代理商帮助商家对给定卡上账号的有效性和容许支付的信用额度进行认证，同时为商家提供电子转账支付。之后，发卡银行再通过某种支付网络向代理商支付其传出的电子资金。

5）支付网关：这是由支付者或指定的第三方完成的功能。为了实现授权或支付功能，支付网关将 SET 和现有的银行卡支付的网络系统作为接口。在 Internet 上，商家与支付网关交换 SET 信息，而支付网关与支付者的财务处理系统具有一定直接连接或网络连接。

6）认证机构 CA——可信赖、公正的组织：接受持卡人、商店、银行及支付网关的数字认证申请书，并管理数字证书的相关事宜，如制定核发准则，发行和注销数字证书等。负责对交易双方的身份确认，对厂商的信誉和持卡者的支付手段和支付能力进行认证。

（3）SET 交易类型。

1）持卡者注册：持卡者使用 SET 协议必须在 CA 注册。

2）商家注册：商家使用SET协议必须在CA注册。

3）购买请求：持卡者（持卡者）发送给商家的信息，包括给商家的支付信息和持卡者的支付信息。

4）支付授权：商家与支付网关之间的信息交换，该消息对给定的信用卡进行授权，使信用卡可以支付当前交易。

5）支付入账：商家向支付网关请求支付。

6）证书查询：持卡者或商家用以查询证书的状态，并在查询获得认可之后接手证书。

7）购买查询：持卡者用以查询订单处理的状态。

8）授权撤销：商家用以修改过去的授权请求。

9）入账撤销：商家用以修改入账请求中的错误。

10）支付网关证书请求：商家用以查询支付网关并获得支付网关当前密钥交换和签名证书的副本。

（4）一个简单的安全电子交易过程的步骤。

1）持卡者列出订单。持卡者先浏览贸易商的Web网站，选择自己需要的商品。贸易商根据持卡者的选择返回一个订货单，其中列出了货物的详细信息及订货单编号。

2）持卡者对贸易商的认证。贸易商除了向持卡者返回一个订货单外，还要提交一个自己的证书。持卡者可根据该证书，查证贸易商是否是一个合法的经营者。

3）发送订单和支付信息：使用持卡者自己的证书，持卡者同时发送其订单和支付信息。订单能够对订单表格上商品的购买信息加以确认，支付信息中包括了信用卡的详细内容。为了使商家无法读取支付信息的内容，在发送过程中对支付信息进行了加密。持卡者证书使商家能够对持卡者进行验证。

4）商家请求支付授权：商家把支付信息发送给支付网关，请求对持卡者的信用卡金额是否充足进行授权。

5）商家确认订单：商家发送订单确认信息给持卡者。

6）商家提供商品和服务：商家发送货物或支付服务给持卡者。

7）商家请求支付：这一请求被发送给支付网关，支付网关将处理支付的全部过程。

3. 工作任务

（1）阐述SET协议的产生背景及主要作用。

（2）分析SET协议的主要参与者、在电子交易中所承担的工作。

（3）分析SET协议可以支持哪些交易类型，这些交易各涉及哪些参与者。

（4）举例说明一个简单的SET电子交易。

任务9.2.2 掌握双重签名

1. 学习目标

（1）掌握双重签名生成过程。

（2）掌握双重签名的作用及其所提供的安全保障。

（3）掌握双重签名的验证过程。

2. 背景知识

双重签名（DS）的目的是把发送给两个不同接收者的两条消息连接起来。例如，持卡者希望发送订单信息（OI）给商家，发送支付信息（PI）给银行。商家不必知道持卡者的信用卡号，银行也不必知道持卡者的订单细节。持卡者需要将这两项信息分开。然而为了在必要时能够解决责任问题，这两项消息又必须以一种方式联系起来，以便持卡者能够证明这次支付是为了这份订单而不是其他商品或服务。

（1）持卡者处双重签名的生成。

1）持卡者计算订单信息 OI 的散列值 H（OI）（也可记为 OIMD）。

2）计算支付信息 PI 的散列值 H（PI）（也可记为 PIMD）。

3）将 H（OI）和 H（PI）这两个散列值进行串接操作进一步计算散列值。

4）用持卡者的签名私钥（PR_C）对最后生成的散列值进行加密

$$DS=E（PR_C，[H（H（PI）||H（OI））]）。$$

（2）商家验证签名的过程。商家拥有持卡者的双重签名 DS、订单信息 OI、支付信息的消息摘要 PIMD 及持卡者的证书。其签名过程如下：

1）对订单信息 OI 进行计算其散列值 H（OI）。

2）将 H（OI）与支付信息消息摘要 PIMD 进行串接，对串接后的结果计算其散列值 H（PIMD||H（OI））。

3）对双重签名使用持卡者的公钥进行解密 D（PU_C，DS）。

4）若已经计算得到的 H（PIMD||H（OI））与 D（PU_C，DS）两者相等，则商家完成对签名的验证。

银行拥有持卡者的双重签名 DS、支付信息 PI、订单信息的消息摘要 OIMD 及持卡者证书。银行验证签名的过程如下：

1）对支付信息 PI 进行计算其散列值 H（PI）。

2）将 H（PI）与订单信息消息摘要 OIMD 进行串接，对串接后的结果计算其散列值 H（OIMD||H（PI））。

3）对双重签名使用持卡者的公钥进行解密 D（PU_C，DS）。

4）若已经计算得到的 H（OIMD||H（PI））与 D（PU_C，DS）两者相等，则商家完成对签名的验证。

如果商家为了对自己更有利，想在本次交易中替换另一个 OI，那么他必须找到另一个具有与当前的 OIMD 相匹配的 OI。按照散列函数（SET 采用 SHA-1 算法）的特性，这基本上是不可能的。

3. 工作任务

（1）以图示的方式表达双重签名的生成过程。

（2）以图示的方式表达双重签名在持卡者处的验证过程。

（3）以图示的方式表达双重签名在商家处的验证过程。

（4）分析双重签名为电子交易提供哪些安全保障。

任务 9.2.3 掌握交易过程

1. 学习目标

（1）掌握购买请求的过程。

（2）掌握支付授权的过程。

（3）掌握支付入账的过程。

2. 背景知识

（1）购买请求。在购买请求开始之前，持卡者已完成了商品浏览、选择和订购，商家给持卡者发送回一个完整的订单表格。

交换的购买请求消息由四部分组成：初始请求、初始响应、购买请求和购买响应。

初始请求：持卡者用以向商家请求商家和支付网关的证书。初始请求消息中包括持卡者使用的信用卡品牌、持卡者为这次请求/响应过程分配的 ID 及能够确保时间真实性的现时值。

初始响应：商家用以向持卡者发送证书及一些交易信息。初始响应包括商家的签名证书、支付网关的密钥交换证书、持卡者在初始请求中发送的现时值、持卡者应该在下一条消息中发送的另一个现时值及为本次购买交易设置的交易号，整个初始响应使用商家的私钥进行签名。

购买请求：持卡者对商家和支付网关的证书验证通过之后，发送给商家的请求，这条请求由持卡者生成一个一次性对称加密密钥 K_S 保护。购买请求消息具体包括以下内容：

1）与支付相关的信息（该信息将通过商家转发给支付网关）：

支付信息 PI。

双重签名 DS。

订单信息 OI 的消息摘要 OIMD。

注：以上三项均用 K_S 进行加密。

数字信封。用支付网关的公钥交换密钥对密钥 K_S 进行加密得到，只有用支付网关的私钥交换密钥才能解密。从而保证了商家无法读取与支付相关的信息。

2）与订单相关的信息。

订单信息 OI。

双重签名 DS。

支付信息 PI 的消息摘要 PIMD。

3）持卡者证书：包括持卡者的签名公钥。商家和支付网关都需要持卡者证书。

购买响应：商家对验证持卡者证书、验证双重签名、处理订单、向支付网请求授权之后，返回持卡人的消息。购买响应消息包括能够确认订单和响应交易号的响应块。该响应块由商家使用其签名私钥签发。连同商家的签名证书，该响应块及其签名被发送给持卡者。

当持卡者的软件收到购买响应消息后，首先验证商家的证书，然后验证响应块上的签名。最后，再基于响应消息做一些其他操作，例如为用户显示消息或用当前的订单状态更新数据等。

（2）支付授权。在处理持卡者的订单过程中，商家对支付网关进行授权，使其可以对交易过程进行相关处理。支付授权确保该次交易被发卡银行所许可，该授权也保障商家可以得到支付，从而商家可以提供服务或货物给持卡者。支付授权交换由两条消息组成：授权请求和授权响应。

1）商家发送授权请求消息给支付网关。

买相关信息（支付块）。该消息从持卡者处获得，包括支付信息 PI、双重签名 DS、订单信息 OI 的消息摘要 OIMD、数字信封。

授权相关信息。该消息由商家产生，包括一个授权块（由商家的签名私钥签发并使用商家产生的一次性对称密钥进行加密）、数字信封（由支付网关的公钥交换密钥对一次性对称密钥加密后生成的）、持卡者的签名密钥证书、商家的签名密钥证书、商家的密钥交换证书。

2）支付网关完成以下操作：

验证所有的证书。

解密授权块中的数字证书，以获得对称加密密钥，然后使用该密钥对授权块进行解密。

验证授权块中的商家签名。

解密支付块中的数字签名，以获得对称加密密钥，然后使用该密钥对支付块进行解密。

验证支付块中的双重签名。

验证从商家接受的交易 ID 和从持卡者（非直接）接收到的支付信息 PI 是否匹配。

请求并从发卡机构获得授权。

3）当从发卡机构获得授权后，支付网关返回授权响应消息给商家。它包含下列元素：

授权相关信息。包含一个授权块，有支付网关的签名私钥签名，并有支付网关产生的一次性对称密钥加密。同样有一个数字信封，其中包含使用商家的公钥交换密钥加密的一次性密钥。

入账通知信息。该信息将对以后的支付产生影响。这个块形式同授权相关信息，即包含一个已签名的和已加密的入账通知信息及一个数字信封。商家不对该通告做处理，而是附上一个支付请求后，商家再将它返回。

证书。支付网关的签名密钥证书。得到网关的认证后，商家就可以向持卡者提供货物或服务了。

（3）支付入账。商家对持卡者的服务结束后，即可从支付网关获得交易货款。为了得到支付，商家让支付网关参与到支付入账处理中，有入账请求和入账响应消息组成。

入账请求：商家向支付网关请求获得交易货款。包括支付数量和交易 ID 号。用于本次交易的已加密的早先（在授权响应中）收到的入账通知单，商家的签名密钥和用于密钥交换的证书。

支付网关收到入账请求消息后，进行解密和验证入账请求块，并进行解密和验证入账通知块。接着支付网关对入账请求和入账通知的一致性进行检查。这一请求将使资金转入商家的账户。之后，网关通过返回一条入账响应消息来通告支付的商家。该消息包括一个由支付网关进行签名和加密的入账响应块，还包括网关的签名密钥证书。商家的软件将存储这个入账响应，并将其和从代理商处得到的支付账单进行协调。

3. 工作任务

（1）以图示的方式表示购买请求消息的组成。

（2）以图示的方式表示购买响应的过程。

（3）以图示的方式表示商家发送给支付网关的授权请求消息。

（4）以图示的方式表示支付网关对授权请求消息的验证过程。

（5）以图示的方式表示支付网关返回给商家的授权响应消息。

任务 9.3　安全套接字层协议 SSL

任务 9.3.1　掌握 SSL 协议基本概念

1. 学习目标

（1）掌握 SSL 产生背景。

（2）掌握 SSL 的主要功能。

（3）掌握 SSL 的结构。

2. 背景知识

（1）SSL 简介。微软公司 SSL 是由 Netscape 公司于 1995 年开发的，并被广泛应用于 Web 等安全服务。微软公司在 SSLv2 基础上修补部分安全问题，提出类似的协议 PCT（Private Communication Technology）；再之后经过多次改进，形成了 SSLv3。SSL 协议是目前网上购物网站中常使用的一种安全协议，用以确保浏览器和 Web 服务器之间能够安全地沟通。SSL 协议 TCP 连接提供数据加密、服务器认证、消息完整性及可选的客户机认证等安全服务。SSL 协议对于应用层协议（如 HTTP、FTP）是透明的。SSL 协议在应用层通信之前就已经完成加密算法、通信密钥的协商，以及服务器认证工作。在此之上，应用层协议所传送的数据都会被加密，从而保证了通信的机密性。

（2）SSL 的功能。

1）客户对服务器的身份认证：SSL 服务器允许客户的浏览器使用标准的公钥加密技术和一些可靠的认证中心（CA）的证书，来确认服务器的合法性。

2）服务器对客户的身份认证：可通过公钥技术和证书进行认证，也可通过用户名、密码来认证。

3）建立服务器与客户之间安全的数据通道：SSL 要求客户与服务器之间的所有发送的数据都被发送端加密、接收端解密，同时还检查数据的完整性。

（3）SSL 的结构。SSL 使用 TCP 提供一种可靠的端对端的安全服务。SSL 不是单个协议，它由两层协议组成，如图 9-2 所示。

SSL 记录协议对各种更高层协议提供基本的安全服务。SSL 中定义的三个较高层的协议分别是握手协议、密码变更规格协议和报警协议。

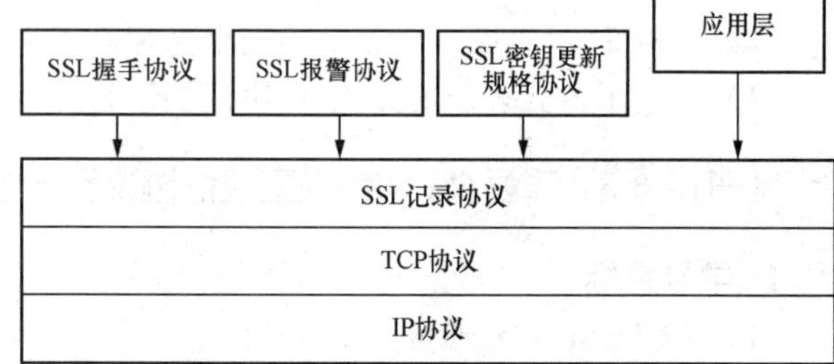

图 9-2　SSL 协议栈

3. 工作任务

（1）SSL 的产生背景及适用环境。

（2）分析 SSL 协议栈的主要组成、SSL 协议的所处的位置。

（3）分析 SSL 协议的主要功能，所提供的安全保障。

任务 9.3.2　掌握 SSL 记录协议

1. 学习目标

（1）掌握 SSL 记录协议的主要作用及其提供的安全保障。

（2）掌握 SSL 记录协议的结构。

（3）掌握 SSL 记录协议的运行流程。

2. 背景知识

（1）SSL 记录协议为 SSL 连接提供两种服务。

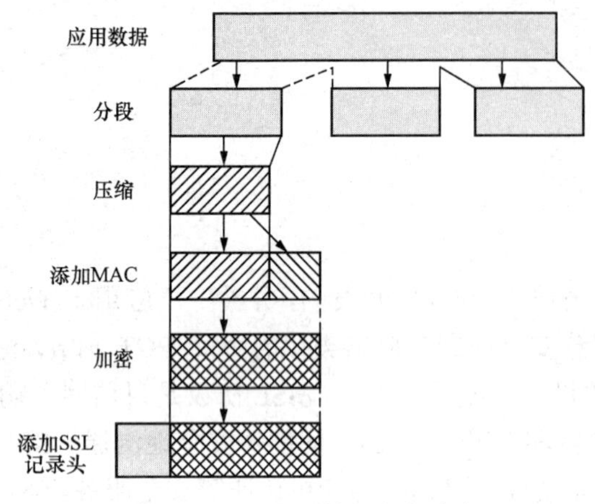

图 9-3　SSL 记录协议运行流程

1）机密性：握手协议定义一个可以用于SSL 负载的传统加密共享密钥。

2）消息完整性：握手协议还定义一个用于产生消息认证码的共享密钥。

SSL 记录协议要传输应用消息时，先将数据分段成一些可操作的块，然后选择压缩或不压缩数据，再生成认证码 MAC、加密、添加头并将最后的结果作为一个 TCP 分组送出。对接收到的数据，首先解密，然后做完整性验证、解压缩、重组，最后把数据送到更高层用户。如图 9-3 所示。

（2）SSL 记录协议处理过程的最后一步是添加一个头，它由下列域组成，如图 9-4 所示。

1）内容类型（8 位）：用于处理分段的更高层协议。内容类型被定义为密码更换规格、报警、握手和应用数据四种。前三种是对 SSL 特定的协议。

2）主版本（8 位）：表明应用的 SSL 协议的主版本号。对于 SSLv3.0，该值为 3。

3）副版本（8 位）：表明应用的 SSL 协议的主版本号。对于 SSLv3.0，该值为 0。

4）压缩后的长度（8 位）。

内容类型　主版本　副版本　压缩后的长度

加密

明文（压缩可选）

MAC（0、16或20字节）

图 9-4　SSL 记录协议运行流程

3. 工作任务

（1）分析 SSL 记录协议的结构。

（2）分析 SSL 记录协议提供的安全保障，可以对抗哪些网络威胁。

（3）以图示方式表示 SSL 记录协议的运行流程。

任务 9.3.3　了解 SSL 密钥变更规格协议和报警协议

1. 学习目标

（1）了解 SSL 密钥变更规格协议。

（2）了解 SSL 报警协议。

2. 背景知识

（1）密钥变更规格协议。密钥变更规格协议只包含一条消息，由一个值为 1 的字节组成。这条消息更新连接上应用的密钥机制，如图 9-5 所示。

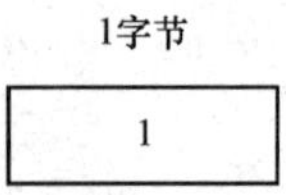

1字节

1

图 9-5　密钥变更规格协议

（2）报警协议。报警协议用于将与 SSL 相关的报警传达给对等实体。报警协议中的每条消息都由两个字节组成。其中第一个字节可以取值为警告（值为 1）或致命（值为 2）以表示消息的严重程度，如图 9-6 所示。如果严重程度为致命的话，SSL 将立即结束当前连接。虽然该会话中的其他连接还可以继续进行，但是本次会话不允许建立新的连接。第二个字节包括一种用于致命警告的编码。

严重程度（1字节）	警报编号（1字节）

图 9-6　SSL 报警协议

致命警告消息：

1）非预期消息：接收到不恰当的消息。

2）不良记录校验：接收到不正确的 MAC 码。

3）解压缩失败：解压缩函数接收到不恰当的输入。

4）握手失败：发送者在可选范围内不能协商出一组可接收的安全参数。

其他警报消息：

1）关闭通告：通报接收者，发送者在本次连接上将不再发送任何消息。连接双方中的一方在关闭连接前都应该给对方发送这样一条消息。

2）没有证书：如果没有合适的证书可用，发送这条消息作为对证书请求者的回应。

3）证书不可用：接收到的证书不可用。

4）不支持的证书：不支持接收到的证书类型。

5）证书作废：证书已被签发者吊销。

6）证书过期：证书已经过期。

7）未知证书：处理证书过程中引起的其他未知问题，导致该证书无法被系统识别和接受。

3. 工作任务

（1）了解 SSL 密钥变更规格协议的主要作用。

（2）了解 SSL 报警协议主要对哪些情况进行报警。

任务 9.3.4　掌握 SSL 握手协议

1. 学习目标

（1）掌握 SSL 握手协议的结构。

（2）掌握 SSL 握手协议的消息类型及参数。

（3）掌握客户端和服务器使用 SSL 握手协议建立连接的过程。

2. 背景知识

SSL 握手协议允许客户端和服务器相互认证，并协商加密和 MAC 算法，以及用于保护 SSL 记录中所发送数据加密密钥。握手协议在任何应用数据被传输之前使用。

握手协议由客户端和服务器之间的一系列消息交换组成。每条消息都包括三个域，如图 9-7 所示。

类型（1字节）	长度（3字节）	内容（≥0字节）

图 9-7　SSL 握手协议

1）类型（1 字节）：表示预定义的 10 种消息类型之一。

2）长度（3 字节）：以字节为单位的消息长度。

3）内容（≥0 字节）：和本条消息相关的参数。

SSL 握手协议的消息类型如表 9-1 所示。

表 9-1　　SSL 握手协议消息类型

消息类型	参　数
hello_request	空
client_hello	版本、随机数、会话 ID、密码构件、压缩方法
server_hello	版本、随机数、会话 ID、密码构件、压缩方法
certificate	X.509v3 证书链
server_key_exchange	参数、签名
certificate_request	类型、授权
server_hello_done	空
certificate_verify	签名
client_key_exchange	参数、签名
finished	散列值

建立客户端和服务器之间的逻辑连接需要进行的初始交换可以分为四个阶段：

（1）第一阶段：客户端发起建立连接请求。客户端通过发送 client_hello 启动连接请求，如图 9-8 所示。client_hello 的参数取值如下：

1）版本：客户端的 SSL 的最高版本。

2）随机数：由客户端产生的随机序列，用于在密码交换过程中防止重放攻击。

3）会话 ID：可变长度的会话标识符。非零值表示客户端希望更新现有的连接的参数，或为该会话创建一条新连接。零值表示客户端希望为这次会话建立一条新连接。

4）密码构件：该列表包括客户端支持的密码算法组合，以优先选用递减的顺序给出。列表中的每一行同时定义密钥算法和密码规格。

5）压缩算法：客户端支持的压缩方法列表。

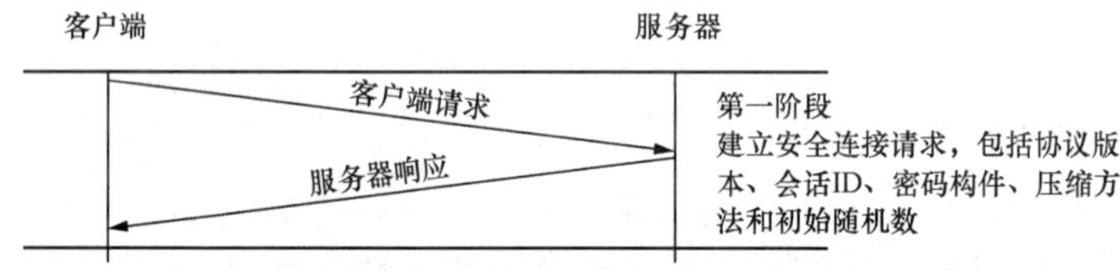

图 9-8　SSL 握手协议过程——第一阶段

服务器通过发送 server_hello 响应客户端的请求，server_hello 的参数取值如下：

1）版本：保护客户端建议的较低版本和服务器建立的最高版本。

2）随机数：服务器产生一个独立于客户端随机数的新的随机数。

3）会话 ID：如果客户端会话 ID 域非零，那么服务器采用相同的值；否则，服务器的会话 ID 域将包含一个新的会话值。

4）密码构件：将包括服务器从客户端提供的可选方案中选定的唯一一组密码构件。

5）压缩算法：包括服务器从客户端建议中选定的压缩方法。

（2）第二阶段：服务器认证和密钥交换。如果需要认证，则这一阶段以服务器发送其证书开始，发送的消息包括一个 X.509 证书或者 X.509 证书链。之后，如果有必要，将发送 server_key_exchange 消息。服务器也可以通过发送 certificate_request 消息向客户端请求证书。第二阶段的最后一条消息是 serve _done 消息，该消息没有参数，服务器要等待客户的响应，如图 9-9 所示。

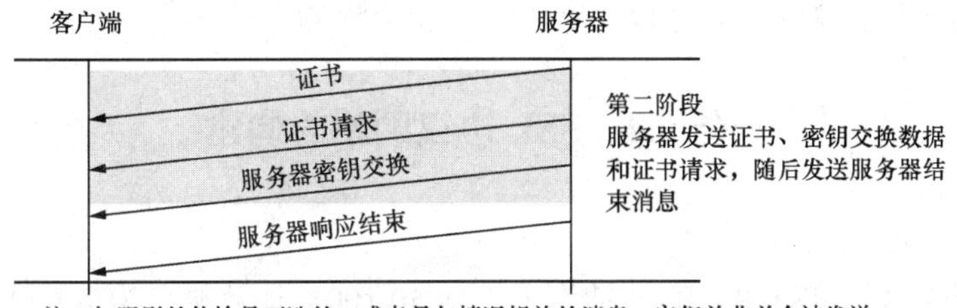

图 9-9 SSL 握手协议过程——第二阶段

（3）第三阶段：客户端认证和密钥交换。接收到 server_done 消息，若需要，客户端应验证服务器的证书，同时检查在 server_hello 中选定的参数是否可接受。如果所有条件均满足，那么客户端将返回一条或更多消息给服务器。

如果服务器以请求证书，则一开始，用户需要发送一条 certificate 消息作为回应；如果客户端没有合适的证书，则发送 no_certificate 报警消息。

客户端接着发送 client_key_exchange 消息来分发密钥，如图 9-10 所示。

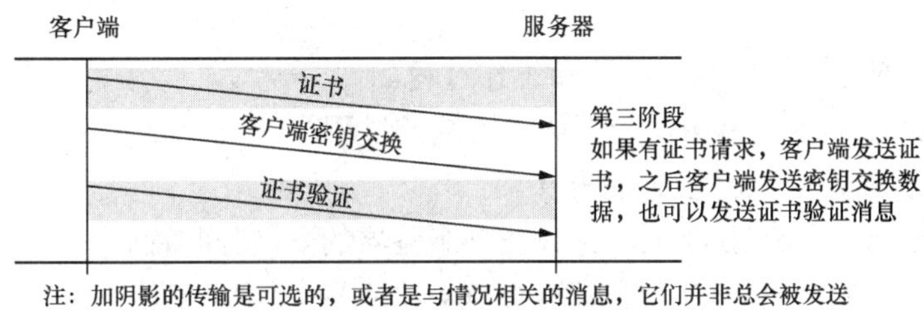

图 9-10 SSL 握手协议过程——第三阶段

（4）第四阶段：完成。这阶段完成安全连接的建立。客户端发送一个 change_cipher_spec 密码变更规格消息，更新当前的密码规格，该消息不是握手协议的一部分，而是使用密码变更规格协议发送的。客户端在新算法、新密钥和新秘密值下立即发送 finish 结束消息。finish 结束消息用于验证密钥交换和认证过程是否成功。

作为对客户发送的这两条消息的响应，服务器发送自己的 change_cipher_spec_message（密码变更规格消息），更新当前的密码规格，并使用新的密码规格发送其 finish 结束消息。到此为止握手过程已经完成，客户端和服务器可以开始交换应用层数据，如图 9-11 所示。

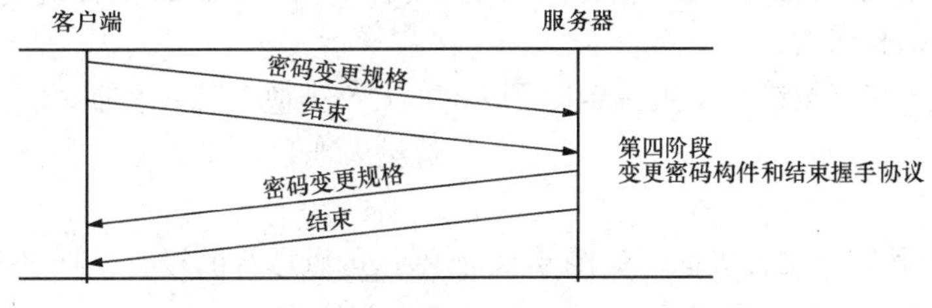

图 9-11 SSL 握手协议过程——第四阶段

3. 工作任务

（1）阐述 SSL 握手协议的主要作用。

（2）分析 SSL 握手协议建立连接的过程。

（3）分析 SSL 握手协议建立过程中所提供的安全保障。

任务 9.4　SSL 协议网站的构建

实验环境如下所述：

（1） Web 服务器：IIS 6.0，IP 地址为 172.18.50.100，计算机名为 A2-517-00。

（2） 证书服务器：A2-517-00 的独立根 CA，与 Web 服务器在同一台物理计算机上。

（3） 浏览器：Internet Explorer 6.0，与 Web 服务器在同一物理计算机上。

任务 9.4.1　掌握 Web 服务器证书的获取、安装与管理

1. 学习目标

（1）掌握证书服务器的安装与配置。

（2）掌握 Web 服务器证书的申请与安装。

（3）掌握 Web 服务器的 SSL 设置。

2 工作任务

（1）阐述证书服务器的安装、配置和工作过程。

（2）阐述 Web 服务器证书申请、下载、安装的过程。

（3）阐述 Web 服务器 SSL 设置的方法。

（4）在 Windows Server 2003 上，完成证书服务器的安装与配置。

（5）在 Windows Server 2003 上，完成 Web 服务器证书的申请、获取与安装，完成 SSL 设置。

3. 任务实施

（1）证书服务的安装与管理。

1）打开“控制面板”，单击“添加/删除程序”按钮，再单击“添加/删除 Windows 组件”按钮，弹出“Windows 组件向导”对话框，选中“证书服务”复选框。

2）弹出提示信息对话框，提示安装证书服务后，计算机名称和域成员身份将不可再改变，单击“是”按钮。

3）单击“详细信息”按钮，出现证书服务界面，安装证书服务时有两个选项，如图 9-12 所示。

“证书服务 CA”电子商务的安全性：构建 CA 的证书服务。

“证书服务 Web 注册支持”电子商务的安全性：客户机通过 Web 页面提交数字证书申请，获取数字证书的 Web 网站。

4）单击“下一步”按钮，在如图 9-13 所示的“CA 类型”选中“独立根 CA”单选按钮，选中“用自定义设置生成密钥对和 CA 证书”复选框表明自定义 CA 的密钥生成算法，单击“下一步”按钮。

5）出现公钥/私钥对设置界面，如图 9-14 所示，可以进行的设置包括以下几方面。

在 CSP 列表框中选择加密服务提供程序（CSP），默认值为 Microsoft Strong Cryptographic Provider。

在“散列算法”列表框中选择要使用的散列算法，默认值为 SHA-1。

6）设置好后，单击“下一步”按钮，出现如图 9-15 所示对话框，输入识别 CA 的信息，

这些信息以标准的 X.500（一种网络资源名称的国际标准）格式出现在给用户颁发的数字证书中。完成设置后单击“下一步”按钮。

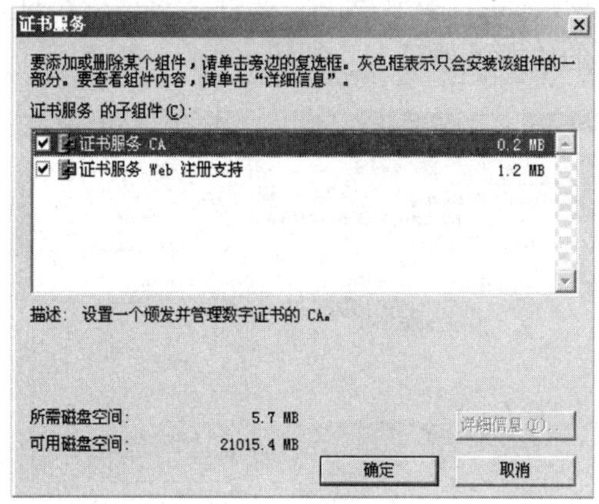

图 9-12　安装证书服务的两个选项

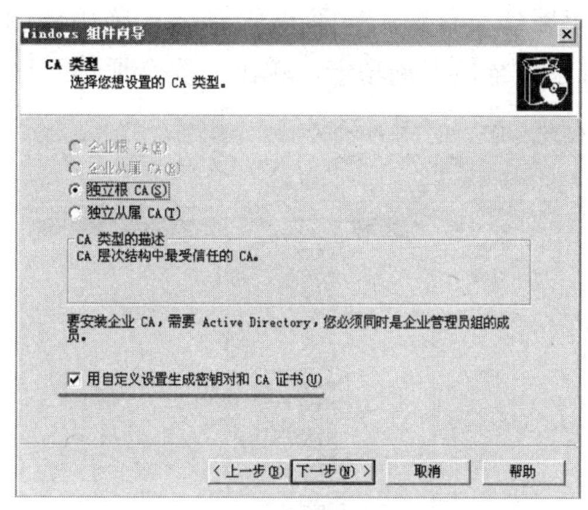

图 9-13　CA 类型的选择

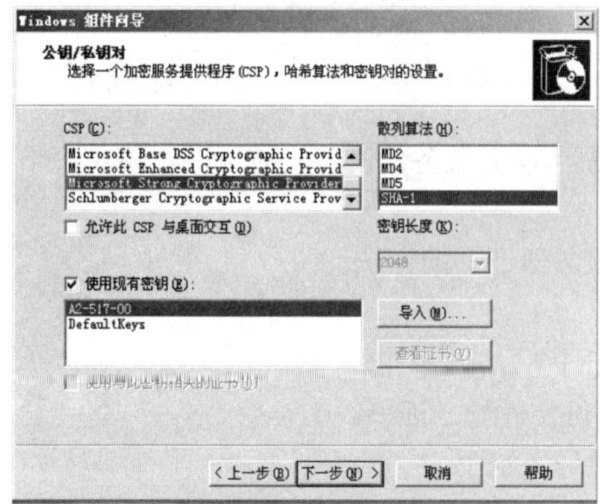

图 9-14　公钥/私钥对设置界面

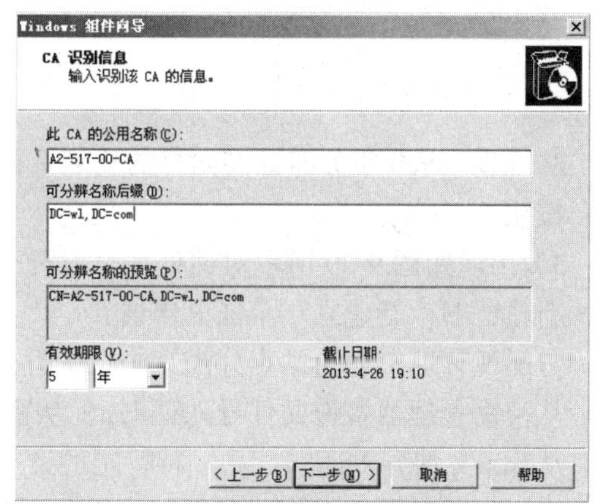

图 9-15　设置 CA 识别信息

7）进入证书数据库设置界面，如图 9-16 所示，用于配置服务器上的数字证书数据库、数据库日志和配置信息的存放位置，按照默认设置就可以。单击“下一步”按钮。

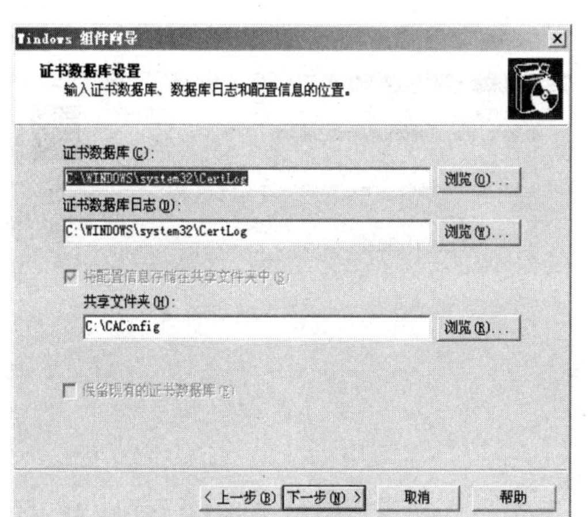

图 9-16　设置证书数据库

8）提示安装过程中必须暂时停止 IIS 服务，单击“是”按钮，如图 9-17 所示。

9）成功安装数字证书服务后出现完成界面，单击“完成”按钮，这样一个独立根 CA 就构建完成。

图 9-17　安装中需要暂停 IIS 服务

（2）生成 Web 服务器数字证书申请文件。

1）打开“Internet 信息服务管理器”，选择相应的站点后右击它，在出现的快捷菜单中执行“属性”命令，如图 9-18 所示，弹出如图 9-19 所示的“默认网站　属性”对话框。打开“目录安全性”选项卡，单击“安全通信”区域中的“服务器证书”按钮。

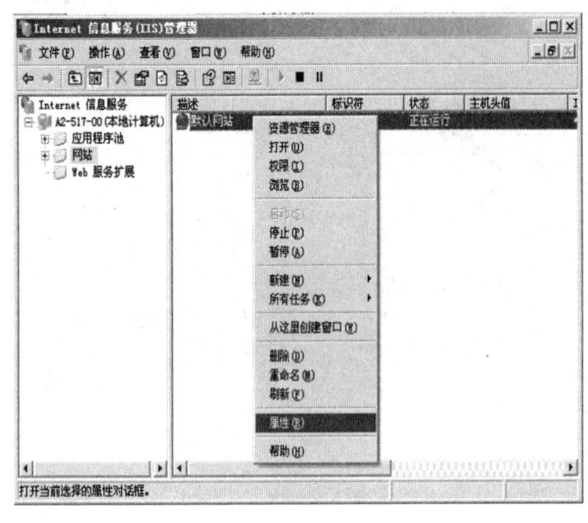

图 9-18　选择默认属性

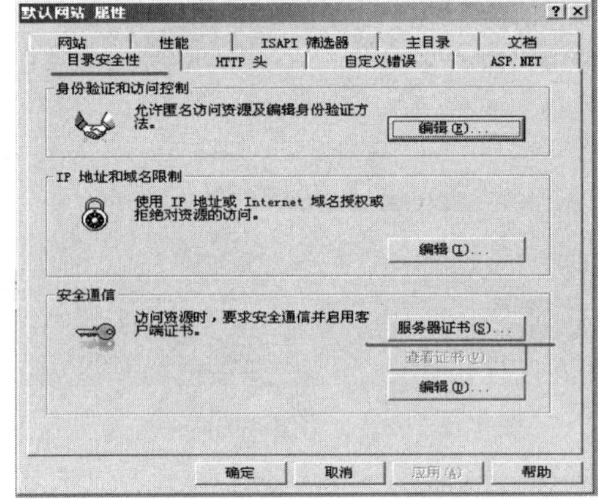

图 9-19　“默认网站　属性”对话框

2）出现 Web 服务器证书向导的欢迎界面，提示 Web 服务器没有安装证书，单击“下一步”按钮。

3）出现如图 9-20 所示对话框，有五种获取服务器证书的方法。

新建证书：新建立一个证书申请。

分配现有证书：为站点分配一个已经存在的证书。

从密钥管理器备份文件导入证书：　从密钥备份文件导入证书。

从.pfx 文件导入证书：从一种特定的证书文件导入证书。

将远程服务器站点的证书复制或移动到此站点：复制或移动远程服务器站点的证书。

这里选中“新建证书”单选按钮，单击“下一步”按钮。

4）出现如图 9-21 所示对话框，用于选择发送证书请求的方法。选中“现在准备证书请求，但稍后发送”单选按钮，单击“下一步”按钮。

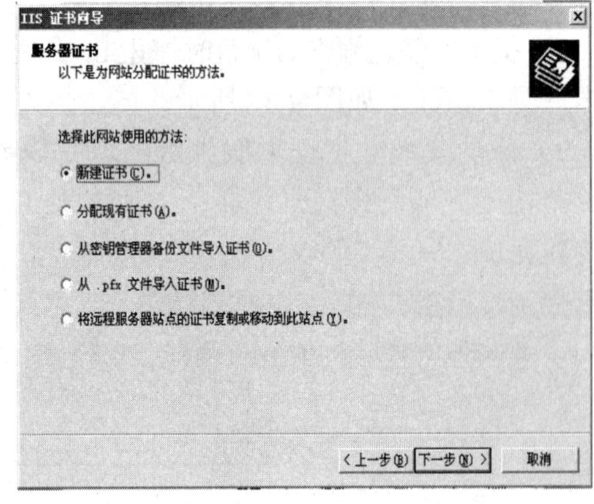

图 9-20　获取服务器证书

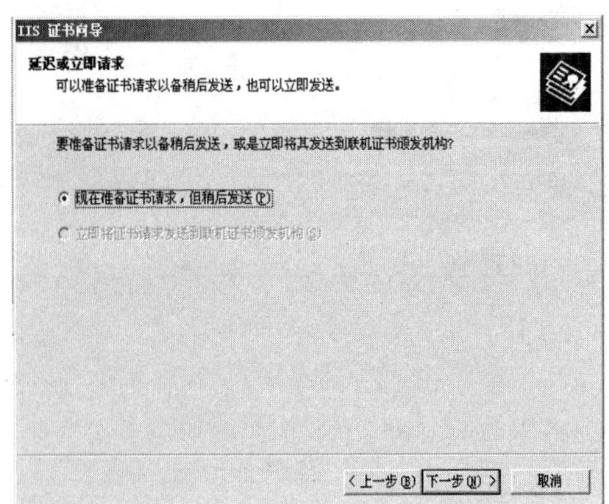

图 9-21　延迟或立即请求证书

5）进入如图 9-22 所示界面，在“名称”文本框中输入 Web 服务器的数字证书名称，在“位长”下拉列表框中选择生成的公钥和私钥的位长，默认 1024 位，选中“选择证书的加密服务提供程序（CSP）”复选框自行选择 CSP，单击“下一步”按钮。

6）进入如图 9-23 所示界面，在“选择提供程序”列表框中选择一个 CSP 程序。默认有两个 CSP 程序：Microsoft DH Schannel Cryptographic Provider、Microsoft RSA Schannel Cryptographic Provider。

完成选择后单击“下一步”按钮。

图 9-22　设置名称和安全性

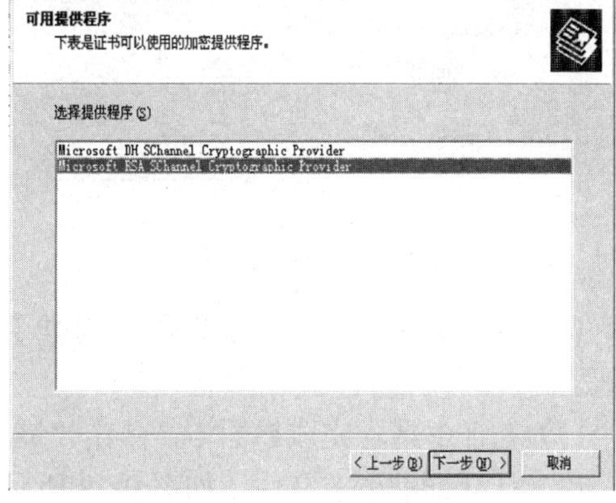

图 9-23　选择可用提供程序

7）进入如图 9-24 所示界面，在“单位”和“部门”文本框中按照需要设置，单击“下一步”按钮。

8）进入如图 9-25 所示界面。在“公用名称”文本框中输入有效的 DNS 域名或者 NetBIOS 名称，该名称与站点是唯一对应的，如果站点名称发生变化，必须申请新的数字证书，完成设置后单击“下一步”按钮。

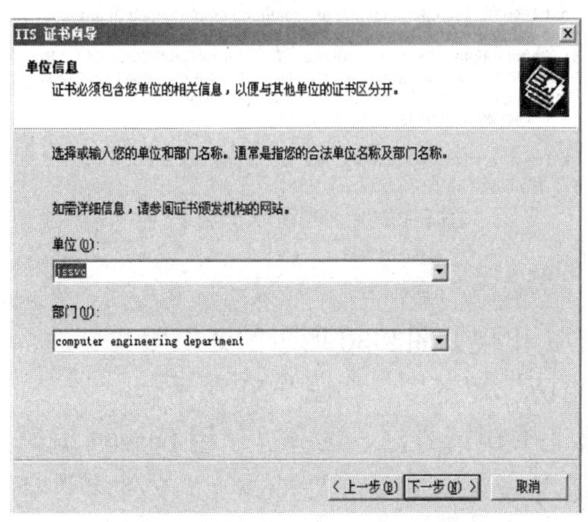

图 9-24　输入单位信息

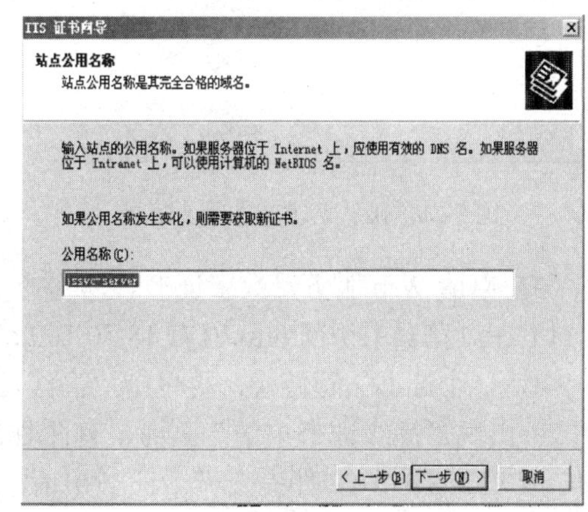

图 9-25　输入站点公用名称

9）进入如图 9-26 所示界面，按照需要设置，单击“下一步”按钮。

10）进入如图 9-27 所示界面。在“文件名”文本框中输入保存证书请求的文件路径及名称，完成设置后单击“下一步”按钮，设保存的文件为 certreq.txt。

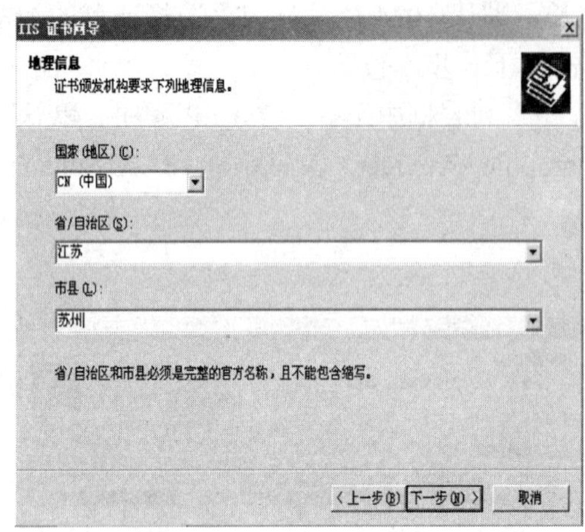

图 9-26　设置地理信息

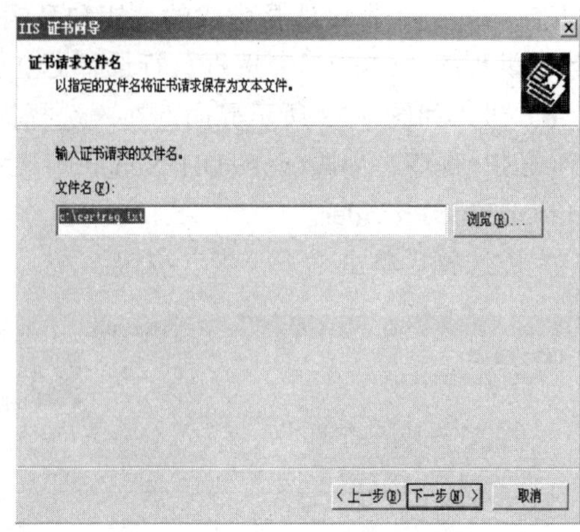

图 9-27　输入证书请求文件名

11）进入如图 9-28 所示界面，列举了证书的设置参数，确认无误后单击“下一步”按钮。

12）在证书请求完成界面中，单击“完成”按钮。

13）打开证书请求文件，如图 9-29 所示，图中所示为加密后的信息。

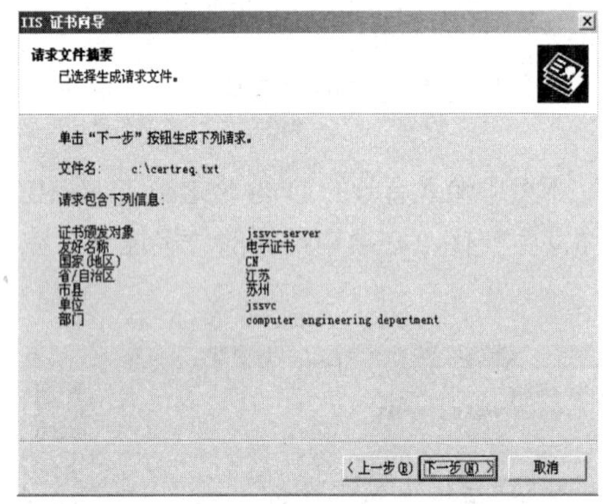

图 9-28　确认请求文件摘要信息

图 9-29　证书请求文件内容

（3）申请 Web 服务器数字证书。

1）在浏览器中访问 http://172.18.50.100/certsrv，出现如图 9-30 所示的证书服务页面，单击“申请一个证书”超链接，再单击“高级证书申请”超链接，如图 9-31 所示。

2）出现“高级证书申请”页面，有两种高级证书申请方法，选择“使用 base64 编码的 CMC 或 PKCS # 10 文件提交一个证书申请，或使用 base64 编码的 PKCS # 7 文件续订证书申请”

3）出现如图 9-32 所示的提交证书申请页面，将在 Web 服务器中生成的 certreq.txt 的全部文本内容复制到“保存的申请”文本框中，单击“提交”按钮。

4）出现如图 9-33 所示的成功提交证书申请页面。

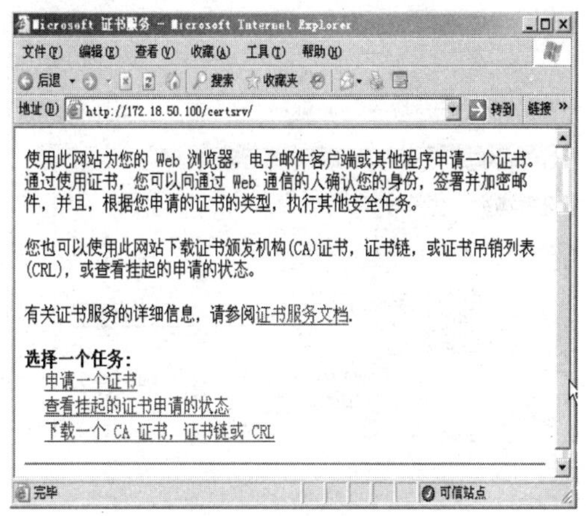

图 9-30　申请证书

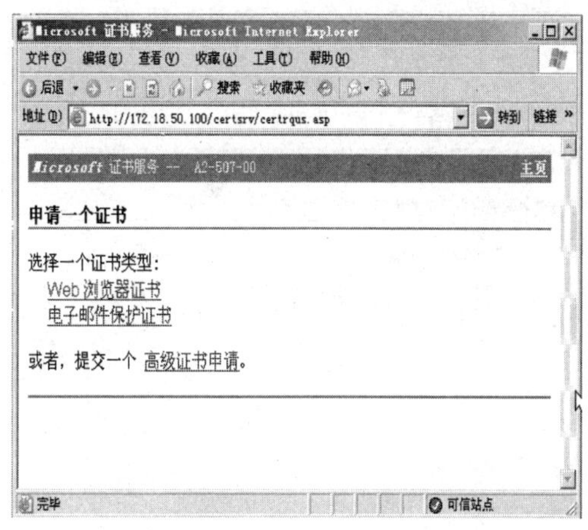

图 9-31　高级证书申请

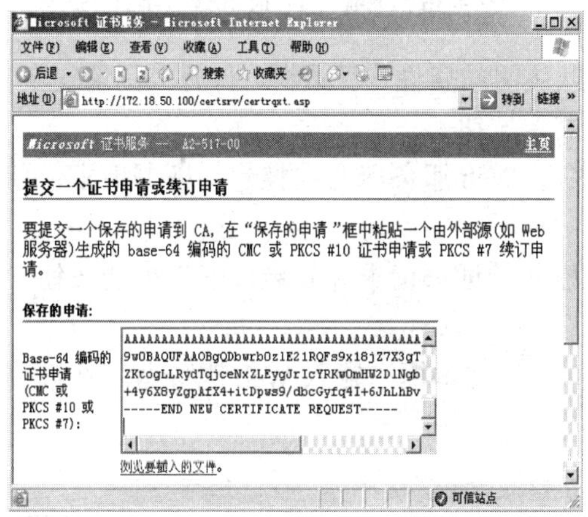

图 9-32　提交证书申请

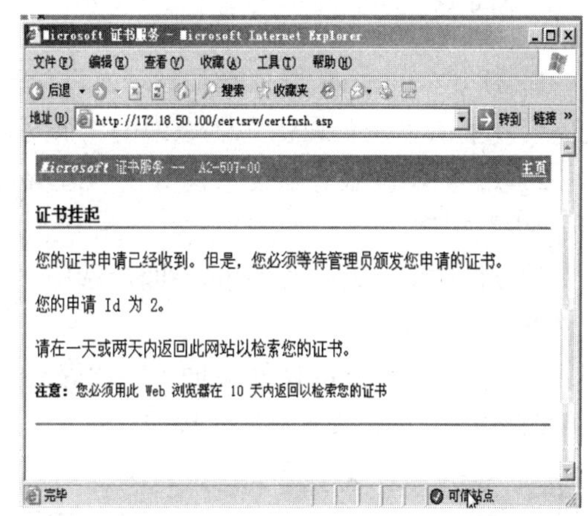

图 9-33　成功提交证书申请页面

（4）颁发 Web 服务器数字证书。数字证书服务器的管理员在证书服务器中颁发证书，如图 9-34 所示。

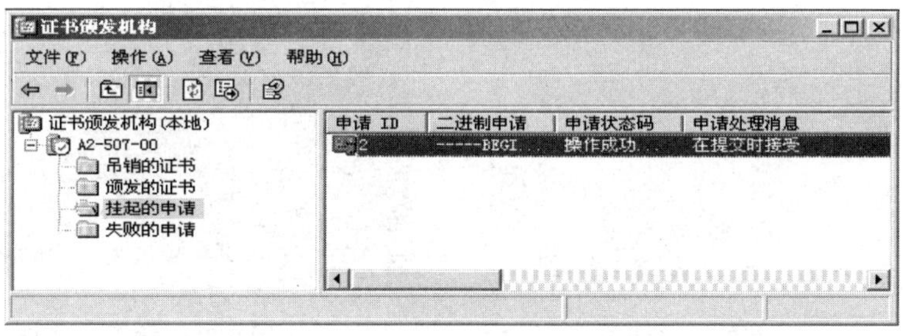

图 9-34　颁发的 Web 服务器数字证书

（5）获取 Web 服务器的数字证书。访问 http://172.18.50.100/certsrv，在出现的页面中单击“查看挂起的证书申请状态”超链接，出现如图 9-35 所示的界面。根据申请的时间下载 Web 服务器的证书并保存，默认的数字证书文件名为 certnew.cer，如图 9-36 所示。

（6）安装 Web 服务器数字证书。

图 9-35 查看挂起的证书申请的状态

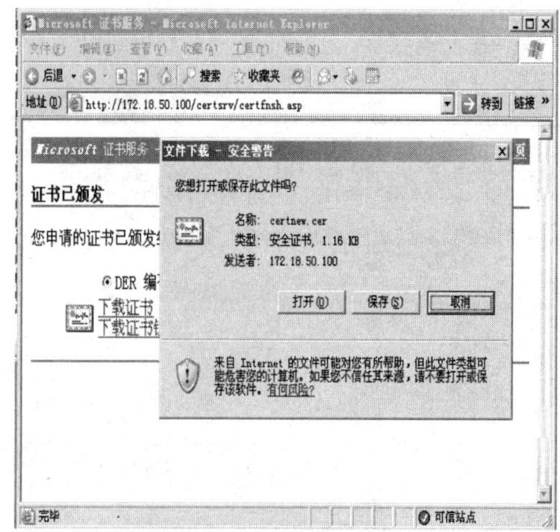

图 9-36 下载 Web 服务器数字证书

1）打开“Internet 信息服务管理器”，打开“默认网站属性”对话框，打开“目录安全性”选项卡，单击“安全通信”区域中的“服务器证书”按钮。

2）进入 Web 服务器证书向导的欢迎界面，提示 Web 服务器存在挂起的证书请求，单击“下一步”按钮。

3）进入如图 9-37 所示的界面，选中“处理挂起的证书请求并安装证书”单选按钮，单击“下一步”按钮。

4）进入如图 9-38 所示界面，在“路径和文件名”文本框中输入 Web 服务器所在证书的完整的路径，单击“下一步”按钮。

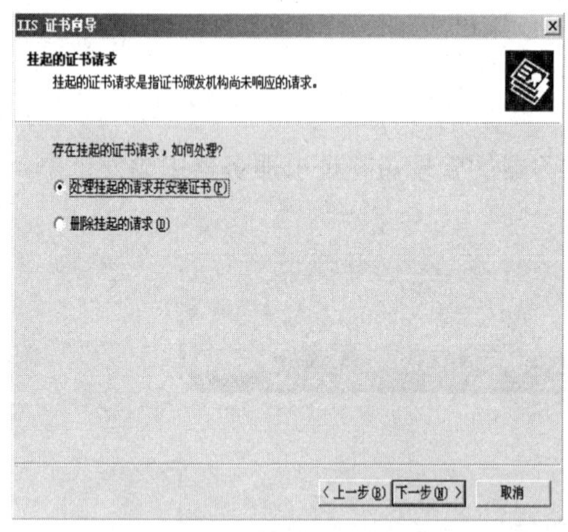

图 9-37 处理挂起的证书请求

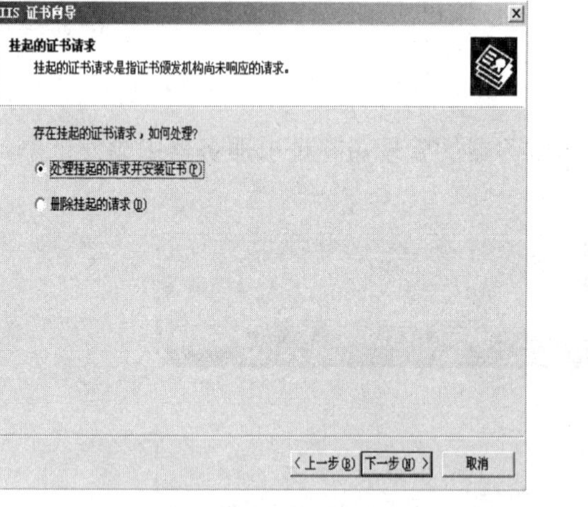

图 9-38 输入证书的文件

5）进入如图 9-39 所示界面，在“此网站应该使用的 SSL 端口”文本框中输入 SSL 端口号，默认为 443，一般无须更改。单击“下一步”按钮。

6）进入如图 9-40 所示界面，显示证书文件的详细信息，确认无误后单击“下一步”按钮。

7）进入证书向导完成界面，提示此服务器上已经成功安装证书，单击“完成”按钮。

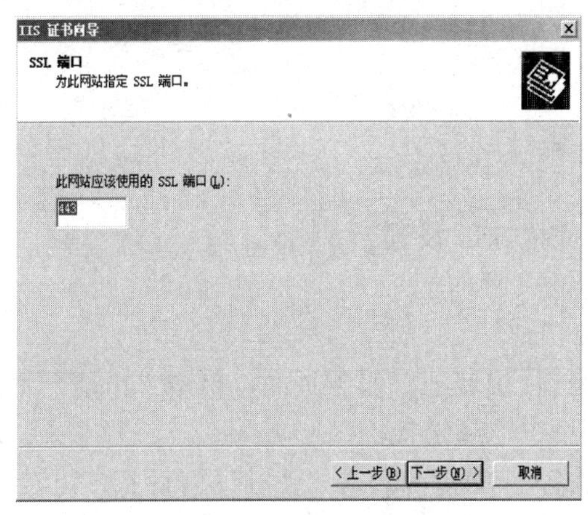

图 9-39　设置 SSL 端口

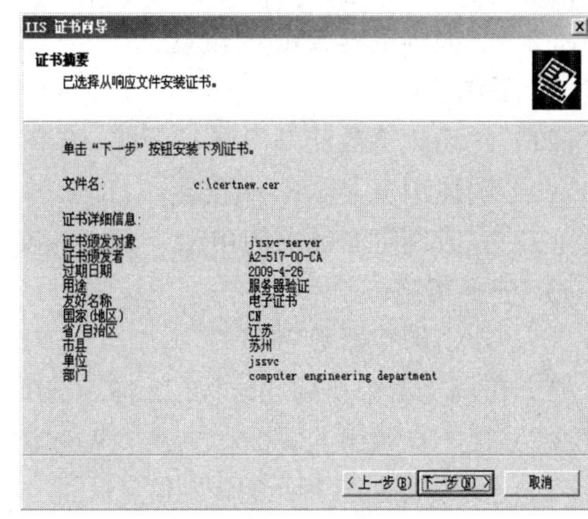

图 9-40　确认证书摘要信息

（7）在 Web 服务器上设置 SSL。

1）启用 SSL 后的“默认网站属性”对话框的“目录安全性”选项卡，单击“安全通信”区域的“查看证书”按钮可以查看安装在 Web 服务器上的服务器证书，如图 9-41 所示。如果没有安装证书，该按钮不能被激活。

2）启用 SSL 后的“默认网站属性”对话框“网站”选项卡，在“SSL 端口”文本框中可以修改 SSL 端口设置。

3）在默认网站属性中选择“目录安全性”中单击“安全通信”区域的“编辑”按钮，弹出如图 9-42 所示的“安全通信”对话框，可以对 Web 服务器和浏览器之间的通信进行进一步的设置。

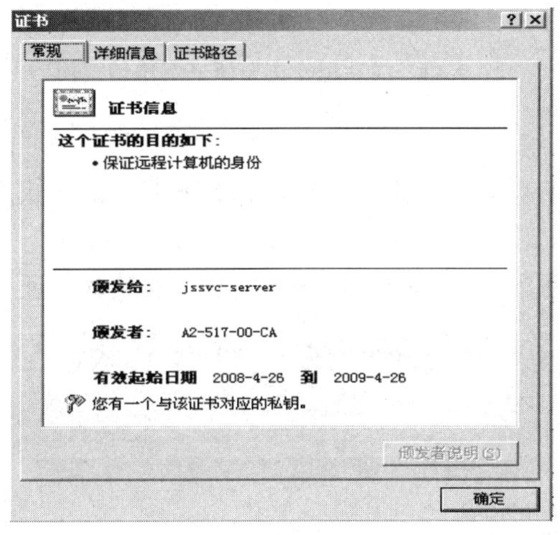

图 9-41　安全证书

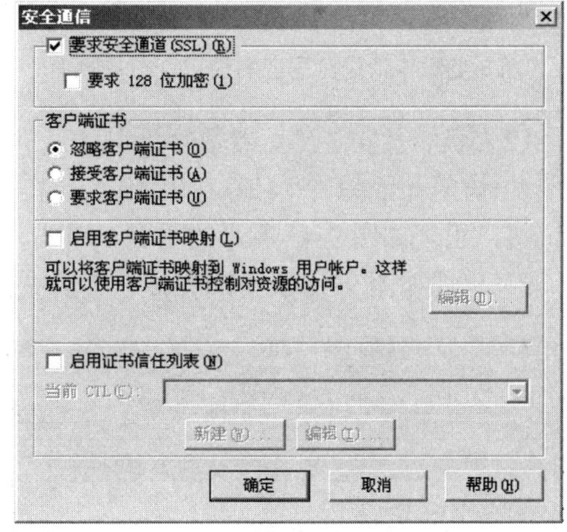

图 9-42　设置 Web 服务器的“安全通信”对话框

任务 9.4.2　掌握浏览器的设置

1. 学习目标

（1）掌握浏览器数字证书的申请、下载和安装。

（2）掌握浏览器 SSL 的设置。

2. 工作任务

（1）阐述浏览器证书申请、下载、安装的过程。

（2）阐述浏览器 SSL 的设置。

（3）完成浏览器证书的申请、获取与安装，完成 SSL 设置。

3. 任务实施

（1）申请浏览器数字证书。

1）在浏览器中访问 http://172.18.50.100/certsrv，出现证书服务页面，单击“申请一个证书”超链接，在跳出的页面，单击“Web 浏览器证书”超链接。

2）出现如图 9-43 所示的识别信息页面，在“姓名”、“电子邮件”、“公司”、“部门”、“市/县”、“省”和“国家”文本框中按照自己的实际情况设置，单击“提交”按钮。

3）成功提交浏览器数字证书申请后的页面如图 9-44 所示。

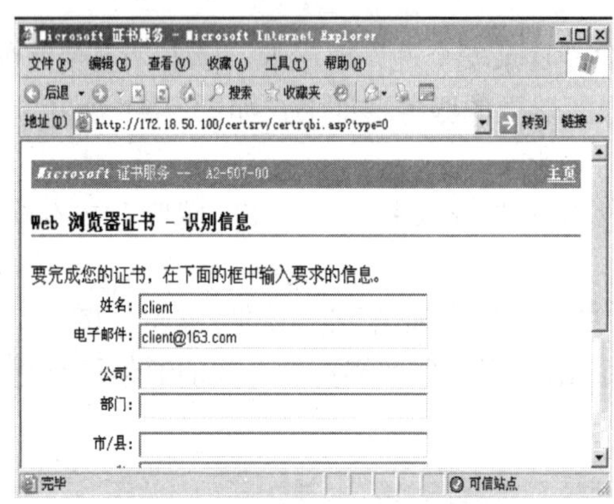

图 9-43　申请浏览器证书的识别信息页面

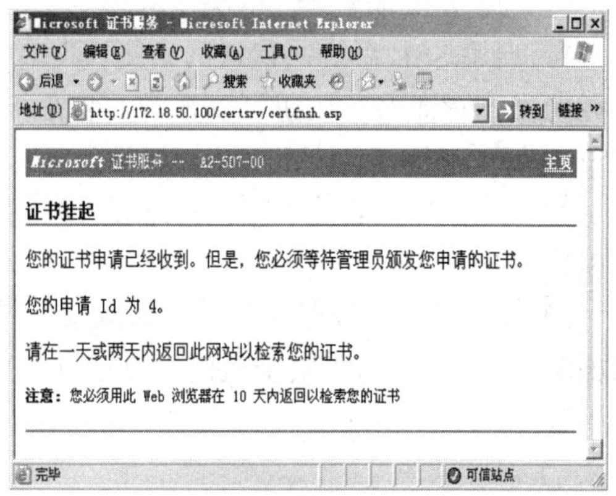

图 9-44　成功提交浏览器证书申请页面

（2）获取及安装浏览器数字证书。

1）访问 http://172.18.50.100/certsrv，在出现的页面中单击“查看挂起的证书申请的状态”超链接，出现如图 9-45 所示的页面，单击“Web 浏览器证书”超链接。

2）出现如图 9-46 所示的界面，单击“安装此证书”超链接将在浏览器上安装数字证书。

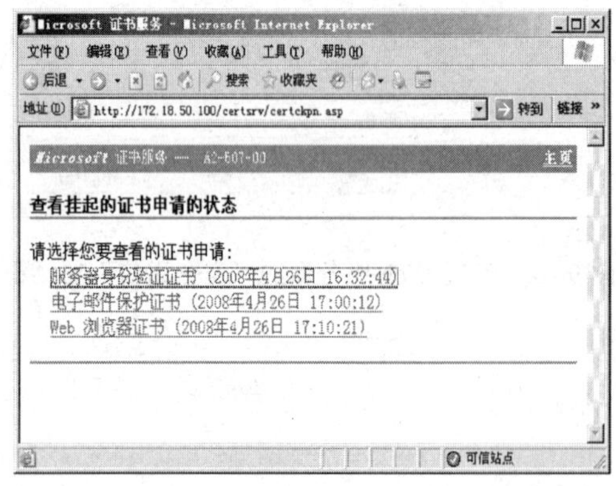

图 9-45　已经颁发的浏览器证书页面

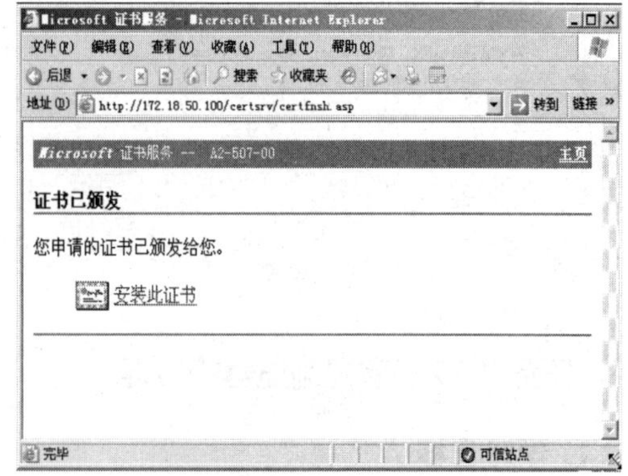

图 9-46　安装已经颁发的浏览器证书页面

3）成功安装浏览数字证书后，出现安装成功页面。

（3）浏览器数字证书的管理。

1）在 Internet Explorer 浏览器中，打开“Internet 选项”对话框，打开“内容”选项卡，如图 9-47 所示，单击“证书”按钮。

2）出现如图 9-48 所示的“证书”对话框，打开“个人”选项卡，列举了颁发的个人证书，表明该数字证书已经安装到浏览器上。

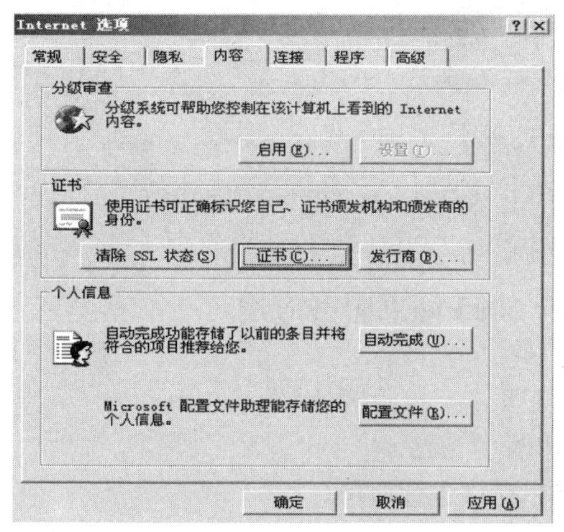

图 9-47　“Internet 选项”对话框的“内容”选项卡

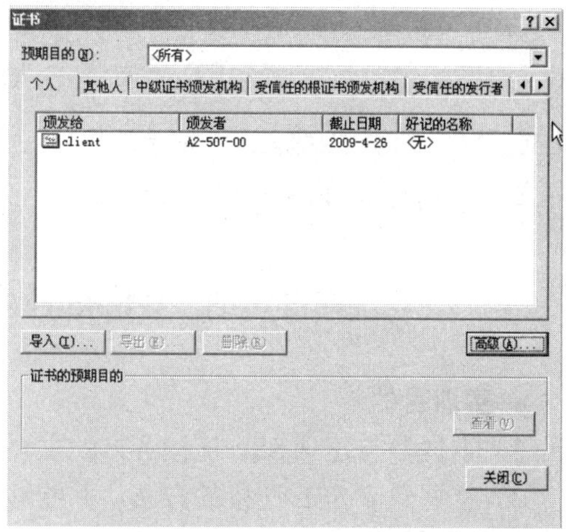

图 9-48　“证书”对话框的“个人”选项卡

3）在如图 9-48 所示选项卡中选中个人证书，单击“导出”按钮可以将数字证书导出到扩展名为 CER 的数字证书文件中保存。

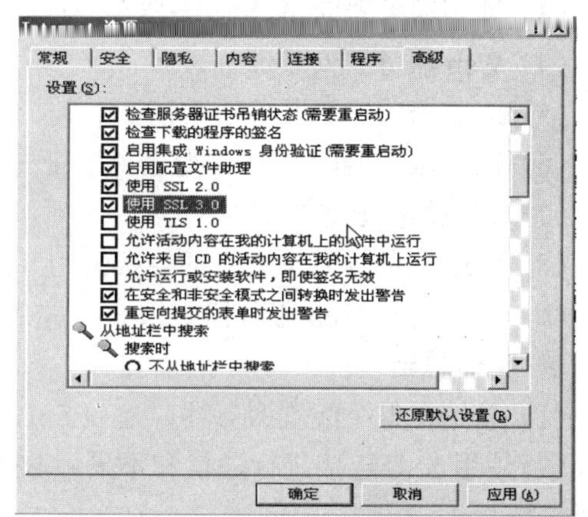

图 9-49　“Internet 选项”对话框的“高级”选项卡

4）在如图 9-48 所示选项卡中选中个人证书，单击“删除”按钮可以将浏览器中安装的数字证书删除。

5）在如图 9-48 所示选项卡中单击“导入”按钮可以将数字证书文件安装到浏览器上。

（4）在浏览器上设置 SSL。默认情况下，Internet Explorer 浏览器是支持 SSL 的，不需要用户进行设置。浏览器是否启用 SSL 可在如图 9-48 所示的“Internet 选项”对话框的“高级”选项卡中进行设置。在“设置”列表框的“安全”区域下有关 SSL 的设置有两个。①使用 SSL 2.0：支持 SSL 2.0 版本。②使用 SSL 3.0：支持 SSL 3.0 版本。

（5）建立 SSL 连接。在 Web 服务器和浏览器两方都完成 SSL 设置后，访问 http://172.18.50.100/certsrv，出现如图 9-50 所示的提醒错误界面。

建立 SSL 连接，URL 网址必须是以 https 开头，现在访问证书服务器，应该使用 https://172.18.50.100/certsrv，访问结果如图 9-51 所示，能够正常访问，浏览器下方会出现一个锁形图形，表示浏览器和 Web 网站之间已建立起经过 SSL 保护的安全连接。

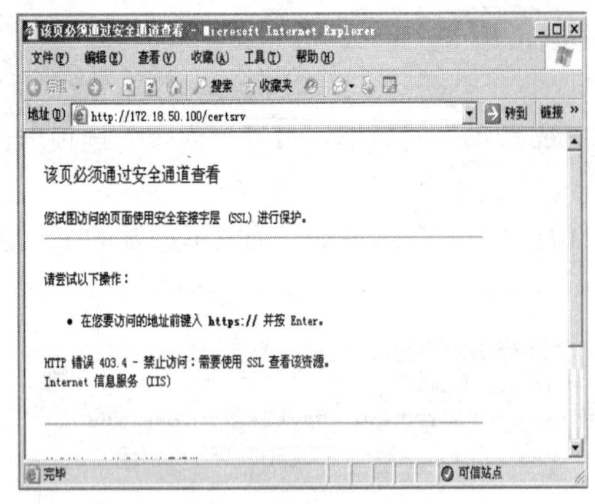

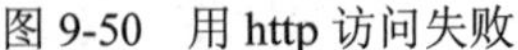
图 9-50 用 http 访问失败

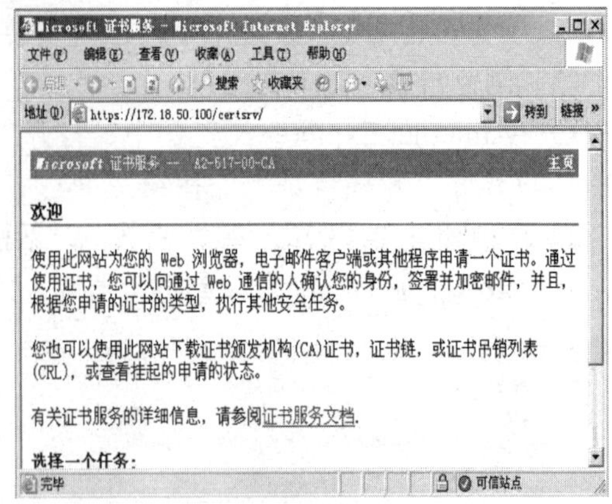

图 9-51 用 https 访问成功

项目实训 Windows Server 2003 证书服务应用

实训目的

（1）掌握参与建立 SSL 连接各方的主要任务和配置方法。

（2）掌握建立 SSL 连接的方法，并能够用 SSL 连接进行通信。

实训任务

（1）在 Windows 2003 Server 下安装证书服务器。

（2）Web 服务器向证书服务器申请证书。

（3）证书服务器向 Web 服务器颁发证书。

（4）Web 服务器安装证书。

（5）浏览器向证书服务器申请证书。

（6）证书服务器向 Web 浏览器颁发证书。

（7）浏览器安装证书。

（8）Web 服务器要求所有的连接采用 SSL。

（9）浏览器与 Web 服务器采用 SSL 进行通信。

实训总结

（1）总结在整个配置服务器、建立 SSL 连接过程中出现的问题，并进行相应分析。

（2）使用 SSL 连接进行通信和不采用 SSL 进行的网络通信有何不同？试用协议分析软件进行分析。

（3）分析 SSL 连接对网络通信提供哪些方面的安全保障。

习　　题

1. 安全电子商务系统由哪些部分组成？各组成部分的作用分别是什么？
2. 简述 SET 的商业需求。
3. 简述 SET 协议中的支付处理流程。
4. SSL 握手协议的流程是怎样的？

项目 10　防火墙安全配置

防火墙的概念实际上是借用了建筑学上的一个术语。建筑学中的防火墙是用来防止大火从建筑的一部分蔓延到另一部分而设置的阻挡机构。计算机网络上的防火墙是用来防止来自 Internet 的破坏，如黑客攻击、资源被盗用或文件被篡改等波及内部网络的危害。

本项目从对防火墙的基本认识入手，分析其工作的基本原理和体系结构，并通过对微软的 ISA Server 防火墙的安装与配置来掌握防火墙的基本配置方法。

任务 10.1　认 识 防 火 墙

任务 10.1.1　了解防火墙的发展历史

1. 学习目标

（1）明确防火墙的概念及主要功能。

（2）了解防火墙的发展历史及发展趋势。

2. 背景知识

（1）防火墙的概念。所谓防火墙是指设置在不同网络，如可信任的企业内部网和不可信的公共网（如 Internet）或网络安全域之间的一系列部件的组合，如图 10-1 所示。它是不同网络或网络安全域之间信息的唯一出入口，能根据企业的安全策略控制（允许、拒绝、监测）出入网络的信息流，且本身具有较强的抗攻击能力。它是提供信息安全服务，实现网络和信息安全的基础设施。

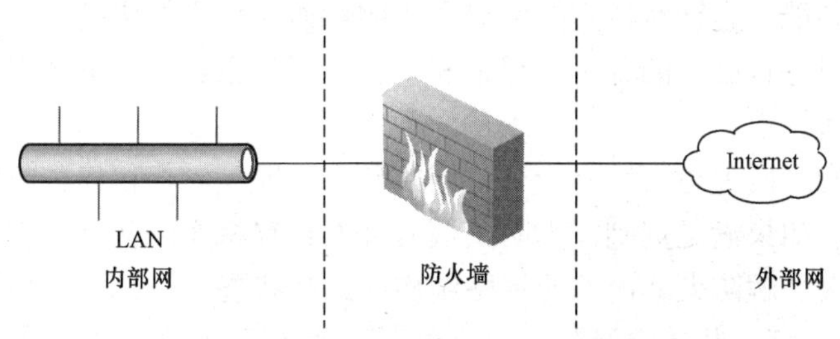

图 10-1　防火墙

防火墙有硬件防火墙和软件防火墙之分，一般我们所说的硬防火墙就是指硬件防火墙，它主要通过硬件设备和软件结合起来达到隔离内、外网络，保护内部网络安全的目的，其防护的效果较好，但是价格相对比较贵。而软件防火墙是仅通过软件的方式来实现网络的防护功能，它可以通过一定的规则设定来限制一些非法用户访问网络的企图。

在逻辑上，防火墙是一个分离器，也是一个限制器，又是一个分析器，它可以有效地监控了内部网和 Internet 之间的任何活动，保证了内部网络的安全。

（2）防火墙的功能。防火墙是内、外网之间通信的安全屏障，它可以实现以下主要功能：

1）实现网络的访问控制，所有进出的信息都必须经过防火墙，它成为安全问题的检查点，拒绝可以的访问。

2）可以强化网络安全策略，通过以防火墙为中心的安全方案配置，能将所有安全策略（如口令、加密、身份认证、审计等）配置在防火墙上。防火墙执行网络的安全策略，只允许经过许可的、符合规则的请求通过。

3）对网络存取和访问进行监控审计，防火墙可以记录所有经过访问墙的访问并做出日志记录，同时也能提供网络使用情况的统计数据。

4）防止内部信息的外泄，通过防火墙隔离不同的网段，这可以防止网络安全问题对全局网络造成的影响。另外，使用防火墙可以隐蔽一些透露内部细节的服务，如 DNS、Finger，减少攻击者攻击内部网络的途径。

5）支持 VPN 功能，实现了一种通过公用网络安全地对企业内部专用网络进行远程访问的连接方式。

6）支持网络地址转换（NAT），它不仅可以解决 IP 地址不足的问题，还可以有效地避免来自网络外部的攻击，隐藏并保护网络内部的计算机。

（3）防火墙技术的分类。防火墙根据其防范的方式及侧重点的不同可以分为很多种类型，但总的来说一般分为包过滤防火墙、应用级网关防火墙、状态检测防火墙三种。

1）包过滤防火墙。包过滤（Packet Filtering）技术是在网络层对数据包进行选择，选择的依据是系统内设置的过滤规则，被称为访问控制列表（Access Control List，ACL）。通过检查数据流中每个数据包的源地址、目的地址、所用的端口号、协议状态等因素，或它们的组合来确定是否允许该数据包通过。它的缺点：一是非法访问一旦突破防火墙，即可对主机上的软件和配置漏洞进行攻击；二是数据包的源地址、目的地址及 IP 的端口号都在数据包的头部，很有可能被窃听或假冒。而包过滤的优点是不用改动客户机和主机上的应用程序，因为它工作在网络层和传输层，与应用层无关。

2）应用级网关防火墙。应用级网关（Application Level Gateways）是在网络应用层上建立协议过滤和转发功能。它针对特定的网络应用服务协议使用指定的数据过滤规则，并在过滤的同时，对数据包进行必要的分析、登记和统计，形成报告。一般情况下，应用网关会被安装在专用工作站系统上。

数据包过滤和应用网关防火墙有一个共同的特点，即是它们仅仅依靠特定的规则判定是否允许数据包通过。如果满足规则，则防火墙内外的计算机系统建立直接联系，防火墙外部的用户便有可能直接了解防火墙内部的网络结构和运行状态，这有利于实施非法访问和攻击。

3）状态检测防火墙。状态检测防火墙是最新一代的防火墙技术，这类防火墙检查 IP 包的所有部分来判定是允许还是拒绝请求。状态检测技术检查所有的 OSI 层，因此它提供的安全程度要高于包过滤防火墙。

状态检测防火墙要检查每一个通过它的数据包，确定这些数据包是否属于一个已经通过防火墙并且正在进行连接的会话，或者基于一组与包过滤规则相似的规则集，对数据包进行处理。

状态检测防火墙结合了前面几种防火墙技术的特点。能够在 OSI 网络层上通过的 IP 地址和端口号，过滤进出的数据包，也能够检查数据包的标记是否有序，还可以在 OSI 应用层上检查数据包的内容，查看这些内容是否能符合安全规则。

（4）防火墙技术的发展趋势。防火墙可以说是网络安全领域最成熟的产品之一，而且随着网络安全需求的提升，其技术的发展还在不断前进，模式转变、多功能化及高性能是防火墙技术今后方向发展的主要趋势。

1）模式转变。传统的防火墙一般都设置在网络的边界位置，它以数据流进行分隔，形成安全管理区域。但是这种设计带来的问题是，恶意的攻击不仅来自于外部网络，同样内部网络也存在着诸多安全隐患，传统的边界式防火墙往往难以防御。现在越来越多的防火墙产品开始往分布式结构发展，它以网络节点为保护对象，这样可以最大限度地覆盖需要保护的对象，从而提高网络安全的强度。

2）多功能化。目前防火墙产品已经呈现出一种集成多种功能的设计趋势，如AAA、PKI、VPN、IPsec等，另外，防火墙的管理功能也在不断增强，使得管理员能更加方便地管理网络，并确保安全响应能及时被启动。

3）高性能。随着防火墙在功能上的不断扩展、应用的日益丰富及流量的逐渐复杂，对于防火墙的性能要求也在不断提高，这需要防火墙在硬件技术上、软件技术上不断改进升级。

3. 工作任务

（1）列出目前防火墙的主要产品。

（2）调查防火墙技术经历了哪几个发展阶段，有什么主要特点，主要的代表产品是什么。

任务10.1.2　选择防火墙的体系结构

1. 学习目标

（1）了解防火墙体系结构的类型及其主要应用场合。

（2）掌握防火墙部署的基本原则。

2. 背景知识

（1）防火墙的体系结构。目前防火墙的体系结构主要有双宿主主机防火墙、屏蔽主机防火墙和屏蔽子网防火墙等。每一种体系结构都有其自身的特点，选择哪一种体系结构来部署防火墙需要结合该网络的具体情况（如规模、安全需求等）来确定。

1）双宿主主机防火墙。所谓双宿主主机（Dual-Homed Host）是指一台具有两个网络结构的主机，它可以是一台具有双网卡的计算机也可以是具有两个网络接口的防火墙。

内部网络和外部网络之间通过双宿主主机进行通行。双宿主主机可以把一个内部网络从一个不可信的外部网络分离出来，如图10-2所示。因为双宿主主机不能转发任何TCP/IP流量，所以，它可以彻底阻隔任何内部和外部不可信网络之间的IP流量。在双宿主主机上运行的代理程序（Proxy）能够控制数据包从一个网络传递到另一个网络，它是防火墙的最基本配置。建立双宿主主机防火墙的关键是要禁止路由，网络之间通信的唯一途径是通过应用层的

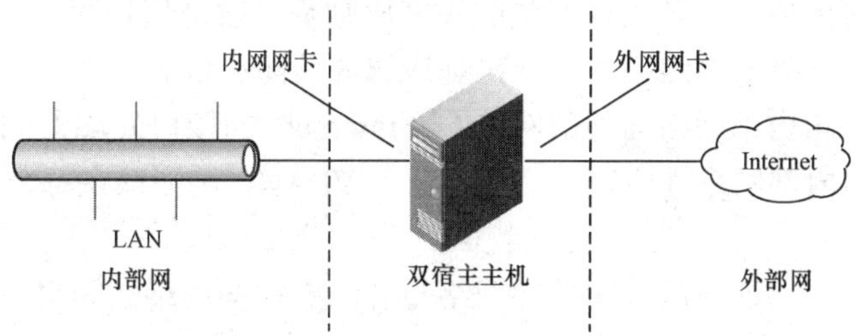

图10-2　双宿主主机防火墙

代理程序。如果路由被意外允许，则双宿主主机防火墙的应用层功能就会被旁路，这样，内部受保护的网络就会完全暴露在危险之中。

2）屏蔽主机防火墙。屏蔽主机防火墙主要由包过滤路由器和防火墙（或双宿主主机）组成，该防火墙系统比双宿主主机防火墙更加安全，它不直接与 Internet 相连，如图 10-3 所示。

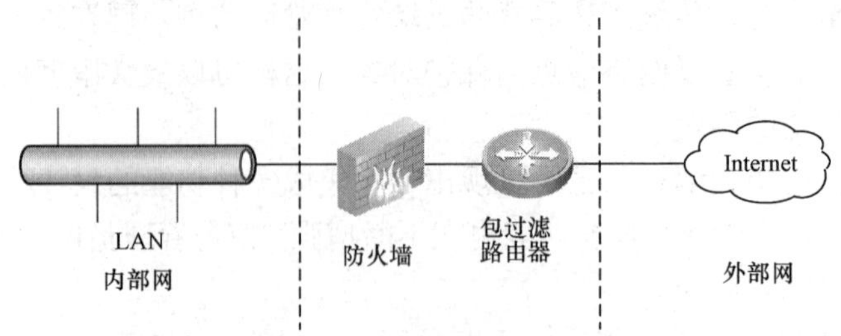

图 10-3 屏蔽主机防火墙

包过滤路由器具有包过滤的功能，它通过配置相应的 ACL 后，可以实现一部分防火墙的功能，它是从 Internet 到内部网络的第一道防线，根据内部网络的安全访问控制策略，包过滤路由器可以过滤掉不允许通过的 IP 数据包，然后再由防火墙来做第二道防线，来允许或拒绝高层的应用服务。

3）屏蔽子网防火墙。屏蔽子网防火墙系统由两个包过滤路由器和一个防火墙组成，如图 10-4 所示。在屏蔽主机防火墙体系中，用户的内部网络对防火墙没有任何防御措施，如果黑客成功侵入屏蔽主机体系结构的防火墙，则就可以轻而易举地进入内部网络系统。屏蔽子网防火墙体系结构最简单的形式就是两个屏蔽路由器，每一个都连接到周边网络。一个位于周边网络和内部网络之间，另一个位于周边网络与外部网络之间。如果黑客想入侵内部网络，那么他必须要通过两个路由器。通过在 DMZ 区域（非军事区域）上设置了防火墙，则即使防火墙被入侵之后，黑客还必须再通过一个内部包过滤路由器才能侵入内部网络，这样增加了入侵的难度。

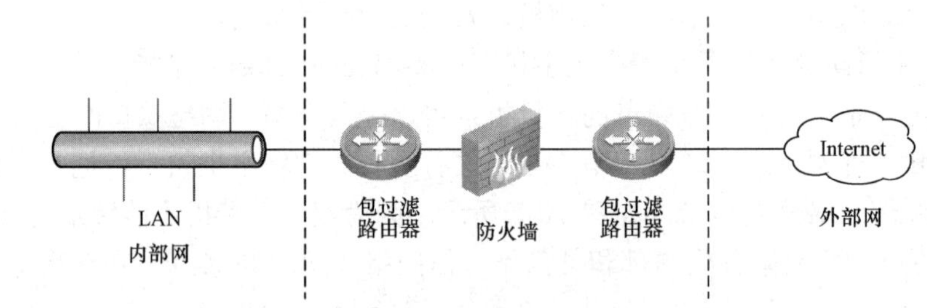

图 10-4 屏蔽子网防火墙

（2）防火墙部署的原则。防火墙安装的基本原则是一般是只要存在恶意攻击的可能，则不论是内部网络还是与外部网络的连接处，都应该安装防火墙。

首先应该考虑公司内部网络与外部网络（如 Internet）的接口处，以阻挡来自外部的攻击。

其次，如果公司内部网络规模较大，并划分了 VLAN，则应该在每个 VLAN 之间设置防火墙。

最后，通过公共网络连接的公司总部网络与各分支机构网络之间也应该设置防火墙。

3. 工作任务

（1）为你身边的网络设计一个防火墙的部署方案。

（2）分析不同防火墙部署方案的优缺点。

任务 10.2 ISA Server 防火墙的基本配置

任务 10.2.1 ISA Server 防火墙的安装

1. 学习目标

（1）掌握 ISA Server 2006 实验环境的网络参数配置。

（2）掌握 ISA Server 2006 防火墙的安装方法。

（3）掌握 ISA Server 2006 客户端的安装与配置。

2. 背景知识

（1）ISA Server 概述。ISA Server 是一个企业路由级防火墙软件，它能为各种类型的网络提供高级保护及安全的访问。ISA Server 通过状态信息包检测、应用层过滤和全面的发布工具，穿越不同的网络层面，保护企业内部网络中的应用系统、服务和数据的安全。

目前企业应用最多的版本是 ISA Server 2006，该版本增强了对 OWA（Outlook Web Access）发布和 Web 站点发布的支持，并新增了对 SharePoint Portal Server 发布的支持；新增了单点登录特性，支持针对某个 Web 侦听器发布的所有 Web 服务的单点登录；新增了服务器场功能，支持通过多个 Web 服务器组成服务器群集以实现负载均衡，并且此特性无需 Windows 的 NLB 或群集支持；强化了 DDOS 防御功能，极大地增强了对于 DDOS 攻击的防范能力。

ISA Server 2006 主要可以在以下几个方面进行应用：

1）提供防火墙功能。

2）发布内部资源，如 Web、SharePoint 和 Exchange 服务器。

3）实施多层数据包检查和筛选。

4）为远程用户和站点提供 VPN 访问。

5）提供代理和缓存服务等。

（2）安装 ISA Server 的硬件需求。安装 ISA Server 2006 的硬件要求如表 10-1 所示。

表 10-1　安装 ISA Server 2006 的硬件要求

计算机配置	建 议 参 数
操作系统	Windows Server 2003 SP1 及其以上版本
CPU	733MHz 以上
内存 RAM	512MB 以上
磁盘空间	150MB 以上
文件系统	NTFS
网络适配器	两块网络适配器，一块连接内部网络，另一块连接外部网络

（3）ISA Server 的实验环境设置。假设公司内部网络为 Windows Server 2003 域的环境，域控制器的名称为 DC Server，其上安装 DNS 服务，公司内部网络通过安装 ISA Server 2006 的服务器（名称为 ISA Server）访问外部网络，其内部网卡（inside）连接到内部网络，外部网卡（outside）连接到外部网络，外部网络中有一台客户主机，名称为 Internet_Client。网络

的具体拓扑结构如图 10-5 所示。

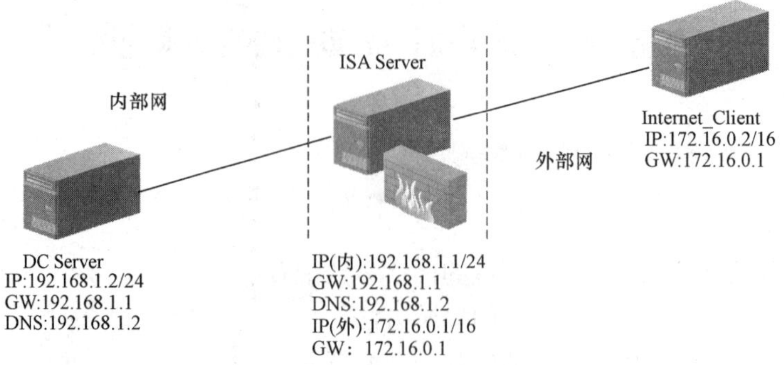

图 10-5　ISA Server 实验环境

图 10-6　网络连接

3. 工作任务

（1）设置 ISA Server 服务器的网络参数。

（2）安装 ISA Server 2006 企业版。

（3）安装 ISA Server 2006 客户端。

4. 任务实施

（1）配置 ISA Server 服务器的网络参数。在要安装 ISA Server 2006 的 Windows Server 2003 上添加两块网络适配器，连接内、外网的网络连接分别为“inside”和“outside”，如图 10-6 所示。

双击“inside”图标，在 inside 网络连接的属性对话框中，单击“属性”按钮，选择“Internet 协议（TCP/IP）”，单击“属性”按钮，设置 Internet 协议属性，如图 10-7 所示。相同方法，设置“outside”网络连接的 Internet 协议属性，如图 10-8 所示。

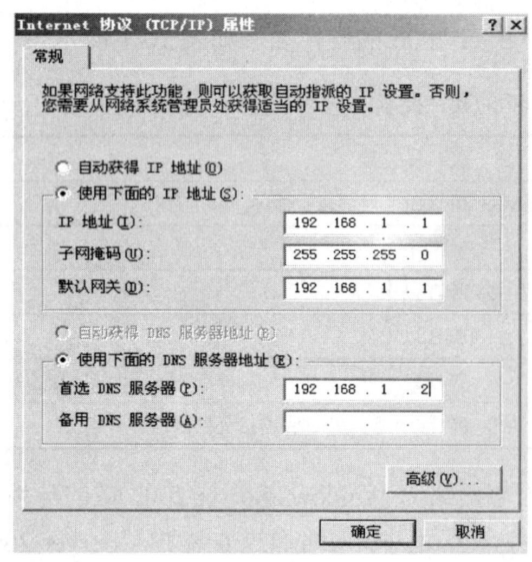

图 10-7　inside 网络连接的协议属性

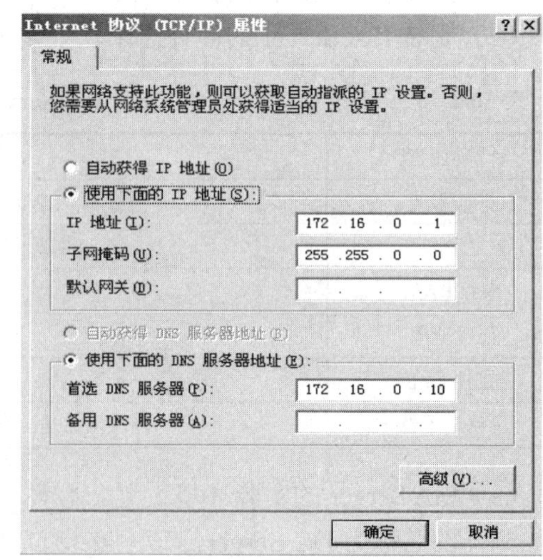

图 10-8　outside 网络连接的协议属性

将计算机加入域环境，让 ISA Server 作为域的成员。

（2）ISA Server 2006 企业版的安装。以域管理员身份登录 ISA Server 服务器，放入 ISA Server 2006 安装光盘，运行安装程序，出现如图 10-9 所示的安装界面。单击“安装 ISA Server 2006”超链接，出现安装进度信息，如图 10-10 所示，系统搜集安装相关信息后，出现安装配置向导，如图 10-11 所示。

图 10-9　ISA Server 2006 安装界面

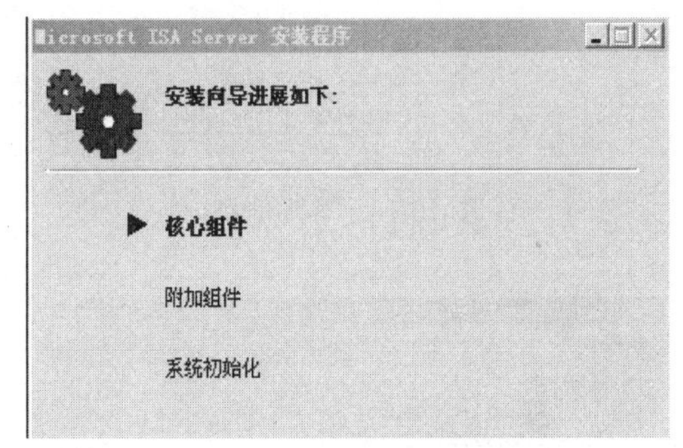

图 10-10　安装进度信息

单击“下一步”按钮，出现许可协议设置对话框，选择“我接受许可协议中的条款”单选按钮，如图 10-12 所示，单击“下一步”按钮。

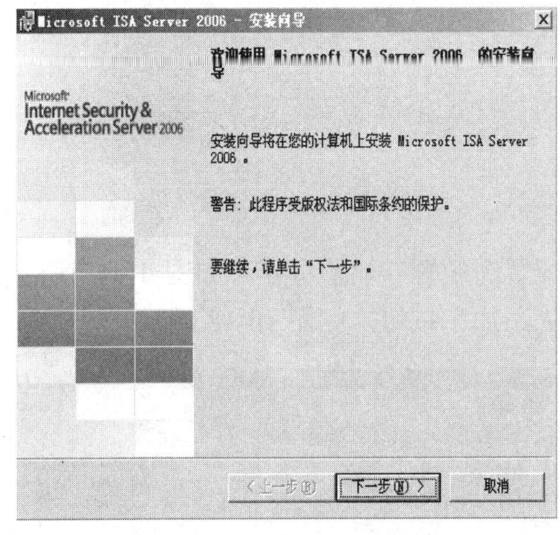

图 10-11　启动安装向导

图 10-12　许可协议

输入产品的客户信息，包括用户名、单位和产品序列号，如图 10-13 所示。单击“下一步”按钮。在安装方案对话框中，选择“同时安装 ISA Server 服务和配置存储服务器”单选按钮，如图 10-14 所示，单击“下一步”按钮。在组件选择对话框中可以对安装组件重新进行选择设置，并可以设置其安装路径，如图 10-15 所示，然后单击“下一步”按钮，进入企业安装选项对话框，选择“创建新 ISA 服务器企业”单选按钮，如图 10-16 所示，然后单击“下一步”按钮。

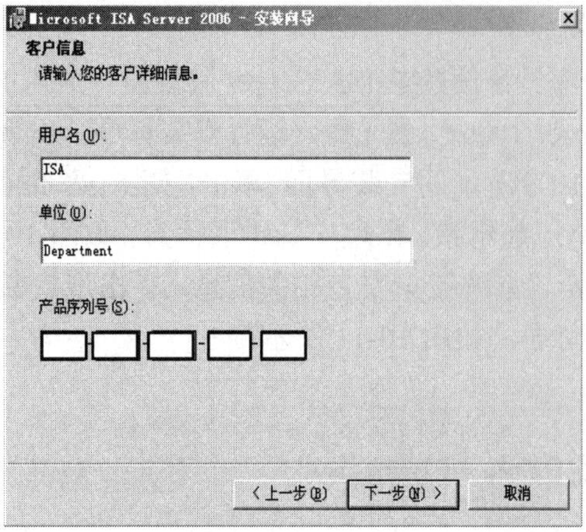

图 10-13　客户信息

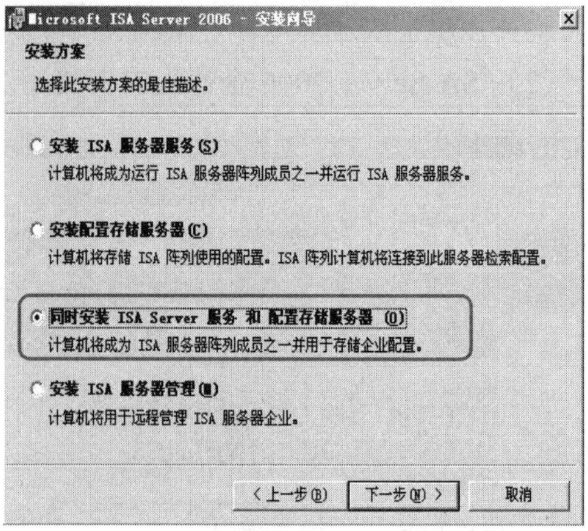

图 10-14　安装方案

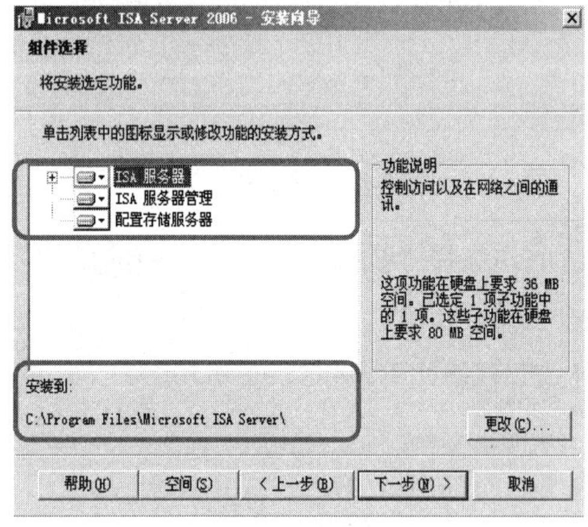

图 10-15　组件选择

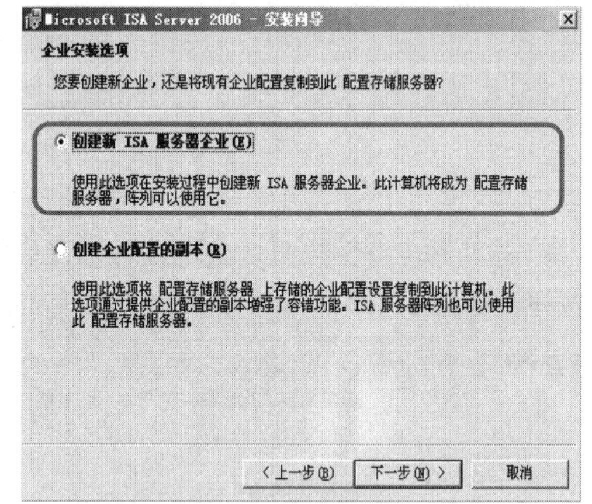

图 10-16　企业安装选项

在新建企业警告对话框中，显示将此计算机配置为配置存储服务器，如图 10-17 所示，单击“下一步”按钮。在内部网络对话框中单击“添加”按钮，如图 10-18 所示。

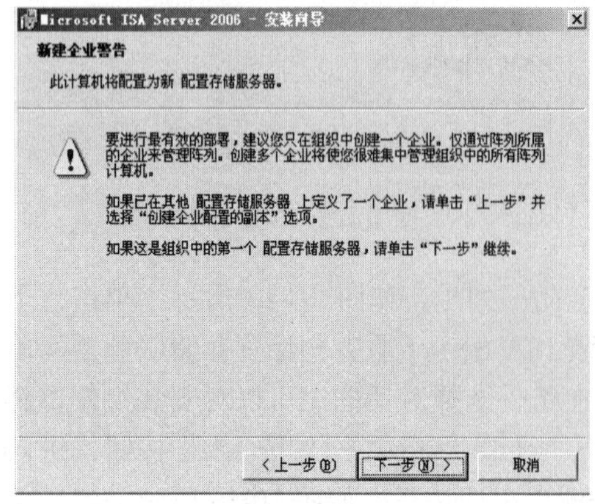

图 10-17　新建企业警告

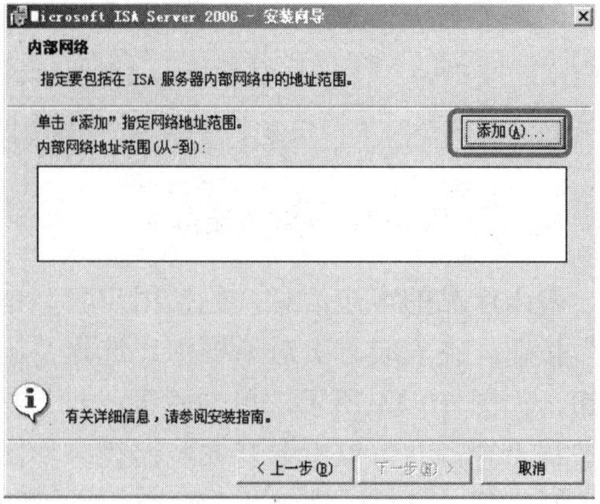

图 10-18　内部网络

在地址对话框中，单击“添加范围”按钮，如图 10-19 所示，在“IP 地址范围属性”对话框中输入地址范围，如图 10-20 所示。单击“确定”按钮返回内部网络对话框，单击“下一步”按钮。

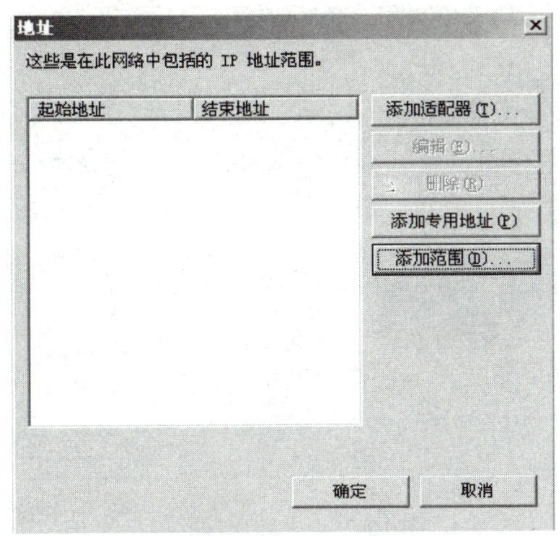

图 10-19　地址

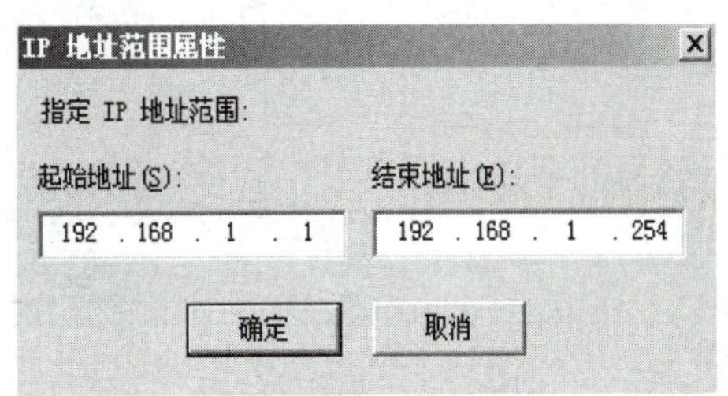

图 10-20　指定 IP 地址范围

在防火墙客户端连接对话框中，指定 ISA 是否将接受来自不支持加密的防火墙客户端的连接，选择“答应不加密的防火墙客户端连接”选项，如图 10-21 所示。在服务警告对话框中，表示在安装 ISA Server 2006 过程中将要被重启和禁用的服务，如图 10-22 所示。单击“下一步”按钮。在可以安装程序的对话框中，单击“安装”按钮，开始正式安装，如图 10-23 所示。

ISA Server 2006 安装程序，安装过程如图 10-24 所示，安装进程结束后，出现如图 10-25 所示的对话框，单击“完成”按钮，完成安装任务。

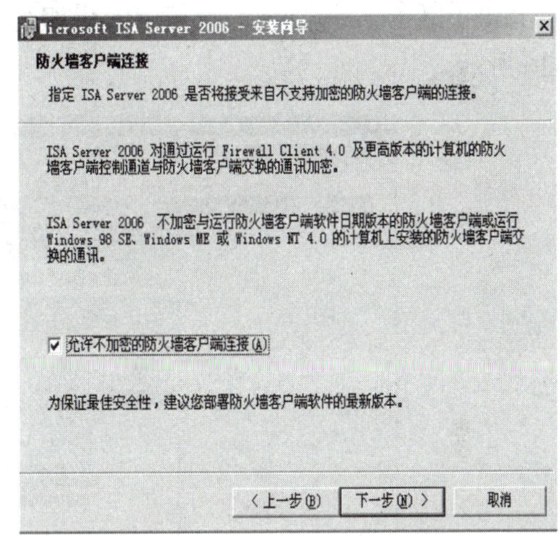

图 10-21　防火墙客户端连接

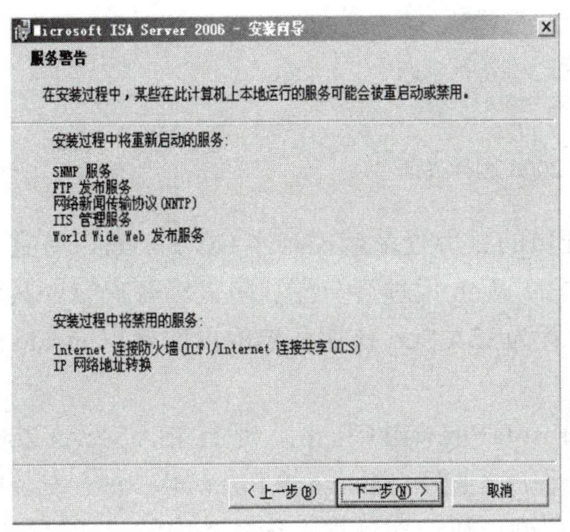

图 10-22　服务警告

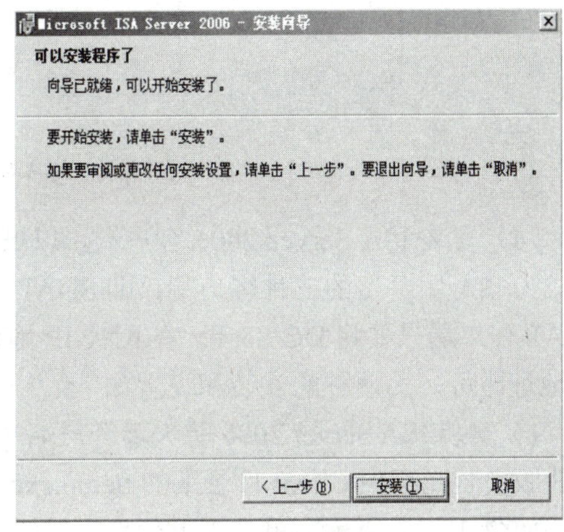

图 10-23　安装程序准备

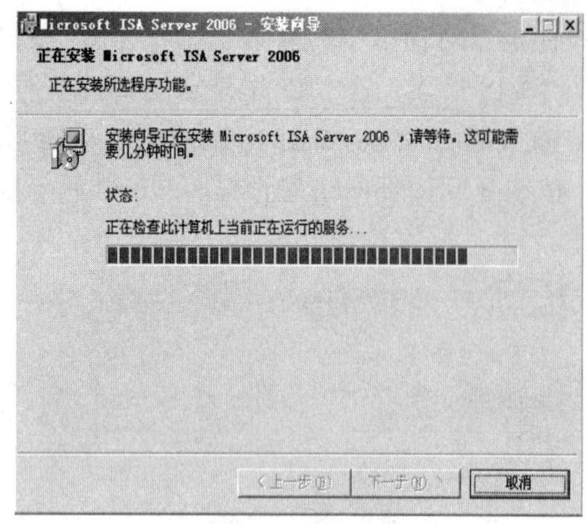

图 10-24　安装进行中

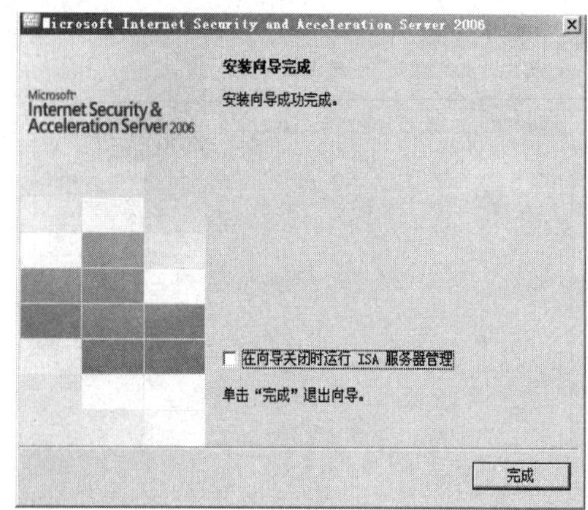

图 10-25　安装向导完成

（3）运行 ISA Server 2006。ISA Server 2006 安装完成后，单击“开始”→“所有程序”→ Microsoft ISA Server 命令，运行“ISA 服务器管理”，进入 ISA Server 2006 初始界面，如图 10-26 所示。

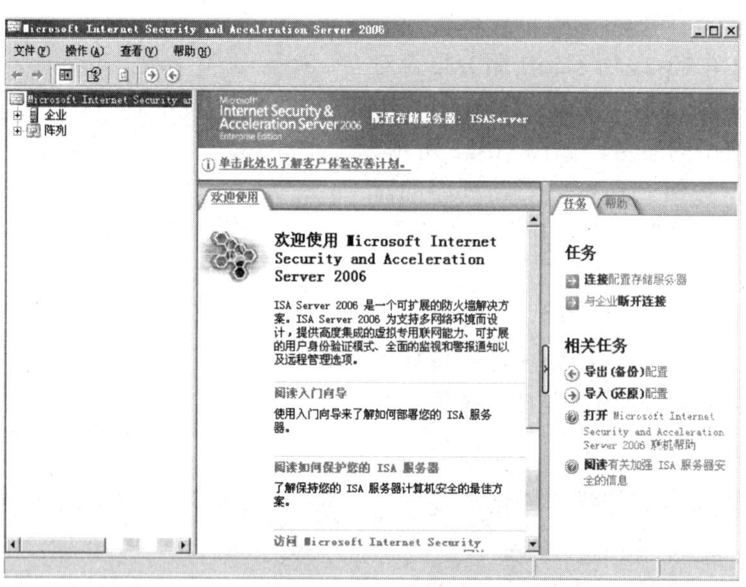

图 10-26　ISA Server 2006 运行界面

（4）安装 ISA Server 2006 客户端。以域管理员的身份登录域控制器 DC Server，将它配置成为 ISA 服务器的三种客户端，即 SNAT 客户端、Web 代理客户端和防火墙客户端。其中 SNAT 客户端只要将 DC Server 的网关 IP 地址设置为 ISA Server 服务器的内网接口 inside 的 IP 地址即可，另两种的安装和设置如下：

1）安装 ISA Server 2006 防火墙客户端（Microsoft Firewall Client）。运行 ISA Server 2006 企业版安装光盘中 Client 目录下的 Setup.exe 安装程序，打开 Microsoft Firewall Client 安装向导，如图 10-27 所示。单击“下一步”按钮，出现许可协议对话框，选择其中的“我接受许可协议中的条款”单选按钮，如图 10-28 所示，单击“下一步”按钮。

图 10-27 Microsoft Firewall Client 安装向导

图 10-28 许可协议

在目标文件夹对话框中，指定程序安装的路径，如图 10-29 所示，单击"下一步"按钮，进入 ISA 服务器计算机选择界面，选择"连接到此 ISA 服务器计算机"选项，并在"键入 ISA 服务器主机名或 IP 地址"的文本框中输入该 ISA 服务器的主机名或 IP 地址（不建议使用 IP 地址），如图 10-30 所示，单击"下一步"按钮。

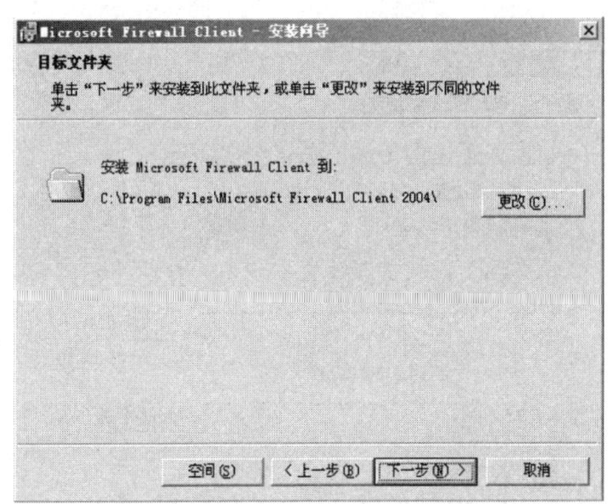

图 10-29 指定程序安装路径

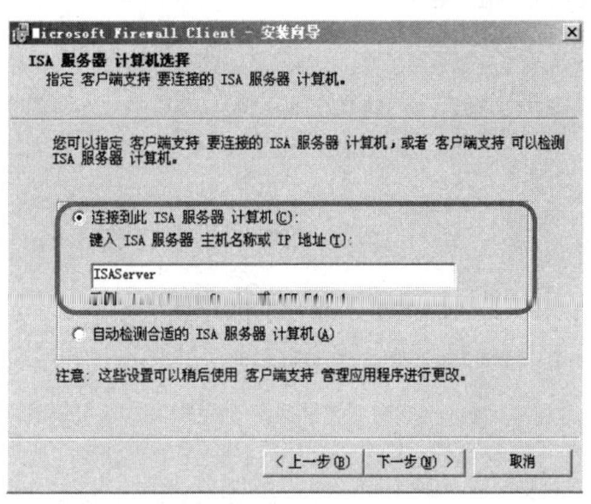

图 10-30 选择计算机

在可以安装程序了的对话框中，单击"安装"按钮，进行安装，如图 10-31 所示，安装进程如图 10-32 所示。

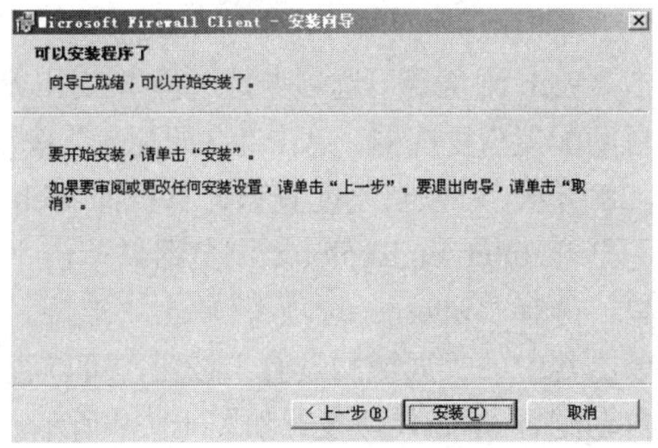

图 10-31 安装准备就绪

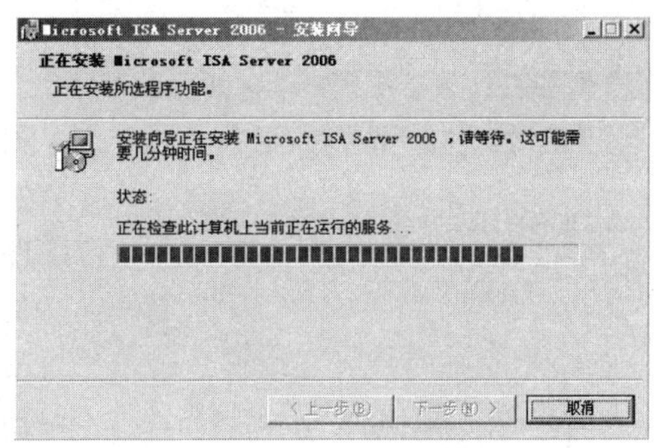

图 10-32 安装进程

安装结束后出现安装向导完成对话框，如图 10-33 所示。在 DC Server 的任务栏上出现如图 10-34 所示对话框。

2）ISA 客户端设置。双击 DC Server 右下角任务栏上的“ISA Firewall Client”图标，打开 Microsoft Firewall Client for ISA Server 对话框，选择“常规”选项卡，选择“连接到 ISA 服务器时隐藏此图标”复选框，如图 10-35 所示，可以在任务栏中隐藏该图标。

图 10-33 安装结束

图 10-34 任务栏图标

单击“设置”选项卡，可以设置是否“启用 Microsoft Firewall Client for ISA Server”程序，还可以指定 ISA 服务器的主机名，如图 10-36 所示。单击“测试服务器”按钮可以 ISA Server 服务器，如图 10-37 所示。

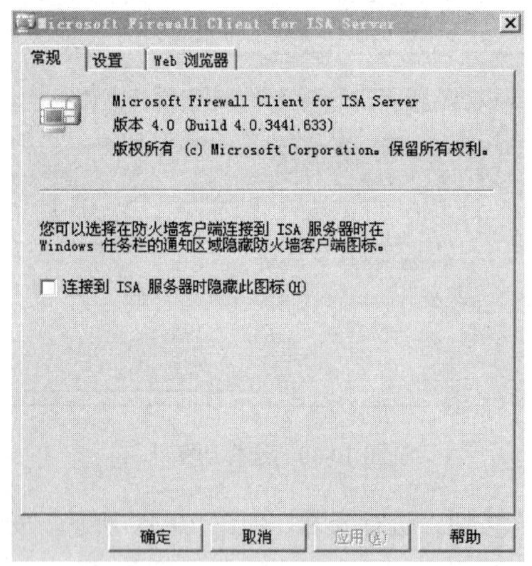

图 10-35 常规选项卡

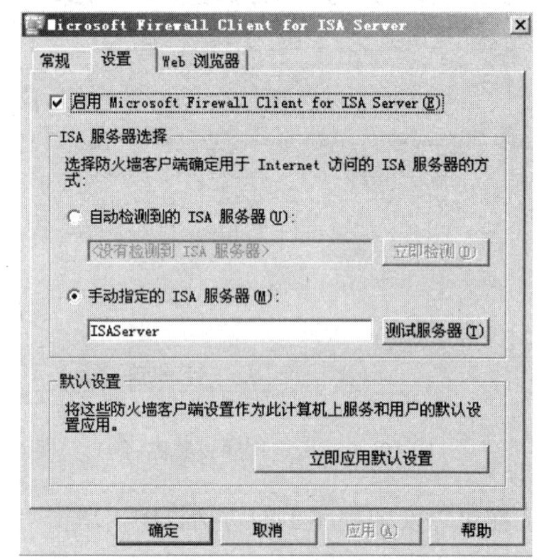

图 10-36 设置选项卡

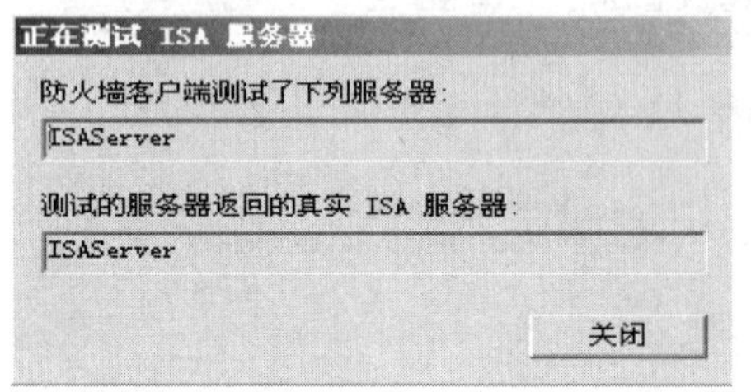

图 10-37 测试 ISA Server 服务器

单击“Web 浏览器”选项卡，选择“启用 Web 浏览器自动配置”复选框，单击“立即配置”按钮，如图 10-38 所示，可以自动配置该计算机的 Web 代理设置。打开 Internet Explorer 浏览器，单击“工具”菜单，选择“Internet 选项”，单击“连接”选项卡，单击其中的“局域网设置”按钮，可以查看到已经自动配置 Web 代理设置如图 10-39 所示。

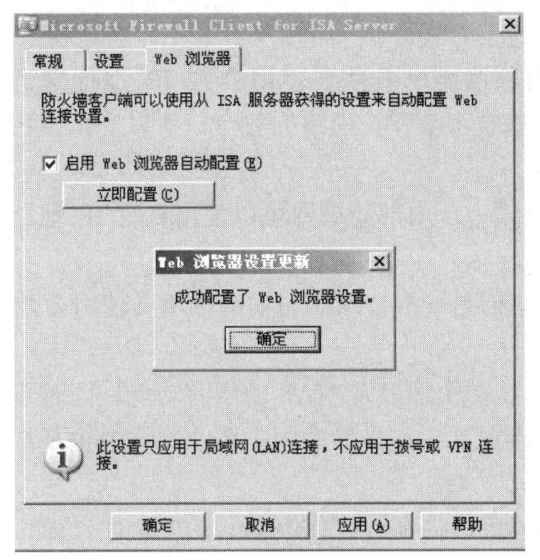

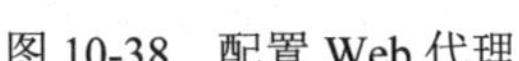
图 10-38　配置 Web 代理

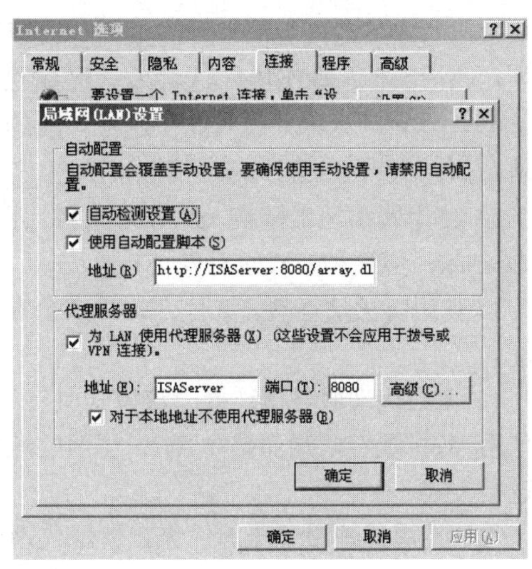

图 10-39　Internet Explorer 的局域网（LAN）设置

5. 问题分析

以域管理员身份登录 DC Server 域控制器，打开命令提示符，输入 ping 192.168.1.1，测试本机与 ISA Server 服务器内部网络接口（inside），发现不能连通，如图 10-40 所示，这说明 ISA Server 服务器已经开始工作，因为默认情况下，ISA Server 防火墙有一条拒绝所有的策略，所以，不能 ping 通 ISA 防火墙。

以域管理员登录 ISA Server 服务器，打开命令提示符，输入 ping 192.168.1.2，测试本机与 DC Server 服务器的连通性，发现能够 ping 通，如图 10-41 所示。

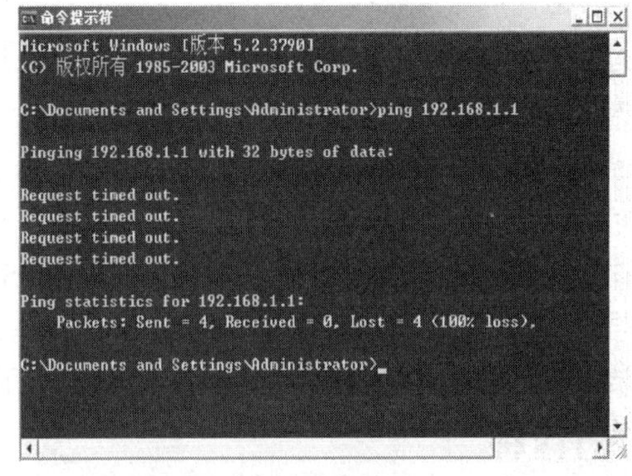

图 10-40　DC Server 上 ping 不通 ISA Server

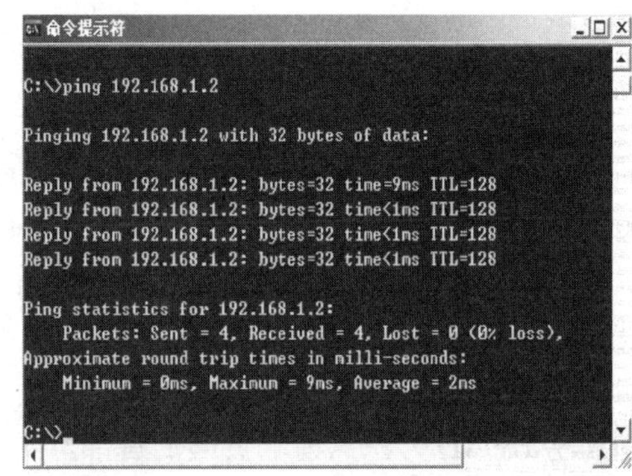

图 10-41　ISA Server 上 ping 通 DC Server

任务 10.2.2　ISA Server 防火墙策略配置

1. 学习目标

（1）掌握 ISA Server 2006 防火墙的基本配置。

（2）掌握 ISA Server 2006 防火墙访问规则设置。

2. 背景知识

（1）局域网连接到外部网络的方式。企业内部局域网与外部网络（如 Internet）的互联是目前常用的网络连接类型，目前主要有以下几种连接方式。

1）使用路由器连接。这种方式要求公司内部网络一般需要使用公共 IP 地址来访问 Internet，另外，这种方式只能在进行一般的包过滤技术来保护网络的安全，所以安全性相对较差。

2）使用网络地址转换（NAT）连接。在该方式中，内部局域网可以使用私有 IP 地址访问 Internet，但这种方式没有安全性。

3）使用防火墙连接。这种方式的安全性较高，但是一般要求公司内部局域网使用公共 IP 地址。

4）使用代理服务器连接。该方式具有路由器、防火墙以及 NAT 的所有功能，同时还可以使用 Web 缓存，从而提高 Web 访问的速度，因此，它在一般的中小企业网络中也是常用的连接方式。

（2）使用代理服务器的优势。使用代理服务器可以提高访问 Internet 的安全性，如可以进行用户身份验证、筛选用户的访问请求、对访问的内容进行检测、记录用户的访问行为及隐藏内部网络的细节等。

此外，代理服务器还可以提高访问 Internet 的性能，它可以给 Web 访问进行缓存，即保存曾经访问过的内容，当用户再次访问时，就可以直接从缓存中进行访问，这样可以大大提高用户访问 Web 的速度。

在 ISA Server 2006 中，对 Internet 访问可以根据用户和组、计算机、协议、Internet 目的地以及从 Internet 下载的内容等方面来进行访问控制。

（3）ISA Server 2006 的 HTTP 过滤功能。所谓 HTTP 过滤功能就是 ISA Server 能够“理解”HTTP 协议的一部分内容，并可以根据协议的内容来对 Web 的访问请求进行更准确的控制。

ISA Server 2006 能够对 HTTP 协议数据包过滤的主要内容主要包括：头长度的上限；要求负载长度的上限；URL 与查询长度的上限；验证正则化与阻止高位字符；阻止可执行 Windows 命令的数据包通过；阻止指定的 HTTP 连接方法（Method）；阻止执行或下载指定的扩展名文件；阻止指定的请求头或响应头的内容；阻止包含的签名内容等。

HTTP 定义了与服务器交互的不同方法，最基本的连接方法是 GET 和 POST，其中 POST 方法适用于提交信息，它可以将数据从客户端传送到服务器端；GET 方法适用于获取信息，它可以将数据从服务器下载到客户端；还有一种方法就是 HEAD 方法，它和 GET 基本一样，区别在于 HEAD 方法只请求页面的首部，不返回实体主体。

HTTP 请求中包含三个部分，即 Method-URI-Protocol/Version（方法-地址-版本）、Request header（请求头）、Entity body 请求实体，其中，请求头是告知服务器的信息，它主要包含以下内容：

1）Accept：浏览器所支持的数据类型。

2）Accept-Charset：浏览器支持的字符集。

3）Accept-Encoding:：浏览器所支持的数据解压算法。

4）Accept-Language：客户端的语言环境。

5）Host：浏览器访问服务器上的哪台主机。

6）If-Modified-Since：缓存网页的时间。

7）Referer：浏览器是从哪个网页来的。

8）User-Agent：浏览器的版本。

HTTP 响应头与请求头相似，也包括三部分，即 Protocol-Status code-Description（协议状态 描述代码）、Response headers（响应头）、Entity body（响应实体），其中，响应头是告知客户端浏览器的信息，它包含：

1）Location：用于浏览器去找哪个资源。

2）Server：服务器的类型。

3）Content-Encoding：数据的压缩类型。

4）Content-Length：服务器回送的数据大小。

5）Content-Language：服务器返回内容的语言。

6）Content-Type：服务器回送的数据类型。

7）Last-Modified：数据的最后更新时间。

8）Refresh：刷新回送数据。

9）Content-Disposition：以下载的方法打开回送的数据。

10）Expires: 回送数据的缓存多长时间，如果值为 0 或为负数的话，就是不缓存。

11）Cache-Control: no-cache　通知浏览器不要缓存数据。

12）Pragma: no-cache：不要缓存数据。

签名是将 HTTP 数据包中有规律出现的特征数据，如果要阻止某些 HTTP 应用程序，则可以分析这些程序在通信时含有哪些特征输入，然后把它以签名的形式提交给 ISA Server 2006，ISA Server 2006 会根据这些签名内容来阻止这些应用程序的运行。一般情况下，我们可以利用此规则来禁止一些即时通信软件的运行。微软网站给出了常用的即时通信软件的签名，如表 10-2 所示。

表 10-2　　常用即时通信软件的签名

<table>
<tr><th>应用程序名称</th><th>搜寻范围</th><th>HTTP 头定义</th><th>签名内容</th></tr>
<tr><td>MSN Messenger</td><td>Request headers（请求头）</td><td>User-Agent:</td><td>MSN Messenger</td></tr>
<tr><td>Windows Messenger</td><td>Request headers（请求头）</td><td>User-Agent:</td><td>MSMSGS</td></tr>
<tr><td>Netscape 7</td><td>Request headers（请求头）</td><td>User-Agent:</td><td>Netscape/7</td></tr>
<tr><td>Netscape 6</td><td>Request headers（请求头）</td><td>User-Agent:</td><td>Netscape/6</td></tr>
<tr><td>AOL Messenger</td><td>Request headers（请求头）</td><td>User-Agent:</td><td>Gecko/</td></tr>
<tr><td>Yahoo Messenger</td><td>Request headers（请求头）</td><td>Host</td><td>msg.yahoo.com</td></tr>
<tr><td>Kazaa</td><td>Request headers（请求头）</td><td>P2P-Agent</td><td>Kazaa</td></tr>
<tr><td>Kazaaclient</td><td rowspan="2">Request headers（请求头）</td><td rowspan="2">User-Agent:</td><td rowspan="2">KazaaClient</td></tr>
<tr><td>Kazaa</td></tr>
<tr><td>Kazaa</td><td>Request headers（请求头）</td><td>X-Kazaa-Network:</td><td>KaZaA</td></tr>
<tr><td>Gnutella</td><td>Request headers（请求头）</td><td>User-Agent:</td><td>Gnutella</td></tr>
<tr><td>Gnucleus</td><td rowspan="2">Request headers（请求头）</td><td rowspan="2">User-Agent:</td><td rowspan="2">e2dk</td></tr>
<tr><td>Edonkey</td></tr>
</table>

续表

应用程序名称	搜寻范围	HTTP 头定义	签名内容
Internet Explorer 6.0	Request headers（请求头）	User-Agent:	MSIE 6.0
Morpheus	Response header（响应头）	Server	Morpheus
Bearshare	Response header（响应头）	Server	Bearshare
BitTorrent	Request headers（请求头）	User-Agent:	BitTorrent
SOAP over HTTP	Request headers（请求头）	User-Agent:	SOAPAction
	Response header（响应头）		

3. 工作任务

（1）创建访问规则。

（2）设置 HTTP 过滤规则。

（3）设置限制网络访问内容的类型、计划。

（4）创建用户集、网络对象元素。

4. 任务实施

（1）创建 ISA Server 2006 访问规则。以域管理员身份登录到 ISA Server 服务器，单击“开始”→“所有程序”→“Microsoft ISA Server 命令，选择“ISA 服务器管理”命令，进入 ISA 服务管理器界面，依次打开“阵列”→“ISA Server”节点，单击选中“防火墙策略(ISA Server)”，在右侧的“任务”区域中单击“创建访问规则”项，如图 10-42 所示，打开创建访问规则向导，就可以根据企业网络的实际需要为 ISA Server 2006 创建多个访问规则。本项目主要创建一个允许内网所有用户 ping 外网主机的访问规则。

图 10-42 创建访问规则

在欢迎使用新建访问规则向导界面中，输入访问规则的名称：“允许内网所有用户 ping

外网主机”，如图 10-43 所示。单击“下一步”按钮。在规则操作界面中，选择“允许”单选按钮，如图 10-44 所示，单击“下一步”按钮。

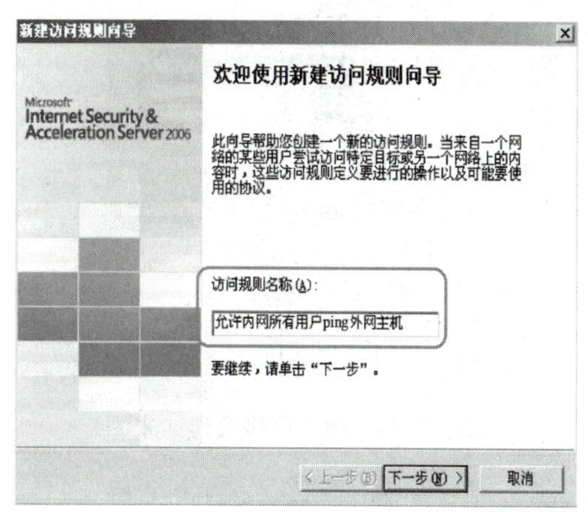

图 10-43 访问规则名称

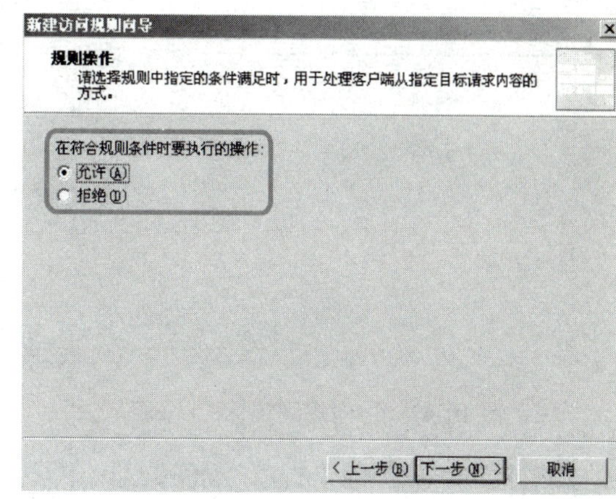

图 10-44 规则操作

在协议界面中的此规则应用到的列表框中，选择允许的协议，然后单击“添加”按钮，如图 10-45 所示，打开“添加协议”对话框，展开“通用协议”节点，单击选择“PING”后，再单击“添加”按钮，再单击“关闭”按钮返回，如图 10-46 所示。

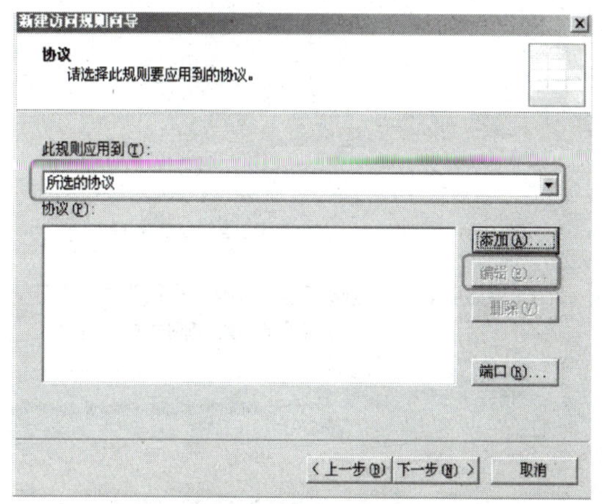

图 10-45 协议界面

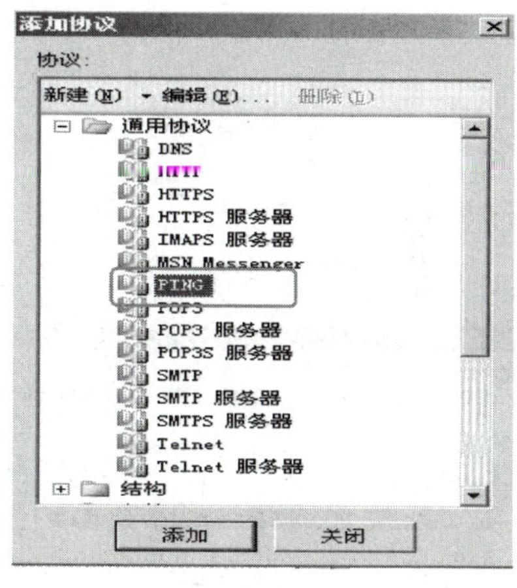

图 10-46 “添加协议”对话框

单击“下一步”按钮，进入访问规则目标界面来源，单击“添加”按钮，如图 10-47 所示，打开“添加网络实体”对话框，展开“网络”节点，单击选择 “内部”，再单击“添加”按钮，再单击“关闭”按钮返回，如图 10-48 所示。

单击“下一步”按钮，进入访问规则目标界面（目标），单击“添加”按钮，图 10-49 所示，打开“添加网络实体”对话框，展开“网络”节点，单击选择 “外部”，再单击“添加”按钮，再单击“关闭”按钮返回，如图 10-50 所示。

单击“下一步”按钮，进入用户集界面，选择所有用户，如图 10-51 所示，单击“下一步”按钮，在正在完成新建访问规则向导界面中，单击“完成按钮”，设置完成，如图 10-52 所示。

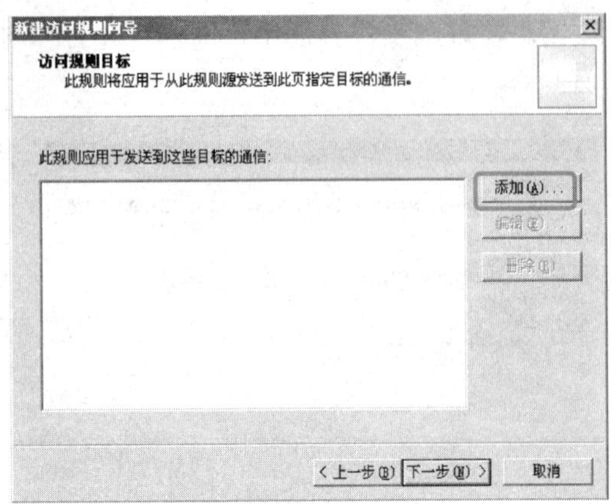

图 10-47 访问规则目标 （来源）

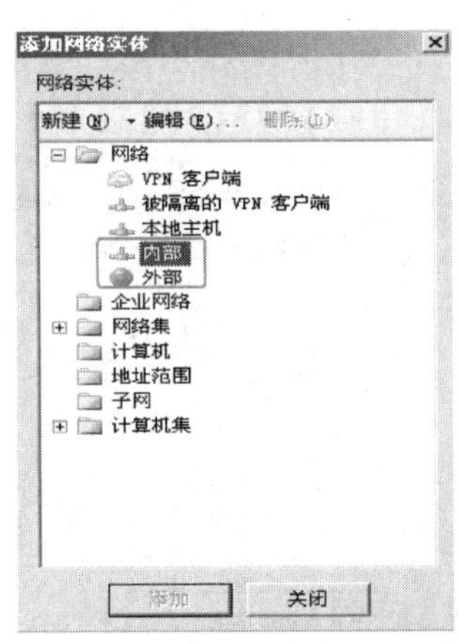

图 10-48 添加网络实体（来源）

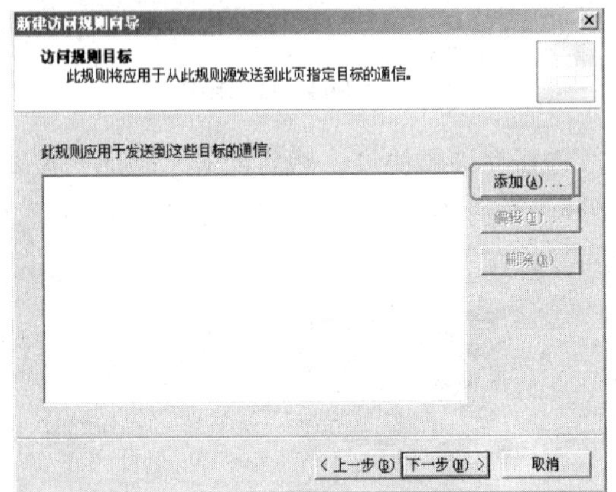

图 10-49 访问规则目标（目标）

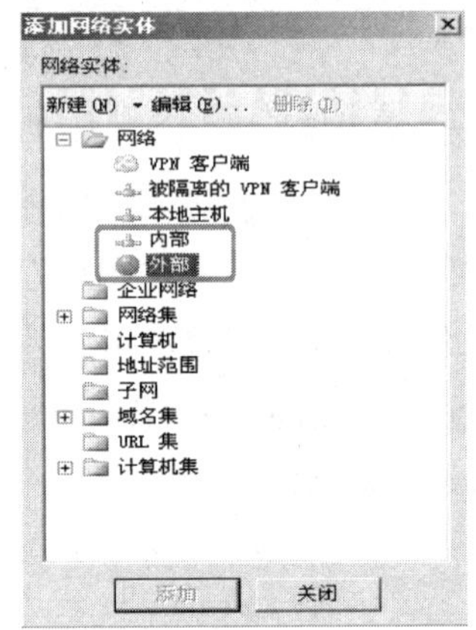

图 10-50 添加网络实体（目标）

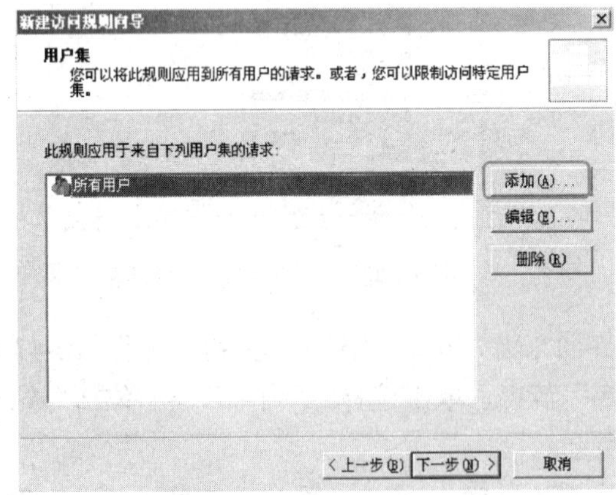

图 10-51 添加用户集

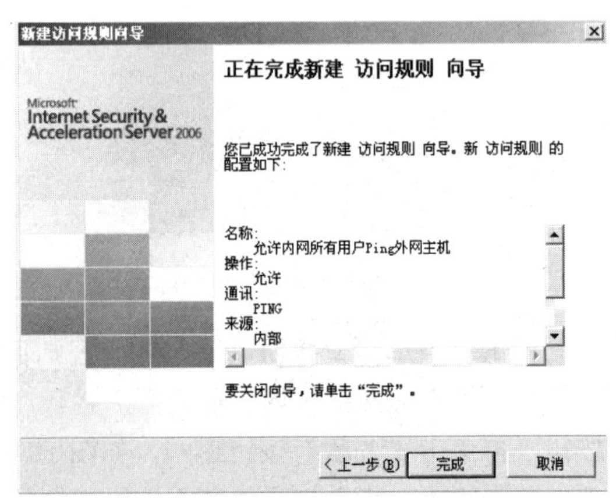

图 10-52 访问规则设置完成

登录 DC Server 服务器，在命令提示符下使用 ping 命令来测试外网地址 172.16.0.2 的连通性，如果能够连通，如图 10-53 所示，则说明规则已经创建成功并生效。

（2）设置 HTTP 过滤策略。按照上述设置“允许内网所有用户访问外网主机”访问规则的方法设置访问规则，允许“内部所有用户访问外部网络”，如图 10-54 所示。

右键单击此访问规则，在弹出的快捷菜单中选择“属性”命令，打开该规则的属性对话框，选择“协议”选项卡，如图 10-55 所示。单击“筛选”按钮，选择“配置 HTTP”，进行 HTTP 过滤策略设置，如图 10-56 所示，选择“常规”选项卡，其中，可以设置请求头的最大头长度（默认是 32 768 字节）、请求负载的最大负载长度、URL 保护的最大 URL 长度和最大查询长度（其中包含验证正则化和阻止高位字符）、可执行文件的阻止包含 Windows 可执行文件内容的响应。

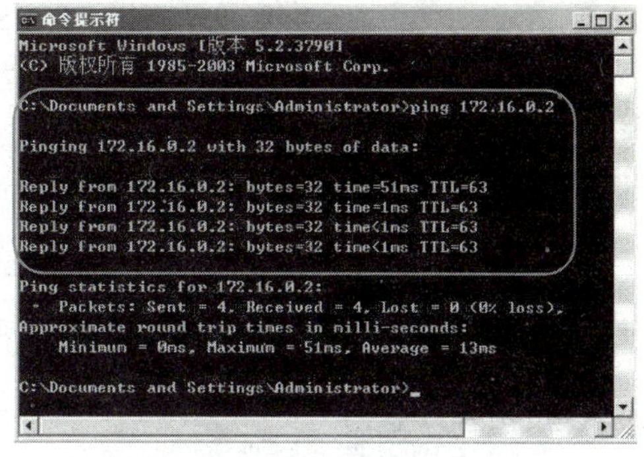

图 10-53 ping 测试外网连通性

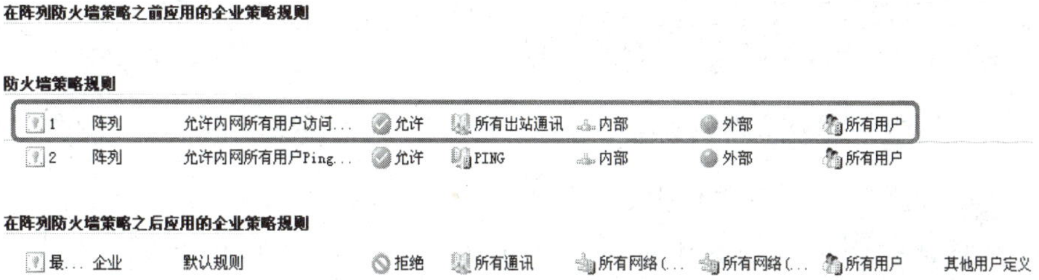

在阵列防火墙策略之前应用的企业策略规则

防火墙策略规则

1	阵列	允许内网所有用户访问...	允许	所有出站通讯	内部	外部	所有用户	
2	阵列	允许内网所有用户Ping...	允许	PING	内部	外部	所有用户	

在阵列防火墙策略之后应用的企业策略规则

最...	企业	默认规则	拒绝	所有通讯	所有网络(...	所有网络(...	所有用户	其他用户定义

图 10-54 允许“内部所有用户访问外部网络”

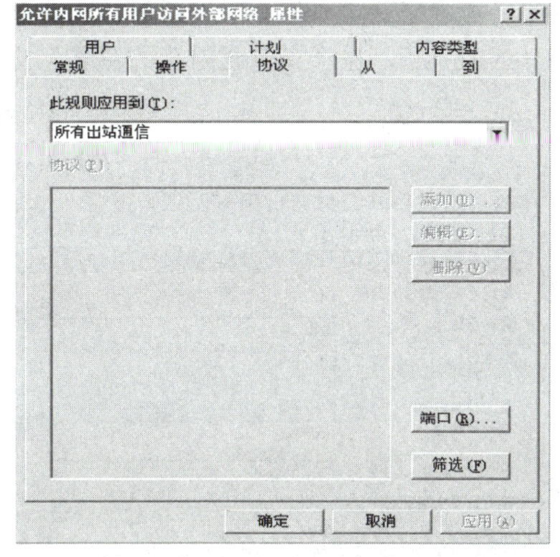

图 10-55 选择“协议”选项卡

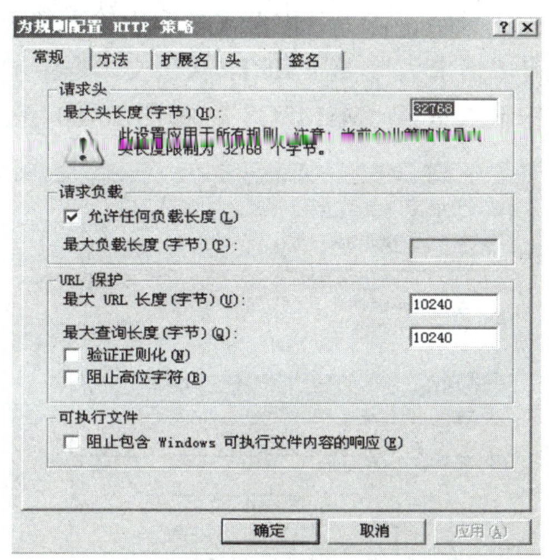

图 10-56 设置 HTTP 策略的常规信息

单击“方法”选项卡，设置需要允许或阻止特定的 HTTP 方法。在指定 HTP 方法要执行的操作列表框中，选择“阻止指定的方法（允许所有其他方法）”，单击“添加”按钮，打开方法选项卡，在指定一个 HTTP 方法的文本框中输入 HTTP 协议的方法“POST”，禁止用户在论坛提交信息如图 10-57 所示。

单击“扩展名”选项卡，设置阻止通过 HTTP 协议访问一些具有特定扩展名的文件，防止用户在网站上下载恶意的执行代码，这些扩展名包括“.exe”、“.vbs”、“.js”和“.com”等，单击“添加”按钮，在“扩展名”对话框中输入需要阻止的扩展名，如图 10-58 所示。

图 10-57　设置 HTTP 策略的方法

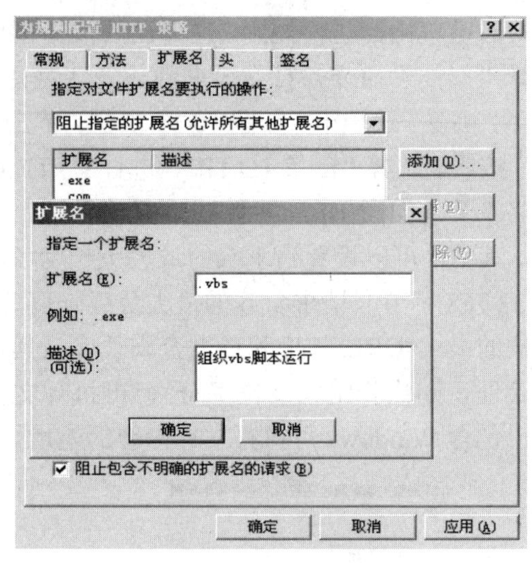

图 10-58　设置 HTTP 策略的文件扩展名

单击“头”选项卡，设置阻止指定的请求头或相应头。单击“添加”按钮，打开“头”对话框，在查找范围下拉列表中选择“请求头”项，在 HTTP 头文本框中输入内容“Accept-Charset”（接受的字符集），如图 10-59 所示。

单击“签名”选项卡，单击“添加”按钮，打开“签名”对话框，设置禁止 MSN Messenger 运行的策略。在“名称”文本框中输入签名搜索的名称“MSN”，在“查找范围”列表框中选择“请求头”，在“HTTP 头”文本框中输入“User-Agent”，在“指定要阻止的签名”文本框中输入签名“MSMSGS”，如图 10-60 所示。

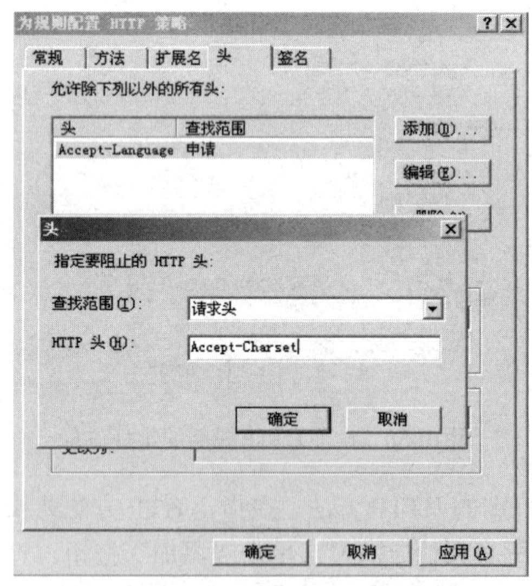

图 10-59　设置 HTTP 策略的头信息

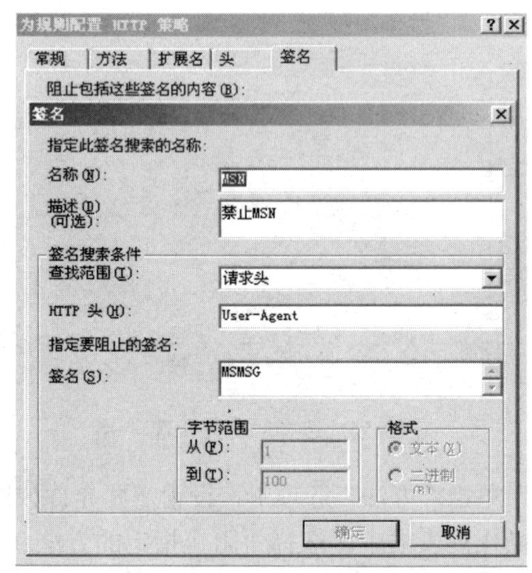

图 10-60　设置 HTTP 策略的签名信息

设置完成后，返回 ISA Server 2006 主界面，单击上方的“应用”按钮，让刚才设置的策略生效，如图 10-61 所示。在“正在保存配置更改”对话框中单击“确定”按钮，如图 10-62 所示。

图 10-61　应用规则

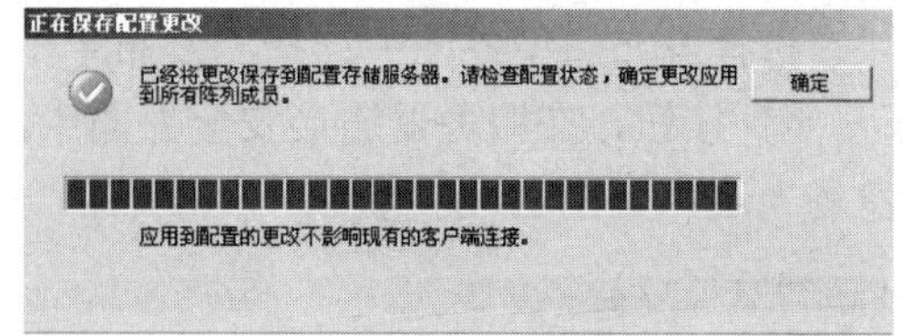

图 10-62　正在保存配置

（3）通过 ISA Server 2006 的发布企业内部服务器。以域管理员身份登录 DC Server 服务器，通过“添加/删除程序”组件，添加“应用程序服务器”中的“Internet 信息服务（IIS）”，在 DC Server 服务器上添加一个 Web 服务器，如图 10-63 所示。

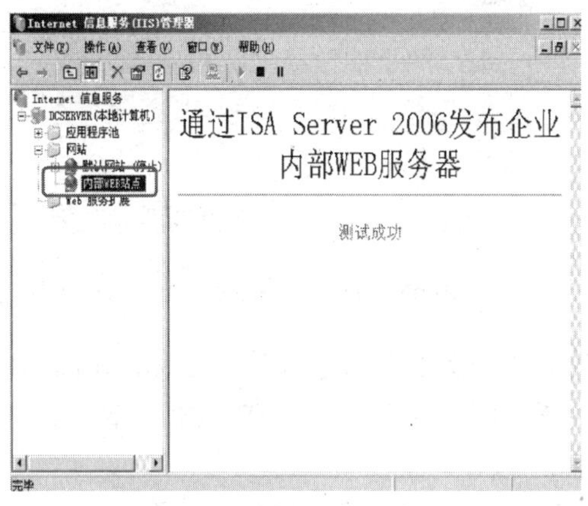

图 10-63　Web 服务器

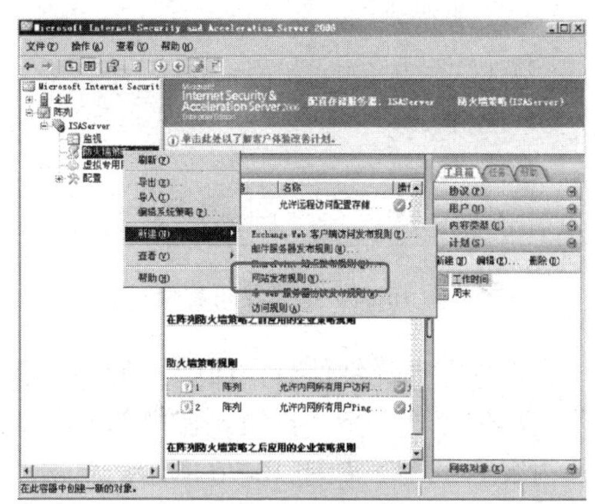

图 10-64　新建网站发布规则

以域管理员的身份登录 ISA Server 服务器，打开 ISA 服务管理器，依次打开“阵列”→ ISA Server 节点，右键单击“防火墙策略（ISA Server）”项，选择“新建”→“网站发布规则”命令，如图 10-64 所示。

在欢迎使用新建 Web 发布规则向导界面中，在“Web 发布规则名称”文本框中输入“发布内部 Web 站点”，如图 10-65 所示。单击“下一步”按钮，进入请选择规则操作界面，选择“允许”单选按钮，如图 10-66 所示。

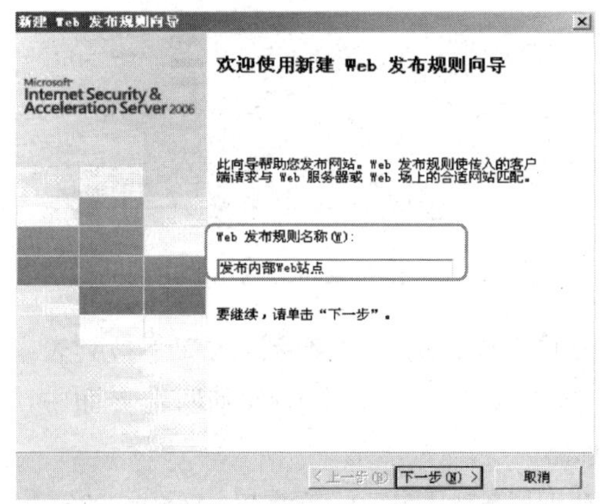

图 10-65　Web 发布规则名称

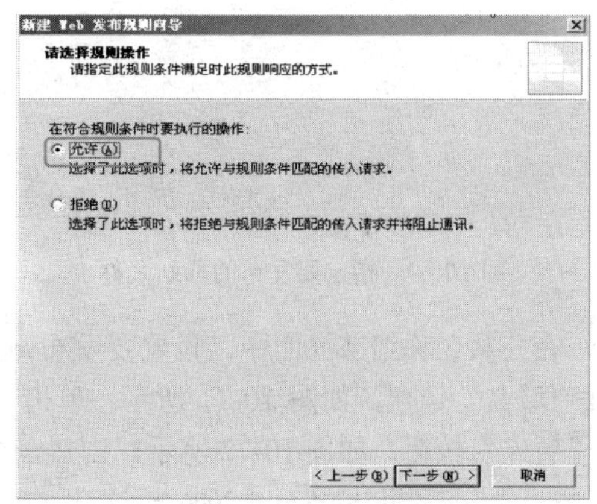

图 10-66　选择规则操作

在选择发布类型界面中选择“发布单个网站或负载平衡器”项，如图 10-67 所示，单击“下一步”按钮，在服务器连接安全界面中，选择“使用不安全的连接发布 Web 服务器或服务器场”项，如图 10-68 所示，单击“下一步”按钮。

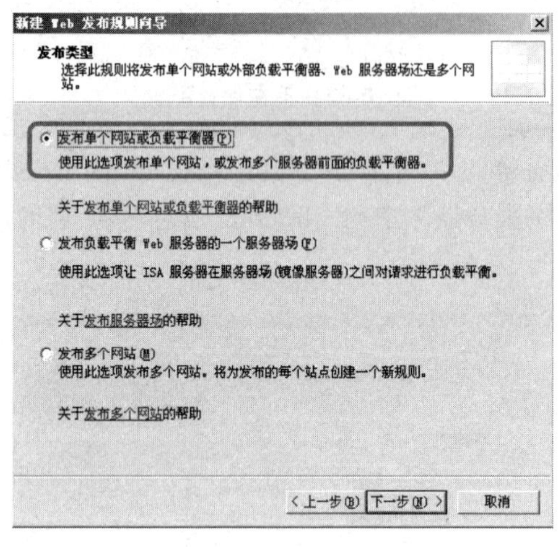

图 10-67　选择发布类型

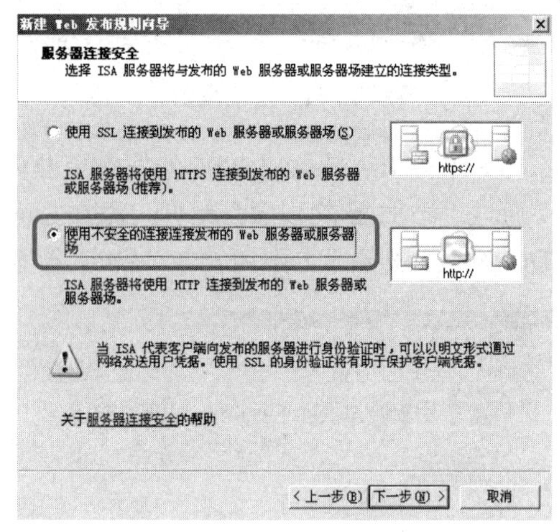

图 10-68　服务器连接安全的选择

在内部发布详细信息界面中，在“内部站点的名称”文本框中输入具体名称，如图 10-69 所示，单击“下一步”按钮。在内部发布详细信息界面中，在“路径”文本框中输入具体路径，内容为“/*”，如图 10-70 所示，单击“下一步”按钮。

注：内部站点的名称可以通过在 DNS 控制中，为该 Web 服务器新建一个主机名，如 Web.net08.com。

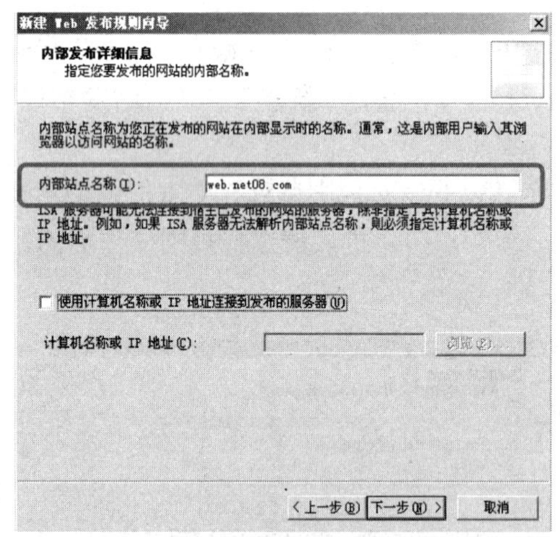

图 10-69　指定要发布的网站名称

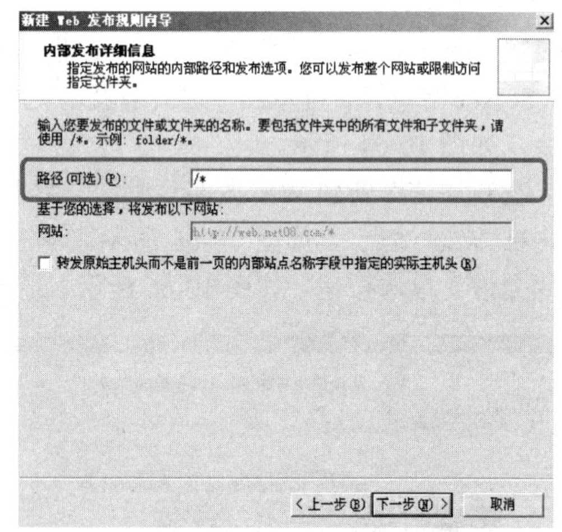

图 10-70　指定发布的网站的内部路径

在公共名称细节界面中，设置要发布站点的公共名称，选择“接受请求”下拉列表中的“任何域名”选项，如图 10-71 所示，单击“下一步”按钮，在选择 Web 侦听器界面中，单击“新建”按钮，如图 10-72 所示，创建一个侦听器。

注：我们需要用 ISA Server 2006 来侦听其 80 端口（Web 服务默认端口）。安装 ISA Server 2006 时，它要求不能有进程监听 80 端口，原因是为了避免 ISA 和 Web 的侦听器发生冲突。

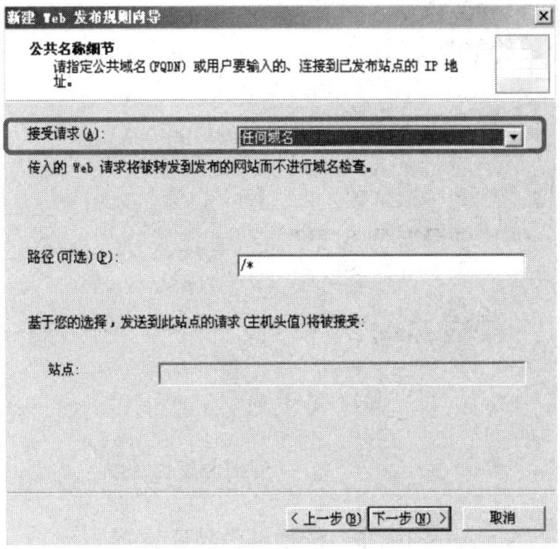

图 10-71 设置公共名称细节

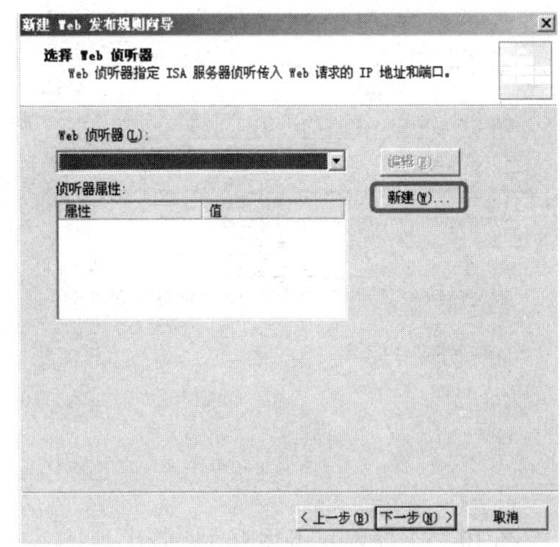

图 10-72 选择 Web 侦听器

在欢迎使用新建 Web 侦听器向导界面中输入 Web 侦听器名称，如图 10-73 所示，单击“下一步”按钮，在客户端连接安全设置界面中选择“不需要与客户端建立 SSL 安全连接”项，如图 10-74 所示，单击“下一步”按钮。

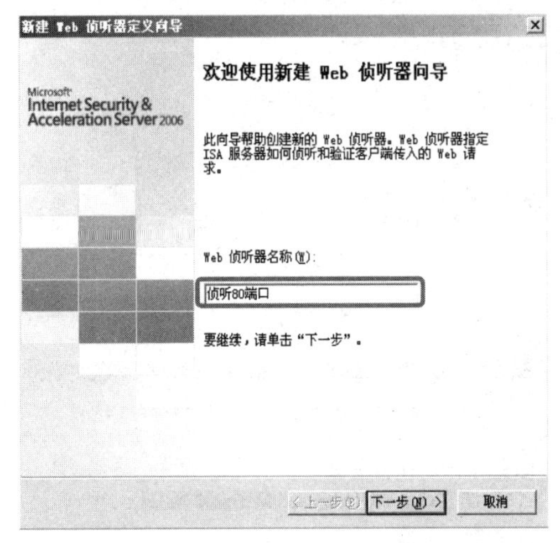

图 10-73 输入 Web 侦听器的名称

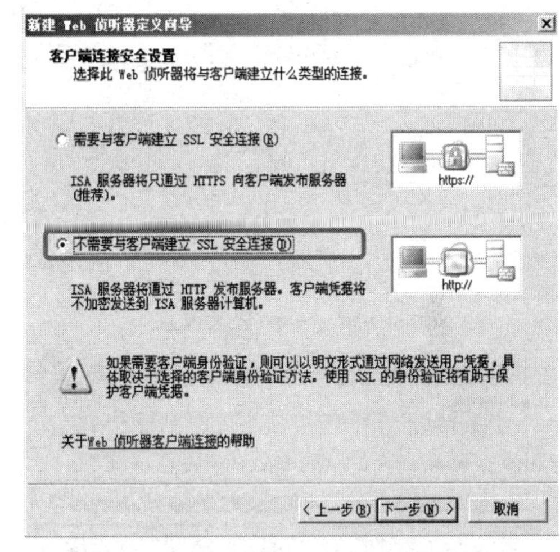

图 10-74 客户端连接安全设置

在 Web 侦听器 IP 地址界面中，选择“外部”接口 IP 地址，如图 10-75 所示，即侦听器将侦听 172.16.0.1 的 80 端口。单击“下一步”按钮，在身份验证设置界面中的“选择客户端将如何向 ISA 服务器提供凭据”下拉列表中选择“没有身份验证”，如图 10-76 所示。

单击“下一步”按钮，在单一登录设置界面中，如图 10-77 所示，单击“下一步”按钮，返回选择 Web 侦听器界面，如图 10-78 所示，单击“下一步”按钮。

在身份验证委派界面中的“选择 ISA 服务器对外发布的 Web 服务器进行身份验证时使用的方法”下拉列表中，选择“无委派，客户端无法直接进行身份验证”项，如图 10-79 所示，单击“下一步”按钮，在用户集界面中，选择“所用用户”项，如图 10-80 所示。单击“下一步”按钮。单击“完成”按钮，如图 10-81 所示。

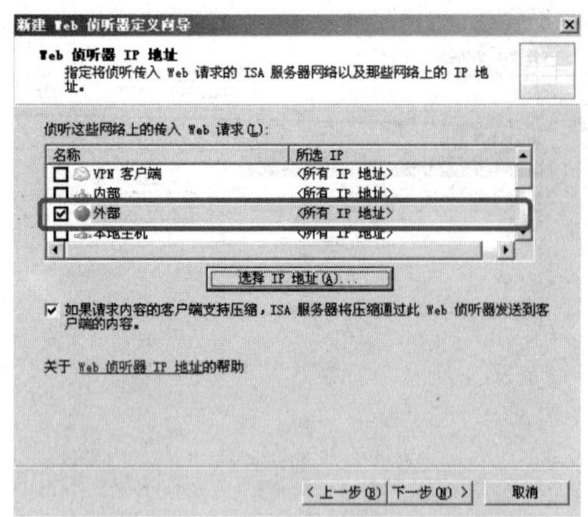

图 10-75 设置 Web 侦听器外部 IP 地址

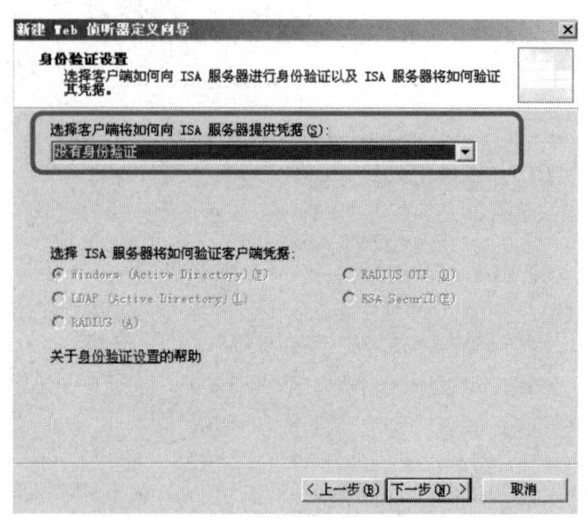

图 10-76 选择身份验证设置

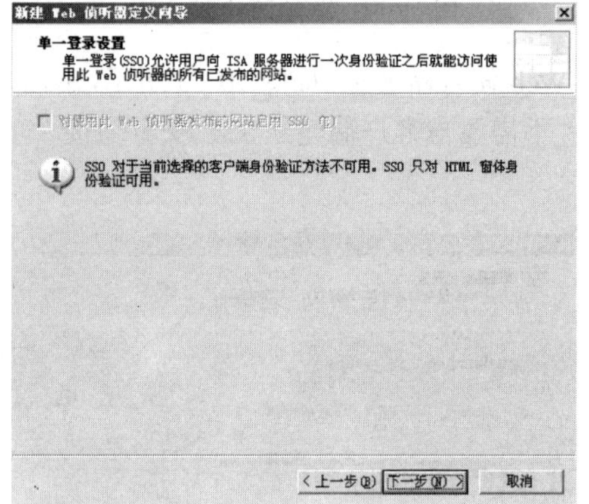

图 10-77 单一登录设置

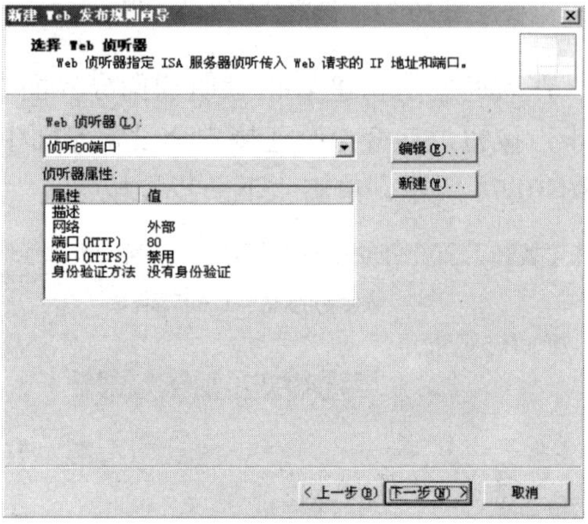

图 10-78 选择侦听的端口

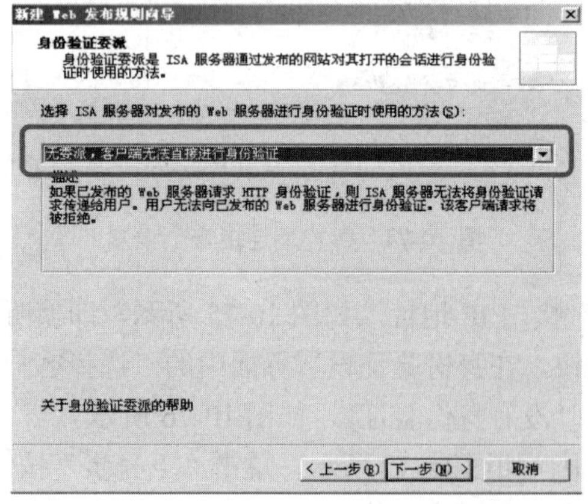

图 10-79 设置身份验证委派

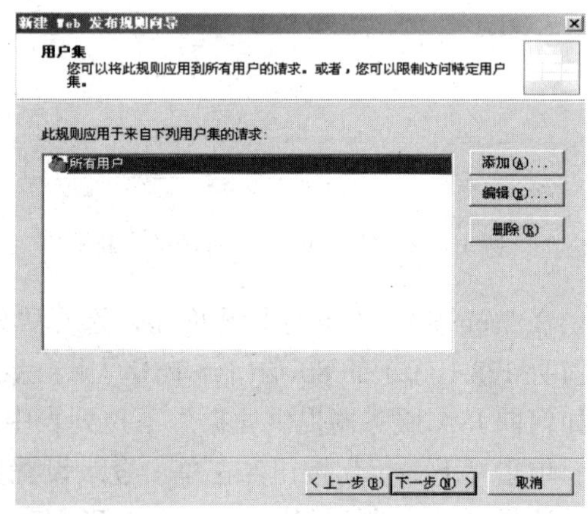

图 10-80 设置用户集

完成发布登录规则的设置后，对该规则进行应用并确定后，可以在外部网络的主机（172.16.0.2）上进行测试。登录此外网主机，打开浏览器，在地址栏中输入 ISA Server 外部网络接口的 IP 地址（172.16.0.1），测试结果如图 10-82 所示，说明规则设置成功。

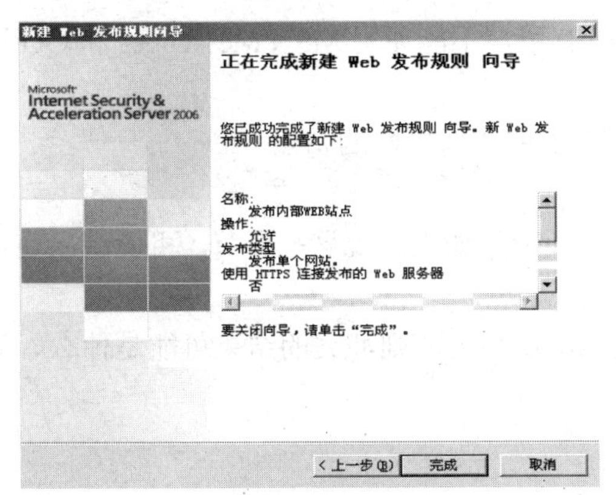

图 10-81　向导完成

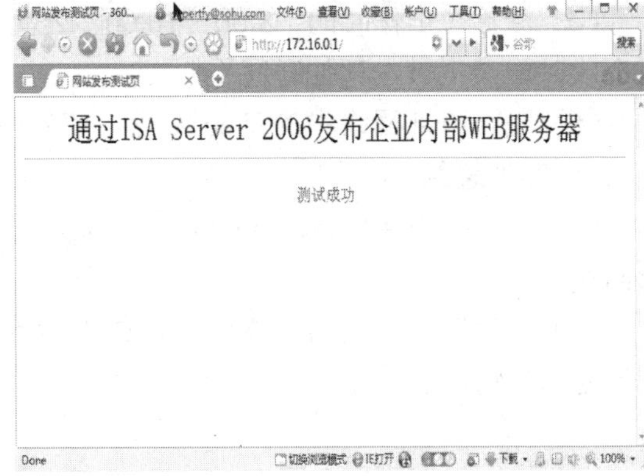

图 10-82　测试发布的 Web 站点

5. 问题分析

在制定访问规则时，首先要对策略元素有较好的掌握，ISA Server 中的主要策略元素主要有五种，即协议、用户、内容类型、计划和网络对象。在 ISA Server 2006 主界面右侧的工具栏中可以找到这些策略元素，如图 10-83 所示。

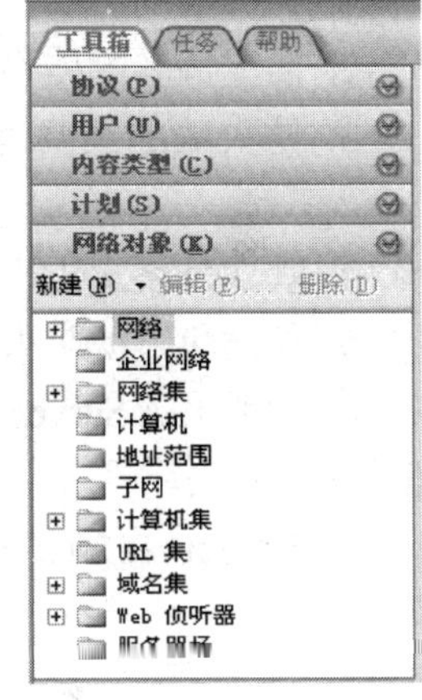

图 10-83　策略元素

协议元素主要可以限制用户访问外网时可以使用的网络协议，如 HTTP，FTP 等。用户元素可以控制哪些用户可以访问外部网络，在域的环境的网络中，用户元素有着较为重要的作用。计划元素可以用来策略应用的时间范围，如设定用户可以在什么时间段内访问外部网络。内容元素主要负责将访问外部网络的数据划分为音频、视频、文本、HTML 文档等类型，利用该元素可以更精细地控制用户对网络内容的访问。网络对象元素中包含了很多的策略元素，如计算机、计算机集、域名集、URL 集等，在使用网络访问规则定义源和目标时经常会用到网络对象元素。

项目实训　ISA Server 2006 安装与配置

实训目的

（1）掌握 ISA Server 2006 的安装与部署。

（2）掌握配置 ISA Server 2006 访问规则的方法。

（3）掌握发布内部服务器的方法。

（4）掌握 ISA 策略元素的使用方法。

实训任务

（1）安装 ISA Server 2006 防火墙。

（2）Windows Server 2003/2008 域环境的网络中部署 ISA Server 2006 防火墙，要求完成该网络环境的拓扑设计和 IP 地址规划。

（3）设置 ISA Server 2006 防火墙的访问规则，设置网络内部用户可以访问 Internet 上的网站（Web 服务器），并阻止某个用户不能访问 FTP 站点。

（4）设置在工作时间“8:00～16:00”之间，所有用户不能使用 MSN Messenger 和 QQ 这两个即时聊天工具，其他时间不限制。

（5）发布内部网络中的 Web 站点，使外网用户能够访问内网的站点。

实训总结

（1）在安装 ISA Server 2006 时，需要注意哪些环节？如果忽视这些环节，可能会出现什么问题？

（2）在设置防火墙访问规则时，如果两条策略出现冲突，则冲突的结果可能是什么？如何避免这种情况的发生？

习　　题

1. 防火墙的主要作用是什么？它基于什么工作原理？

2. 防火墙有哪些不足？

3. 防火墙的策略有什么特点？你认为怎样配置防火墙的策略能够尽可能地保护网络的安全？

4. 什么是堡垒主机？

5. 简述包过滤防火墙和应用网关防火墙各自优缺点。

6. 说明 ISA Server 2006 火墙策略中的各条访问规则的优先级的顺序，并给出你认为的合理的设置方法。

7. ISA Server 2006 中，有哪几种类型的策略元素，其主要作用是什么？

项目 11 典型网络安全方案设计

任务 11.1 校园网络安全方案设计

任务 11.1.1 校园网安全现状

目前，校园网在学校的办公系统中起着重要作用，合理的使用不仅能促进各院校的现代化教学改革、提高教学质量、改善教学环境，还将会极大提高教育行业整体的工作效率和教育质量，而前提就是校园网必须是稳定的、安全的和可靠的。因此，校园网安全方案的设计尤为重要。

任务 11.1.2 校园网安全需求分析

校园网总体上分为校园内网和校园外网。校园内网主要包括教学局域网、图书馆局域网、办公自动化局域网等。校园外网主要指学校提供对外服务的服务器群、与 CERNET 的接入以及远程移动办公用户的接入等。但具体还要根据不同校园网的实际情况来作简要分析。一般情况下，校园网安全主要可以从以下五个方面进行分析：

（1）物理安全。是指保护校园网内计算机设备、网络设备及通信线路，使其免遭自然灾害及其他环境事故（如电磁污染）的破坏。

（2）网络安全。是指校园网安全建设的基础，完善的网络安全防御措施可以解决大多数的校园网安全问题，包括基础网络安全、边界防护、远程接入和全局安全。

（3）主机安全。校园网内，主机的安全问题最为常见，也是其他安全问题源头，主机安全涉及统一身份认证，主机安全防护体系。通过校园网统一身份认证和校园网主机安全防护体系来全面实现校园网的主机安全目标。

（4）应用安全。校园网的应用安全是最为复杂的部分，涵盖的内容涉及业务应用的各个层面。

（5）数据安全。数据是当前高校信息化建设中最宝贵的资源，其重要性已经得到越来越高的重视。校园网的安全建设中，数据安全是一个不可忽视的方面。

任务 11.1.3 校园网安全功能设计

1. 设计原则

为了建设全方位的、完整的校园网络安全体系结构，综合考虑可实施性、可管理性、可扩展性、综合完备性和系统均衡性等方面，网络安全防御体系在整体设计过程中应遵循以下五项原则：

（1）保密性：防止信息泄露给非授权用户的特性。达到保密性可选择 VLAN 的划分，并能在 VLAN 之间进行第三层交换时进行有效的安全控制，以保证系统的安全性。

（2）完整性：防止信息在存储或传输过程中被修改、破坏和丢失的特性。达到完整性采用 VPN 技术，用它的专用通道进行通信保证了信息的完整性。

（3）可用性：就是易于操作、维护，并便于自动化管理。达到可用性可以利用图形化的管理界面和简洁的操作方式，合理地网络规划策略，提供强大的网络管理功能，使日常的维护和操作变得直观，便捷和高效。

（4）可控性：就是对信息的传播及内容具有控制能力。达到可控性对于网络管理来说，要求采用智能化网络管理软件，并支持虚拟网络功能，对网络用户具有分类控制功能，从而来实现对网络的自动监测和控制。

（5）扩展性：就是便于系统及系统功能的扩展。达到扩展性对选择的网络设备最好是模块化的，便于网络的扩大和更改，其中核心交换机应具有多种模块类型，以满足各种网络类型的接入，所选择的设备都应具有良好的软件再升级能力。

2. 总体架构

方案的总体拓扑结构如图 11-1 所示，各网段的 IP 地址规划如表 11-1 所示，设备 IP 地址规划如表 11-2 所示。

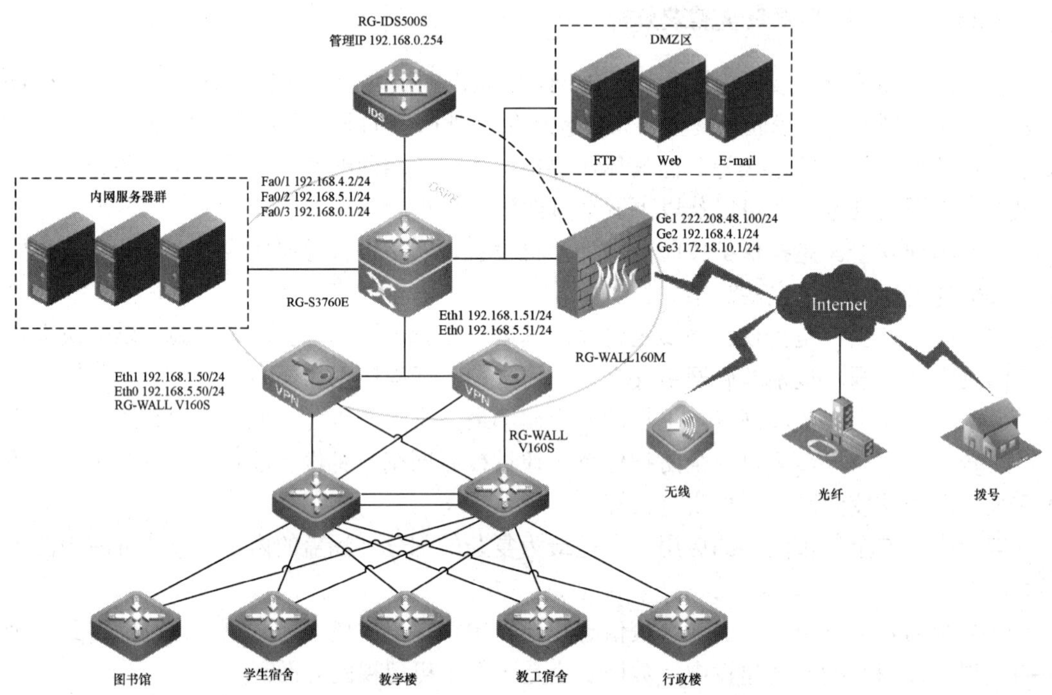

图 11-1　校园网安全架构

表 11-1　网段 IP 地址规划

区　域	网　段	网　关
DMZ 区	172.18.10.0/24	172.18.10.1
内网服务器	172.18.11.0/24	172.18.11.1
教师宿舍	172.18.12.0/24	172.18.12.1
行政楼	172.18.13.0/24	172.18.13.1
图书馆	172.16.0.0/16	172.16.0.1

续表

区　域	网　段	网　关
学生宿舍	10.3.0.0/16	10.3.0.1
教学楼	172.17.0.0/16	172.17.0.1

表 11-2　设备 IP 地址规划

设备名称	端　口	IP 地 址	VlanID
防火墙	Ge1	222.208.42.100/24	/
	Ge2	192.168.4.1/24	/
	Ge3	172.18.10.1/24	/
交换机	Fa0/1	192.168.4.2/24	10
	Fa0/2	192.168.5.1/24	20
	Fa0/3	192.168.0.1/24	30
	Fa0/4	192.168.1.1/24	40
	Fa0/5	172.18.11.1/24	50
IDS	管理 IP	192.168.0.254/24	/
VPNA	Eth1	192.168.1.50/24	/
	Eth0	192.168.5.51/24	/
VPNB	Eth1	192.168.1.51/24	/
	Eth0	192.168.5.51/24	/

3. 功能模块及设备需求分析

（1）主要功能模块。

1）交换机安全模块主要实现的功能：IP 与 MAC 的绑定、VLAN 的划分、端口的安全和访问控制列表（ACL）。

2）防火墙模块：包过滤、地址转换（NAT）。

3）VPN 模块：建立专用通道 IPSEC VPN 和 SSL VPN。

4）DMZ 区域模块：IDS 与防火墙的联动。

（2）设备需求。方案主要设备如表 11-3 所示。

表 11-3　设 备 需 求 表

设 备 名 称	设备数量（台）	参 考 型 号
三层交换机	1	RG-S3760E-24
防火墙	1	RG-WALL160M
入侵检测系统	1	RG-IDS500S
VPN 设备	2	RG-WALL V160S

1）三层交换机的主要功能包括高背板带宽为所有的端口提供非阻塞性能、灵活完备的安全控制策略、强大的多应用支持能力和完善的 QoS 策略等。

2）防火墙的主要功能包括扩展的状态检测功能、防范入侵及其他（如 URL 过滤、HTTP 透明代理、SMTP 代理、分离 DNS、NAT 功能和审计/报告等）附加功能。

3）入侵检测系统主要功能包括能够阻止来自外部或内部的蠕虫、病毒和攻击带来的安全威胁，确保企业信息资产的安全，能够检测各种 IM 即时通信软件、P2P 下载等网络资源滥用行为，保证重要业务的正常运转，能够高效、全面的事件统计分析；能迅速定位网络故障，提高网络稳定运行时间。

4）VPN 的主要功能包括严格的身份认证、权限管理、细粒度控制、传输加密和终端安全检查等机制保障移动用户 SSL 安全接入可实现用户身份和 PC 硬件信息的对应；通过人机捆绑可以为远程用户分配内部 IP 地址；真正实现远程局域网可以为远程移动用户分配内部服务器地址；真正实现移动办公通过证书管理器为用户生成证书、私钥，可通过邮件通知用户自己到证书管理器上下载软件安装包和配置文件，用户只需在本地安装就可实现快速部署。

任务 11.1.4　校园网安全模块详细设计

1. 交换模块安全设计与实施

为了更加安全，减小广播风暴，VLAN 技术在网络中得到大量应用，但同时网络访问站点也不断增加，而路由器的接口数目有限，二层交换机又不具备路由功能。基于这种情况，三层交换机便应运而生，三层交换机弥补了路由器和二层交换机在某些方面的不足，它可以通过 VLAN 划分、配置 ACL、IP 地址与 MAC 地址的绑定及 arp-check 防护等功能来提升网络中数据的安全性，如图 11-2 所示。

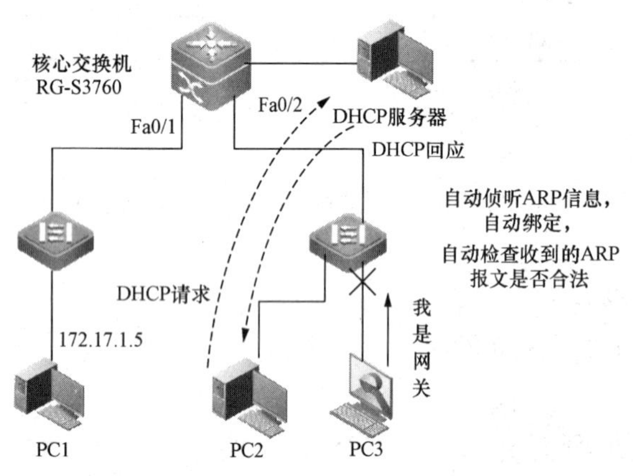

图 11-2　交换机模块安全设计

（1）VLAN 划分方案。VLAN 划分的方案图如图 11-3 所示，说明如下：

1）高校的学生通过网络交换的信息量日益增大，特别是一个班的同学，但住在一个寝室的同学不一定就是一个班的，所以将一个班的同学划为同一个 VLAN 便于信息的传递。一个班同学的寝室划为同一个 VLAN，再将一栋宿舍楼划为一个大 VLAN；

2）每个老师的计算机里可能有一些重要的科研资料，从安全性考虑，不能将所有老师的寝室划为同一个网，可将每个老师的寝室划为一个 VLAN，并且学生宿舍和教师宿舍不能互相访问。

3）将教学楼的所有教室划为一个 VLAN。

4）为了方便同学和老师做一些教学实验，实验室会进行一些专项课题研究，将一个实验室划分在同一个 VLAN 的做法安全性更高。因此，可以将实验楼划为一个大 VLAN，再将每个实验室划为一个小 VLAN。

5）为了方便每个部门管理，可以根据每个的不同性质，将办公楼划为一个大 VLAN，再将每个部门划为一个小 VLAN。

6）划分方法采用基于端口的划分。高校学生的流动性大会导致的学生的人数和班级的变动。基于端口的划分，相对来说容易设置和监控，只需要将端口配置的 VLAN 重新分配。

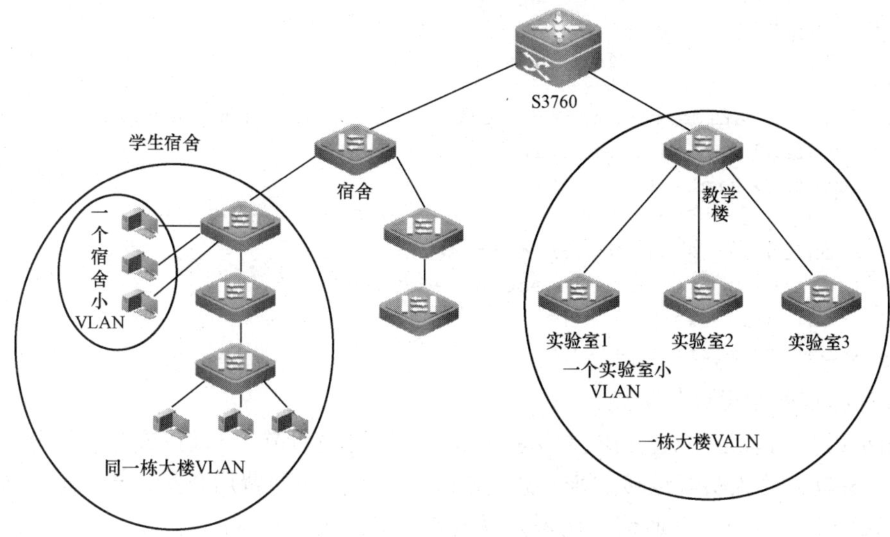

图 11-3　VLAN 划分方案

（2）访问控制列表。ACL（Access Control List）是一项在路由器和三层交换机上实现的包过滤技术，通过读取第三和第四层的包头部信息（如源地址、目的地址、源端口、目的端口等），并根据预先定义好的规则来对数据包进行过滤，从而达到访问控制的目的。

本方案中，主要在 S3760 三层交换机上配置 ACL 规则，可以限制各个 VLAN 之间的访问。例如，阻止教学楼 1 台 IP 地址为 172.17.1.5 的源主机通过 fa 0/1，放行其他的通信流量通过端口，并阻止 172.17.1.5 主机执行 Telnet 命令。

```
S3760#configure terminal
Enter configuration commands, one per line. End with CNTL/Z.
S3760 (config) #access-list 1 deny 172.17.1.5 255.255.255.0
S3760 (config) #access-list 1 permit any
S3760 (config) #interface fa 0/1
S3760 (config-if) #ip access-group 1 in
S3760 (config) #access-list 100 deny tcp 172.17.1.5 255.255.255.0 any eq 23
S3760 (config) #access-list 100 permit ip any any
S3760 (config) #interface fa 0/1
S3760 (config-if) #ip access-group 100 in
```

（3）IP 与 MAC 地址绑定。目前在使用静态 IP 地址的局域网管理中经常碰到 IP 地址被盗用或者用户自行修改地址导致 IP 地址管理混乱，而且 ARP 病毒和利用 ARP 协议进行欺骗的网络问题也日渐严重，在防范过程中除了通过 VLAN 的划分来抑制问题的扩散之外，还需要将 IP 地址与 MAC 地址进行绑定来配合达到更有效的防范。

在其核心交换机 RG-S3760 用 address-bind 命令手动进行一些特殊 IP 与 MAC 地址的绑定使其对应的主机不能随便地更改 IP 地址或者 MAC 地址，另外在网络中设一台 DHCP 服务器，所有主机都通过 DHCP 自动获得 IP 地址，在这个过程中，RG-S3760 开启 DHCP snooping 功能及 ARP-check 防护功能，交换机会自动侦听 DHCP 分配地址的过程，将其中有用的 IP+MAC 地址信息记录下来，自动绑定到相应的端口上，减少大量的手工配置。

例如，在 S3760 上的 fa0/1 端口上开启 DHCP snooping 功能、ARP-check 防护功能、端口

安全功能及动态地绑定命令如下。

```
S3760#configure terminal
Enter configuration commands, one per line. End with CNTL/Z.
S3760 (config) #ip dhcp snooping
S3760 (config) #interface fa0/1
S3760 (config-if) #switchport port-security arp-check
S3760 (config-if) #switchport port-security
S3760 (config-if) #ip dhcp snooping address-bind
S3760 (config-if) #exit
S3760 (config) #exit
```

2. VPN 模块安全设计与实施

校园网 VPN 可以通过公众 IP 网络建立私有数据传输通道，将远程或分校的分支办公室、合作伙伴、移动办公人员等连接起来，减轻校园网的远程访问费用负担，节省电话费用开支。不过对于端到端的安全数据通信，还需要根据实际情况采取不同的架构。IPSec VPN 和 SSL VPN 是目前校园网 VPN 方案采用最为广泛的安全技术，但它们之间有很大的区别，从 VPN 技术架构来看，IPSec VPN 是比较理想的校园网接入方案，由于它工作在网络层，可以对终端站点间所有传输数据进行保护，可以实现 Internet 多专用网安全连接，而不管是哪类网络应用。IPSec VPN 还要求在远程接入客户端适当安装和配置 IPSec 客户端软件和接入设备，这大大提高了网络的安全级别。

本方案采用 IPSec VPN。由于 IPSec VPN 在 IP 层提供访问控制、无连接的完整性、数据来源验证、防重放保护、加密以及数据流分类加密等服务。通过对 IPSec VPN 的配置和 VPN 冗余配置，来实现远程用户的接入，提高网络的负载均衡并有效提高了网络安全性。VPN 模块的详细拓扑结构如图 11-4 所示。

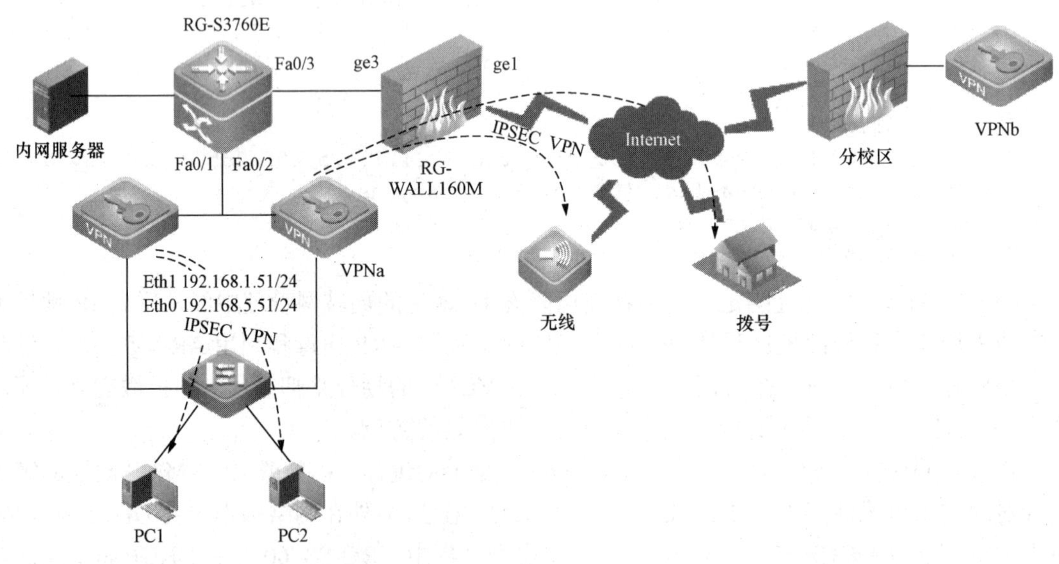

图 11-4 VPN 模块详细拓扑

建立安全的 IP 通信隧道，是建立虚拟专用网的关键。本方案中采用锐捷 VPN 进行配置。在 VPN 配置界面中，选择网关的目录树上的 IPSec VPN，如图 11-5 所示。接着开始对 VPN

进行具体配置：

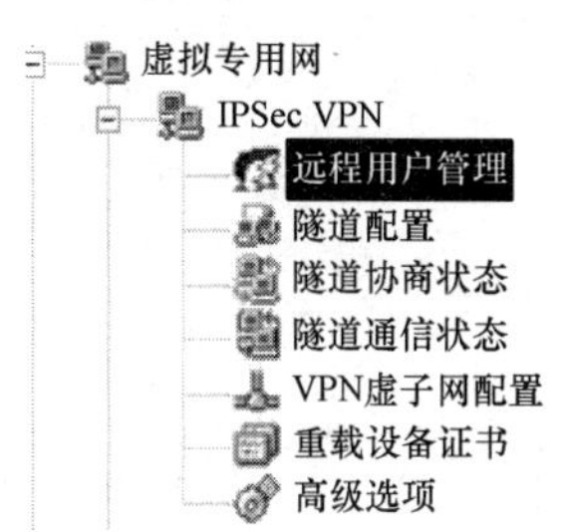

图 11-5 IPSec VPN 配置图

（1）远程用户接入配置。远程用户接入方式多种多样，比如通过无线接入、ADSL 拨号接入和专线接入等，当需要配置远程移动用户接入，那么在图 11-5 中双击远程用户管理，打开远程用户管理界面进行配置，如图 11-6 所示。

图 11-6 远程管理界面

1）配置允许客户端访问的子网。在远程用户管理界面下打开“允许访问子网”节点进行配置，如图 11-7 所示，可以通过添加按钮来添加用户接入后可以访问的内网的子网数目。

2）配置内部 DNS 服务器。在远程用户管理界面下打开“内部 DNS 服务器”进行配置，如图 11-8 所示，可以通过“添加”按钮来添加内部 DNS 服务器即校园内网 DNS 服务器的 IP 地址。这样当隧道建立起来之后，RG-SRA 软件自动将客户端主机的 DNS 设置为内部 DNS。

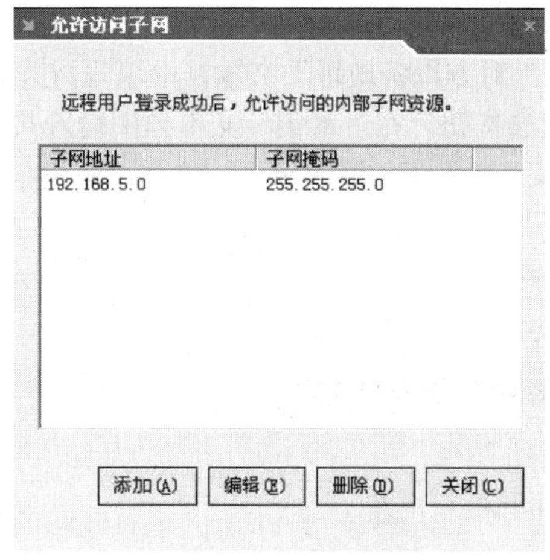

图 11-7 允许访问子网

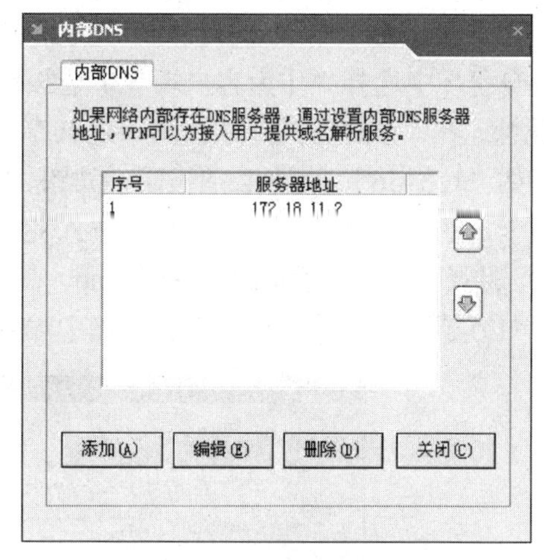

图 11-8 内部 DNS 服务器

3）配置内部 WINS 服务器。内部 WINS 服务器和内部 DNS 服务器配置相似，使用校园内网 WINS 服务器的 IP 地址配置后客户机可以用机器名来访问在服务器上注册了的计算机，没有时也可以不进行配置。

4）配置虚 IP 地址池。内部地址池允许网络管理员输入一个或者几个 IP 地址范围，这些地址将用于对远程用户分配虚拟 IP 地址，打开虚地址池的配置窗口选择添加下列子网地址或连续地址，进行内部地址池的添加，如图 11-9 所示。

5）配置用户特征码表。如果需要对用户的登录计算机进行限制，可以对用户计算机特征进行绑定，用户计算机的特征（每个客户端软件都可以显示本机的特征码）可以由管理员手工导入，也可以由客户端首次上线的时候自动报告。

6）用户认证配置。RG-SRA 选择网关本地认证，要为 RG-SRA 用户设置认证用户名和口令。此时在窗口右侧操作区显示本地用户列表，单击工具栏的“添加用户”按钮，进行添加用户操作，如图 11-10 所示。

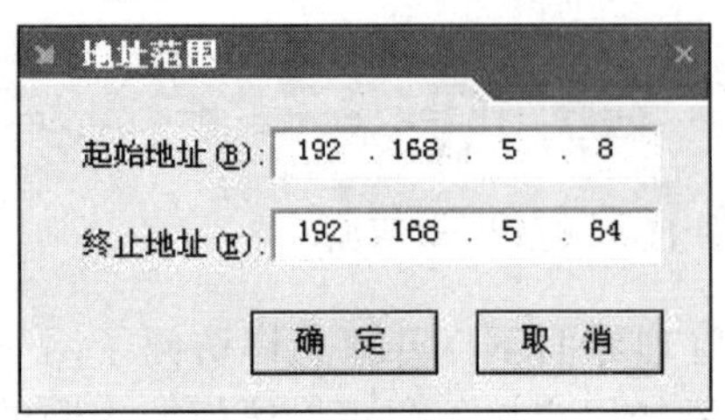

图 11-9　虚 IP 地址配置

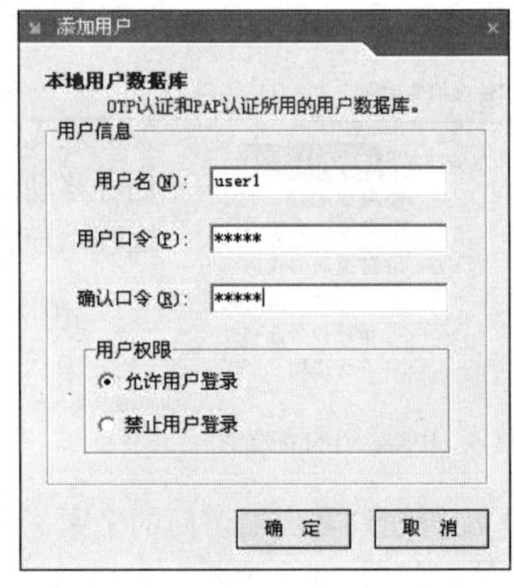

图 11-10　添加用户

（2）网关之间的隧道。网关到网关的应用模式主要包括以太网、ADSL 拨号等网络环境，在这种环境下 VPN 设备需要设置路由信息才能连接上网。内部子网的主机把默认网关设置为 VPN 设备的内口，下面是两个网关之间的隧道配置。

1）网关 A 的配置。添加设备后在“对方设备名称”文本框中为网关 B 设置一个唯一名称，如 vpnb。在“本地设备接口”列表框中选择与网关 B 的连接的端口，如 eth0。在“本地设备身份”中选择“作为客户端”单选按钮，并在“对方设备地址”文本框中填写网关 B 的 IP 地址。在“认证方式”中选择“遇共享密钥”单选按钮，在“密钥”文本框中输入共享密钥，如“123456”，双方必须相同，如图 11-11 所示。进入添加隧道界面，选择“隧道信息”选项卡，在“隧道名称”文本框中输入隧道的名称，如 Ta-b。在“对方设备名称”下拉列表框中，选择刚才为 B 设置的设备名 vpnb。在“本地子网”中的“子网”地址框中输入 192.168.1.0。在“对方子网”中的“子网”地址框中输入 172.18.48.0。如图 11-12 所示。

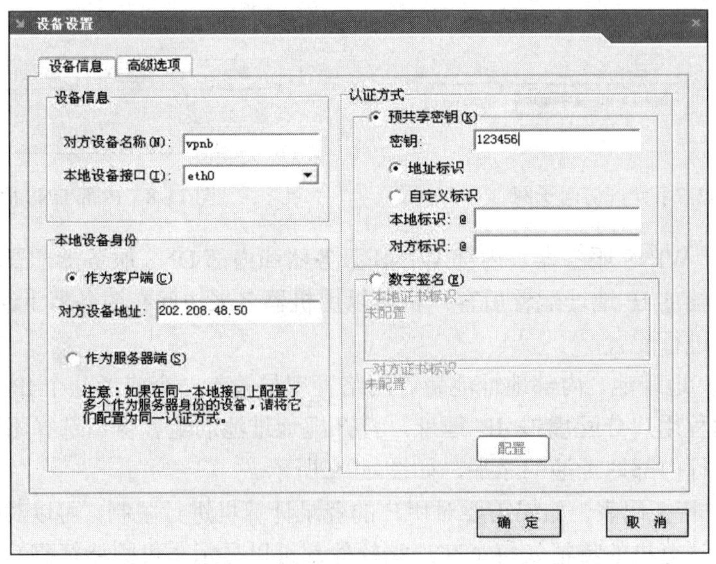

图 11-11　VPN 中网关配置

再选择“通信策略”选项卡，根据需要配置，算法必须与 B 相同，如图 11-13 所示。

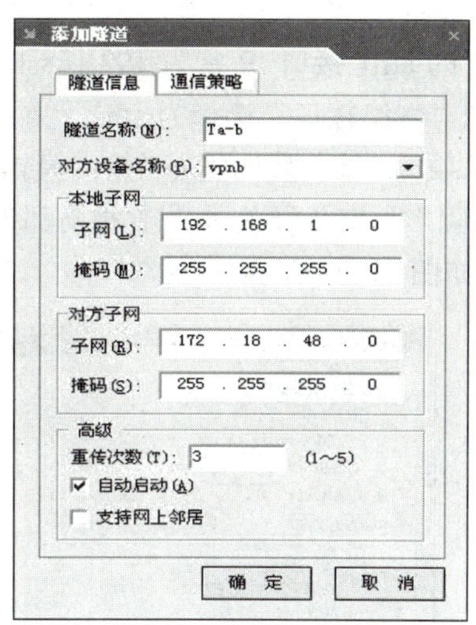

图 11-12　配置隧道信息

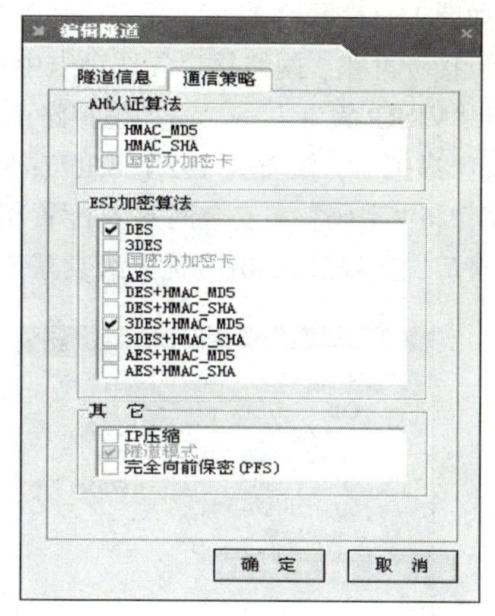

图 11-13　选择通信策略

2）网关 B 的配置。与网关 A 的配置相似，只需要把上述配置中的对方相应改成网关 A 的信息，如添加设备时设备名称叫 vpna，密钥相同。在添加隧道时，本地子网和对方子网互换，其余保持不变。

（3）VPN 冗余配置。VPN 冗余的目的是为了提高系统的可靠性，本方案通过 RG-WALL V160S 中的 VRRP 来实现 VPN 之间的冗余，详细拓扑结构设计如图 11-14 所示。

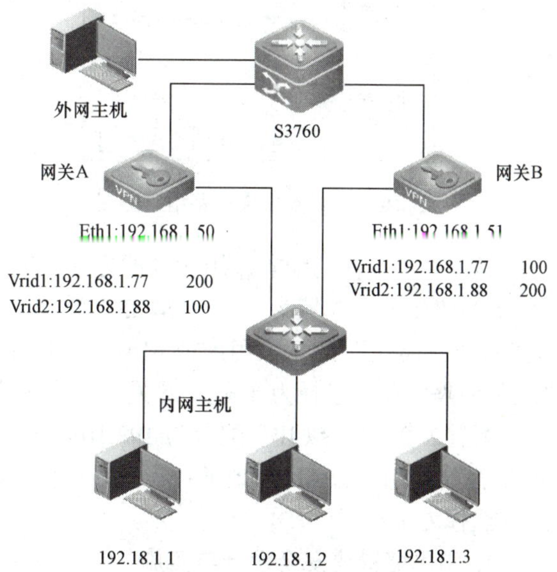

图 11-14　VPN 冗余的详细拓扑结构

VPN 的备份配置。在安全网关界面目录树上，单击“VRRP 设置”即可进入 VRRP 设置界面，如图 11-15 所示。

1）首先在“网络接口”选项卡中把安全网关 A 的 eth1 接口 IP 配置为 192.168.1.50，然后选择“VRRP 设置”→“添加虚拟路由器”命令，把“网络接口”选择为 eth1；“组号”配置为 1；“虚拟 IP”配置为 192.168.1.77；“主机优先级”填为 200；默认使用“抢占模式”、“认证方式”和“密码”可以根据实际情况选

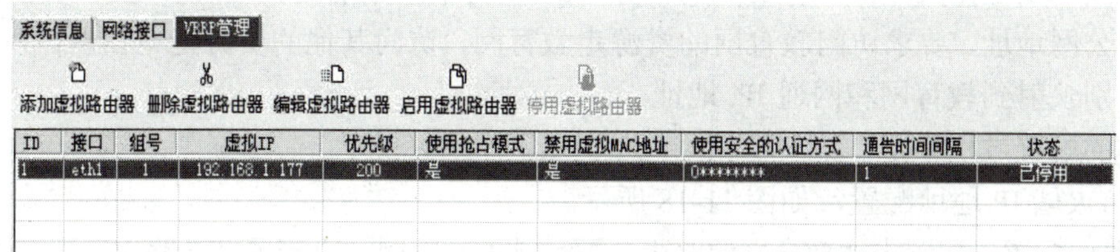

ID	接口	组号	虚拟IP	优先级	使用抢占模式	禁用虚拟MAC地址	使用安全的认证方式	通告时间间隔	状态
1	eth1	1	192.168.1.177	200	是	是	0********	1	已停用

图 11-15　VRRP 配置

择和填写；“通告间隔”默认选择为 1 秒；“监控接口”选项选 eth0；“优先级衰减量”设为 150，如图 11-16 所示。

2）接着再在“网络接口”选项卡中把安全网关 B 的 eth1 接口 IP 置为 192.168.1.51，然后选择“VRRP 设置”→“添加虚拟路由器”命令，把“网络接口”选择为 eth1；“组号”配置为 1；“虚拟 IP”配置为 192.168.1.77；“主机优先级”填为 100；默认使用“抢占模式”、“认证方式”和“密码”和安全网关 A 配置相同；“通告间隔”和安全网关 A 配置相同都为 1 秒；“监控接口”选项选 eth0；“优先级衰减量”设为 45，如图 11-17 所示。

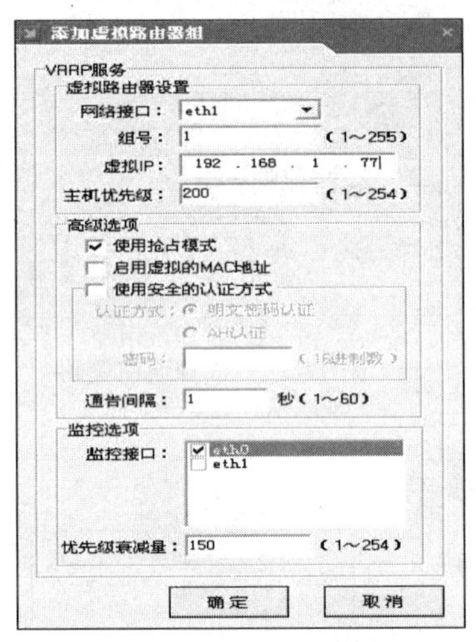

图 11-16　网关 A 中虚拟路由组配置

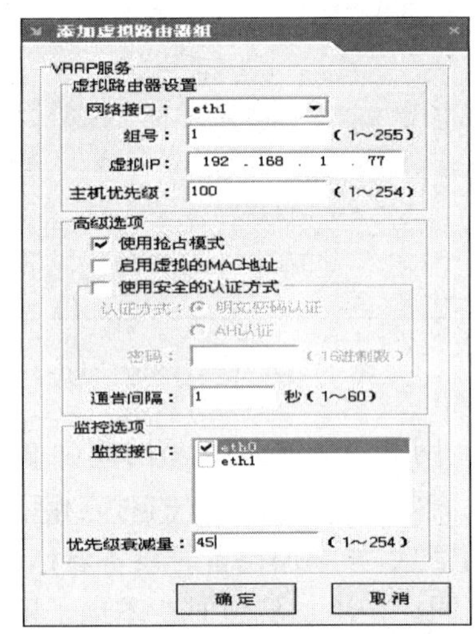

图 11-17　网关 B 中虚拟路由组配置

（4）负载均衡的配置。用相同的方法在网关 A 上添加第二组虚拟路由，“网络接口”选择 eth1；“组号”配置为 2；“虚拟 IP”配置为 192.168.1.88；“主机优先级”填为 100；默认使用“抢占模式”；默认启用虚拟 MAC 地址；认证方式和密码可以根据实际情况选择和填写；“通告间隔”默认选择为 1 秒。网关 B 上添加第二组虚拟路由，“网络接口”选择 eth1；“组号”配置为 2；“虚拟 IP”配置为 192.168.1.88；“主机优先级”填为 200；默认使用“抢占模式”；默认启用虚拟 MAC 地址；认证方式和密码安全网关 A 中组号 2 配置相同；“通告间隔”默认选择为 1 秒。

3. 防火墙模块安全设计与实施

本方案采用 RG-WALL 160M 进行防火墙的策略配置。首先，对防火墙进行管理与初始化配置，然后再按照本方案的要求进行防火墙的基本配置，如防火墙接口 IP 地址配置、路由配置以及安全规则等设置。

本校园网安全方案中，学校出口有两条 100M 链路，分别是教育网和电信网，客户内网是教育网公网地址，要求访问教育网的资源走教育网，访问其他的资源走电信网，并且 DMZ 服务器分别映射到教育网和网通 IP 地址。

具体的配置过程如下：

1）防火墙 IP 地址配置，如图 11-18 所示。

2）路由配置：配置去往教育网的路由，下一跳为教育网，再配置默认路由，下一跳为电信网，如图 11-19 和图 11-20 所示。并配置防火墙内网接口启用源路由功能，如图 11-21 所示。

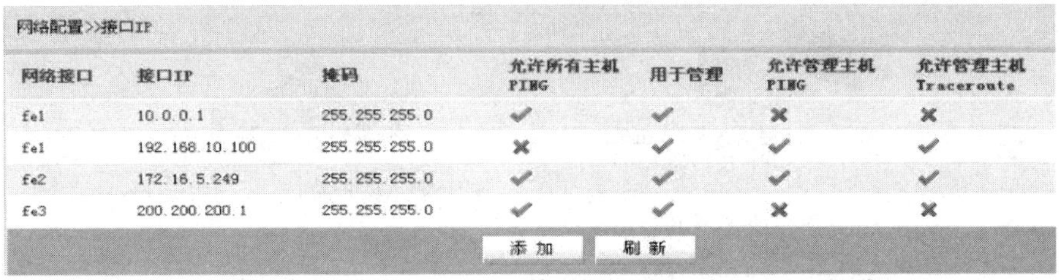

网络配置>>接口IP

网络接口	接口IP	掩码	允许所有主机 PING	用于管理	允许管理主机 PING	允许管理主机 Traceroute
fe1	10.0.0.1	255.255.255.0	✔	✔	✖	✖
fe1	192.168.10.100	255.255.255.0	✖	✔	✔	✔
fe2	172.16.5.249	255.255.255.0	✔	✔	✔	✔
fe3	200.200.200.1	255.255.255.0	✔	✔	✖	✖

添 加 刷 新

图 11-18 IP 地址配置

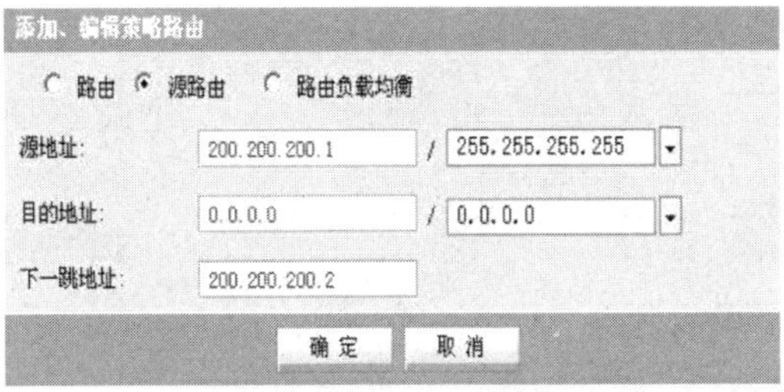

添加、编辑策略路由

路由 源路由 路由负载均衡

源地址: 200.200.200.1 / 255.255.255.255

目的地址: 0.0.0.0 / 0.0.0.0

下一跳地址: 200.200.200.2

确 定 取 消

图 11-19 配置教育网映射的源路由

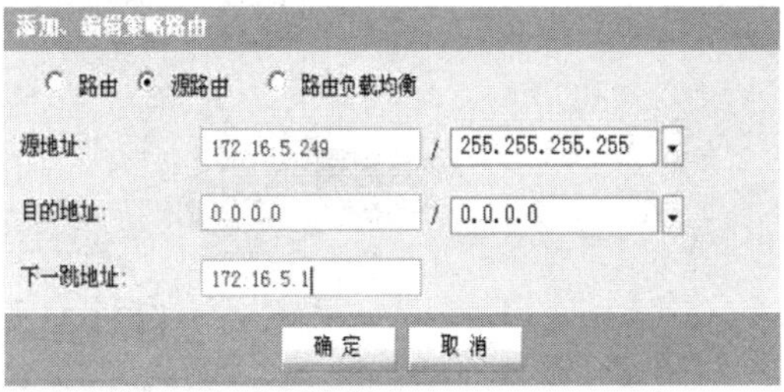

添加、编辑策略路由

路由 源路由 路由负载均衡

源地址: 172.16.5.249 / 255.255.255.255

目的地址: 0.0.0.0 / 0.0.0.0

下一跳地址: 172.16.5.1

确 定 取 消

图 11-20 配置电信网映射的源路由

3）安全规则的配置：安全规则配置是防火墙配置的重点，具体配置如图 11-22 所示，其中：

内网服务器映射成教育网 IP 地址，允许任意源地址访问，同时，设置源路由让此服务器的数据流从教育网出去。

内网服务器映射成电信网 IP 地址，允许任意源地址访问，同时，设置源路由让此服务器的数据流从电信线路出去。

内网访问教育网资源的数据流，做包过滤规则允许通过。

内网访问其他资源的数据流，做 NAT 规则转换成网通的地址通过。

以下网口是否允许按源IP路由

☑ fe1 ☐ fe2 ☐ fe3 ☐ fe4 ☐ fe5 ☐ fe6 ☐ fe7 ☐ fe8

确 定

图 11-21 配置启用源路由功能

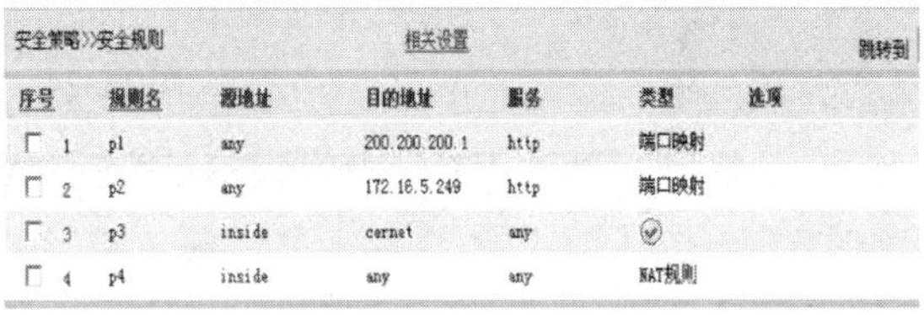

安全策略>>安全规则 相关设置 跳转到

序号	规则名	源地址	目的地址	服务	类型	选项
☐ 1	p1	any	200.200.200.1	http	端口映射	
☐ 2	p2	any	172.16.5.249	http	端口映射	
☐ 3	p3	inside	cernet	any	✔	
☐ 4	p4	inside	any	any	NAT规则	

图 11-22 安全规则

4. IDS 入侵检测系统设计与实施

入侵检测系统可以检测校园网的入侵行为并将这些信息通知给管理员或相关安全设备（如防火墙）来进行防御。RG-IDS 依赖于一个或多个传感器来监测网络数据流。这些传感器代表着 RG-IDS 的眼睛。因此，传感器在某些重要位置的部署对于 RG-IDS 能否发挥作用至关重要。

本方案的 IDS 模块的拓扑结构如图 11-23 所示。

传感器利用策略来控制其所监测的内容，并对监测到的事件做出响应。设置步骤如下：

1）单击主界面上的“策略”按钮，切换到策略编辑器界面，如图 11-24 所示，单击工具栏上的“编辑锁定”按钮使之“解除编辑锁定”按钮，如图 11-25 所示。

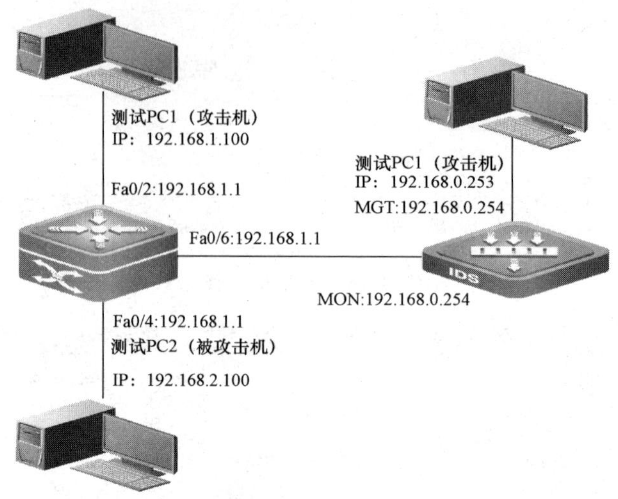

图 11-23　IDS 模块设计

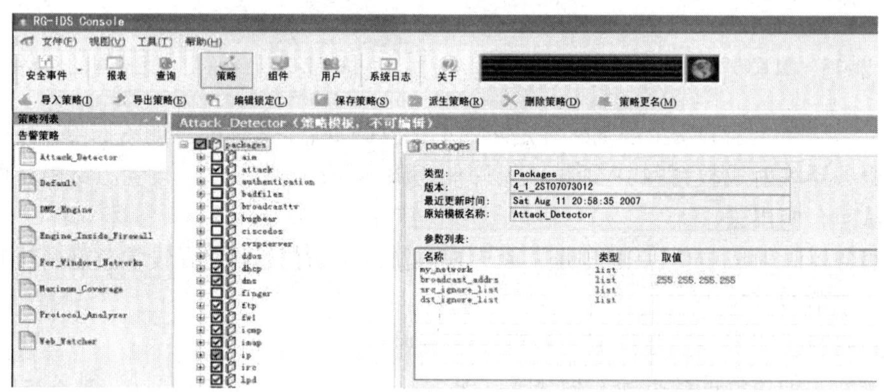

图 11-24　策略设置

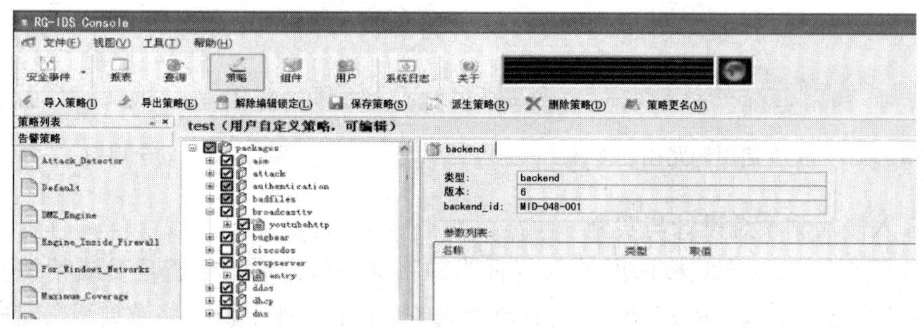

图 11-25　编辑锁定

策略新名称
请输入策略新名称：
test
确定
取消

图 10-26　策略新名称

再单击工具栏上的“派生策略”按钮在弹出的窗口中输入新策略的名称，如图 11-26 所示，单击“确定”按钮。

2）策略编辑：单击“策略”按钮，单击“编辑锁定”按钮以确保其他人不能同时更改策略，然后根据需求来设置策略，如图 11-27 所示。

图 11-27　策略编辑

3）策略应用。选择需要下发的策略，单击“应用策略”按钮，如图 11-28 所示。

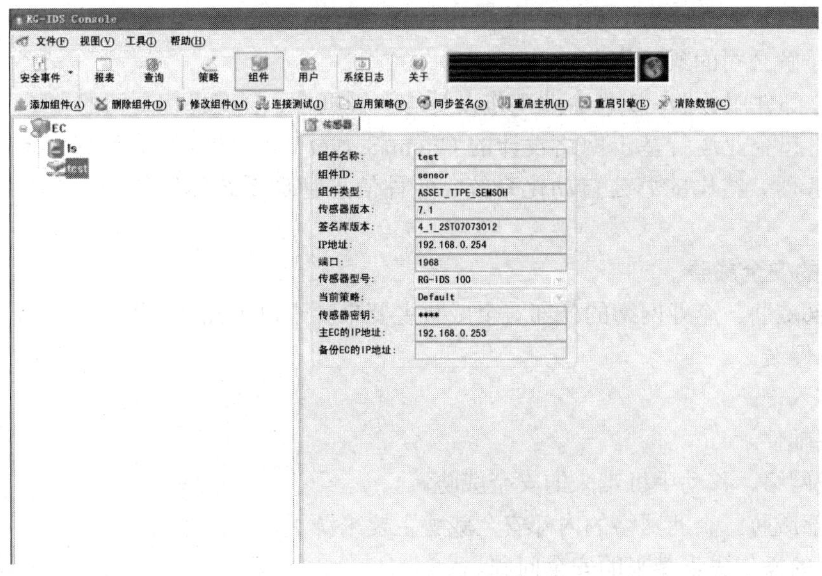

图 11-28　策略应用

任务 11.1.5 项目总结

本方案根据网络安全系统设计的总体规划，从网络安全、主机安全、应用安全、数据安全四个方面安全和管理措施设计出一整套解决方案，目的是要建立一个完整的、立体的、多层次的网络安全防御体系。方案中，我们主要采用了星网锐捷网络公司的安全产品来对校园网进行安全设计，如 RG-S3760E-24、RG-WALL160M、RG-IDS500S、RG-WALL V160S，这些产品在功能上完全能够满足本方案的需求，并实现了安全、VPN 安全、防火墙安全、IDS 与防火墙联动的安全设置等内容，同时，还对方案进行了测试验证，并得到了较好的实验效果。

本方案在设计上还具有局限性，今后的改进目标主要有以下几个方面：①设计更复杂的测试环境，来检查方案中存在的缺陷；②改进本方案的拓扑结构，使之能够适应更大规模的网络需求；③采用更先进的技术，将其融入本方案中，从而达到更好的安全防御效果。

任务 11.2 企业网络安全方案设计

任务 11.2.1 企业网络安全需求分析

1. 企业网络业务安全需求

（1）控制网络不同部门之间的互相访问。

（2）对不断变更的用户进行有效的管理。

（3）防止网络广播风暴影响系统关键业务的正常运转，甚至导致系统的崩溃。

（4）加强远程拨号用户的安全认证管理。

（5）实现企业局域网与其他各网络之间的安全、高速数据访问交换。

（6）建立局域网的立体杀毒系统。

（7）建立 WWW 服务器，实现企业在 Internet 和 Intranet 上的信息发布，使公司内外的人员能够及时了解公司的最新信息。

（8）建立邮件服务器，实现企业工作人员与上级机构、分支机构之间的电子信息的传递。

（9）构建起企业运行基于网络设计的 Client/Server（客户机/服务器）或 Browser/Server（浏览器/服务器）结构的办公自动化系统、各种信息管理系统的网络硬件平台和系统运行平台。

2. 存在的安全威胁

（1）外部威胁。企业网络的外部安全威胁主要来源于以下几个方面：

1）病毒侵袭。

2）黑客入侵。

3）垃圾邮件。

4）无线网络、移动手机带来的安全威胁。

（2）内部威胁。企业网络的内部安全威胁主要来源于以下几个方面：

1）用户的操作失误带来的安全问题。

2）某些用户故意的破坏，如被解雇或工作变动的职员因对公司的不满而对企业网络进行破坏或盗取公司的机密信息。

3）用户的无知引起的安全问题。

（3）网络设备的安全隐患。网络设备是网络系统的主要组成部分，是网络运行的核心。网络运行状况根本上是由网络设备的运行性能和运行状态决定的，因此，网络设备稳定可靠的运行对整个网络系统的正常工作起着关键性作用。特别是对于可以通过远程连接 TELNET、网管、Web 等方式进行配置管理的网络设备（如路由器、防火墙等）容易受到入侵的攻击，主要的安全隐患表现在以下几个方面：

1）人为因素。

2）网络设备运行的操作系统存在漏洞。

3）网络设备提供不必要的服务。

4）网络设备没有安全存放，易受临近攻击。

3. 企业网络安全建设的原则

（1）系统性原则。企业网络系统整个安全系统的建设要有系统性和适应性，不因网络和应用技术的发展、信息系统攻防技术的深化和演变、系统升级和配置的变化，而导致在系统的整个生命期内的安全保护能力和抗御风险的能力降低。

（2）技术先进性原则。企业网络系统整个安全系统的设计采用先进的安全体系进行结构性设计，选用先进、成熟的安全技术和设备，实施中采用先进可靠的工艺和技术，提高系统运行的可靠性和稳定性。

（3）管理可控性原则。系统的所有安全设备（管理、维护和配置）都应自主可控；系统安全设备的采购必须有严格的手续；安全设备必须有相应机构的认证或许可标记；安全设备供应商应具备相应资质并可信。

（4）适度安全性原则。系统安全方案应充分考虑保护对象的价值与保护成本之间的平衡性，在允许的风险范围内尽量减少安全服务的规模和复杂性，使之具有可操作性，避免超出用户所能理解的范围，变得很难执行或无法执行。

（5）技术与管理相结合原则。企业网络系统安全建设是一个复杂的系统工程，它包括产品、过程和人的因素，因此它的安全解决方案，必须在考虑技术解决方案的同时充分考虑管理、法律、法规方面的制约和调控作用。单靠技术或单靠管理都不可能真正解决安全问题，因此必须坚持技术和管理相结合的原则。

（6）测评认证原则。企业网络系统作为重要的政务系统，其系统的安全方案和工程设计必须通过国家有关部门的评审，采用的安全产品和保密设备需经过国家主管理部门的认可。

（7）系统可伸缩性原则。企业网络系统将随着网络和应用技术的发展而发生变化，同时信息安全技术也在发展，因此安全系统的建设必须考虑系统可升级性和可伸缩性。重要和关键的安全设备不因网络变化或更换而废弃。

任务 11.2.2　企业网总体设计

1. 企业网总体设计拓扑图

企业网络总体拓扑结构如图 11-29 所示，其部门的 IP 地址规划如表 11-4 所示。设备 IP 地址规划如表 11-5 所示。

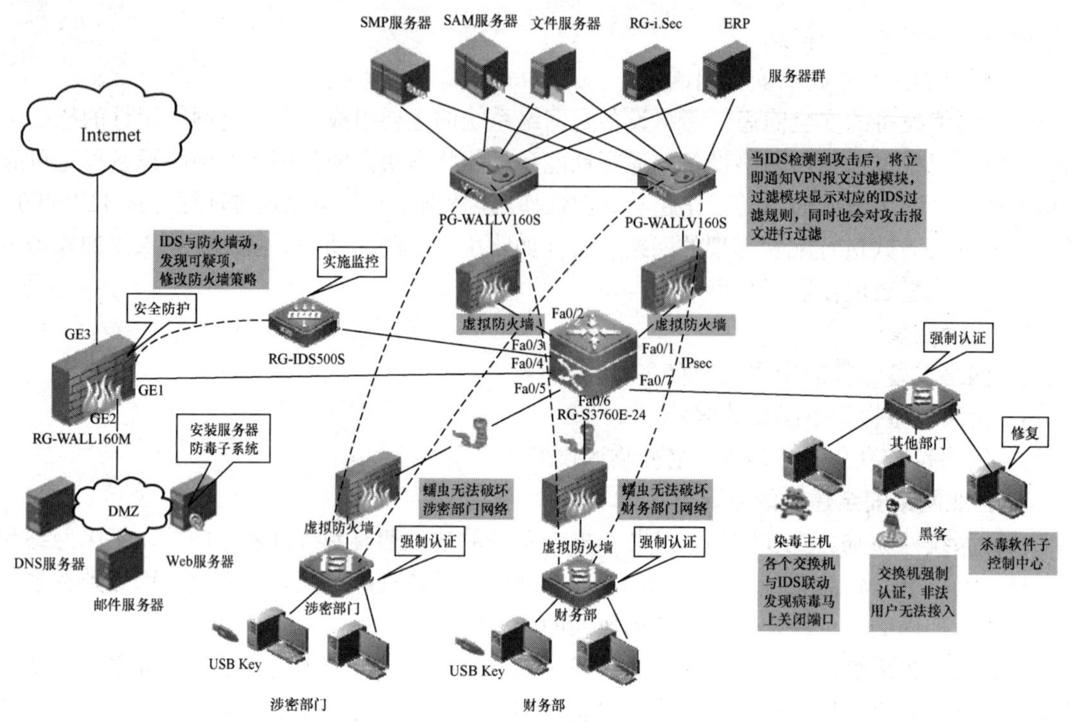

图 11-29　企业网络拓扑图

表 11-4　　**部门 IP 地址规划表**

部　门		IP 网 段	VLAN ID
重要部门	服务器群	192.168.15.0/24	15
	涉密部门	192.168.12.0/24	12
	财务部	192.168.14.0/24	14
其他部门	人事部	192.168.20.0/24	20
	市场部	192.168.21.0/24	21
	业务部	192.168.22.0/24	22
	生产部	192.168.23.0/24	23
	广告部	192.168.24.0/24	24
	采购部	192.168.25.0/24	25

表 11-5　　**设备 IP 地址规划分配表**

设　备	端　　口	IP 地址	VLAN ID
防火墙	GE1	192.168.4.2	4
	GE2	192.168.10.1	10
	GE3	222.208.42.106	/
交换机	Fa0/1	192.168.1.1	1
	Fa0/2	192.168.2.1	2
	Fa0/3	192.168.3.1	3
	Fa0/4	192.168.4.1	4

续表

设　备	端　口	IP 地址	VLAN ID
交换机	Fa0/5	192.168.5.1	5
	Fa0/6	192.168.6.1	6
	Fa0/7	192.168.7.1	7
IDS	MON	192.168.3.2	3
右 VPN	EHT1	192.168.8.1	8
	ETH0	192.168.15.1	15
左 VPN	ETH1	192.168.9.1	9
	ETH0	192.168.15.2	15

2. 功能模块设计分析

本方案主要实现以下几个功能模块：

（1）防火墙功能模块，主要实现防火墙的部署、防火墙策略设置、与 IDS 联动等。

（2）虚拟专用网功能模块，主要实现双机热备、与防火墙双重防护关键服务器群、与 IDS 联动、PKI 用户认证设置、IPSec VPN 和 VPN 虚拟子网设置等。

（3）入侵检测功能模块，实现与防火墙的联动。

（4）三层交换机安全功能模块，主要实现 VLAN、IP 与 MAC 绑定、与 IDS 联动等。

（5）病毒防护功能模块等。

任务 11.2.3　防火墙系统设计

1. 防火墙的部署

在防火墙的部署方式上，类似于区域分割的三角方式，是指将网络分为内部网络（军事化区域）、外部网络和 DMZ 区域。例如，将 Web 服务器、邮件服务器、DNS 服务器、前台查询计算机等放置在 DMZ 区域，而内部的文件服务器、数据库服务器等关键应用都放置在内部网络中，从而使它们受到良好的保护，如图 11-30 所示。

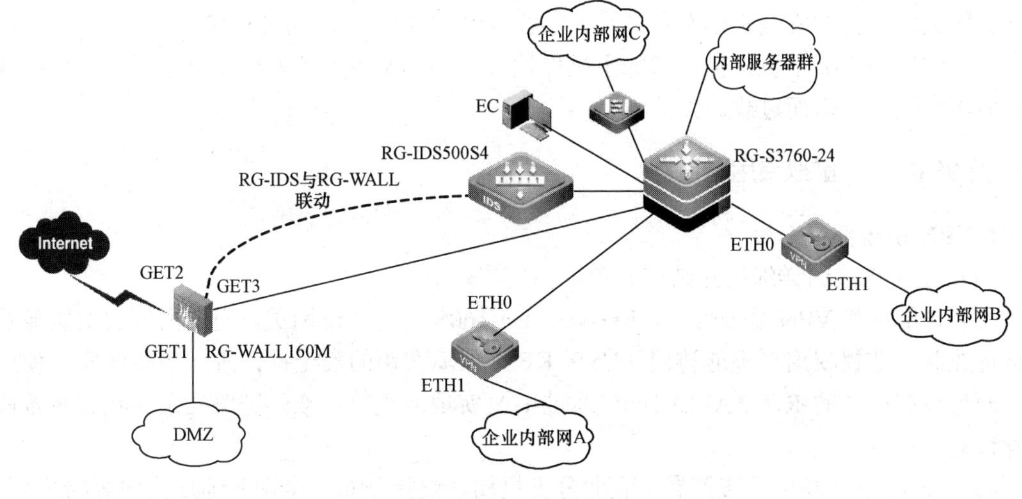

图 11-30　防火墙部署

企业网络拥有自己的 FTP、Web 和 Mail 等服务器，并对 Internet 及内部用户提供相应的服务。其中，将向外提供服务的主机旋转在 DMZ 区，以保证内部的安全。在接入 Internet 时，本方案选择使用防火墙来接入，并实现 NAT、PAT 和 ACL 等配置方案。

2. 防火墙应用规则与配置

（1）配置 IP/MAC 绑定与主机保护。设置 IP/MAC 地址绑定，就可以执行 IP/MAC 地址对的探测。如果防火墙某网口配置了"IP/MAC 地址绑定启用功能"、"IP/MAC 地址绑定的默认策略（允许或禁止）"，当该网口接收数据包时，将根据数据包中的源 IP 地址与源 MAC 地址，检查管理员设置好的 IP/MAC 地址绑定表。如果地址绑定表中查找成功并匹配，则允许数据包通过，不匹配则禁止数据包通过。如果查找失败，则按缺省策略（允许或禁止）执行。

使用命令添加 IP/MAC 地址绑定：

语法：ipmac add <ip> <mac>[if { <name> | none}][unique { on | off }]

参数说明：ip 指定 IP 地址，mac 指定 MAC 地址，if 指定相应的网络接口，可选参数，默认为不指定网络接口 unique 指定是否进行 MAC 地址的唯一性检查，可选参数，默认为不检查。

例如，firewall>ipmac add 172.18.56.254 00:05:66:00:88:B8 if none unique off

（2）配置防火墙 URL 过滤。Web 服务是 Internet 上使用最多的服务之一。Internet 上信息鱼龙混杂，存在部分不良信息，因此必须对其访问进行必要的控制。RG-WALL 防火墙可以通过对某些 URL 进行过滤实现对访问不良信息的控制。通过使用黑名单和白名单来控制用户不能访问哪些 URL，可以访问哪些 URL。

（3）NAT 配置。NAT 技术能够解决 IP 地址不够的问题，同时，也能够隐藏网络内部信息，从而保护内部网络的安全。

RG-WALL 防火墙支持源地址一对一的转换，也支持源地址转换为地址池中的某一个地址。 用户可通过安全规则设定需要转换的源地址（支持网络地址范围）、源端口。此处的 NAT 指正向 NAT，正向 NAT 也是动态 NAT，通过系统提供的 NAT 地址池，支持多对多，多对一，一对多，一对一的转换关系。

（4）配置安全规则。安全规则的配置可以说是防火墙最重要的配置了，因为没有安全规则，防火墙是不能转发数据流的。默认情况下，防火墙的行为是，除非明文允许，否则全部禁止。防火墙支持的安全规则有包过滤、NAT、IP 映射、端口映射和代理等。

（5）配置防火墙主机保护。增加主机保护确保关键服务器的安全稳定，用于保护服务器访问时不会因为攻击而过载。

任务 11.2.4　虚拟专用网设计

1. VPN 系统部署

VPN 系统部署的详细拓扑结构如图 11-31 所示。

（1）总部网络 VPN 系统部署。RG-WALL V160S 作为认证网关，对内网的关键服务器进行认证控制，非授权用户不能访问。USB KEY 保障密钥的安全性，进一步降低安全使用风险。两台数据中心的 RG-WALLV160S 通过 HA 实现双机热，双网链路冗余和状态热备快速故障恢复。

（2）分支机构 VPN 系统部署。企业分支机构一般指分布在全国各地规模中等的分公司，公司内部建有中等规模的局域网，同时通过当地 ISP 提供的宽带接入方式接入 Internet 并安装一台 VPN 设备，作为客户端接入总部。

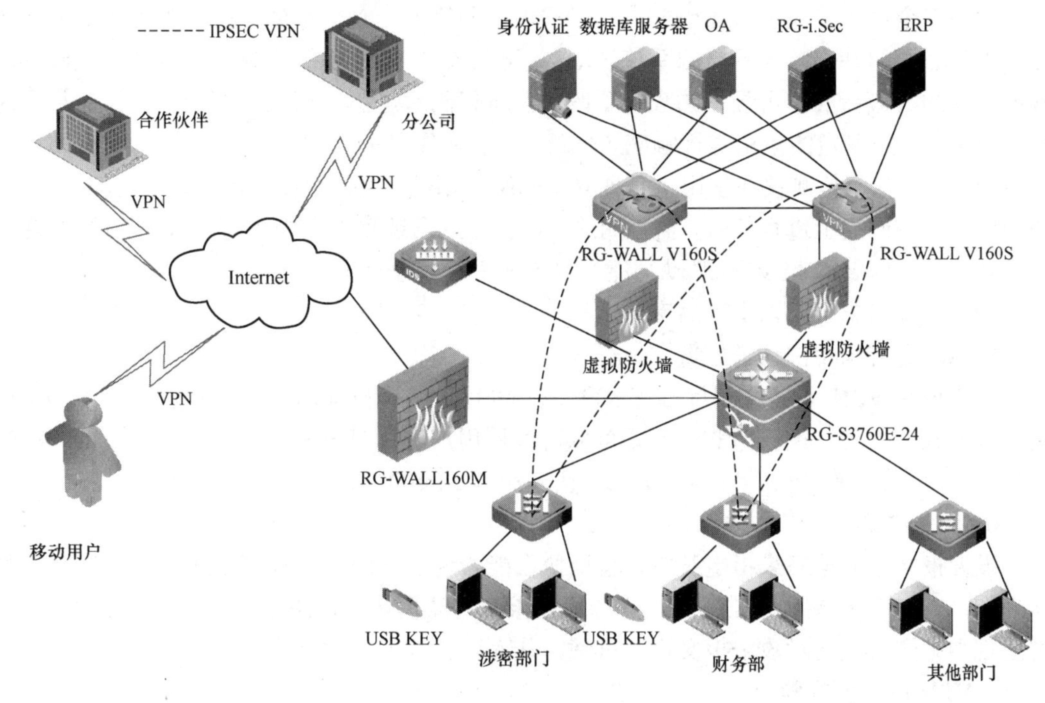

图 11-31　VPN 部署

（3）移动办公网点 VPN 系统部署。采用 L2TP+IPSEC 隧道协议，接入总部，用户即使在乘坐车船甚至飞机的途中，可随时随地实现移动办公，犹如在办公室一样方便流畅地交流信息。

（4）合作伙伴 VPN 部署。商业合作伙伴可能要实时共享某些信息，网络类似分支机构接入，通过防火墙策略设置访问权限。

2. VPN 双机热备份

本方案采用远程安全接入和边界安全防护的组合解决方案。针对本企业对系统和数据的高可用性和高安全性的需求，采用了两台 RG-WALLV160S 通过 HA 实现双机热备，双网链路冗余。该方案为用户提供了强大的容错功能，避免了单点故障，快速自动恢复正常通信。网络本身通过 VPN 网关实现数据在广域网链路中的安全传输，防止被窃听或被篡改。设计中两台 RG-WALLV160S 之间通过 HA 来实现双机热备，主机和备机通过一条串口线连接，正常工作时，主机处于工作状态，备机网口处于 down 状态，主机和备机的配置完全相同，并通过串口线同步动态信息，更加增强了网络的可靠性，当主机出现问题或者链路不通时，备机将在 3～6s 之内进入工作状态，接管主机的工作。整个切换过程平滑透明，不会对整个网络造成大的影响。

3. VPN 与防火墙双重防护关键服务器群

在服务器群网络外部署的两台 VPN 外又添加了两台虚拟防火墙，从而提高关键位置的安全性及敏感数据的安全性。以此防止恶意用户在网络中进行非法网络攻击及网络访问。并能同时保证公司带宽投入得到有效利用。就算黑客能突破虚拟防火墙，里面还有一层 VPN 认证防护，提高了安全级别。

4. VPN 与 IDS 联动

网络安全不可能完全依靠单一产品来实现，网络安全是个整体，必须配备相应的安全产品。作为必要的补充，入侵检测系统（IDS）可与安全 VPN 系统形成互补。入侵检测系统是根据已有的、最新的和可预见的攻击手段的信息代码对进出网络的所有操作行为进行实时监控、记录，并按制定的策略实行响应（阻断、报警、发送 E-mail）。从而防止针对网络的攻击与犯罪行为。入侵检测仪在使用上是独立于网络使用的，网络数据全部通过 VPN 设备，而入侵检测设备在网络上进行侦听，监控网络状况，一旦发现攻击行为将通过报警、通知 VPN 设备中断网络（即 IDS 与 VPN 联动功能）等方式进行控制（即安全设备自适应机制），最后将攻击行为进行日志记录以供以后审查。

5. PKI 配置与用户认证配置

由于锐捷 VPN 设备采用标准 X.509 证书进行设备身份标识，所以系统提供标准 PKI（公钥基础设施）配置。锐捷 VPN 设备可以对远程用户进行身份验证。目前可以支持一次性口令认证、数字证书认证、第三方 Radius 认证和 SecureID 认证。

6. 报文过滤

设置报文过滤策略来指定某些传输层协议能否通过 VPN。另外可以通过配置与 IDS 的联动规则，当 IDS 检测到攻击后，将立即通知报文过滤模块，过滤模块一方面显示对应的 IDS 过滤规则，同时也会对攻击报文进行过滤，从而阻止其对内部网络的攻击。

7. VPN 虚子网配置

如果用户网络中不同 VPN 设备保护的内部子网地址相同，出现了冲突，那么常规 VPN 设备就会要求用户进行地址调整，但是锐捷 VPN 可以允许用户通过虚子网来解决这个问题。

所谓虚子网就是把冲突一方的网络地址映射成另外一个不冲突的子网地址，网络地址部分发生变化，但是主机地址部分不变，这样用户仍然可以知道变换后对方的主机地址。

8. 日志审计配置

日志记录提供对系统活动的详细审计，锐捷 VPN 提供了详细的日志审计信息，这些信息用于评估、审查系统的运行环境和各种操作，能够帮助管理员来寻找系统中存在的问题，对系统维护十分有用。管理器中对日志进行分级管理，使日志信息更详尽、更规范、层次更清楚。

任务 11.2.5 入侵检测系统设计

本方案实现入侵检测系统与防火墙的联动，从而使防火墙可以根据网络运行的状况来动态设置防火墙规则，其部署的方拓扑结构如图 11-32 所示。

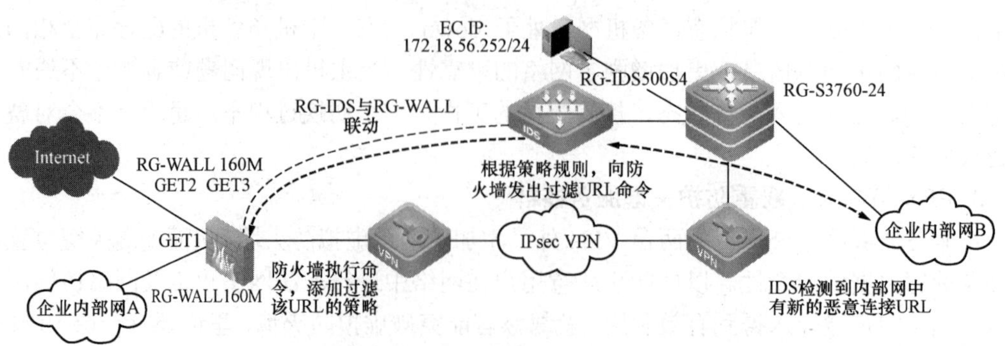

图 11-32 防火墙与 IDS 的联动部署

任务 11.2.6　三层交换机系统设计

三层核心交换机是整个企业网络的中枢节点，因此它的合理设置和安全规划将影响到整个网络的运行。本方案将从以下几个方面进行设计：

（1）合理的 VLAN 划分规划。

（2）IP 与 MAC 地址的绑定设计。

（3）防攻击的系统保护配置。

（4）动态的 ARP 检测配置，防止 ARP 欺骗攻击等。

任务 11.2.7　病毒防御系统设计

企业网络的病毒防御体系要针对企业网络的现状，对网络中可能存在的病毒入侵点进行详细分析，然后对其进行层层防护，对症下药才能真正保护企业网络的安全。一般情况下，病毒的入侵点主要有：

（1）从客户端入侵：任何一个客户端计算机都可能会通过可移动介质、Internet 下载、接收 E-mail 及访问受感染的服务器等途径被病毒侵害，如果此客户端再去访问企业网络或其中的资源，则很有可能会把这些病毒传播出去，而且目前大部分病毒都可以自动进行复制传播，增加了其对企业网络的危害性。

（2）从文件或应用服务器入侵：如果这些服务器被病毒侵害，则访问这些服务器的客户机将非常容易感染病毒。

（3）从网关入侵：网关是一个企业网络的门户，任何防火墙都无法阻止 Internet 上病毒的入侵。

本方案的企业网络防病毒产品的部署如图 11-33 所示。

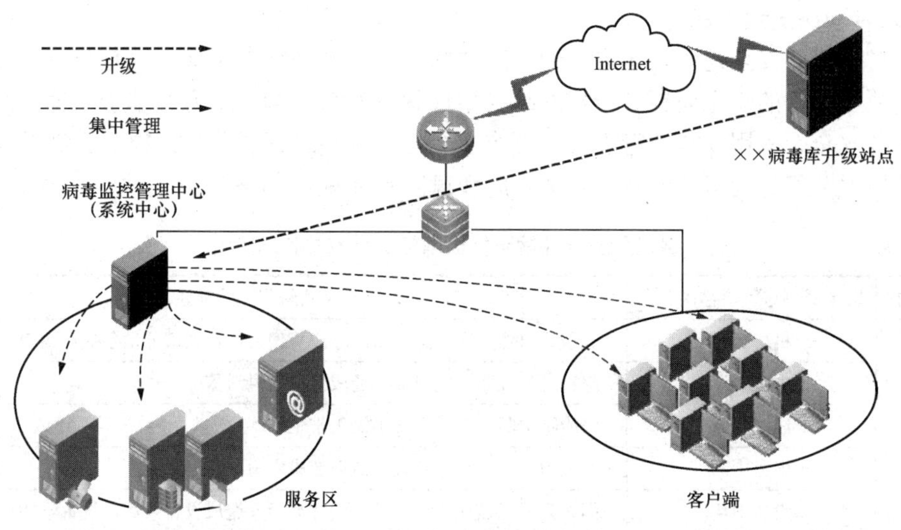

图 11-33　企业网络防病毒产品部署

任务 11.2.8　项目总结

本方案主要是以 IDS 为中心的联动来实现全网动态安全部署，并融合配置 IDS、防火墙、

VPN 和三层交换机等设备，采用多手段多方位的立体防御体系，特别是对核心和保密部门加强其隧道实现技术，并通过测试，成功验证方案的可行性。但本方案在安全细节上设计得还不够，需要在实际的运行过程中不断改进完善，使之成为一个安全、可靠、先进的企业网络安全方案。

任务 11.3　政府网络安全方案设计

任务 11.3.1 了解政府网络安全现状

某地税分局外网建设的目的是能够通过构建一个统一、高效、可靠、安全的信息化平台，有效促进税务网络互联互通和税务信息资源共享，形成统一的某地税网络和资源共享平台。同时，能够为市、区各级相关部门在进行职能办公、社会管理、公共服务等业务应用提供支持，将网络服务延伸到乡（镇、街道）、村（社区），使网络服务惠及全民。

地税分局外网连接着市及其所管辖的某区各相关税务局网络，是某区税务局面向公众服务的重要信息网络枢纽，也是各部门实现纵向和横向互联互通、整合 Internet 出口和共享资源的统一网络平台。

某地税分局办公楼高为五层，核心机房在一楼弱电间，网络接入节点约 60 个，网络结构采用单核心结构。外网为公共信息服务平台和一般的办公网络，通过 ISP 运营商接入 Internet，内网则通过专线连接与市局相连接。

任务 11.3.2　政府网安全需求分析

1．政府网络安全隐患

政府对网络的安全需求是全方位的、整体的，相应的网络安全体系也是分层次的，在不同层次反映了不同的安全问题。根据网络应用现状和网络结构，本方案基于物理安全、网络安全、系统安全、应用安全和管理安全五个安全层面分别进行了分析，提交详细的风险分析报告。某地税分局外网可能面临的安全威胁和风险具体见表 11-6。

表 11-6　某地税分局外网可能面临的安全威胁和风险

安全层面	安全威胁与风险存在形式	安全威胁与风险描述
物理安全	机房毁坏	战争、自然灾害、意外事故造成机房毁坏，大部分设备损坏
	电磁泄漏	因机房和线路电磁泄漏，造成系统信息泄露
	线路中断	因线路中断，造成系统不能正常工作
	电力中断	因电力检修、线路或设备故障造成电力中断
	设备毁坏	因人为故意破坏或设备软、硬件故障，造成设备毁坏，设备不能正常工作
	媒体损坏	因温度、湿度或其他原因，各种数据存储媒体不能正常使用
网络与系统安全	网络互联的安全隐患	Internet 与政府专网互联而带来的越权访问、恶意攻击、病毒入侵等安全隐患
	搭线窃取的隐患	黑客或犯罪团体通过搭线和架设协议分析设备非法窃取系统信息
	病毒侵袭的隐患	病毒在系统内感染、传播和发作
	网页篡改的隐患	来自 Internet 的黑客对 Web 服务器的页面进行篡改

续表

安全层面	安全威胁与风险存在形式	安全威胁与风险描述
网络与系统安全	操作系统安全隐患	操作系统安全漏洞、安全设置不当、安全级别低等，缺乏文件系统的保护和对操作的控制，让各种攻击有可乘之机
	数据库系统安全隐患	不能实时监控数据库系统的运行情况，数据库数据丢失、被非法访问或窃取
	应用系统安全隐患	应用系统存在后门、因考虑不周出现安全漏洞等，可能出现非法访问
	恶意攻击和非法访问	DOS/DDOS 攻击、网页篡改等，对系统进行恶意攻击，或对系统进行非法访问
应用安全	身份假冒	关键业务系统被假冒身份者闯入
	非授权访问	关键业务系统被越权访问
	数据失泄密	数据在处理、传输、存储过程中，被窃取或非授权访问
	数据被修改	数据在处理、传输、存储过程中被修改和删除
	否认操作	为逃避责任而否认其操作行为
安全管理	安全管理组织不健全	没有相应的安全管理组织，缺少安全管理人员编制，没有建立应急响应支援体系等
	缺乏安全管理手段	不能实时监控机房工作、网络连接和系统运行状态，不能及时发现已经发生的网络安全事件，不能追踪安全事件等
	人员安全意识淡薄	无意泄露系统口令等系统操作信息，不按操作规程操作和越权操作等造成安全隐患
	管理制度不完善	缺乏相应的管理制度，人员分工和职责不明，没有监督、约束和奖惩机制，存在潜在的管理风险
	缺少标准规范	系统缺乏总体论证，没有或缺少相关的标准规范，各子系统各自为政，系统的互联性差，扩展性不强

2．地税分局政府网络安全需求

地税分局外网对信息安全程度要求较高，因其涉及重要信息的泄密等。构筑网络安全系统的最终目的是对网络资源或者说是保护对象，实施最有效的安全保护。地税分局外网的安全，既涉及各种硬件通信设施和各种服务器、终端设备的安全，又涉及各种系统软件、通用应用软件和自行开发的应用程序的安全；既涉及各种信息安全技术本身，也涉及保障这些安全技术顺利实施的各种安全管理。任何一种或几种安全技术都无法解决网络中的所有安全问题，必须以科学的安全保障体系结构模型为依据，全面系统地分析内外网的安全保障需求，为建立科学合理的安全保障体系打下坚实的基础。

针对地税分局外网的网络安全需要从以下方面考虑：

（1）针对重要信息可能通过电磁辐射或线路干扰等泄露，需要对存放机密信息的机房进行必要的设计，如构建屏蔽室。采用辐射干扰机，防止电磁辐射泄露机密信息。对重要的设备和重要系统进行备份等安全保护。

（2）不同业务网络之间的物理隔离或者逻辑隔离，特别是外网与 Internet 之间、外网与内网之间需要通过逻辑或物理隔离保证网络边界的安全。有效保障各网络系统之间的数据安全，确保政府部门内部保密数据的安全性和可靠性。

（3）严格控制各种人员对地税分局内部网络的接入，尤其是地税分局内部网络的接入，防止政府部门内部涉密信息的外泄。

（4）确保合法用户使用合法网络资源，通过统一的用户身份认证体系，确认用户的真实身份，严格控制用户的访问，防范非法用户非法访问、合法用户非授权访问和假冒合法用户非法访问等安全威胁。

（5）具有灵活、方便、有效的注册机制、身份认证机制和授权管理机制，保证内、外网中的数据的可控性和不可否认性。

（6）保护信息通过网上传输过程中的机密性、完整性，加强远程接入的安全，保证远程用户安全的访问应用数据资源。

（7）税务网上申报系统采用加密措施，构建 CA 系统通过信任的第三方来确保通信双方互相交换信息，就可以解决加密系统对密钥的分发及管理的可靠性却存在安全问题。

（8）网络系统需要充分考虑各种网络设备的安全，保障网络系统在受到蠕虫、扫描等攻击时网络设备的稳定性，充分提升政府网络系统的稳定性。

（9）各网络系统内部需要从网络设备到网络应用等多个层面，充分考虑各层面的网络安全，以保障网络系统内部对病毒、攻击等的防护。

（10）保护税务网络中主机资源安全，及时发现系统和数据库的安全漏洞，以有效避免黑客攻击的发生，确保网络系统服务的连续性，做到防患于未然。

（11）防范病毒的侵害，建立有效的防病毒机制，防止病毒在整个网络中的大规模传播，防止各种病毒等进入内部网。

（12）安全的防护不能是单一的，需要各种网络安全设备联合防护，提供网络的全面安全。

（13）实现网络的安全管理，实时监控和动态监测网络的运行状态，监控内网用户的各种访问行为。

（14）整个安全系统必须提供详实的安全日志功能。

（15）建立网络的安全审计体系，完善特定应用及服务的安全报告、日志和审计的功能，建立准确的审计体系。

（16）具有有效的应急处理和灾难恢复机制，确保突发事件后能迅速恢复系统的各项服务。

（17）安全管理体制健全的人的安全意识可以通过安全常识培训来提高。人的行为的约束只能通过严格的管理体制，并利用法律手段来实现。

3．网络安全设计的目标

根据上述政务外网将面临的威胁和风险，政府建立网络安全系统的设计目标应该满足保密性、完整性、可用性、可控性和扩展性的要求，建立从物理、网络、系统、信息和管理等方面的整体安全体系，实现综合防范机制，保障网络安全、高效、可靠的运行。

政务外网建立网络安全系统的设计目标如下。

（1）保密性：信息不被泄露给非授权用户的特性。

（2）完整性：信息在存储或传输过程中保持不被修改、不被破坏和丢失的特性。

（3）可用性：易于操作、维护，并便于自动化管理。

（4）可控性：对信息的传播及内容具有控制能力。

（5）扩展性：便于系统及系统功能的扩展。

基于以上的设计目标，本方案网络安全建设将实现以下具体安全目标：

（1）保护网络系统的可用性。

（2）保护网络系统服务的连续性。

（3）防范网络资源的非法访问及非授权访问。

（4）防范入侵者的恶意攻击与破坏。

（5）保护政府信息通过网上传输过程中的机密性、完整性。

（6）防范病毒的侵害。

（7）实现网络的安全管理。

4．网络安全设计的原则

政府网络安全系统的建设，以网络需求为基础，以构建系统安全、网络安全为重点，从入侵防范、服务检测、防病毒、访问控制、身份认证、报告审计等入手，建设以业务应用为核心的网络安全系统，并为进一步实现业务应用安全打下基础。要求制订统一的网络安全策略，总体上体现保密性、完整性、可用性、可控性、扩展性。

具体原则如下：

（1）全方位实现安全性。安全性设计必须从全方位、多层次加以考虑，即通过网络级、应用级、系统级安全性设计措施来确实保证安全。

（2）切合实际实施安全性。必须紧密切合要进行安全防护的实际对象来实施安全性，以免过于庞大冗杂的安全措施导致性能下降。有效地防止网络的非法侵入和信息的泄露，保护关键的数据不被非法窃取、篡改或泄露，使数据具有极高的可信性。

（3）易于实施、管理与维护。网络安全系统的管理和维护工作也是至关重要的。网络安全工程设计必须具有良好的可实施性与可管理性，同时还要具有尚佳的易维护性，为平台维护者提供方便的管理工具。

（4）易操作性原则。安全措施需要人为去完成，对人员的技术要求过高，本身就降低了安全性。其次，措施的采用不能影响系统的正常运行。

（5）具有较好的可扩展性。网络安全工程设计，必须具有良好的可扩展性。系统建设应该是统一规划、分步实施、逐步完善的过程，整个安全系统必须留有接口，以适应将来工程规模扩展的需要。

（6）具有较好的可靠性。网络安全系统用户众多，大量移动用户依赖它在获取重要信息。它的稳定可靠关系重大，信息平台的运行不稳定甚至瘫痪将严重影响大量用户的正常工作，将给用户带来不便和不可低估的损失。保证系统、网络和数据的稳定可靠性和不间断运行是平台运行的首要保证。

任务 11.3.3 某地税分局外网安全总体解决方案设计

1．设计思路

根据上述网络实现的安全目标和设计原则，为了体现保密性、完整性、可用性、可控性、扩展性等特性，本方案提出如下网络安全设计思路：

（1）边缘接入控制。外网与 Internet 的接口处配置防火墙，把一些对外发布的服务器放在 DMZ 区域，通过对防火墙设置包过滤策略，控制 Internet 用户对服务器的访问。在网络内部，用户接入网络时，在接入层交换机上部署网络安全策略，实现边缘接入控制。

（2）全局联动协作。从全局的角度来把控网络安全，安全不是某一个设备的事情，应该让网络中的所有设备都发挥其安全功能，互相协作，形成一个“全民皆兵”的网络，最终从全局的角度把控网络安全。

（3）全程立体防御。用户的网络访问行为可以分为三个阶段，包括访问网络前、访问网络时、访问网络后。对每个阶段，都应进行严格的安全控制，做到“事前全面预防、事中立体防御、事后联动处理”，实现立体防御的全程网络安全。

（4）统一集中管理。通过 VPN 分布式部署，用户更好地实现了策略的统一，通过软硬件的多方面联动、计算机层面与网络层面的结合，从身份、主机、网络等多个角度对网络安全进行监控、检测、防御和处理，实现了与不在同一地理位置的分支机构的统一管理。

2．体系结构

本方案基于安全性、稳定性、实用性、高效性、扩展性的设计原则，使用锐捷的防火墙 RG-WALL160M、VPN 网关 RG-WALL V160S、入侵检测系统 RG-IDS500S 和核心交换机 RG-S3760E 进行构建安全网络。通过各个安全设备在同一网络环境下的全局联动，使网络中的每个设备都在发挥着安全防护作用，从而构成多种设备协同工作的全新安全体系。

地税分局外网网络安全体系结构图如图 11-34 所示。

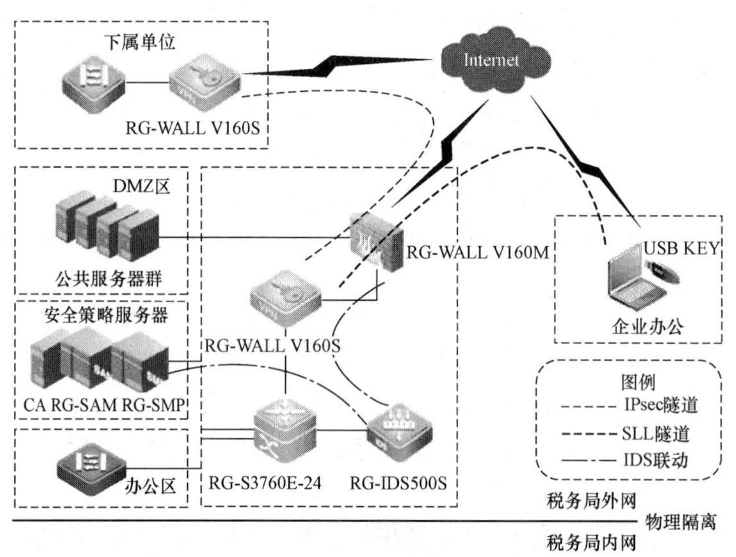

图 11-34 网络安全体系结构图

RG-WALL160M 防火墙作为税务分局外网的出口，对访问用户进行严格控制，防止外部病毒、黑客等对服务器攻击。RG-WALL160M 防火墙采用强大的分类算法，对网络出口的各种数据进行严格而快速的过滤，保障在提供严格的数据过滤的同时，性能不受规则数的影响，全面提升网络的安全保障系统的正常运行。

RG-WALL V160S VPN 网关在线部署在核心交换机与出口防火墙之间，实现在某区税务分局和下属单位之间构建 IPsec VPN 通道的方案，数据在传输过程中防止发生泄密，保障税务数据在网络中能够高速、安全的传输。普通企业用户使用存放了 CA 认证证书 USB KEY，便可以与分局网络内部建立 SSL VPN 隧道彻底解决了远程移动用户的接入和管理问题。

RG-IDS500S 入侵检测系统实现实时检查和防范内部网络用户的非法操作和已侵入内部网络的攻击行为。RG-IDS 采用基于网络的入侵检测系统的旁路工作方式部署。通过 IDS 与防火墙设备联动，可以充分利用专用 IDS 软件的功能，对流经网络的报文进行详细的分析与检查，探测各种异常情况和可能的攻击行为，并通过防火墙进行实时响应。

RG-S3760E 核心交换机支持丰富的安全防护能力，包括防 DoS 攻击、防 IP 扫描、防 IP 地址欺骗、防 ARP 欺骗、防病毒、带宽控制等功能，从基础架构上防止安全事件引起的系统不稳定因素，提供网络系统安全堡垒。

3．方案阐述

本网络安全解决方案以面向服务的方式，结合安全等级保护的有关政策要求，从物理安全、网络安全、系统安全、应用系统安全、安全管理等方面进行设计，结合锐捷安全交换机、安全客户端、安全管理平台、用户认证系统、入侵检测系统、VPN 安全网关、RG-WALL 防火墙等多重网络元素，通过同一网络环境下的全局联动，使网络中的每个设备都在发挥着安全防护作用，从而构成一个全局化的多种设备协同防护的网络安全综合体系。

（1）物理安全。物理层安全保密解决措施分为环境安全、设备安全、媒体安全保密三个层面。在网络规划和场地、环境等方面，采取措施保证信息网络系统的物理安全，防止系统信息在空间的扩散。

（2）网络安全。首先，本方案是在原有网络基础设计的，采用了物理隔离方式，把地税分局网络分为外网和内网（见图 11-34）。内网主要是电子公文的传递和内部办公系统等，政务外网主要是网络办公等应用，防止对内网重要数据和服务器的安全威胁。

其次，本方案详细设计了防火墙系统、VPN 系统、入侵检测、防病毒系统、漏洞扫描系统等子系统。各个子系统相互独立，完成各自在这个网络中承担的安全功能。而且，通过同一网络环境下的全局联动，构成一个全局化的多种设备协同防护的网络安全综合体系。

（3）系统安全。系统安全主要包括系统防病毒和系统漏洞扫描两个部分。防病毒系统采用分布式网络防毒墙系统，包括防毒墙，病毒管理监控中心和病毒防治终端。杀毒软件病毒库自动下发到所有主机，保证主机的安全性。对 USB 口、光驱、打印口等端口进行控制，杜绝信息泄露和病毒传播。漏洞扫描系统通过对 Web 站点、防火墙、路由器、外部网络、操作系统、被联网的主机和工作站的安全风险监测和扫描，对整个网络的信息进行保护。

（4）应用系统安全。包括身份认证、访问控制、统一用户与权限管理系统、身份认证鉴权系统、日志审计、系统灾备。

身份认证：采用公钥数字证书。

访问控制：采用基于属性证书的统一资源访问控制机制，资源类型可以是多种多样的，可以是某个 IP 地址、某个端口、某个应用程序、某个 URL 地址、某个业务操作等。控制策略中的要素可以包括网络的空间地址（IP 地址）、时间、公钥身份证书、属性证书等。

统一用户与权限管理系统：针对统一资源目录中的用户、角色、权限等进行管理。

身份认证鉴权系统：根据需求（数字证书方式），对用户身份进行认证，并确认用户访问资源（应用、数据、设备等）的权限。

日志审计：对证书用户的访问记录进行敏感访问的记录，对证书用户应用层的业务操作进行不可抵赖的日志记录。对日志进行制度性地审核，发现各类安全事件，按照规定的应急响应机制进行处理。

系统灾备：有 10 台服务器，其中 4 台是数据库服务器。服务器运行的数据库系统是

ORALCE。整个系统的数据量大约几十太字节。对所有的应用系统数据集中备份管理。备份策略是每天晚上网络系统作自动备份处理；每月做一次冷备份，每月的第一天做一次全盘备份；其他时间每天做一次差分备份。

任务 11.3.4 某地税分局外网安全模块详细设计

1. 防火墙系统设计

（1）防火墙系统概述。防火墙是一种非常有效的网络安全防护工具，用来隔离风险区域与安全区域的连接，仅让安全、核准的信息进入，最大限度地阻止不希望的、未授权的通信进出被保护的网络。在网络安全系统中，防火墙部署在两个网络之间执行控制策略的系统，目的是不被非法用户从外部进行侵入和攻击。本质上，它遵循的是一种允许或禁止业务来往的网络通信安全机制，也就是提供可控的过滤网络通信，只允许授权的通信。

为了保证税务分局外网络的安全，实现各安全域之间访问的合理控制，外网安全域的边界应该安装防火墙，并按不同安全要求实施相应的安全策略控制。

RG-WALL 防火墙作为一个核心的关键安全设备，对性能、功能有较高的要求，具体的功能要求如下：

1）提供基于状态检测技术的对象式访问控制。

2）应用层的状态检测，过滤蠕虫病毒，保证用户安全。

3）内置入侵检测功能，确保防火墙的安全运行。

4）防 TCP、UDP 等端口扫描。

5）支持透明模式、路由模式、混合模式及 NAT 模式。

6）支持最多四台集群和链路聚会功能，消除单点故障，提升产品性能。

7）基于网络 IP 和 MAC 地址绑定的包过滤。

8）透明代理（Transparent Proxy），URL 级的信息过滤。

9）支持流量控制管理，保证关键用户，关键流量对网络的使用。

10）支持完整 VPN 功能。

11）提供操作简单的图形化用户界面对防火墙进行配置。

12）支持 ADSL、PPPOE 拨号方式。

13）支持 BT/eDonkey/Kazaa 等 P2P 软件的禁止和带宽限制。

14）支持入侵检测和防护（IPS）。

15）支持多种 IDS 产品联动和自动响应阻断方式。

16）提供实时监控、审计和告警功能。

（2）防火墙系统部署。本方案采用层叠方式部署防火墙，在这个外网设置 RG-WALL 160M 和 RG-WALL V160S 两个防火墙，两台防火墙构成一个隔离子网，并将 DMZ 区域放置在两台防火墙之间，如图 11-35 所示。

在外网与 Internet 的出口配置两台防火墙，其中一台防火墙带有 VPN 功能的 RG-WALL V160S 安全网关，一台不带 VPN 功能的 RG-WALL 160M 防火墙。

在外网与 Internet 网的接入点上，配置 RG-WALL 160M 防火墙，控制外网与 Internet 之间的信息流动，在该防火墙上仅仅做一些包过滤。并且一些将 Web 服务器、邮件服务器、DNS 服务器等对外发布的服务器放在该防火墙的 DMZ 区域。

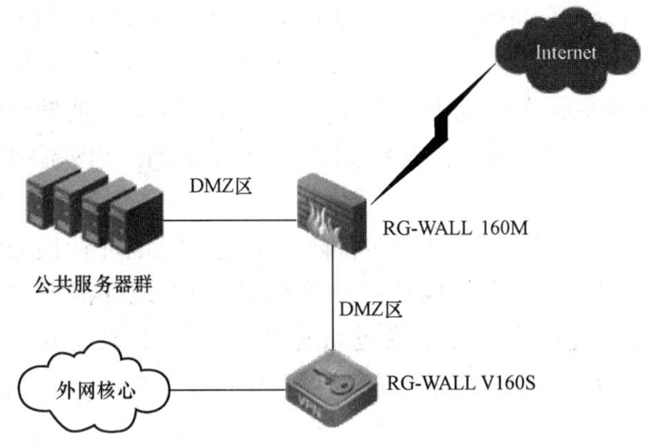

图 11-35　防火墙部署结构图

VPN 安全网关部署在连接 DMZ 区域和内部核心网络上，实施详细的访问控制策略，而重要的数据库服务器等关键应用都放置在内部核心网络中，从而使它们受到更好的保护。

（3）防火墙方案安全策略。RG-WALL 全面支持 Web 访问方式，配置防火墙，其防火墙配置 Web 的主界面如图 11-36 所示。

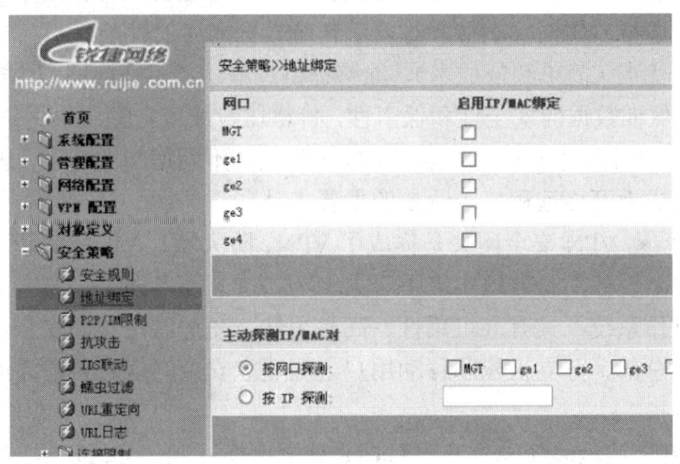

图 11-36　防火墙配置 Web 的主界面

RG-WALL 配置策略如下：

配置 IP/MAC 绑定：设置 IP/MAC 地址绑定，就可以执行 IP/MAC 地址对探测。如果防火墙某网口配置了“IP/MAC 地址绑定启用功能”、“IP/MAC 地址绑定的默认策略（允许或禁止）”，当该网口接收数据包时，将根据数据包中的源 IP 地址与源 MAC 地址，检查管理员设置好的 IP/MAC 地址绑定表。如果地址绑定表中查找成功，匹配则允许数据包通过，不匹配则禁止数据包通过。如果查找失败，则按默认策略（允许或禁止）执行。

配置防火墙 URL 过滤：Web 服务是网络上使用最多的服务之一，但是 Internet 上有很多 Web 站点上有病毒，因此必须对内网用户的访问进行必要的控制。RG-WALL 防火墙可以通过对某些 URL 进行过滤实现对访问不良信息的控制，通过使用黑名单和白名单来控制用户不能访问哪些 URL，可以访问哪些 URL。

NAT 防火墙技术：NAT（Network Address Translation）可将整个组织的内部 IP 都映射到一个合法 IP 上来进行 Internet 的访问，NAT 中转换前源 IP 地址和转换后源 IP 地址不同，数据进入防火墙后，防火墙将其源地址进行了转换后再将其发出，使外部看不到数据包原来的源地址。一般来说，NAT 多用于从内部网络到外部网络的访问，内部网络地址可以是私有 IP 地址。

RG-WALL 防火墙支持源地址一对一的转换，也支持源地址转换为地址池中的某一个地址。用户可通过安全规则设定需要转换的源地址（支持网络地址范围）、源端口。此处的 NAT 指正向 NAT，正向 NAT 也是动态 NAT，通过系统提供的 NAT 地址池，支持多对多、多对一、一对多、一对一的转换关系。关于 NAT 的配置，和包过滤差不多，只是多了一个源地址转换的地址。

配置安全规则：安全规则的配置可以说是防火墙最重要的配置了，因为没有安全规则，防火墙是不能转发数据流的。默认情况下，防火墙的行为是，除非明文允许，否则全部禁止。防火墙的安全规则的包过滤、NAT、IP 映射、端口映射以及代理的匹配顺序是一样的，从上往下匹配。

2．VPN 系统设计

（1）VPN 系统概述。虚拟专用网是专用网的扩展，但在公共传输网上它提供了端到端的数据的安全通信。虚拟专用网（VPN）综合了传统数据网络的性能优点（安全和 QoS）和共享数据网络结构的优点（简单和低成本），能够提供远程访问。外部网和内部网的连接，利用加密、封装等技术保证数据的安全性和保密性，价格比专线或者帧中继网络要低得多。而且，VPN 在降低成本的同时满足了对网络带宽、接入和服务不断增加的需求，因此，VPN 是网络发展的趋势，必将成为网络远程接入业务的主要工具。

RG-WALL V 系列 VPN 安全网关是集成了 VPN、防火墙、入侵防御和流量控制技术的软硬件一体化专用安全设备，有效地实现了“主/被动安全防御”的完美结合。锐捷 VPN 采用自主设计的安全操作系统，具有高可用性、高易用性、高扩展性和高安全性。经过简单配置即可方便地在单位总部、分支机构和移动用户之间建立安全的信息传输通道，对传输的数据进行有效的安全保护。

某地税分局 VPN 联网系统总体建设目标是建立网络互联、信息共享、安全可靠的远程接入 VPN 网络。VPN 网络系统建设完成后，将为某地税分局和其下属单位实施各种网络应用系统提供统一、安全、高速、可靠的网络传输平台。

具体能够实现以下目标：

1）异地网络互连互通。能够实现地税分局和分支机构、企业用户间，通过 Internet 安全可靠互连，分支机构可通过 VPN 网络顺利访问地税分局的各个应用软件系统，就像在局域网内使用这些应用软件系统一样。

2）对各种应用系统透明。能够根据用户的需要有选择地对需要的应用系统数据进行加密，不需要加密的数据和普通 Internet 上网业务不受到影响。而且目前各种网络应用均能够在 VPN 专网上使用，不需要改变用户的使用习惯。

3）高安全性。通过构建的 VPN 网络，能够解决单位内部信息系统数据传输的安全性，保密性、完整性和不可抵赖性。VPN 安全网关可对本地局域网实施边界防护。VPN 安全网关融合了防火墙、VPN、入侵检测微引擎，可对外来及内部攻击进行主动防御，更能保证整个网络平台的安全及每个局域网内部的安全。

4）高可靠性。RG-WALL V 系列 VPN 安全网关性能稳定可靠，其无故障工作时间长，可为系统长期稳定运行提供强有力的保证。并可通过多线路负载均衡实现中心节点的网络不间断运行。

5）高性能。此次网络建设根据用户需求和网络带宽，所选用的设备具有较高的加密速率，不仅能满足当前用户数量下的需求，也为将来的扩展留有充分空间。不会因为 VPN 设备的部署影响上网的速度，并且应当满足应用软件运行的带宽需求。

6）易于扩展。VPN 网络系统的扩展非常容易，需要增加客户数量，只需升级设备 license，而无需另购设备，不但解决了很高的信息数据传输安全性，而且不会影响网络传输性能。本方案的设计不仅满足今天的需求，而且支持未来扩展。

（2）VPN 系统设计。VPN 系统结构如图 11-37 所示。

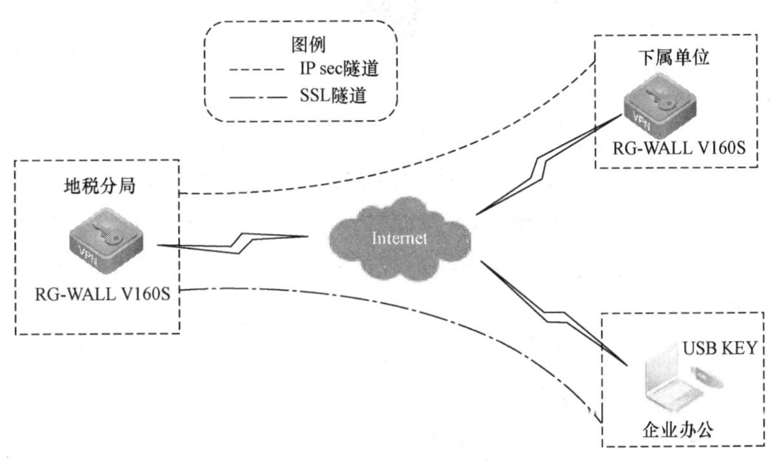

图 11-37　VPN 系统结构图

在地税分局外网的边界处，部署 RG-WALL V160S VPN 安全网关，网关的 WAN 口防火墙 RG-WALL160M，LAN 口接核心交换机。RG-WALL V160S VPN 安全网关是 IPSec 和 SSL 合一的 VPN 产品，移动用户只需要使用 IE 等主流 Internet 浏览器，通过 USB KEY 等认证方式，即可和网关建立 VPN 隧道（使用 SSL+IPSec 方式），接入内网，进而为各种 IP 应用提供透明传输平台。同时，RG-WALL V1160S VPN 网关也支持传统的使用“安全客户端”软件（即 IPSec 客户端）和网关建立 VPN 隧道。

下属单位通过部署 RG-WALL V1160S VPN 安全网关，替代原来的路由器上网方式，在保证了 IPsec VPN 隧道安全访问的前提下，对分支机构的内网进行了有效的保护和控制，保护子网间传输信息的机密性、完整性和真实性。RG-WALL V1160S VPN 网关内置强大的防火墙功能在提供上网和 VPN 加密通信的前提下保证了内网用户不会被黑客和网络病毒所侵犯。

企业办公点的 PC 上通过 ADSL 拨号等上网方式接入 Internet，直接使用 IE 浏览器（使用 SSL 协议），通过 USB KEY 硬件认证的方式，和 VPN 安全网关建立 VPN 加密隧道，接入内网，进而为各种 IP 应用提供透明传输平台。与复杂的 IPSec VPN 相比，SSL 通过简单易用的方法实现信息远程连通。

（3）VPN 系统部署。某地税分局部署一台 RG-WALL V1160S VPN 安全网关，下属单位和企业用户均通过 Internet 远程接入内部网络（地税分局外网），通过建立的 VPN 加密隧道，安全访问地税分局网内的各应用系统（包括 B/S 和 C/S 的应用），如网上报税系统等。

1）地税分局 VPN 系统部署。地税分局 VPN 系统部署使用在线方式部署在核心交换机与出口防火墙之间，如图 11-38 所示。

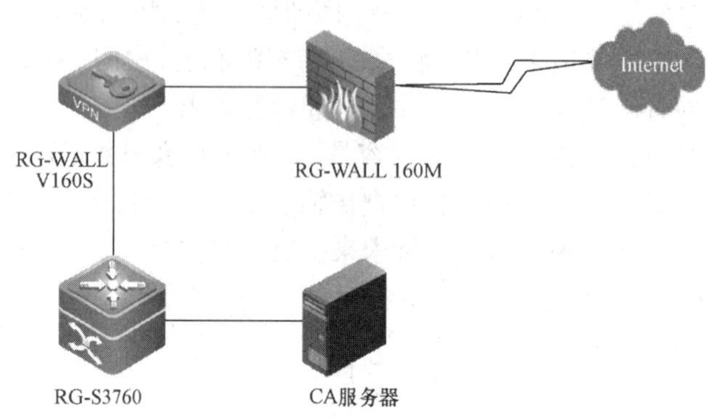

图 11-38 地税分局 VPN 系统部署图

RG-WALL V 系列安全网关通过 SSL 协议，利用 PKI 的证书体系，在传输过程中使用 DES、3DES、AES、RSA、MD5、SHA1 等多种密码算法保证数据的机密性、完整性、不可否认性而完成秘密传输，实现在 Internet 上安全的进行信息交换。此外，还需搭建一台 CA 中心，用于对用户证书的颁发。

RG-WALL V160S VPN 安全网关是集“VPN、防火墙、IDS 微引擎”于一体的网络边界安全防护和安全接入设备，它有效地实现了“主/被动安全防御”的完美结合。其特别强大的 VPN 功能和高安全性、高性价比的多功能集成，是当今网络安全技术发展的主流方向。

2）下属单位 VPN 系统部署。对于下属单位，采用 RG-WALL V160S VPN 安全网关部署在网络的边界，如图 11-39 所示，与某地税分局的 VPN 安全网关建立 VPN 连接，同时充当防火墙保护本地局域网。RG-WALL V160S VPN 安全网关功能相同，所以某地税分局安全网关的各种功能，下属单位部署的安全网关同样具备。

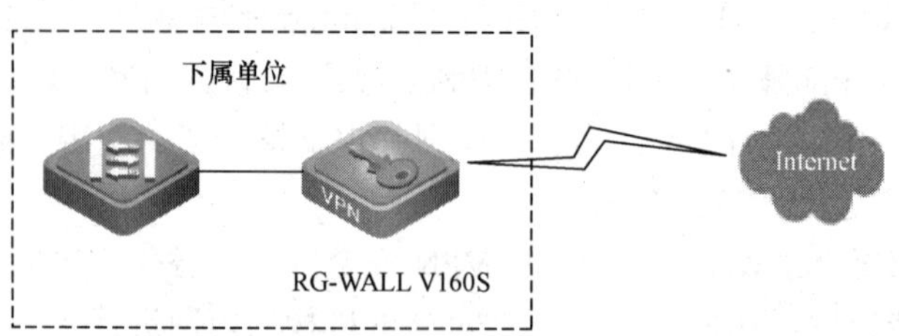

图 11-39 地税分局下属单位 VPN 系统部署图

3）企业接入 VPN 系统。企业用户只需要在远程接入的 PC 上安装采用 IE 浏览器，使用 SSL 协议和 USB KEY（里面存放了 CA 认证证书）作为身份认证方式接入，即可与地税分局的 VPN 安全网关建立安全连接，提高安全性保证身份不可仿冒，如图 11-40 所示。USB KEY 让安全级别更上一层楼。对于网络维护人员而言，无需部署和维护客户端软件，极大降低了管理和维护 VPN 网络的工作量。

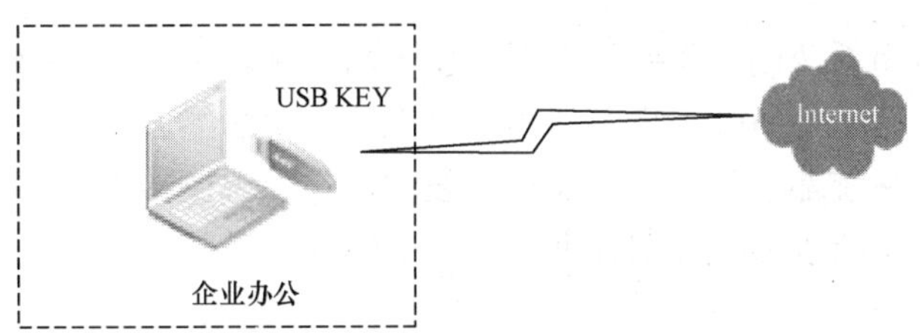

图 11-40　企业报税接入 VPN 系统结构图

VPN 系统部署的特点如下：

1）多样化用户方便地接入。

2）在线部署模式提高安全性。通过将 RG-WALL V160S 部署在核心交换机与出口防火墙之间，大大提高了网络安全性能。

3）与 RG-SAM 联动解决账户管理问题。通过 RG-WALL V160S 与 RG-SAM 系统的对接，实现了 VPN 账户和 RG-SAM 账户的统一管理，大大方便了网络管理人员。

4）用户自行修改密码。考虑到大量新开用户，密码的分发和修改是个难点问题，锐捷 SSL VPN 网关提供用户自行修改密码功能，既方便了用户，又增强了安全性。

（4）VPN 系统方案阐述。

1）应用搭建。在 RG-WALL V160E 上配置端到端的通道及对移动用户的权限分配。在下属单位低端的 SSL VPN 设备上配置相应的端到端通道，与总部所在的 RG-WALL V160E 相连。

2）用户配置。设备一经部署，地税分局内部服务器的网关必须指向 RG-WALL V160E，而下属单位所有用户的计算机也需要将网关指向其所部署的 RG-WALL V160E 设备。对于企业办公用户，只需插入 USB KEY，登录地税分局外网所在 SSL VPN 地址，就能访问所需资源。

3）用户使用。所有移动接入的用户，不管在任何地方，使用任何电脑，只要能接入 Internet 访问 Web，就可以通过 Web 浏览器登录。整个过程十分简单、方便，不需要使用者有多少网络知识，只要会上网就会使用 SSL VPN，而且不受任何限制。当然，对于该访问者无权限访问的内容，他是无法访问到的。

4）网络维护。管理员一切维护工作都只需要在 VPN 设备端完成，管理集中，而且任何新的配置及时生效，添加服务可在线进行，不影响正常使用。

5）安全性能。VPN 安全网关对外网可以抵御黑客的入侵，并可和 RG-WALL 一起，构成两道网络防护屏障。并可和 IDS 联动，为以后进一步加强地税外网的安全留下发展的空间。VPN 安全网关具备优良的状态检测功能，可以防御对内部主机的端口扫描、各种 DoS/DDoS 攻击等恶意攻击行为。

6）延伸应用。RG-WALL V SSL VPN 系统基于角色的资源访问控制的特点，决定了其完全可以让用户放心地将企业内网部分资源有针对性的提供给合作伙伴及最终用户。

7）接入效果。RG-WALL V160S 经过简单配置即可方便地在企业总部和分支机构、移动用户及合作伙伴之间建立安全的数据传输通道，对传输的数据进行有效的安全保护，是大量分子机构拨入、大量移动用户接入、内网安全保障和专线备份等应用环境下的理想选择。

3．构建 CA 认证系统

CA 认证系统是整个应用安全基础的核心，它将为各业务系统的运行提供安全保障。CA 主要为用户提供证书申请、签发、发布、查询、废除及用户密钥管理的服务。CA 认证系统的最终目标就是向应用系统的各类网络设备、服务器、终端和用户等提供数字证书，以实现用户身份认证以及数据的完整性、机密性和不可抵赖性等功能。

政务网络的应用系统都涉及用户认证和权限的问题。锐捷 VPN 设备采用标准 X.509 证书进行设备身份标识，所以系统提供标准 PKI（公钥基础设施）配置。通常，RG-VPN 安全网关可以支持多种认证方式：

1）外接第三方 LDAP 认证。

2）外接第三方 RADIUS 认证。

3）通过 RADIUS 和外接第三方服务器（如 Windows 2000）进行统一认证。

4）X.509 数字证书的第三方 CA 认证（Entrust 等）。

5）第三方 SecureID Token 认证。

在方案中，采用基于数字证书的 CA 认证方式，该认证方式的优点在于应用灵活，使用安全，用户管理方便。

（1）系统网络架构。CA 系统能提供完善的功能，包括证书签发、证书生命周期管理、证书吊销列表（CRL）查询服务、目录查询服务、CA 管理、密钥管理和日志审计等全面的功能。

采用 CA 系统将建设一个 CA 中心，CA 系统的所有模块安装在同一台服务器上。

CA 系统网络架构如图 11-41 所示。

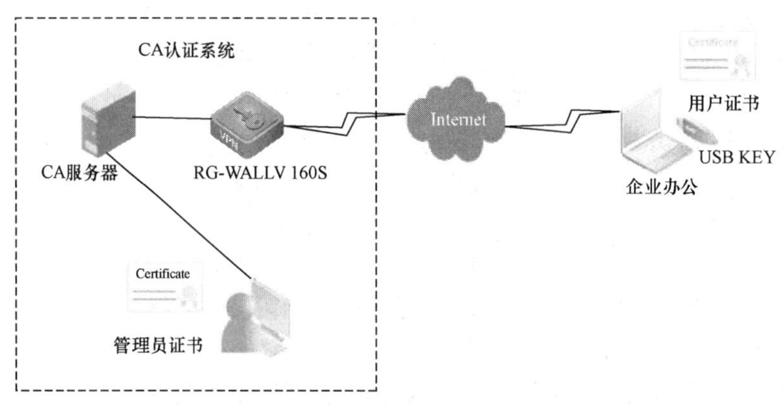

图 11-41　CA 系统网络架构示意图

将 CA 系统的 CA 认证中心和 RA 注册中心各模块安装在 CA 服务器上，部署在核心交换机上。为了保证系统的安全，CA 服务器必须位于安全的区域，即采用防火墙与外界进行隔离。

最终用户使用浏览器，访问 CA 服务器，进行证书申请和管理。管理员（包括 CA 管理员和 RA 管理员，可以是同一个管理员担任）使用浏览器，访问 CA 服务器，进行证书管理和 CA 管理。

关于存储介质，推荐使用 USB KEY 来保存用户的证书及私钥。USB KEY 是以 USB 为接口的存储设备，它便于携带和使用，可以实现在所有的机器（具有 USB 接口）上的漫游，可以满足用户移动办公的需求。USB KEY 可以设置用户口令保护，增强了证书及私钥的安全性，使安全更上一层楼。

远程接入采用 USB KEY 的身份认证方式，在确保身份正确性之后才能进一步的资源访问；USB KEY 的身份认证方式，具有不可仿制性，能够保证用户身份认证的可靠性。

（2）CA 系统工作流程。证书发放流程：用户 CA 认证系统的证书发放采用集中发证的方式，即由管理员集中申请好证书，保存在 USB KEY 中，发放给用户使用。

1）管理员使用浏览器，访问用户 CA 认证系统，进入证书申请页面，替最终用户填写证书申请信息，向用户 CA 认证系统提交证书申请请求。在本地（本地的 USB KEY 上）产生证书的公私钥对，并将公钥和用户信息一起作为证书申请请求，提交给 CA 认证系统。

2）CA 认证系统根据管理员提交的证书申请请求，批准并签发用户证书，将用户证书发布到数据库中。同时，将用户证书返回到管理员端，保存到 USB KEY 中。

3）管理员将申请好证书的 USB KEY 发放给最终用户。

证书吊销流程：在用户证书的私钥受到威胁、或者用户私钥丢失时，需要吊销用户的证书，根据用户信息系统的应用情况，本方案设计证书吊销由管理员进行，其工作流程如下：

1）管理员在发现用户违反使用规定，或者用户自己向管理员发送邮件，请求吊销自己的证书时，管理员访问 CA 认证系统管理员模块，进行用户证书吊销用户。

2）管理员通过证书管理功能页面，查询到需要吊销的用户证书。

3）管理员选择吊销操作，选择吊销用户证书的原因，向 CA 认证系统发送证书吊销请求。

4）CA 认证系统根据管理员的证书吊销请求，自动的吊销用户的证书，并将吊销的用户证书发布到证书吊销列表中，同时对数据库中保存的用户证书的最新状态进行更新。

5）CA 认证系统给管理员返回证书吊销成功信息，同时给用户发送电子邮件，告诉用户证书已经被吊销，不能再使用自己的证书。

证书更新流程：最终用户在其证书即将过期之前，需要访问 CA 认证系统，更新自己的证书，其流程如下：

1）最终用户在证书即将过期前（一般为一个月），访问用户 CA 认证系统，登录用户服务页面，单击“证书更新”选项。

2）系统自动识别用户是否具有用户 CA 认证系统颁发的数字证书，并且判断是否过期，如果即将过期，便提示进行更新。

3）用户选择需要更新的证书，单击“提交”按钮，向 CA 认证系统提交证书更新请求。在提交证书更新请求时，在 USB KEY 中，重新产生更新证书的公私钥对，将公钥和即将过期的证书一起，作为证书更新请求，提交给 CA 认证系统。

4）CA 认证系统自动批准证书更新请求，自动更新用户证书，将更新的证书发布到目录服务器，同时将更新证书返回到用户端，自动保存到 USB KEY 中。

4．IDS 系统

（1）IDS 概述。防火墙部署在网络边界防止外部的非法入侵，是计算机网络的第一道防线。防火墙可以隔离大部分的外部攻击，但是仍然会有小部分攻击通过正常的访问漏洞渗透到内部网络。一般来说，入侵检测系统（Intrusion Detection Systems，IDS）是防火墙之后的第二层网络安全防护机制。IDS 可以为网络安全提供实时的入侵检测及采取相应的防护手段，如记录证据用于跟踪、恢复、断开网络连接等，及时地发现异常地网络流量或安全隐患，尽早采取措施、排查隐患，避免安全事故的进一步扩大。

IDS 就是依照一定的安全策略，对网络、系统的运行状况进行监视，尽可能发现各种攻击企图、攻击行为或者攻击结果，以保证网络系统资源的机密性、完整性和可用性。IDS 是防火墙技术的合理补充，能够对各种黑客入侵行为进行识别，扩展了网络管理员的安全管理能力。IDS 主要分为两大类——基于主机的 IDS 和基于网络的 IDS，基于网络的入侵检测系统还分为旁路和主干两种工作方式。

锐捷入侵检测系统的核心检测技术融合了底层的硬件加速包捕捉技术、基于状态的应用层协议分析技术和开放的行为描述代码技术来探测攻击。这三大技术构成了 RG-IDS 所有解决方案的基础，它显著地提高了入侵检测系统对攻击的识别能力，大幅度地降低了误报率，同时极大提升了系统的性能，能够适应高负载的千兆网络环境和关键业务的需求。

RG-IDS 系列产品使用了多种攻击识别和检测技术，GR-IDS 采用了现在领先的基于状态的应用层协议分析技术。状态协议分析技术基于对已知协议结构的了解，通过分析数据包的结构和连接状态，检测可疑连接和事件，极大地提高了检测效率和准确性。不仅能准确识别所有的已知攻击，还可以识别未知攻击，并使采用 IDS 躲避技术的攻击手段彻底失效。利用协议分析已知的通信协议，在处理数据帧和连接时更加迅速和有效准确，减少了误报的可能性。

RG-IDS 具有以下特点：

1）与 GSN、交换机智能联动，简化运维；

2）独有“可信度”机制，既减少误报，又避免漏报；

3）协议异常检测，防御“Zero-day”攻击；

4）密码强度检测，保护服务器弱口令；

5）用户自定义特征库，保护专用业务系统；

6）附加报警信息，帮助客户快速定位问题。

（2）IDS 部署。本方案选用 RG-IDS500S 作为入侵检测系统设备，采用的是基于网络的入侵检测系统的旁路工作方式部署 RG-IDS，直接接在中心交换机上，如图 11-42 所示，用来检测数据包，从中来发现攻击行为或者可疑行为。IDS 设备可以监控网络中流量的情况，并针对异常的流量发起预警。IDS 汇报上来的信息包含源、目的 IP，但这些信息对于网络管理人员处理安全事件来说，并没有太大的意义。这是因为，要处理网络安全事件，一定要追根溯源，找到问题的根源，甚至定位到人，方能彻底解决，而仅仅提供 IP 地址这是不够的。

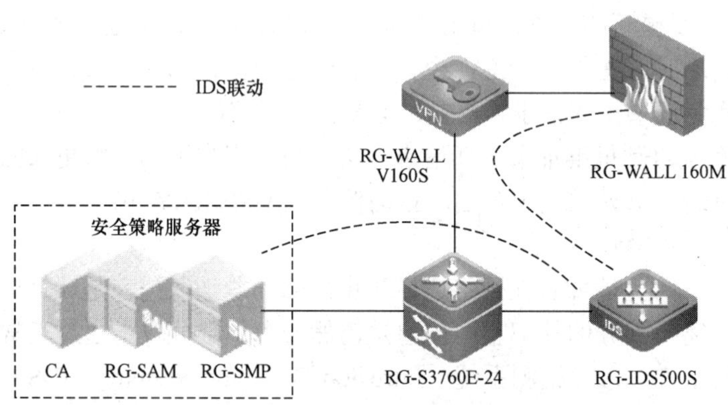

图 11-42　入侵检测系统部署

为了解决防火墙对于某些攻击行为无法检测，采用了与 RG-WALL 的联动的方式，为了更好地、根本性地解决问题，又采取了与 RG-SAM、RG-SMP 联动的方式，恰好解决了这个问题。通过对 IDS 上报的安全事件的解析，并通过每个用户的信息来将安全事件定位到人，对安全事件给出建议的处理方法。或者可以通过预先定制好的策略来对安全事件进行自动的处理，这就解决了在 IDS 检测到安全事件后，处理难的问题。通过 IDS 设备与后台服务系统、客户端、交换机等软硬件的联动，有效实现了网络通信系统主动、自动、联动的保护，整个检测、分析、处理过程由软硬件联动实现，无需网络管理人员的过多干预，有效帮助用户实现了全局安全网络。

RG-IDS 与 RG-WALL 的联动：由于 RG-WALL 不识别网络流量，只要是经过合法通道的网络攻击，RG-WALL 都无计可施，而 RG-IDS 也有自己的缺点，自身很容易遭受拒绝服务的攻击，它有些攻击可能检测不到。同时，它对攻击的抵抗控制能力也很弱。由于两者的特点和局限性很自然地决定了两者的结合，因为 RG-WALL 侧重于访问控制，而 RG-IDS 侧重于主动发出入侵信息。

通过使用入侵检测系统，可以做到：

1）对网络边界点的数据进行检测，防止黑客的入侵。

2）对服务器的数据流量进行检测，防止入侵者的蓄意破坏和篡改。

3）监视内部用户和系统的运行状况，查找非法用户和合法用户的越权操作。

4）对用户的非正常活动进行统计分析，发现入侵行为的规律。

5）实时对检测到的入侵行为进行报警、阻断，能够与防火墙，系统联动。

6）对关键正常事件及异常行为记录日志，进行审计跟踪管理。

本方案 IDS 采用了专用响应方式。当 IDS 检测到攻击后，将立即通知报文过滤模块，过滤模块一方面显示对应的 IDS 过滤规则，同时也会对攻击报文进行过滤，从而阻止其对内部网络的攻击。然后，IDS 按照策略进行检查，如果策略对该事件设置了防火墙阻断，那么它就会发给防火墙一个相应的阻断策略，则防火墙会按 IDS 产品通知的阻断方式、阻断时间和入侵主机的相关信息，对入侵主机进行阻断。具体过程如图 11-43 所示。

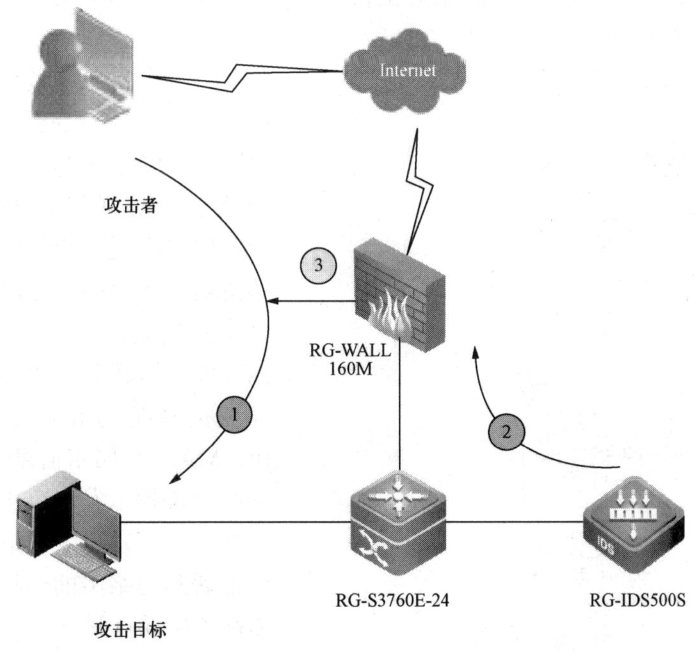

图 11-43　RG-IDS 与 RG-WALL 的联动过程图

过程描述：

1）Internet 上某个攻击者对受保护网络内某台主机发起攻击，没有被防火墙发现。

2）位于中心交换机处监听的 IDS 检测到了攻击行为，IDS 按照设置好的策略进行检查，通过它与防火墙之间的安全通道发送报文，通知防火墙。

3）防火墙收到消息，验证报文后生成动态规则，对攻击行为进行监控和阻断。

（3）RG-IDS 与 RG-SAM、RG-SMP 和核心交换机的联动。RG-IDS 与 RG-SAM、RG-SMP 和核心交换机的联动的主要组成有：

1）RG-SAM 身份认证系统。RG-SAM 是目前全球使用人数最多的网络身份认证系统，用户在这个身份认证平台上可安全地上网，通过用户名、密码、IP、MAC、交换机端口、交换机 IP 等多达六元素的身份绑定，保证了上网人身份的正确性，也为安全事件发生后的追查打下了坚实的基础。RG-SAM 跟锐捷安全智能交换机的联动，保证了合法用户的权利，将非法用户“拒之网外”。

2）RG-SMP 安全管理平台。RG-SMP 是 GSN 的大脑、司令官，统领着所有 GSN 的组成部分，它跟 SAM 联动来获取接入网络的用户和用户组的相关信息。它又跟安全客户端 RG-SU 联动来获取入网 PC 的安全现状，从而制订出对应的安全修补策略并通过 RG-SU 下发到 PC 上来完成主机完整性的管理。在网络安全管理方面发，SMP 跟入侵检测设备 RG-IDS 进行联动，对发起攻击的攻击源进行有效的处理，并对被攻击的对象进行必要的修复，实现了对网络攻击的有效管理，同时通过与安全网关和安全智能交换机的配合，还能有效防范目前流行的 ARP 攻击。

3）RG-SU 安全客户端。RG-SU 是一个界面友好的 PC 端客户端，它的作用是跟 SAM 配合实现用户的身份认证，跟 SMP 配合实现法主机完整性检查、安全策略的下发，并在发生安全事件时接收 SMP 发来的处理策略，来对主机进行响应的处理。同时，配合安全网关和 SMP，SU 还是主机端防范 ARP 病毒的利器。

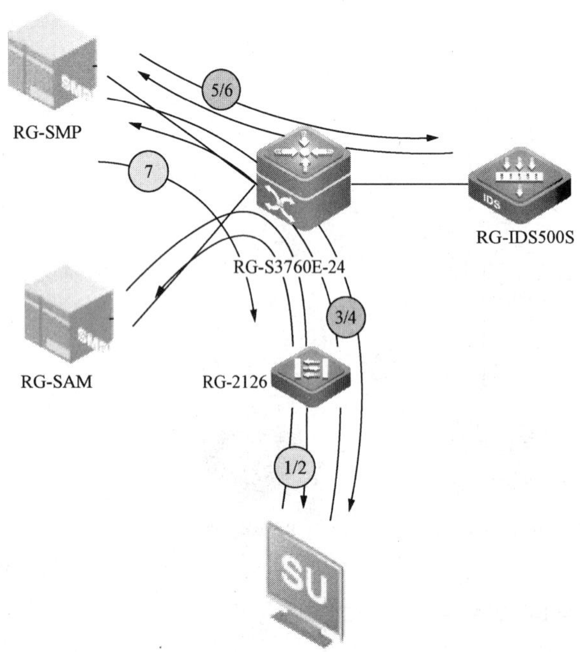

图 11-44 RG-IDS 与 RG-SAM、RG-SMP 和核心交换机的联动过程图

4）RG-IDS 入侵检测设备。RG-IDS 由四部分组成，控制台、事件收集器、日志服务器和传感器。传感器通过镜像口旁路经过交换机的数据流量，来进行网络安全事件的检测，一旦检测到安全事件，传感器会将时间发送给事件收集器，并报由控制台进行处理。通过控制台跟 RG-SMP 的联动，可以让 SMP 在第一时间获得发起攻击和遭到攻击的用户的 IP、MAC 等网络信息，并通过与 SAM 的联动查找出发起攻击的元凶，然后通过客户端下发相应的策略。IDS 就是我们部署到网络中的一根探针，时刻监测着网络中的一举一动。

RG-IDS 与 RG-SAM、RG-SMP 和核心交换机的联动过程，如图 11-44 所示。

身份认证：

用户使用网络前，首先由接入交换

机+RG-SAM 对其进行身份认证。

RG-SAM 检查用户身份，批准或拒绝用户的接入请求。

主机完整性检测：

RG-SMP 学习用户的身份、主机环境等信息，并将制定好的 HI 策略下发到 RG-SU 客户端。

RG-SU 对用户主机进行 HI 检查，并将检查结果反馈回 RG-SMP 服务器。

安全事件检测（可选，可分布部署）：

RG-IDS 对网络安全事件进行检测收集，将安全事件反馈回 RG-SMP。

RG-SMP 对 IDS 反馈的安全事件进行统一管理，将安全事件关联至用户。

策略下发：

RG-SMP 对每个用户的 HI 检测结果和安全事件进行处理，生成相应的策略，并下发至交换机执行。

5．防病毒系统

（1）防病毒系统概述。在网络环境下，病毒的入侵防不胜防。因此病毒的防护工作有着非常重要的地位。电子政务网络需要一个多层次、全方位的防病毒体系，同时具有跨平台的技术及强大功能。也就是说，在网络的每一个层次包括网关一级、群件服务器一级、服务器一级、客户端一级及各种平台下都应有相应的解决方案。

网络防病毒系统常见功能如下：

1）持续扫描：能保持全天监控，实时扫描所有进出网络的文件。

2）强大的病毒查解功能：可查解已知病毒和绝大多数未知病毒。

3）自动报警功能：发现病毒时可立即产生报警，通知管理员，并可追踪病毒来源。

（2）防病毒方案及部署。对于一个网络系统而言，针对病毒的入侵渠道和病毒集散地进行防护是最有效的防治策略。对于每一个病毒可能的入口，部署相应的防病毒软件，实时检测其中是否有病毒，是构建一个完整有效防病毒体系的关键。

本方案某地税外网的防病毒系统划分成三个层面，分别是客户端、防火墙、服务器，部署安全防病毒体系，实现从桌面到服务器的完整的防病毒系统。关于网络防病毒系统产品的选择，建议选用有实力的国产防病毒软件提供商的网络版产品，采用 C/S 结构部署，服务器上部署杀毒软件防病毒服务器端，客户机上部署杀毒软件防病毒客户端，以确保及时升级病毒库，对新病毒的查杀。

1）PC 机防病毒。PC 机的防护位于防毒体系的最底层，对计算机用户而言，也是最显见的一道防、杀病毒的防线。

2）服务器防病毒。服务器会遭受大量引导型病毒、文件型病毒、混合型病毒及宏病毒等的攻击，更为常见的是，由于服务器为网络中所有工作站提供数据资源共享和信息浏览等功能，因而也成为病毒理想的隐身寄居场所，进而将病毒轻易扩散到网络中的所有工作站或服务器上。

（3）网关防病毒。网关的病毒防护，是网络防病毒体系结构中的重要组成部分，它可以提供更完整的保护，其基本设计理念是在计算机病毒通过 Internet 入侵内部网络的第一点处设置防火墙的防毒策略，使得计算机病毒在进入网络之前即被阻截。

部署了防病毒体系后，能够达到下列的目的：

1）防止病毒通过网关进入税务外网。

2）防止病毒在服务器上的传播，保障服务器的运行稳定。

3）防止病毒通过工作站传播，形成全套的防病毒安全体系。

4）采用了防病毒系统与 IDS 联动的方式，有针对性地对 IDS 的病毒报警信息进行验证，对遭受病毒攻击的主机系统进行适当的处理。

任务 11.3.5　项目总结

本方案是根据某地税分局网络设计的网络安全解决方案。本方案以面向服务的方式，结合安全等级保护的有关政策要求，从物理安全、网络安全、系统安全、应用系统安全、数据安全等方面安全和管理措施设计出一整套解决方案，目的是要建立一个完整的、立体的、多层次的网络安全防御体系。方案中，主要采用了星网锐捷公司的安全产品来对地税分局网络进行安全设计，如 RG-S3760E-24、RG-WALL160M、RG-IDS500S、RG-WALL V160S。利用锐捷的安全交换机、安全客户端、安全管理平台、用户认证系统、入侵检测系统、VPN 安全网关、RG-WALL 防火墙等多重网络元素，通过同一网络环境下的全局联动，使网络中的每个设备都在发挥着安全防护作用，从而构成一个全局化的多种设备协同防护的网络安全综合体系。

参 考 文 献

[1] 李俊民，郭丽艳．网络安全与黑客攻防宝典［M］．2 版．北京：电子工业出版社，2010.
[2] William Stallings，白国强，等．网络安全基础：应用与标准［M］．4 版．北京：清华大学出版社，2011.
[3] 王达．网络工程师必读：网络安全系统设计［M］．北京：电子工业出版社，2009.
[4] Behrouz A.Forouzan，马振晗，贾军保，等．密码学与网络安全［M］．北京：清华大学出版社，2009.
[5] 赵泉．网络安全与电子商务［M］．北京：清华大学出版社，2005.
[6] 林涛，等．网络安全与管理［M］．北京：电子工业出版社，2005.
[7] 王常吉，龙冬阳．信息与网络安全实验教程［M］．北京：清华大学出版社，2007.
[8] 张庆华．网络安全与黑客攻防宝典［M］．北京：电子工业出版社，2007.
[9] MAN YOUNG RHEE．网络安全——加密原理、算法与协议［M］．金名，张长富，译．北京：清华大学出版社，2007.
[10] 肖遥．网络渗透攻击与安防修炼［M］．北京：电子工业出版社，2009.
[11] 戴有炜．Windows Server 2003 网络专业指南［M］．北京：清华大学出版社，2004.
[12] 王达，等．虚拟专用网（VPN）精解［M］．北京：清华大学出版社，2004.
[13] 杨延双，张建标，王全民．TCP/IP 协议分析及应用［M］．北京：机械工业出版社，2007.
[14] William Stallings．网络安全基础——应用与标准［M］．3 版．白国强，等，译．北京：清华大学出版社，2007.
[15] 王其良，高敬瑜．计算机网络安全技术［M］．北京：北京大学出版社，2006.
[16] 贺思德，申浩如．计算机网络安全与应用［M］．北京：科学出版社，2007.
[17] 徐国爱，张淼，彭俊好．网络安全［M］．2 版．北京：北京邮电大学出版社，2007.
[18] 韩立刚，张辉．WindowsServer 2008 系统管理之道［M］．北京：清华大学出版社，2009.